商品混凝土配合比设计速查手册

（第 2 版）

主编：邓 恺 王 骅 吴 凯

中国建材工业出版社

图书在版编目（CIP）数据

商品混凝土配合比设计速查手册 / 邓恺，王骅，吴凯主编．
—2 版．—北京：中国建材工业出版社，2012.6
ISBN 978-7-5160-0132-5

Ⅰ.①商…　Ⅱ.①邓…②王…③吴…　Ⅲ.①混凝土
—配合料—比例—手册　Ⅳ.①TU528.062—62

中国版本图书馆 CIP 数据核字（2012）第 057431 号

商品混凝土配合比设计速查手册（第 2 版）
主编：邓　恺　王　骅　吴　凯

出版发行：中国建材工业出版社
地　　址：北京市西城区车公庄大街 6 号
邮　　编：100044
经　　销：全国各地新华书店
印　　刷：北京雁林吉兆印刷有限公司
开　　本：850mm×1168mm　横 1/32
印　　张：17
字　　数：441 千字
版　　次：2012 年 6 月第 2 版
印　　次：2012 年 6 月第 1 次
定　　价：**49.00 元**

本社网址：www.jccbs.com.cn　责任编辑邮箱：jiancai186@sohu.com

内 容 简 介

本手册是根据最新实施的《普通混凝土配合比设计规程》（JGJ 55—2011）在第一版的基础上编写而成，并根据最新修订的其他相关标准和规范对原有的内容进行了更新。

本书从最基本的知识入手，引入了大量新的数据和图表，介绍了普通混凝土、常用特种混凝土的材料选择、配置方法，并配以相关工程配合比设计实例，以便让读者快速掌握各种混凝土的配合比设计方法。同时，对商品混凝土的质量验收方法等内容也做了介绍。

本手册适合广大的商品混凝土企业的技术、管理人员及施工现场管理人员参考使用。

前言

从 20 世纪 70 年代末开始，商品混凝土在我国的推广和应用已接近四十年。在国家政策的大力推动下，经过混凝土行业各界人士的不断努力，我国的商品混凝土取得了重大成就。截止到 2011 年，商品混凝土年产量已经突破 12 亿立方米，混凝土商品化率超过 40%。在“十二五”期间，我国混凝土行业仍将处于高速发展期

近年来，越来越多的新技术、新产品应用于混凝土的生产，与此同时，混凝土相关的标准规范也进行了较大规模的修改，鉴于此，本书作者在第一版的基础上进行了修改。本手册共分五章，主要内容包括：商品混凝土基础知识、混凝土用原材料、普通商品混凝土配合比设计、特种商品混凝土配合比设计、商品混凝土质量验收方法。参加本书编写的还有周啸尘、吴含、过培君等。

本手册是根据《普通混凝土配合比设计规程》（JGJ 55—2011）及相关最新标准规范编写而成，引入了大量新的数据和图表，并介绍了几种新型特种商品混凝土的配置方法。鉴于编者水平有限，手册中难免有疏漏、错误之处，恳请读者指正。

本手册献给广大的商品混凝土企业的技术、管理人员及施工现场管理人员参考使用。

目　　录

第 1 章　商品混凝土基础知识

1.1　混凝土的定义

序号	项　目	内　容
1	混凝土的定义	“混凝土”一词源于拉丁文术语“concretus”，原意是共同生长的意思。现代混凝土的定义从广义上讲，是指由胶凝材料、粗细集料、水等材料按适当的比例配合，拌合制成的混合物，经一定时间后硬化而成的坚硬固体。最常见的混凝土是以水泥为主要胶凝材料的普通混凝土，即以水泥、砂、石子和水为基本组成材料。根据需要掺入化学外加剂或矿物掺合料，经拌合制成具有可塑性、流动性的浆体，浇筑到模型中去，经过一定时间硬化后形成的具有固定形状和较高强度的人造石材。混凝土在宏观上是颗粒状的集料均匀地分散在连续的水泥浆体中的分散体系，在细观上是不连续的非均质材料，而在微观上是多孔、多相、高度无序的非均质材料。

1.2 混凝土的分类

序号	项目	内容
1	按照胶结材料	混凝土按所用胶结材料可分为：水泥混凝土、沥青混凝土、硅酸盐混凝土、聚合物胶结混凝土、聚合物浸渍混凝土、聚合物水泥混凝土、水玻璃混凝土、石膏混凝土、硫黄混凝土等多种。其中使用最多的是以水泥为胶结材料的水泥混凝土，它是当今世界上使用最广泛、使用量最大的结构材料。
2	按照表观密度	混凝土按表观密度大小（主要是集料不同）可分三大类。干表观密度大于 2600kg/m^{3}的重混凝土，系采用高密度集料（如重晶石、铁矿石、钢屑等）或同时采用重水泥（如钡水泥、锶水泥等）制成，主要用于辐射屏蔽方面；干表观密度为 2000～2500kg/m^{3}的普通混凝土，系由天然砂、石为集料和水泥配制而成，是目前建筑工程中常用的承重结构材料；干表观密度小于 1950kg/m^{3}的轻混凝土，系指轻集料混凝土、无砂大孔混凝土和多孔混凝土，用于保温、结构和结构兼保温领域。
3	按照施工工艺	混凝土按施工工艺可分为：泵送混凝土、喷射混凝土、真空脱水混凝土、造壳混凝土（裹砂混凝土）、碾压混凝土、压力灌浆混凝土（预填集料混凝土）、热拌混凝土、太阳能养护混凝土等多种。
4	按照使用用途	混凝土按用途可分为：防水混凝土、防射线混凝土、耐酸混凝土、装饰混凝土、耐火混凝土、不发火混凝土、补偿收缩混凝土、水下浇筑混凝土等多种。
5	按照掺合料类型	混凝土按掺合料可分为：粉煤灰混凝土、硅灰混凝土、磨细高炉矿渣混凝土、纤维混凝土等多种。
6	按照抗压强度	混凝土按抗压强度可分为：低强混凝土（抗压强度小于 30MPa）、中强混凝土（抗压强度 30～60MPa）和高强混凝土（抗压强度≥60MPa）。
7	按照每立方米水泥用量	混凝土按每立方米水泥用量可分为：贫混凝土（水泥用量不超过 170kg）和富混凝土（水泥用量不小于 230kg）等。

1.3 混凝土的特点

序号	项目	内容
1	混凝土材料的主要优点	（1）原材料来源丰富，造价低廉。砂、石子等地方性材料占80%左右，可以就地取材，价格便宜； （2）可塑性好，混凝土材料利用模板可以浇筑成任意形状、尺寸的构件或整体结构； （3）抗压强度较高，并可根据需要配制成不同强度的混凝土； （4）与钢材的粘结能力强。可复合制成钢筋混凝土，利用钢材抗拉强度高的优势弥补混凝土的脆性弱点，利用混凝土的碱性保护钢筋不生锈； （5）具有良好的耐久性。木材易腐朽、钢材易生锈，而混凝土在自然环境下使用其耐久性比木材和钢材优越得多； （6）耐火性能好，混凝土在高温下几小时仍然保持强度。
2	混凝土材料的主要缺点	尽管混凝土材料存在着诸多优点，但是也存在着一些不可克服的缺点。例如，混凝土的自重较大，其强重比只有钢材的一半；虽然其抗压强度较高，但抗拉强度低，拉压比只有1/10～1/20，且随着抗压强度的提高，拉压比仍有降低的趋势。受力破坏呈明显的脆性，抗冲击能力差。不适合高层、有抗震性能要求的结构物。混凝土的导热系数大约为1.4W/(m·K)，是黏土砖的两倍，保温隔热性能差；视觉和触觉性能均欠佳；此外，混凝土的硬化速度较慢，生产周期长。这些缺陷使混凝土的应用受到了一些限制。

1.4 商品混凝土概述

序号	项目	内容
1	商品混凝土的定义	商品混凝土，又称预拌混凝土（ready-mixed concrete），是指将水泥、集料、水以及根据需要掺入的外加剂、矿物掺合料等组分按一定比例，在搅拌站经计量、拌制后出售，并采用运输车，在规定的时间内运至使用地点的混凝土拌合物。
2	商品混凝土的分类	在《预拌混凝土规范》（GB/T 14902—2003）中，根据特性要求，将预拌混凝土分为通用品和特制品。 （1）通用品（normal concrete） 通用品应在下列范围内规定混凝土强度等级、坍落度及粗集料最大公称粒径： 强度等级：不大于C50。 坍落度（mm）：25，50，80，100，120，150，180。 粗集料最大公称粒径：（mm）：20、25、31.5、40。 （2）特制品（special concrete） 特制品应规定混凝土强度等级、坍落度、粗集料最大公称粒径或其他特殊要求。混凝土强度等级、坍落度和粗集料最大公称粒径除通用品规定的范围外，还可在下列范围内选取： 强度等级：C55，C60，C65，C70，C75，C80。 坍落度：大于180mm。 粗集料最大公称粒径：小于20mm、大于40mm。

续表

序号	项目	内容
3	商品混凝土的标记	（1）商品混凝土的标记规定 用于预拌混凝土标记的符号，应根据其分类及使用材料不同按下列规定选用： a. 通用品用 A 表示，特制品用 B 表示； b. 混凝土强度等级用 C 和强度等级值表示； c. 坍落度用所选定以毫米为单位的混凝土坍落度值表示； d. 粗集料最大公称粒径用 GD 和粗集料最大公称粒径值表示； e. 水泥品种用其代号表示； f. 当有抗冻、抗渗及抗折强度要求时，应分别用 F 及抗冻等级值、P 及抗渗等级值、Z 及抗折强度等级值表示。抗冻、抗渗及抗折强度直接标记在强度等级之后。 （2）商品混凝土的标记格式 预拌混凝土标记如下： A C40 — 180 — GD20 — P·O P·O——水泥品种 GD20——粗集料最大公称粒径 180——坍落度 C40——强度等级，抗冻、抗渗或抗折等级值（有要求时） A——预拌混凝土类别 （3）商品混凝土的标记实例 示例 1：预拌混凝土的强度等级为 C20，坍落度为 150mm，粗集料最大公称粒径为 20mm，采用矿渣硅酸盐水泥，无其他特殊要求，其标记为： AC20－150－GD20－P·S 示例 2：预拌混凝土的强度等级为 C30，坍落度为 180mm，粗集料最大公称粒径为 25mm，采用普通硅酸盐水泥，抗渗要求为 P8，其标记为： BC30 P8－180－GD25－P·O

1.5 我国商品混凝土的发展

序号	项目	内容
1	萌芽期	从建国到1978年，以重工业为主导，预拌混凝土的使用只限于企业内部，没有进入社会，未成为商品。 我国预拌混凝土行业起始于20世纪70年代末期，20世纪90年代开始获得蓬勃发展。为了区分20世纪50年代冶金系统，如鞍钢及包钢企业内部曾使用过的集中搅拌混凝土，并强调其进入社会后的商品属性，曾命名它为“商品混凝土”。但在商品混凝土的技术标准中，为了与国际标准接轨，仍称其为预拌混凝土，英文是Ready Mixed Concrete，简称RMC，而不是commodity concrete。
2	徘徊期	从1979年到1990年。这个时期是由计划经济向市场经济过渡的“由重转轻”的过渡时期。以常州市建筑工程材料公司商品混凝土供应站为代表的先驱企业，在极端困难的条件下，因陋就简地开发商品混凝土。此时我国是以农业及轻工业为主导的增长格局，投入预拌混凝土行业的资金十分有限。我国的预拌混凝土可以说是12年徘徊，没有多大发展，甚至有人提出了“商品混凝土不适合于我国国情的议论。这个时期我国的有关科技人员完成了意义重大的4项科研工作，即建立了一套混凝土强度合格性评定标准；统一了测定混凝土各种性能指标的标准试验方法；制定了一套早期推定混凝土强度的试验方法；编制了为进行混凝土质量控制所必需的各类标准。这就为后来我国预拌混凝土行业的蓬勃发展奠定了技术基础。
3	高速发展期	从1991年至今。这个时期我国工业格局出现了新的变化，工业增长是以积累型、投资型的重工业增长为主，基本上依靠的是市场机制的作用。我国经济进入了重工业主导的高速增长阶段。期间，国家加大了基础建设和城镇住宅的投资，以保持国民经济的快速增长，经济建设和政策鼓励推动了预拌混凝土的高速增长。同时我国预拌混凝土得以迅猛发展还借助于材料科学的进步，特别是混凝土外加剂和掺合料的技术进步。高性能混凝土等新理念和新技术的应运而生，又强有力地推动了我国预拌混凝土行业的发展。

续表

序号	项目	内容
4	成熟期	估计 2015 年以后，我国经济经过 30 多年高速增长，将由重工业为主导的产业格局向高科技及服务产业转变，国家基础建设基本建成，同时居民住宅建设增长进入相对稳定阶段，商品混凝土需求将步入稳定期。 行业进入成熟期，行业重组及整合会成为此阶段的主要任务，行业集中度会进一步提高。

第 2 章 混凝土用原材料

2.1 水泥

2.1.1 水泥的定义

水泥是一种粉末状材料，当它与水或适当的盐溶液混合后，在常温下经过一定的物理化学作用，能由浆体状逐渐凝结硬化，并且具有强度，同时能将砂、石子等散粒材料或砖、砌块等块状材料胶结为整体。水泥是一种良好的矿物胶凝材料，它与石灰、石膏、水玻璃等气硬性胶凝材料不同，不仅能在空气中硬化，而且在水中能更好地硬化，并保持和发展其强度，因此，水泥既是一种气硬性胶凝材料，又是一种水硬性胶凝材料。

2.1.2 水泥的品种

水泥的品种很多，按其主要水硬性矿物名称可分为：硅酸盐系水泥、铝酸盐系水泥、硫酸盐系水泥和硫铝酸盐系水泥、铁铝酸盐系水泥、磷酸盐系水泥等，其中在建筑工程中生产量最大、应用最广的是硅酸盐系列水泥。而硅酸盐系列水泥主要分为通用水泥、专用水泥和特种水泥 3 大类。商品混凝土常用的是通用硅酸盐水泥，通用硅酸盐水泥包括硅酸盐水泥、普通硅酸盐水泥、矿渣硅酸盐水泥、火山灰质硅酸盐水泥、粉煤灰硅酸盐水泥和复合硅酸盐水泥。

通用硅酸盐水泥的组成及代号如表 2-1 所示。

表 2-1　通用硅酸盐水泥组成及代号（GB 175—2007） %

品　种	代号	组分（质量分数）				
		熟料＋石膏	粒化高炉矿渣	火山灰质混合材料	粉煤灰	石灰石
硅酸盐水泥	P·Ⅰ	100	—	—	—	—
	P·Ⅱ	≥95	≤5	—	—	—
		≥95	—	—	—	≤5
普通硅酸盐水泥	P·O	≥80 且<95	>5 且≤20[a]			
矿渣硅酸盐水泥	P·S·A	≥50 且<80	>20 且≤50[b]	—	—	—
	P·S·B	≥30 且<50	>50 且≤70[b]	—	—	—
火山灰质硅酸盐水泥	P·P	≥60 且<80	—	>20 且≤40[c]	—	—
粉煤灰硅酸盐水泥	P·F	≥60 且<80	—	—	>20 且≤40[d]	—
复合硅酸盐水泥	P·C	≥50 且<80	>20 且≤50[e]			

a. 本组分材料为符合本标准 5.2.3 的活性混合材料，其中允许用不超过水泥质量 8%且符合本标准 5.2.4 的非活性混合材料或不超过水泥质量 5%且符合本标准 5.2.5 的窑灰代替。

b. 本组分材料为符合 GB/T 203 或 GB/T 18046 的活性混合材料，其中允许用不超过水泥质量 8%且符合本标准第 5.2.3 条的活性混合材料或符合本标准第 5.2.4 条的非活性混合材料或符合本标准第 5.2.5 条的窑灰中的任一种材料代替。

c. 本组分材料为符合 GB/T 2847 的活性混合材料。

d. 本组分材料为符合 GB/T 1596 的活性混合材料。

e. 本组分材料为由两种（含）以上符合本标准第 5.2.3 条的活性混合材料或/和符合本标准第 5.2.4 条的非活性混合材料组成，其中允许用不超过水泥质量 8%且符合本标准第 5.2.5 条的窑灰代替。掺矿渣时混合材料掺量不得与矿渣硅酸盐水泥重复。

通用硅酸盐水泥的特性如表 2-2 所示。

表 2-2 通用硅酸盐水泥的特性

品种	硅酸盐水泥	普通硅酸盐水泥	矿渣硅酸盐水泥	火山灰质硅酸盐水泥	粉煤灰硅酸盐水泥	复合硅酸盐水泥
主要特性	1. 凝结硬化快 2. 早期强度高 3. 水化热大 4. 抗冻性好 5. 干缩性小 6. 耐蚀性差 7. 耐热性差	1. 凝结硬化较快 2. 早期强度较高 3. 水化热较大 4. 抗冻性较好 5. 干缩性较小 6. 耐蚀性较差 7. 耐热性较差	1. 凝结硬化慢 2. 早期强度低，后期强度增长较快 3. 水化热较低 4. 抗冻性差 5. 干缩性大 6. 耐蚀性较好 7. 耐热性好 8. 泌水性大	1. 凝结硬化慢 2. 早期强度低，后期强度增长较快 3. 水化热较低 4. 抗冻性差 5. 干缩性大 6. 耐蚀性较好 7. 耐热性较好 8. 抗渗性较好	1. 凝结硬化慢 2. 早期强度低，后期强度增长较快 3. 水化热较低 4. 抗冻性差 5. 干缩性较小，抗裂性较好 6. 耐蚀性较好 7. 耐热性较好	与所掺两种或两种以上混合材料的种类、掺量有关，其特性基本上与矿渣、火山灰、粉煤灰水泥的特性相似

2.1.3 水泥的品质指标

通用硅酸盐水泥化学指标应符合表 2-3 的规定。

<table>
<tr><th>序号</th><th>项　目</th><th>内　容</th></tr>
<tr><td>1</td><td>化学成分要求</td><td>

表 2-3　通用硅酸盐水泥化学指标

%

<table>
<tr><th>品　种</th><th>代号</th><th>不溶物（质量分数）</th><th>烧失量（质量分数）</th><th>三氧化硫（质量分数）</th><th>氧化镁（质量分数）</th><th>氯离子（质量分数）</th></tr>
<tr><td rowspan="2">硅酸盐水泥</td><td>P·Ⅰ</td><td>≤0.75</td><td>≤3.0</td><td rowspan="3">≤3.5</td><td rowspan="3">≤5.0[a]</td><td rowspan="8">≤0.06[c]</td></tr>
<tr><td>P·Ⅱ</td><td>≤1.50</td><td>≤3.5</td></tr>
<tr><td>普通硅酸盐水泥</td><td>P·O</td><td>—</td><td>≤5.0</td></tr>
<tr><td rowspan="2">矿渣硅酸盐水泥</td><td>P·S·A</td><td>—</td><td>—</td><td rowspan="2">≤4.0</td><td>≤6.0[b]</td></tr>
<tr><td>P·S·B</td><td>—</td><td>—</td><td>—</td></tr>
<tr><td>火山灰质硅酸盐水泥</td><td>P·P</td><td>—</td><td>—</td><td rowspan="3">≤3.5</td><td rowspan="3">≤6.0[b]</td></tr>
<tr><td>粉煤灰硅酸盐水泥</td><td>P·F</td><td>—</td><td>—</td></tr>
<tr><td>复合硅酸盐水泥</td><td>P·C</td><td>—</td><td>—</td></tr>
<tr><td colspan="7">a. 如果水泥压蒸试验合格，则水泥中氧化镁的含量（质量分数）允许放宽至6.0%。
b. 如果水泥中氧化镁的含量（质量分数）大于6.0%时，需进行水泥压蒸安定性试验并合格。
c. 当有更低要求时，该指标由买卖双方确定。</td></tr>
</table>

</td></tr>
<tr><td>2</td><td>碱含量</td><td>水泥中碱含量按 $Na_2O+0.658K_2O$ 计算值表示。若使用活性集料，用户要求提供低碱水泥时，水泥中的碱含量应不大于0.60%或由供需双方商定。</td></tr>
</table>

续表

<table>
<tr><th>序号</th><th>项目</th><th>内容</th></tr>
<tr><td>3</td><td>物理性能要求</td><td>1. 凝结时间
硅酸盐水泥初凝不小于45min，终凝不大于6h 30min；普通硅酸盐水泥、矿渣硅酸盐水泥、火山灰质硅酸盐水泥、粉煤灰硅酸盐水泥、复合硅酸盐水泥初凝不小于45min，终凝不大于10h。
2. 安定性
沸煮法合格。
3. 强度
硅酸盐水泥强度等级分为42.5、42.5R、52.5、52.5R、62.5、62.5R。普通硅酸盐水泥强度等级分为42.5、42.5R、52.5、52.5R。矿渣硅酸盐、火山灰质硅酸盐、粉煤灰硅酸盐、复合硅酸盐水泥强度等级分为32.5、32.5R、42.5、42.5R、52.5、52.5R。水泥强度等级按规定龄期来划分，各强度等级水泥的各龄期强度应≥表2-4的要求。</td></tr>
</table>

表 2-4　通用硅酸盐水泥各龄期强度要求　MPa

品种	强度等级	抗压强度		抗折强度	
		3d	28d	3d	28d
硅酸盐水泥	42.5	17.0	42.5	3.5	6.5
	42.5R	22.0		4.0	6.5
	52.5	23.0	52.5	4.0	7.0
	52.5R	27.0		5.0	7.0
	62.5	28.0	62.5	5.0	8.0
	62.5R	32.0		5.5	8.0

续表

序号	项　　目	内　　　容
3	物理性能要求	续表（见下）；4. 细度（选择性指标）

续表

品　　种	强度等级	抗压强度 3d	抗压强度 28d	抗折强度 3d	抗折强度 28d
普通硅酸盐水泥	42.5	16.0	42.5	3.5	6.5
	42.5R	21.0		4.0	6.5
	52.5	22.0	52.5	4.0	7.0
	52.5R	26.0		5.0	7.0
矿渣硅酸盐水泥 火山灰质硅酸盐水泥 粉煤灰硅酸盐水泥 复合硅酸盐水泥	32.5	10.0	32.5	2.5	5.5
	32.5R	15.0		3.5	5.5
	42.5	15.0	42.5	3.5	6.5
	42.5R	19.0		4.0	6.5
	52.5	21.0	52.5	4.0	7.0
	52.5R	23.0		4.5	7.0

4. 细度（选择性指标）

硅酸盐水泥和普通硅酸盐水泥的细度以比表面积表示，其比表面积不小于 $300m^2/kg$；矿渣硅酸盐水泥、火山灰质硅酸盐水泥、粉煤灰硅酸盐水泥和复合硅酸盐水泥的细度以筛余表示，其 $80\mu m$ 方孔筛筛余不大于 10％或 $45\mu m$ 方孔筛筛余不大于 30％。

2.1.4 水泥的选用

序号	项目	内容
1	水泥品种的选用	水泥是混凝土中很重要的组分。因此，配制混凝土时，应根据工程性质、部位、施工条件、环境状况等按各品种水泥的特性进行合理地选择，一般可采用硅酸盐水泥、普通硅酸盐水泥、矿渣硅酸盐水泥、粉煤灰硅酸盐水泥和复合硅酸盐水泥，必要时也可采用道路硅酸盐水泥或其他水泥。在满足工程需求的前提下，应选用价格较低的水泥品种，以节约造价。 《混凝土质量控制标准》（GB 50164—2011）规定水泥的应用应符合以下规定： 1. 宜采用新型干法窑生产的水泥； 2. 应注明水泥混合材品种和掺加量； 3. 用于生产水泥的温度不宜高于60℃ 表 2-5 是配置混凝土时选用通用硅酸盐水泥品种的一般指南。

表 2-5 通用硅酸盐水泥的选用

混凝土工程特点及所处环境特点			优先选用	可以选用	不宜选用
普通混凝土	1	在一般气候环境中的混凝土	普通硅酸盐水泥	矿渣硅酸盐水泥、火山灰质硅酸盐水泥、粉煤灰硅酸盐水泥、复合硅酸盐水泥	—
	2	在干燥环境中的混凝土	普通硅酸盐水泥	矿渣硅酸盐水泥	火山灰质硅酸盐水泥、粉煤灰硅酸盐水泥
	3	在高温高湿环境中或长期处于水中的混凝土	矿渣硅酸盐水泥、火山灰质硅酸盐水泥、粉煤灰硅酸盐水泥、复合硅酸盐水泥	普通硅酸盐水泥	—
	4	厚大体积的混凝土	矿渣硅酸盐水泥、火山灰质硅酸盐水泥、粉煤灰硅酸盐水泥、复合硅酸盐水泥	—	硅酸盐水泥

续表

序号	项目	内容				
		续表				
		混凝土工程特点及所处环境特点		优先选用	可以选用	不宜选用
1	水泥品种的选用	有特殊要求的混凝土	1 要求快硬、高强（＞C40）的混凝土	硅酸盐水泥	普通硅酸盐水泥	矿渣硅酸盐水泥、火山灰质硅酸盐水泥、粉煤灰硅酸盐水泥、复合硅酸盐水泥
			2 严寒地区的露天混凝土，寒冷地区处于水位升降范围的混凝土	普通硅酸盐水泥	矿渣硅酸盐水泥	火山灰质硅酸盐水泥、粉煤灰硅酸盐水泥
			3 严寒地区处于水位升降范围的混凝土	普通硅酸盐水泥（强度等级＞42.5）	—	矿渣硅酸盐水泥、火山灰质硅酸盐水泥、粉煤灰硅酸盐水泥、复合硅酸盐水泥
			4 有抗渗要求的混凝土	普通硅酸盐水泥、火山灰质硅酸盐水泥	矿渣硅酸盐水泥	矿渣硅酸盐水泥
			5 有耐磨要求的混凝土	硅酸盐水泥、普通硅酸盐水泥	—	火山灰质硅酸盐水泥、粉煤灰硅酸盐水泥
			6 受侵蚀性介质作用的混凝土	矿渣硅酸盐水泥、火山灰质硅酸盐水泥、粉煤灰硅酸盐水泥、复合硅酸盐水泥	—	硅酸盐水泥

续表

序号	项目	内容
2	水泥强度等级的选择	水泥强度等级的选择应当与混凝土的设计强度等级相适应，原则上是配制高强度等级的混凝土选用高强度等级的水泥，低强度等级的混凝土选用低强度等级的水泥。一般对普通混凝土以水泥强度为混凝土强度的1.5～2.0倍左右为宜，对于高强度的混凝土可取一倍左右。若用低强度等级水泥来配制高强度等级混凝土，为满足强度要求必然使水泥用量过多，这个不仅不经济，而且使混凝土收缩和水化热增大，还将因必须采用很小的水灰比而造成混凝土太干，施工困难，不易捣实，使混凝土质量不能保证。如果用高强度等级水泥来配制低强度等级混凝土，单从强度角度考虑只需用少量水泥就可满足要求，但为了又要满足混凝土拌合物和易性、耐久性要求，就必须再增加一些水泥用量，这样往往产生超强现象，也不经济。当在实际工程中因受供应条件限制而发生这种情况时，可在高强度等级水泥中掺入一定量的掺合料（如粉煤灰），即能使问题得到较好解决。

2.2 矿物掺合料

序号	项目	内容
1	掺合料的定义	混凝土掺合料不同于生产水泥时与熟料一起磨细的混合材料，它是在混凝土搅拌前或在搅拌过程中，与混凝土其他组分一样，直接加入的一种外掺料。
2	掺合料的作用	掺合料不仅可以取代部分水泥、减少混凝土的水泥用量、降低成本，而且可以改善混凝土拌合物和硬化混凝土的各项性能。由于用于混凝土的掺合料绝大多数是具有一定活性的固体工业废渣，因此，混凝土中掺用掺合料，其技术、经济和环境效益是十分显著的。
3	掺合料的种类	在土木工程中，用作混凝土的掺合料主要有粉煤灰、粒化高炉矿渣粉、硅灰、沸石粉、钢渣粉、磷渣粉等，可采用两种或两种以上的矿物掺合料按一比例混合使用。

2.2.1 粉煤灰

序号	项目	内容
1	粉煤灰概述	粉煤灰又称飞灰（fly ash，或简称 FA），是一种颗粒非常细以致能在空气中流动并被除尘设备收集的粉状物质。通常所指的粉煤灰是指燃煤电厂中在锅炉中燃烧后从烟道排出，被收尘器收集的物质。粉煤灰呈灰褐色，通常为酸性，比表面积为 2500～7000m^2/kg，颗粒尺寸从几微米到几百微米，通常为球状颗粒，主要成分为 SiO_2、Al_2O_3 和 Fe_2O_3，有些时候还含有比较高的 CaO。粉煤灰是一种典型的非均质性物质，含有未燃尽的炭、未发生变化的矿物（如石英等）和碎片等，各种颗粒之间的成分、结构和性质相差悬殊，所以说它是一宗庞大而无序的人工矿物资源。不过，粉煤灰中的相当大比例（通常＞50%）是颗粒粒径小于 10μm 的球状"铝硅"颗粒。
2	粉煤灰的种类及技术要求	按照国家标准《用于水泥和混凝土中的粉煤灰》（GB/T 1596—2005），拌制混凝土用的粉煤灰分为 F 类粉煤灰和 C 类粉煤灰两类。F 类粉煤灰是由无烟煤或烟煤煅烧收集的，其 CaO 含量不大于 10%或游离 CaO 含量不大于 1%；C 类粉煤灰是由褐煤或次烟煤煅烧收集的，其 CaO 含量大于 10%或游离 CaO 含量大于 1%，又称高钙粉煤灰。 F 类和 C 类粉煤灰又根据其技术要求分为Ⅰ级、Ⅱ级和Ⅲ级三个等级。混凝土用粉煤灰的技术要求可见表 2-6。

表 2-6　拌制混凝土用粉煤灰技术要求

项目		技术要求 Ⅰ级	技术要求 Ⅱ级	技术要求 Ⅲ级
细度（45μm 方孔筛筛余）（%）≯	F 类粉煤灰	12.0	25.0	45.0
	C 类粉煤灰			
需水量比（%）≯	F 类粉煤灰	95.0	105.0	115.0
	C 类粉煤灰			
烧失量（%）≯	F 类粉煤灰	5.0	8.0	15.0
	C 类粉煤灰			

续表

<table>
<tr><th>序号</th><th>项　　目</th><th>内　　容</th></tr>
<tr><td>2</td><td>粉煤灰的种类及技术要求</td><td>
续表
<table>
<tr><th rowspan="2" colspan="2">项　　目</th><th colspan="3">技 术 要 求</th></tr>
<tr><th>Ⅰ级</th><th>Ⅱ级</th><th>Ⅲ级</th></tr>
<tr><td rowspan="2">含水量（%）≯</td><td>F类粉煤灰</td><td colspan="3" rowspan="2">1.0</td></tr>
<tr><td>C类粉煤灰</td></tr>
<tr><td rowspan="2">三氧化硫（%）≯</td><td>F类粉煤灰</td><td colspan="3" rowspan="2">3.0</td></tr>
<tr><td>C类粉煤灰</td></tr>
<tr><td rowspan="2">游离氧化钙（%）≯</td><td>F类粉煤灰</td><td colspan="3">1.0</td></tr>
<tr><td>C类粉煤灰</td><td colspan="3">4.0</td></tr>
<tr><td>安定性
（雷氏夹沸煮后增加距离）
（不大于，mm）</td><td>C类粉煤灰</td><td colspan="3">5.0</td></tr>
</table>
与F类粉煤灰相比，C类粉煤灰一般具有需水量少、活性高和自硬性好等特征。但由于C类粉煤灰中往往含有游离氧化钙，所以在用作混凝土掺合料时，必须对其体积安定性进行合格检验。
</td></tr>
<tr><td>3</td><td>混凝土掺用粉煤灰的规定及方法</td><td>混凝土工程选用粉煤灰时，应参照《粉煤灰混凝土应用技术规范》（GBJ 146—90）。对于不同的混凝土工程，选用相应等级的粉煤灰：
Ⅰ级灰适用于钢筋混凝土和跨度小于6m的预应力钢筋混凝土；
Ⅱ级灰适用于钢筋混凝土和无筋混凝土；
Ⅲ级灰主要用于无筋混凝土；对于高强混凝土或有抗掺、抗冻、抗腐蚀、耐磨等其他特殊要求的混凝土，宜采用Ⅰ、Ⅱ级灰。</td></tr>
</table>

续表

<table>
<tr><th>序号</th><th>项　目</th><th>内　　容</th></tr>
<tr><td>3</td><td>混凝土掺用粉煤灰的规定及方法</td><td>
掺用粉煤灰，一般有以下三种方法：
（1）等量取代法。以等质量的粉煤灰取代混凝土中的水泥。主要适用于掺加Ⅰ级粉煤灰，用于大体积混凝土工程。
（2）超量取代法。粉煤灰的掺入量超过其取代水泥的质量，超量的粉煤灰取代部分细集料。其目的是增加混凝土中的胶凝材料用量，以补偿由于粉煤灰取代水泥而造成的强度降低。超量取代法可以使掺粉煤灰的混凝土达到与不掺时相同的强度，并可节约细集料用量。粉煤灰的超量系数（粉煤灰掺入质量与取代水泥质量之比）应根据粉煤灰的等级而定，通常可按表 2-7 的规定选用。
表 2-7　粉煤灰的超量系数
<table>
<tr><th>粉煤灰等级</th><th>超量系数</th></tr>
<tr><td>Ⅰ</td><td>1.1～1.4</td></tr>
<tr><td>Ⅱ</td><td>1.3～1.7</td></tr>
<tr><td>Ⅲ</td><td>1.5～2.0</td></tr>
</table>
（3）外加法。外加法是指在保持混凝土水泥用量不变的情况下，外掺一定数量的粉煤灰，其目的只是为了改善混凝土拌合物的和易性。
实践证明，当粉煤灰取代水泥量过多时，混凝土的抗碳化耐久性能变差，所以《粉煤灰混凝土应用技术规范》（GBJ 146—90）中规定粉煤灰取代水泥的最大限量，如表 2-8 所示。
表 2-8　粉煤灰取代水泥的最大限量
<table>
<tr><th rowspan="2">混凝土种类</th><th colspan="4">粉煤灰取代水泥的最大限量（%）</th></tr>
<tr><th>硅酸盐水泥</th><th>普通硅酸盐水泥</th><th>矿渣硅酸盐水泥</th><th>火山灰质硅酸盐水泥</th></tr>
<tr><td>预应力钢筋混凝土</td><td>25</td><td>15</td><td>10</td><td>—</td></tr>
</table>
</td></tr>
</table>

续表

<table>
<tr><th>序号</th><th>项目</th><th>内容</th></tr>
<tr><td>3</td><td>混凝土掺用粉煤灰的规定及方法</td><td>续表
<table>
<tr><td rowspan="2">混凝土种类</td><td colspan="4">粉煤灰取代水泥的最大限量（%）</td></tr>
<tr><td>硅酸盐水泥</td><td>普通硅酸盐水泥</td><td>矿渣硅酸盐水泥</td><td>火山灰质硅酸盐水泥</td></tr>
<tr><td>钢筋混凝土
高强度混凝土
高抗冻混凝土
蒸养混凝土</td><td>30</td><td>25</td><td>20</td><td>15</td></tr>
<tr><td>中、低强度混凝土
泵送混凝土
大体积混凝土
水下混凝土
地下混凝土
压浆混凝土</td><td>50</td><td>40</td><td>30</td><td>20</td></tr>
<tr><td>碾压混凝土</td><td>65</td><td>55</td><td>45</td><td>35</td></tr>
</table>
粉煤灰掺合料适用于一般工业与民用建筑结构和构筑物用的混凝土，尤其适用于泵送混凝土、大体积混凝土、抗渗混凝土、抗化学侵蚀混凝土、蒸汽养护混凝土、地下和水下工程混凝土以及碾压混凝土等领域。</td></tr>
</table>

2.2.2 粒化高炉矿渣粉

序号	项目	内容
1	粒化高炉矿渣概述	粒化高炉矿渣磨细后的细粉称为磨细矿渣（GGBS）。粒化高炉矿渣是由熔化的矿渣在高温状态迅速淬水而成。经淬水急冷后的矿渣，其中玻璃体含量多，结构处在高能量状态，不稳定、潜在活性大，但必须磨细才能使潜在活性发挥出来，其细度一般控制在 400～600m^2/kg。作为混凝土的掺合料，粒化高炉矿渣粉根据细度、活性指数和流动度比，分为 S105、S95 和 S75 三个级别。
2	粒化高炉矿渣的化学成分	磨细矿渣的主要化学成分为 SiO_2、CaO、Al_2O_3。一般情况下这三种氧化物含量大约为 90%。此外还含有少量 MgO、Fe_2O_3、Na_2O、K_2O 等。
3	粒化高炉矿渣的活性	磨细矿渣的活性与其化学成分有很大的关系。各钢铁企业的高炉矿渣，其化学成分虽大致相同，但各氧化物的含量并不一致，因此，矿渣有碱性、酸性和中性之分。以矿渣中碱性氧化物和酸性氧化物含量的比值 M 来区分： $$M=\frac{(CaO+MgO+Al_2O_3)\%}{SiO_2\%} \qquad (2\text{-}1)$$ $M>1$ 为碱性矿渣；$M<1$ 为酸性矿渣；$M=1$ 为中性矿渣。酸性矿渣的胶凝性差，而碱性矿渣的胶凝性好，因此，磨细矿渣应选用碱性矿渣，其 M 值愈大，活性越好。
4	粒化高炉矿渣的质量评价	根据国家标准《用于水泥中的粒化高炉矿渣》GB 203—2008，可用质量系数 K 来评价矿渣质量： $$K=\left(\frac{CaO+MgO+Al_2O_3}{SiO_2+MnO_2+TiO_2}\right) \qquad (2\text{-}2)$$ 式中 CaO、MgO、Al_2O_3、SiO_2，MnO_2、TiO_2 均为质量百分数 K 表达的是磨细矿渣中碱性氧化物含量与酸性氧化物含量之比，它反映磨细矿渣活性的高低，一般规则：$K\geqslant1.2$。

续表

<table>
<tr><th>序号</th><th>项　　目</th><th>内　　　容</th></tr>
<tr><td>5</td><td>粒化高炉矿渣粉的技术要求</td><td>按照《用于水泥和混凝土中的粒化高炉矿渣粉》（GB/T 18046—2008）规定，矿渣粉应符合表 2-9 的技术要求。

表 2-9　矿渣粉技术要求
<table>
<tr><th colspan="3" rowspan="2">项　　目</th><th colspan="3">级　　别</th></tr>
<tr><th>S105</th><th>S95</th><th>S75</th></tr>
<tr><td colspan="2">密度（g/cm³）</td><td>≥</td><td colspan="3">2.8</td></tr>
<tr><td colspan="2">比表面积（m²/kg）</td><td>≥</td><td>500</td><td>400</td><td>300</td></tr>
<tr><td rowspan="2">活性指数（%）≥</td><td colspan="2">7d</td><td>95</td><td>75</td><td>55</td></tr>
<tr><td colspan="2">28d</td><td>105</td><td>95</td><td>75</td></tr>
<tr><td colspan="3">流动度比（质量分数）（%）</td><td colspan="3">95</td></tr>
<tr><td colspan="2">含水量（质量分数）（%）</td><td>≤</td><td colspan="3">1.0</td></tr>
<tr><td colspan="2">三氧化硫（质量分数）（%）</td><td>≤</td><td colspan="3">4.0</td></tr>
<tr><td colspan="2">氯离子（质量分数）（%）</td><td>≤</td><td colspan="3">0.06</td></tr>
<tr><td colspan="2">烧失量（质量分数）（%）</td><td>≤</td><td colspan="3">3.0</td></tr>
<tr><td colspan="2">玻璃体含量（质量分数）（%）</td><td>≤</td><td colspan="3">85</td></tr>
<tr><td colspan="3">放射性</td><td colspan="3">合格</td></tr>
</table>
</td></tr>
<tr><td>6</td><td>粒化高炉矿渣在混凝土中的作用</td><td>粒化高炉矿渣粉是混凝土的优质掺合料。它不仅可等量取代混凝土中的水泥，而且可使混凝土的每项性能获得显著改善，如降低水化热、提高抗渗性和抗化学腐蚀性等耐久性、抑制碱-集料反应以及大幅度提高长期强度。</td></tr>
</table>

续表

序号	项目	内容
7	矿渣粉在混凝土中的用途	掺矿渣粉的混凝土与普通混凝土的用途一样，可用作钢筋混凝土、预应力钢筋混凝土和素混凝土。大掺量矿渣粉混凝土更适用于大体积混凝土、地下工程混凝土和水下混凝土等领域。矿渣粉还适用于配制高强度混凝土、高性能混凝土。
8	矿渣粉在混凝土中的用法	掺矿渣粉的混凝土允许同时掺用粉煤灰，但粉煤灰掺量不宜超过矿渣粉。混凝土中矿渣粉的掺量应根据不同强度等级和不同用途通过试验确定。对于C50和C50以上的高强混凝土，矿渣粉的掺量不宜超过30%。

2.2.3 硅灰

序号	项目	内容
1	硅灰概述	硅灰，又称微硅粉（silica fume，简称SF）。在冶炼硅金属时，将高纯度的石英、焦炭投入电弧炉内，在2000℃高温下，石英被还原成硅，即成为硅金属。约有10%～15%的硅化为蒸气，进入烟道。硅蒸气在烟道内随气流上升，与空气中的氧结合成二氧化硅。通过回收硅粉的收尘装置，即可收得粉状的硅灰。
2	硅灰的化学成分	硅灰的主要成分是SiO_2，一般占85%以上，绝大部分是无定形的氧化硅。其他成分如：氧化铁、氧化钙、氧化硫等一般不超过1%，烧失量约为1.5%～3%。
3	硅灰的物理性质	硅灰一般为青灰色或银白色，在电子显微镜下观察，硅灰的形状为非晶体的球形颗粒，表面光滑。硅灰的表观密度很低，堆积密度约为200～300kg/m^3，相对密度为2.1～2.3。硅灰很细，用氮吸附法测量，一般为18～22m^2/g。
4	硅灰在混凝土中的作用	硅灰取代水泥后，其作用与粉煤灰类似，可改善混凝土拌合物的和易性，降低水化热，提高混凝土抗侵蚀、抗冻性、抗渗性，抑制碱-集料反应，且其效果要比粉煤灰好很多。硅灰中的SiO_2在早期即可与$Ca(OH)_2$发生反应，生成水化硅酸钙。所以，用硅灰取代水泥可提高混凝土的早期强度。

续表

序号	项　目	内　容
5	应用硅灰混凝土的注意要点	硅灰取代水泥量虽一般在5%～15%，当超过20%以后水泥浆将变得十分黏稠。混凝土拌合用水量随硅灰的掺入而增加，为此，当混凝土掺用硅灰时，必须同时掺加减水剂，这样才可获得最佳效果。硅灰能提高混凝土的泵送性能，能够承受更多振动而不产生离析。另外，硅灰能够提高混凝土的流动性，使用同样的浇筑方法，硅灰混凝土能比普通混凝土的坍落度高20cm。硅灰混凝土对早期收缩裂缝非常敏感，应该特别注意对养护条件的控制。对于高强混凝土和有抗腐蚀要求的混凝土，当需要采用硅灰时，不宜采用二氧化硅含量小于90%的硅灰。目前硅灰的售价较高，主要只用于配制高强和超高强混凝土、高抗渗混凝土、水下抗分散混凝土以及其他要求的混凝土。

2.2.4 沸石粉

序号	项　目	内　容
1	沸石粉概述	沸石粉是天然的沸石岩经磨细而成的。沸石岩是经煅烧后天然的火山灰质铝硅酸盐矿物，含有一定量的活性二氧化硅和三氧化铝，能与水泥水化析出的氢氧化钙作用，生成胶凝物质。沸石粉具有很大的内表面积和开放性结构，其细度为0.08mm筛筛余<5%，平均粒径为5.0～6.5μm。颜色为白色。
2	沸石粉的掺量	沸石粉的适宜掺量依所需要达到的目的而定，配制高强混凝土时的掺量为10%～15%，以高强度等级水泥配制低强度等级混凝土时其掺量可达40%～50%，置换水泥30%～40%；配制普通混凝土时掺量为10%～27%，可置换水泥10%～20%。
3	沸石粉在混凝土中的作用	沸石粉用作混凝土掺合料时主要有以下几方面效果： 1）提高混凝土强度，配制高强混凝土； 2）改善混凝土和易性，配制流态混凝土及泵送混凝土。 沸石粉与其他矿物掺合料一样，也具有改善混凝土和易性及可泵性的功能。

2.3 外加剂

2.3.1 外加剂定义与分类

序号	项目	内容
1	外加剂的定义	根据我国现行的国家标准《混凝土外加剂定义、分类、命名与术语》（GB/T 8075—2005）的原则，混凝土外加剂的定义为：混凝土外加剂是指在混凝土搅拌前或搅拌过程中加入的，用以改善新拌混凝土或硬化混凝土性能的材料。 按上述定义，混凝土外加剂与水泥混合材及混凝土掺合料有所区别。水泥混合材是在水泥生产过程中掺入的，为满足水泥性能的要求所掺加的调凝剂石膏，及为改善水泥易磨性掺入的助磨剂，也不属于混凝土外加剂范畴。混凝土掺合料（如粉煤灰、磨细矿渣粉、硅灰、沸石粉等）尽管也是在混凝土拌制过程中掺入的，但是由于掺量大，也不属于混凝土外加剂范畴。我国从字面上便可将混凝土掺合料和混凝土外加剂区分开。国外一般将混凝土外加剂称为“化学外加剂”（chemical admixtures），而将混凝土掺合料称为“矿物外加剂”（mineral admixtures）。 绝大多数混凝土外加剂的掺量都小于5%，而某些膨胀剂的掺量较大（5%～20%）。
2	外加剂的分类	混凝土外加剂按其主要功能分为四类，如表2-10。

表 2-10　按主要功能对混凝土外加剂进行分类

序号	按混凝土外加剂功能分类	品　种
1	改善混凝土拌合物流变性能	普通减水剂 高效减水剂 早强减水剂 缓凝减水剂 缓凝高效减水剂 引气剂 引气减水剂 泵送剂等

续表

序号	项目	内容
2	外加剂的分类	续表（见下表）

续表

序号	按混凝土外加剂功能分类	品种
2	调节混凝土凝结时间、硬化性能	缓凝剂 缓凝减水剂 缓凝高效减水剂 早强剂 早强减水剂 速凝剂等
3	改善混凝土耐久性	引气剂 引气减水剂 防水剂 阻锈剂 矿物外加剂等
4	改善混凝土其他性能	防冻剂 膨胀剂 养护剂 着色剂 水下浇筑混凝土抗分散剂等 砂浆外加剂 脱模剂 混凝土表面缓凝剂 混凝土界面处理剂 大掺量掺合料专用混凝土外加剂等

续表

序号	项目	内容
3	外加剂的具体名称和定义	混凝土外加剂的具体名称和定义如表 2-11 所示。

表 2-11　混凝土外加剂的具体定义和名称

序号	中文名称	英文名称	定义
1	普通减水剂	water reducing admixture	在混凝土坍落度基本相同的条件下，能减少拌合用水量的外加剂
2	高效减水剂	super plasticizer	在混凝土坍落度基本相同的条件下，能大幅度减少拌合用水量的外加剂，或在用水量相同的条件下，能大幅度提高混凝土流动性的外加剂
3	早强剂	hardening accelerating admixture	能加速混凝土早期强度发展的外加剂
4	缓凝剂	set retarding	能延长混凝土凝结时间的外加剂
5	速凝剂	flash setting admixture	能使混凝土迅速凝结硬化的外加剂
6	引气剂	air entraining admixture	在搅拌混凝土过程中能引入大量均匀分布、稳定而封闭的微小气泡且能保留在硬化混凝土中的外加剂
7	早强减水剂	hardening accelerating and water reducing admixture	兼有早强和减水功能的外加剂
8	缓凝减水剂	set retarding and water reducing admixture	兼有缓凝和减水功能的外加剂
9	缓凝高效减水剂	set retarding superplasticizer	兼有缓凝和大幅减水功能的外加剂
10	引气减水剂	air entraining and water reducing admixture	兼有引气和减水功能的外加剂
11	防水剂	water-repellent admixture	能提高水泥砂浆、混凝土抗渗性能的外加剂
12	防冻剂	anti-freezing admixture	能使混凝土在负温下硬化，并在规定养护条件下达到预期性能的外加剂

续表

序号	项目	内容
3	外加剂的具体名称和定义	(见下表)

续表

序号	中文名称	英文名称	定义
13	阻锈剂	anti-corrosion admixture	能抑制或减轻混凝土中钢筋或其他预埋件锈蚀的外加剂
14	加气剂	gas forming admixture	混凝土制备过程中因发生化学反应放出气体，使硬化混凝土中有大量均匀分布气孔的外加剂
15	膨胀剂	expanding admixture	在混凝土硬化过程中因化学反应能使混凝土产生一定体积膨胀的外加剂
16	着色剂	colouring admixture	能制备具有稳定色彩混凝土的外加剂
17	泵送剂	pumping concrete admixture	能改善混凝土拌合物泵送性能的外加剂
18	保水剂	water retenting agent	能增强混凝土保水能力的外加剂
19	促凝剂	set accelerating admixture	能缩短拌合物凝结时间的外加剂
20	絮凝剂	flocculating agent	在水中施工时，能增加混凝土黏稠性，抗水泥和集料分离的外加剂
21	增稠剂	viscosity enhancing agent	能提高混凝土拌合物黏度的外加剂
22	减缩剂	shrinkage reducing agent	减少混凝土收缩的外加剂
23	保塑剂	plastic retaining agent	在一定时间内，减少混凝土坍落度损失的外加剂
24	磨细矿渣	grounded furnace slag	粒状高炉矿渣经干燥、粉磨等工艺达到规定细度的产品

续表

序号	项目	内容
3	外加剂的具体名称和定义	续表（见下表）

续表

序号	中文名称	英文名称	定义
25	硅灰	silica fume	在冶炼硅铁合金或工业硅时，通过烟道排出的硅蒸气氧化后，经收尘器收集得到的以无定形二氧化硅为主要成分的产品
26	磨细粉煤灰	grounded fly ash	干燥的粉煤灰经粉磨达到规定细度的产品
27	磨细天然沸石	grounded natural zeolite	以一定品位纯度的天然沸石为原料，经粉磨至规定细度的产品

序号	项目	内容
4	外加剂代号	采用以下代号表示外加剂的类型： 早强型高性能减水剂：HPWR-A； 标准型高性能减水剂：HPWR-S； 缓凝型高性能减水剂：HPWR-R； 标准型高效减水剂：HWR-S； 缓凝型高效减水剂：HWR-R； 早强型普通减水剂：WR-A； 标准型普通减水剂：WR-S； 缓凝型普通减水剂：WR-R； 强气减水剂：AEWR 泵送剂：PA 早强剂：Ac 缓凝剂：Re 引气剂：AE。

2.3.2 掺外加剂混凝土性能指标

表 2-12 掺加外加剂混凝土性能指标（GB 8076—2008）

项目		外加剂品种												
		高性能减水剂 HPWR			高效减水剂 HWR		普通减水剂 WR			引气减水剂 AEWR	泵送剂 PA	早强剂 Ac	缓凝剂 Re	引气剂 AE
		早强型 HPWR-A	标准型 HPWR-S	缓凝型 HWR-R	标准型 HWRS-S	缓凝型 HWR-R	早强型 WR-A	标准型 WR-A	缓凝型 WR-R					
减水率（%）≥		25	25	25	14	14	8	8	8	10	12	—	—	6
泌水率（%）≤		50	60	70	90	100	95	100	100	70	70	100	100	75
含气量（%）		≤6.0	≤6.0	≤6.0	≤3.0	≤4.5	≤4.0	≤4.0	≤5.5	≥3.0	≥5.5	—	—	≥3.0
凝结时间之差（min）	初凝	−90～+90	−90～+120	>+90	−90～+120	>+90	−90～+90	−90～+120	>+90	−90～+120	—	−90～+90	>+90	−90～+120
	终凝			—		—			—			—		
1h 经时变化量	坍落度（mm）	—	≤80	≤60	—	—	—	—	—	—	≤80	—		—
	含气量（%）	—	—	—						−1.5～+1.5	—			−1.5～+1.5
抗压强度比（%）≥	1d	180	170	—	140	—	135	—	—	—	—	135	—	—
	3d	170	160	—	130	—	130	115	—	115	—	130	—	95

续表

项目		外加剂品种												
		高性能减水剂 HPWR			高效减水剂 HWR		普通减水剂 WR			引气减水剂 AEWR	泵送剂 PA	早强剂 Ac	缓凝剂 Re	引气剂 AE
		早强型 HPWR-A	标准型 HPWR-S	缓凝型 HWR-R	标准型 HWRS-S	缓凝型 HWR-R	早强型 WR-A	标准型 WR-A	缓凝型 WR-R					
抗压强度比（%）≥	7d	145	150	140	125	125	110	115	110	110	115	110	100	95
	28d	130	140	130	120	120	100	110	110	100	110	100	100	90
收缩率比（%）≤	28d	110	110	110	135	135	135	135	135	135	135	135	135	135
相对耐久性（200 次）（%）≥		—	—	—	—	—	—	—	—	80	—	—	—	80

注：1. 表中抗压强度比，收缩率比、相对耐久性为强制性指标，其余为推荐性指标；

2. 除含气量和相对耐久性外，表中所列数据为掺加外加剂混凝土与基准混凝土的差值或比值；

3. 凝结时间之差性能指标中的“－”号表示提前，“＋”号表示延缓；

4. 相对耐久性（200 次）性能指标中的“≥”表示将 28d 龄期的受检混凝土试件快速冻融循环 200 次后，动弹性模量保留值≥80%；

5. 1h 含气量经时变化量指标中的“－”号表示含气量增加，“＋”号表示含气量减少；

6. 其他品种的外加剂是否需要测定相对耐久性指标，由供、需双方协商确定；

7. 当用户对泵送剂等产品有特殊要求时，需要进行的补充试验项目、试验方法及指标，由供需双方协商决定。

2.3.3 混凝土外加剂的匀质性

<table>
<tr><th>序号</th><th>项　　目</th><th>内　　容</th></tr>
<tr><td>1</td><td>混凝土外加剂的匀质性</td><td>混凝土外加剂的匀质性是表示外加剂自身质量稳定均匀的性能。用来控制产品生产质量稳定、统一、均匀；用来检验产品质量和进行产品仲裁。</td></tr>
<tr><td>2</td><td>混凝土外加剂的匀质性指标</td><td>匀质性指标应符合表 2-13 的要求。

表 2-13　匀质性指标（GB 8076—2008）
<table>
<tr><th>试验项目</th><th>指　标</th></tr>
<tr><td>氯离子含量（%）</td><td>不超过生产厂控制值</td></tr>
<tr><td>总碱量（%）</td><td>不超过生产厂控制值</td></tr>
<tr><td>含固量（%）</td><td>$S>25\%$时，应控制在 $0.95\sim1.05S$；
$S\leqslant25\%$时，应控制在 $0.90\sim1.10S$</td></tr>
<tr><td>含水率（%）</td><td>$W>5\%$时，应控制在 $0.90\sim1.10S$；
$W\leqslant5\%$时，应控制在 $0.80\sim1.20S$</td></tr>
<tr><td>密度（g/cm^3）</td><td>$D>1.1$ 时，应控制在 $D\pm0.03$；
$D\leqslant1.1$ 时，应控制在 $D\pm0.02$；</td></tr>
<tr><td>细度</td><td>应在生产厂控制范围内</td></tr>
<tr><td>pH 值</td><td>应在生产厂控制范围内</td></tr>
<tr><td>硫酸钠</td><td>不超过生产厂控制值</td></tr>
<tr><td colspan="2">注 1. 生产厂应在相关的技术资料中明示产品匀质性指标的控制值；
2. 对相同和不同批次之间的匀质性和等效性的其他要求，可由供需双方商定；
3. 表中的 S、W 和 D 分别为含固量、含水率和密度的生产厂控制值。</td></tr>
</table></td></tr>
</table>

2.3.4 外加剂的作用及应用范围

序号	项 目	内 容
1	外加剂的作用	各种外加剂都有其各自的特殊作用。合理使用各种混凝土外加剂，可以满足实际工程对混凝土在塑性阶段、凝结硬化阶段和凝结硬化后期服务阶段各种性能的不同要求。归纳起来，人们使用混凝土外加剂的主要目的有以下几个方面。 1）改善混凝土、砂浆和水泥浆塑性阶段的性能 ①在不增加用水量的情况下提高新拌混凝土的和易性，或在和易性相同时减少用水量； ②降低泌水率； ③增加黏聚性，减小离析； ④增加含气量； ⑤降低坍落度经时损失； ⑥提高可泵性； ⑦改善在水下浇筑时的抗分散性等。 2）改善混凝土、砂浆和水泥浆在凝结硬化阶段的性能 ①缩短或延长凝结时间； ②延缓水化或减少水化热，降低水化热温升速度和温峰高度； ③加速早期强度增长速度； ④在负温下尽快建立强度以增强抗冻性等。 3）改善混凝土、砂浆和水泥浆在凝结硬化后期及服务期内的性能 ①提高强度（包括抗压、抗拉、抗弯和抗剪强度等）； ②增强混凝土与钢筋之间的粘结能力； ③提高新老混凝土之间的粘结力； ④增强密实性，提高防水能力；

续表

序号	项目	内容
1	外加剂的作用	⑤提高抗冻融循环能力； ⑥产生一定体积膨胀； ⑦提高耐久性； ⑧阻止碱-集料反应； ⑨阻止内部配筋和预埋金属的锈蚀； ⑩改善混凝土抗冲击和抗磨损能力； ⑪其他，包括配制彩色混凝土、多孔混凝土等。
2	外加剂的作用与使用效果归纳	外加剂的作用与使用效果因外加剂的种类而不同，具体归纳见表 2-14。

表 2-14　外加剂的作用与使用效果

序号	外加剂名称	项目	内容
1)	普通减水剂	品种	木质素磺酸盐类：木质素磺酸钙、木质素磺酸钠、木质素磺酸镁及丹宁等。
		主要功能	①在保持单位立方混凝土用水量和水泥用量不变的情况下，可提高混凝土的流动性； ②在保持混凝土坍落度和水泥用量不变的情况下，可减少用水量，从而提高混凝土的强度，改善混凝土的耐久性； ③在保持混凝土坍落度和设计强度不变的情况下，可节约水泥用量，从而降低成本； ④在保持混凝土坍落度不变的情况下，通过配合比设计，可以达到同时节约水泥用量和提高混凝土强度的目的； ⑤改善混凝土的黏聚性、保水性和易浇筑性等；

续表

序号	项目	内容
2	外加剂的作用与使用效果归纳	续表（见下表）

续表

序号	外加剂名称	项目	内容
1）	普通减水剂	主要功能	⑥通过降低水泥用量从而降低大体积混凝土的水化热温升、减少温度裂缝； ⑦减少混凝土塑性裂缝、沉降裂缝和干缩裂缝等； ⑧提高混凝土的抹面性等。
		掺量	普通减水剂的适宜掺量为水泥质量的0.2%～0.3%，一般不大于0.5%。
		适用范围	①普通减水剂及高效减水剂可用于素混凝土、钢筋混凝土、预应力混凝土，并可制备高强高性能混凝土； ②普通减水剂宜用于日最低气温5℃以上施工的混凝土，不宜单独用于蒸养混凝土； ③当掺用含有木质素磺酸盐类物质的外加剂时应先做水泥适应性试验，合格后方可使用。
2）	高效减水剂	品种	①多环芳香族磺酸盐类：萘和萘的同系磺化物与甲醛缩合的盐类、氨基磺酸盐等； ②水溶性树脂磺酸盐类：磺化三聚氰胺树脂、磺化古码隆树脂等； ③脂肪族类：聚羧酸盐类、聚丙烯酸盐类、脂肪族羟甲基磺酸盐高缩物等； ④其他：改性木质素磺酸钙、改性丹宁等。
		主要功能	①在保持单位立方混凝土用水量和水泥用量不变的情况下，可大幅度提高混凝土的流动性； ②在保持混凝土坍落度和水泥用量不变的情况下，可减少用水量15%左右，从而提高混凝土的强度20%左右，改善混凝土的耐久性； ③在保持混凝土坍落度和设计强度不变的情况下，可节约水泥用量10%～20%。

续表

序号	项目	内容
2	外加剂的作用与使用效果归纳	续表（见下）

续表

序号	外加剂名称	项目	内容
2）	高效减水剂	掺量	高效减水剂的适宜掺量为水泥质量的 0.5%～1.0%
		适用范围	①高效减水剂可用于素混凝土、钢筋混凝土、预应力混凝土，并可制备高强高性能混凝土。 ②高效减水剂宜用于日最低气温 0℃以上施工的混凝土。
3）	早强剂及早强减水剂	品种	①强电解质无机盐类早强剂：硫酸盐、硫酸复盐、硝酸盐、亚硝酸盐、氯盐等； ②水溶性有机化合物：三乙醇胺，甲酸盐、乙酸盐、丙酸盐等； ③其他：有机化合物、无机盐复合物。
		主要功能	①在混凝土配合比不变的情况下，可以提高混凝土早期强度发展速度，从而提高早期强度； ②使拆模时间提前； ③减轻混凝土对模板的侧压力； ④缩短混凝土养护周期； ⑤加快混凝土制品场地周转，提高生产效率； ⑥减少低温对混凝土强度发展的影响； ⑦对于修补、加固工程，可加快施工速度等。

续表

序号	项目	内容
2	外加剂的作用与使用效果归纳	续表

序号	外加剂名称	项目	内容
3)	早强剂及早强减水剂	掺量	常用早强剂掺量限值见表 2-15。

表 2-15　常用早强剂掺量限值

混凝土种类	使用环境	早强剂名称	掺量限值（水泥质量，%）不大于
预应力混凝土	干燥环境	三乙醇胺 硫酸钠	0.05 1.0
钢筋混凝土	干燥环境	氯离子［Cl^-］ 硫酸钠	0.6 2.0
钢筋混凝土	干燥环境	与缓凝减水剂复合的硫酸钠 三乙醇胺	3.0 0.05
钢筋混凝土	潮湿环境	硫酸钠 三乙醇胺	1.5 0.05
有饰面要求的混凝土	潮湿环境	硫酸钠	0.8
素混凝土	潮湿环境	氯离子［Cl^-］	1.8

注：预应力混凝土及潮湿环境中使用的钢筋混凝土中不得掺氯盐早强剂。

续表

<table>
<tr><th>序号</th><th>项　　目</th><th>内　　容</th></tr>
<tr><td>2</td><td>外加剂的作用与使用效果归纳</td><td>
续表
<table>
<tr><th>序号</th><th>外加剂名称</th><th>项目</th><th>内　　容</th></tr>
<tr><td>3)</td><td>早强剂及早强减水剂</td><td>适用范围</td><td>①早强剂及早强减水剂适用于蒸养混凝土及常温、低温和最低温度不低于−5℃环境中施工的有早强要求的混凝土工程。炎热环境条件下不宜使用早强剂、早强减水剂。
②掺入混凝土后对人体产生危害或对环境产生污染的化学物质严禁用作早强剂。含有六价铬盐、亚硝酸盐等有害成分的早强剂严禁用于饮水工程及与食品相接触的工程。硝铵类严禁用于办公、居住等建筑工程。
③下列结构中严禁采用含有氯盐配制的早强剂及早强减水剂：
a. 预应力混凝土结构；
b. 相对湿度大于80%环境中使用的结构，处于水位变化部位的结构，露天结构及经常受水淋、受水流冲刷的结构；
c. 大体积混凝土；
d. 直接接触酸、碱或其他侵蚀性介质的结构；
e. 经常处于温度为60℃以上的结构，需要经蒸养的钢筋混凝土预制构件；
f. 有装饰要求的混凝土，特别是要求色彩一致的或是表面有金属装饰的混凝土；
g. 薄壁混凝土结构。
④在下列混凝土结构中严禁采用含有强电解质无机盐类的早强剂及早强减水剂：
a. 与镀锌钢材或铝铁质材料相接触部位的结构，以及有外露钢筋预埋铁件而无防护措施的结构；
b. 使用直流电源的结构以及距高压直流电源100m以内的结构。
⑤含钾、钠离子的早强剂用于集料具有碱活性的混凝土结构时，由外加剂带入的碱含量（以当量氧化钠计）不宜超过$1kg/m^3$混凝土，混凝土总碱含量尚应符合有关标准的规定。</td></tr>
</table>
</td></tr>
</table>

续表

序号	项目	内容
2	外加剂的作用与使用效果归纳	续表

序号	外加剂名称	项目	内容
4）	缓凝剂及缓凝减水剂	品种	①糖类：糖钙、葡萄糖酸盐等； ②木质素磺酸盐类：木质素磺酸钙、木质素磺酸钠等； ③羟基羧酸及其盐类：柠檬酸、酒石酸钾钠等； ④无机盐类：锌盐、磷酸盐等； ⑤其他：胺盐及其衍生物、纤维素醚等。
		主要功能	①延长混凝土的凝结时间； ②延长混凝土的可施工时间； ③降低混凝土的坍落度损失速率； ④降低混凝土内部水化热温升速率； ⑤提高大体积混凝土的连续浇筑性，避免产生冷缝； ⑥延缓混凝土的抹面时间等； ⑦缓凝减水剂还具有减水功能。
		掺量	①糖类缓凝剂：水泥质量的 0.1%～0.3%； ②木质素磺酸盐类：水泥质量的 0.2%～0.3%； ③羟基羧酸及其盐类：水泥质量的 0.03%～0.10%； ④无机盐类：水泥质量的 0.10%～0.25%。

续表

<table>
<tr><th>序号</th><th>项　目</th><th colspan="4">内　容</th></tr>
<tr><td rowspan="4">2</td><td rowspan="4">外加剂的作用与使用效果归纳</td><td colspan="4">续表</td></tr>
<tr><td>序号</td><td>外加剂名称</td><td>项目</td><td>内　容</td></tr>
<tr><td>4)</td><td>缓凝剂及缓凝减水剂</td><td>适用范围</td><td>①缓凝剂、缓凝减水剂及缓凝高效减水剂可用于大体积混凝土、碾压混凝土、炎热气候条件下施工的混凝土、大面积浇筑的混凝土、避免冷缝产生的混凝土、需要较长时间停放或长距离运输的混凝土、自流平免振混凝土、滑模施工或拉模施工的混凝土及其他需要延缓凝结时间的混凝土。缓凝高效减水剂还可制备高强高性能混凝土。
②缓凝剂、缓凝减水剂及缓凝高效减水剂宜用于日最低气温 5℃以上施工的混凝土，不宜单独用于有早强要求的混凝土及蒸养混凝土。
③柠檬酸及酒石酸钾钠等缓凝剂不宜单独用于水泥用量较低、水灰比较大的贫混凝土。
④当掺用含有糖类及木质素磺酸盐类物质的外加剂时应先做水泥适应性试验，合格后方可使用。
⑤使用缓凝剂、缓凝减水剂及缓凝高效减水剂施工时，宜根据温度选择品种并调整掺量，满足工程要求后方可使用。</td></tr>
<tr><td>5)</td><td>引气剂及引气减水剂</td><td>品种</td><td>①松香树脂类：松香热聚物、松香皂类等；
②烷基和烷基芳烃磺酸盐类：十二烷基磺酸盐、烷基苯磺酸盐、烷基苯酚聚氧乙烯醚等；
③脂肪醇磺酸盐类：脂肪醇聚氧乙烯醚、脂肪醇聚氧乙烯磺酸钠、脂肪醇硫酸钠等；
④皂甙类：三萜皂甙等；
⑤其他：蛋白质盐、石油磺酸盐等。</td></tr>
</table>

续表

序号	项目	内容
2	外加剂的作用与使用效果归纳	续表（见下）

续表

序号	外加剂名称	项目	内容
5)	引气剂及引气减水剂	主要功能	①使混凝土在搅拌过程中，内部产生大量微小稳定的气泡； ②改善混凝土的黏聚性、保水性和抗离析性； ③改善混凝土的可泵性； ④减少塑性裂缝和沉降裂缝； ⑤大幅度提高混凝土的抗冻融循环能力； ⑥增强混凝土的抗化学物质侵蚀性等。
		掺量	引气剂（松香树脂及其衍生物）的适宜掺量为一般水泥质量的0.005%～0.015%
		适用范围	①引气剂及引气减水剂，可用于抗冻混凝土、抗渗混凝土、抗硫酸盐混凝土、泌水严重的混凝土、贫混凝土、轻集料混凝土、人工集料配制的普通混凝土、高性能混凝土以及有饰面要求的混凝土。 ②引气剂、引气减水剂不宜用于蒸养混凝土及预应力混凝土，必要时，应以试验确定。 ③掺引气剂及引气减水剂混凝土的含气量，不宜超过表2-16规定的含气量；对抗冻性要求高的混凝土，宜采用表2-16规定的含气量数值。 （表2-16见下）

表 2-16　掺引气剂及引气减水剂混凝土的含气量

粗集料最大粒径（mm）	20（19）	25（22.4）	40（37.5）	50（45）	80（75）
混凝土含气量（%）	5.5	5.0	4.5	4.0	3.5

注：括号内数值为《建筑用卵石、碎石》（GB/T 14685—2001）中标准筛的尺寸。

续表

<table>
<tr><th>序号</th><th>项　目</th><th>内　　容</th></tr>
<tr><td>2</td><td>外加剂的作用与使用效果归纳</td><td>
续表
<table>
<tr><th>序号</th><th>外加剂名称</th><th>项目</th><th>内　　容</th></tr>
<tr><td rowspan="2">6）</td><td rowspan="2">防冻剂</td><td>品种</td><td>①强电解质无机盐类：
a. 氯盐类：以氯盐为防冻组分的外加剂；
b. 氯盐阻锈类：以氯盐与阻锈剂为防冻组分的外加剂；
c. 无氯盐类：以亚硝酸盐、硝酸盐等无机盐为防冻组分的外加剂。
②水溶性有机化合物类：以某些醇类等有机化合物为防冻组分的外加剂。
③有机化合物与无机盐复合类。
④复合型防冻剂：以防冻组分复合早强、引气、减水等组分的外加剂。</td></tr>
<tr><td>主要功能</td><td>①降低混凝土中自由水的冰点；
②提高混凝土的早期强度；
③使混凝土能够在负温下尽早建立强度，以提高其抗冻能力；
④使混凝土能够在冬期进行浇筑施工；
⑤改善混凝土的抗冻融循环性等。</td></tr>
</table>
</td></tr>
</table>

续表

序号	项目	内容
2	外加剂的作用与使用效果归纳	续表（见下）

续表

序号	外加剂名称	项目	内容
6)	防冻剂	性能指标	掺防冻剂混凝土性能指标见表 2-17。

表 2-17　掺防冻剂混凝土性能指标

项目		性能指标					
		一等品			合格品		
减水率（%）≮		10			—		
泌水率比（%）≯		80			100		
含气量（%）≯		2.5			2.0		
凝结时间之差（min）	初凝	－150～＋150			－210～＋210		
	终凝						
抗压强度比（%，不小于）	规定温度	－5	－10	－15	－5	－10	－15
	R_{-7}	20	12	10	20	10	8
	R_{28}	100		95	95		90
	R_{-7+28}	95	90	85	90	85	80
	R_{-7+56}	100			100		
28d 收缩率比（%）≯		135					
渗透高度比（%）≯		100					

续表

<table>
<tr><th>序号</th><th>项目</th><th>内容</th></tr>
<tr><td>2</td><td>外加剂的作用与使用效果归纳</td><td>
续表
<table>
<tr><th>序号</th><th>外加剂名称</th><th>项目</th><th>内容</th></tr>
<tr><td>6)</td><td>防冻剂</td><td>性能指标</td><td>
续表
<table>
<tr><th rowspan="2">项目</th><th colspan="2">性能指标</th></tr>
<tr><th>一等品</th><th>合格品</th></tr>
<tr><td>50次冻融强度损失率比(%)≯</td><td colspan="2">100</td></tr>
<tr><td>对钢筋锈蚀作用</td><td colspan="2">应说明对钢筋有无锈蚀作用</td></tr>
<tr><td>其他</td><td colspan="2">①无氯盐防冻剂中氯离子含量≤0.1%；
②含有氨或氨基类的防冻剂释放氨量应符合（GB 18588—2001）规定的限值。</td></tr>
</table>
除了性能指标外，标准还规定检验防冻剂的匀质性指标，如表2-18所示。

表2-18　防冻剂匀质性指标
<table>
<tr><th>试验项目</th><th>指标</th></tr>
<tr><td>固体含量</td><td>液体防冻剂：
$S \geqslant 20\%$时，$0.95S \leqslant X < 1.05S$
$S < 20\%$时，$0.90S \leqslant X < 1.10S$
S是生产厂提供的固体含量（质量%），X是测试的固体含量（质量%）</td></tr>
</table>
</td></tr>
</table>
</td></tr>
</table>

续表

序号	项目	内容
2	外加剂的作用与使用效果归纳	见下表

续表

序号	外加剂名称	项目	内容
6)	防冻剂	性能指标	见下表

续表

试验项目	指标
含水量	粉状防冻剂： $W \geqslant 5\%$时，$0.90W \leqslant X < 1.10W$ $W < 5\%$时，$0.80W \leqslant X < 1.20W$ W是生产厂提供的含水率（质量%），X是测试的含水率（质量%）
密度	液体防冻剂： $D > 1.1$时，要求$D \pm 0.03$ $D \leqslant 1.1$时，要求$D \pm 0.02$ D是生产厂提供的密度值。
氯离子含量（%）	无氯盐防冻剂：≤0.1%（质量百分比）。 其他防冻剂：不超过生产厂控制值。
总碱量（Na_2O+$0.658K_2O$），（%）	不超过生产厂提供的最大值。

续表

<table>
<tr><th>序号</th><th>项　目</th><th>内　容</th></tr>
<tr><td>2</td><td>外加剂的作用与使用效果归纳</td><td>
续表
<table>
<tr><th>序号</th><th>外加剂名称</th><th>项目</th><th>内　容</th></tr>
<tr><td rowspan="2">6)</td><td rowspan="2">防冻剂</td><td>性能指标</td><td>
续表
<table>
<tr><th>试验项目</th><th>指　标</th></tr>
<tr><td>水泥净浆流动度（mm）</td><td>应不小于生产厂控制值的 95%。</td></tr>
<tr><td>细度（%）</td><td>粉状防冻剂细度应在生产厂提供的最大值之内。</td></tr>
</table>
</td></tr>
<tr><td>适用范围</td><td>①含亚硝酸盐（碳酸盐）的防冻剂严禁用于预应力混凝土结构；
②含有六价铬盐、亚硝酸盐等有害成分的防冻剂，严禁用于饮水工程及与食品相接触的工程；
③含有硝铵、尿素等产生刺激性气味的防冻剂，严禁用于办公、居住等建筑工程；
④强电解质无机盐防冻剂带入的碱含量（以当量氧化钠计）不宜超过 $1kg/m^3$ 混凝土，混凝土总碱含量尚应符合有关标准的规定；
⑤有机化合物类防冻剂可用于素混凝土、钢筋混凝土及预应力混凝土工程；
⑥有机化合物与无机盐复合防冻剂及复合型防冻剂可用于素混凝土、钢筋混凝土及预应力混凝土工程；
⑦对水工、桥梁及有特殊抗冻融性要求的混凝土工程，应通过试验确定防冻剂品种及掺量。</td></tr>
</table>
</td></tr>
</table>

续表

<table>
<tr><th>序号</th><th>项　目</th><th>内　　容</th></tr>
<tr><td>2</td><td>外加剂的作用与使用效果归纳</td><td>

续表

<table>
<tr><th>序号</th><th>外加剂名称</th><th>项目</th><th>内　　容</th></tr>
<tr><td rowspan="3">7）</td><td rowspan="3">膨胀剂</td><td>品种</td><td>①硫铝酸钙类；
②硫铝酸钙-氧化钙类；
③氧化钙类。</td></tr>
<tr><td>主要功能</td><td>①使混凝土在硬化早期产生一定的体积膨胀；
②补偿收缩，减少温度裂缝和干缩裂缝；
③提高混凝土的抗渗性；
④减少超长混凝土结构的施工缝；
⑤可生产自应力混凝土等。</td></tr>
<tr><td>适用范围</td><td>①膨胀剂的适用范围应符合表 2-19 的规定。

表 2-19　膨胀剂的适用范围

<table>
<tr><th>用　途</th><th>适　用　范　围</th></tr>
<tr><td>补偿收缩混凝土</td><td>地下、水中、海水中、隧道等构筑物，大体积混凝土（除大坝外），配筋路面和板，屋面与厕浴间防水，构件补强，渗漏修补，预应力混凝土，回填槽等。</td></tr>
<tr><td>填充用膨胀剂混凝土</td><td>结构后浇带、隧洞堵头、钢管与隧道之间的填充等。</td></tr>
</table>

</td></tr>
</table>

</td></tr>
</table>

续表

<table>
<tr><th>序号</th><th>项　目</th><th>内　容</th></tr>
<tr><td>2</td><td>外加剂的作用与使用效果归纳</td><td>
续表
<table>
<tr><th>序号</th><th>外加剂名称</th><th>项目</th><th>内　容</th></tr>
<tr><td>7)</td><td>膨胀剂</td><td>适用范围</td><td>
续表
<table>
<tr><th>用　途</th><th>适 用 范 围</th></tr>
<tr><td>灌浆用膨胀砂浆</td><td>机械设备的底座灌浆，地脚螺栓的固定，梁柱接头，构件补强、加固等。</td></tr>
<tr><td>自应力混凝土</td><td>仅用于常温下使用的自应力钢筋混凝土压力管。</td></tr>
</table>
②含硫铝酸钙类、硫铝酸钙-氧化钙类膨胀剂的混凝土（砂浆）不得用于长期环境温度为 80℃以上的工程。
③含氧化钙类膨胀剂配制的混凝土（砂浆）不得用于海水或有侵蚀性水的工程。
④掺膨胀剂的混凝土适用于钢筋混凝土工程和填充性混凝土工程。
⑤掺膨胀剂的大体积混凝土，其内部最高温度应符合有关标准的规定，混凝土内外温差宜小于 25℃。
⑥掺膨胀剂的补偿收缩混凝土刚性屋面宜用于南方地区，其设计、施工应按《屋面工程质量验收规范》（GB 50207—2002）执行。
</td></tr>
</table>
</td></tr>
</table>

续表

序号	项目	内容
2	外加剂的作用与使用效果归纳	（见下表）

续表

序号	外加剂名称	项目	内容
8)	泵送剂	品种	混凝土工程中，泵送剂可采用由减水剂、缓凝剂、引气剂等复合而成。
		主要功能	除具有减水剂的作用外，还可以起到： ①改善混凝土的泵送性； ②减小混凝土坍落度经时损失等。
		适用范围	泵送剂适用于工业与民用建筑及其他构筑物的泵送施工的混凝土；特别适用于大体积混凝土、高层建筑和超高层建筑；适用于滑模施工等场合；也适用于水下灌筑桩混凝土。
9)	防水剂	品种	①无机化合物类：氯化铁、硅灰粉末、锆化合物等。 ②有机化合物类：脂肪酸及其盐类、有机硅表面活性剂（甲基硅醇钠、乙基硅醇钠、聚乙基羟基硅氧烷）、石蜡、地沥青、橡胶及水溶性树脂乳液等。 ③混合物类：无机类混合物、有机类混合物、无机类与有机类混合物。 ④复合类：上述各类与引气剂、减水剂、调凝剂等外加剂复合的复合型防水剂。
		主要功能	①增强混凝土的密实度； ②提高混凝土的抗渗等级； ③改善混凝土的耐久性等。
		适用范围	①防水剂可用于工业与民用建筑的屋面、地下室、隧道、巷道、给排水池、水泵站等有防水抗渗要求的混凝土工程； ②含氯盐的防水剂可用于素混凝土、钢筋混凝土工程，严禁用于预应力混凝土工程。

续表

<table>
<tr><th>序号</th><th>项　目</th><th>内　容</th></tr>
<tr><td>2</td><td>外加剂的作用与使用效果归纳</td><td>
续表
<table>
<tr><th>序号</th><th>外加剂名称</th><th>项目</th><th>内　容</th></tr>
<tr><td rowspan="3">10)</td><td rowspan="3">速凝剂</td><td>品种</td><td>①在喷射混凝土工程中可采用的粉末状速凝剂：以铝酸盐、碳酸盐等为主要成分的无机盐混合物等；
②在喷射混凝土工程中可采用的液体速凝剂：以铝酸盐、水玻璃等为主要成分，与其他无机盐复合而成的复合物。</td></tr>
<tr><td>主要功能</td><td>①增强混凝土的密实度；
②提高混凝土的抗渗等级；
③改善混凝土的耐久性等。</td></tr>
<tr><td>适用范围</td><td>速凝剂可用于采用喷射法施工的喷射混凝土，亦可用于需要速凝的其他混凝土工程。</td></tr>
<tr><td>11)</td><td>阻锈剂</td><td>主要功能</td><td>①阻止混凝土内部配筋和预埋金属的锈蚀；
②改善混凝土的耐久性等。</td></tr>
<tr><td>12)</td><td>粘结剂</td><td>主要功能</td><td>①增强新老混凝土之间的粘结强度；
②避免出现冷缝；
③提高混凝土修补加固工程的质量等。</td></tr>
<tr><td>13)</td><td>着色剂</td><td>主要功能</td><td>①生产具有各种不同颜色的混凝土制品；
②配制彩色砂浆；
③配制彩色水泥浆等。</td></tr>
</table>
</td></tr>
</table>

续表

<table>
<tr><th>序号</th><th>项　目</th><th>内　容</th></tr>
<tr><td>2</td><td>外加剂的作用与使用效果归纳</td><td>续表
<table>
<tr><th>序号</th><th>外加剂名称</th><th>项目</th><th>内　容</th></tr>
<tr><td>14）</td><td>水下浇筑混凝土抗分散剂</td><td>主要功能</td><td>①提高新拌混凝土的黏聚性；
②提高混凝土水下浇筑时的抗分离性；
③避免对混凝土浇筑区附近水域的污染等。</td></tr>
<tr><td>15）</td><td>脱模剂</td><td>主要功能</td><td>①使混凝土易于脱模；
②改善混凝土表面质量等。</td></tr>
<tr><td>16）</td><td>养护剂</td><td>主要功能</td><td>①阻止混凝土内部水分蒸发；
②提高混凝土的养护质量；
③减少混凝土的干缩开裂；
④减少养护劳动力；
⑤满足干燥炎热气候下的施工要求；
⑥改善混凝土的耐久性等。</td></tr>
<tr><td>17）</td><td>碱-集料反应抑制剂</td><td>主要功能</td><td>①预防混凝土内部碱-集料反应；
②改善混凝土的耐久性等。</td></tr>
</table></td></tr>
<tr><td>3</td><td>外加剂的应用范围</td><td>外加剂已被公认为现代混凝土所不可缺少的第五组分。但是混凝土外加剂的品种繁多、功能各异，所以，实际应用外加剂时，应根据工程需要、现场的材料和施工条件，并参考外加剂产品说明书及有关资料进行全面考虑，如果有条件，最好通过实验验证使用效果和计算经济效益后再确定具体使用方案。</td></tr>
</table>

续表

<table>
<tr><th>序号</th><th>项　目</th><th>内　容</th></tr>
<tr><td>3</td><td>外加剂的应用范围</td><td>
表 2-20 是按照工程常用的特种混凝土种类确定的外加剂应用范围。
表 2-20　外加剂的应用范围
<table>
<tr><th>序号</th><th>混凝土品种</th><th>应用目的</th><th>适合的外加剂</th></tr>
<tr><td>1</td><td>普通强度混凝土（C20～C30）</td><td>1）节约水泥用量；
2）使用低强度等级水泥；
3）增大混凝土坍落度；
4）降低混凝土的收缩和徐变等。</td><td>普通减水剂</td></tr>
<tr><td>2</td><td>中等强度混凝土（C35～C55）</td><td>1）节约水泥用量；
2）以低强度等级水泥代替高强度等级水泥；
3）改善混凝土的流动性；
4）降低混凝土的收缩和徐变等。</td><td>普通减水剂；
早强减水剂；
缓凝减水剂；
缓凝高效减水剂；
高效减水剂；
由普通减水剂与高效减水剂复合而成的减水剂。</td></tr>
<tr><td>3</td><td>高强混凝土（C60～C80）</td><td>1）节约水泥用量；
2）降低混凝土的水灰比（W/C）；
3）解决掺加硅灰与降低混凝土需水量之间的矛盾；
4）改善混凝土的流动性；
5）降低混凝土的收缩和徐变等。</td><td>高效减水剂；
聚羧酸系高性能减水剂；
缓凝高效减水剂等。</td></tr>
</table>
</td></tr>
</table>

续表

序号	项目	内容
3	外加剂的应用范围	续表 见下表

续表

序号	混凝土品种	应用目的	适合的外加剂
4	超高强混凝土（>C80）	1）大幅度降低水灰比（W/C）； 2）改善混凝土流动性； 3）降低混凝土的收缩和徐变等； 4）降低混凝土内部温升，减少温度开裂。	高效减水剂； 聚羧酸系高性能减水剂； 缓凝高效减水剂等。
5	早强混凝土	1）提高混凝土早期强度，使混凝土在标养条件下3d强度达28d强度的70%，7d强度达设计强度等级； 2）加快施工速度，包括加快模板和台座的周转，提高产品生产率； 3）取消或缩短蒸养时间； 4）使混凝土在低温情况下，尽早建立强度并加快早期强度发展。	早强剂； 高效减水剂； 早强减水剂等。

续表

序号	项　目	内　容
3	外加剂的应用范围	续表

序号	混凝土品种	应用目的	适合的外加剂
6	大体积混凝土	1）降低混凝土初期水化热释放速率，从而降低混凝土内部温升，减小温度开裂程度； 2）延缓混凝土凝结时间； 3）节约水泥； 4）降低干缩，减少干缩开裂等。	缓凝剂（普通强度混凝土）； 缓凝减水剂（普通强度混凝土）； 缓凝高效减水剂（中等强度混凝土，高强混凝土）； 膨胀剂； 膨胀剂与减水剂复合掺加等。
7	喷射混凝土	1）大幅度缩短混凝土凝结时间，使混凝土在瞬间凝结硬化； 2）在喷射施工时降低混凝土的回弹率。	速凝剂。
8	流态混凝土	1）配制坍落度为180～220mm甚至更大的混凝土； 2）改善混凝土的黏聚性和保水性，减小离析泌水； 3）降低水泥用量，减小收缩，提高耐久性。	流化剂（即普通减水剂或高效减水剂）； 引气减水剂等。

续表

序号	项目	内容
3	外加剂的应用范围	续表（见下表）

续表

序号	混凝土品种	应用目的	适合的外加剂
9	泵送混凝土	1）提高混凝土流动性； 2）改善混凝土的可泵送性能，使混凝土具有良好的抗离析性，泌水率小，与管壁之间的摩擦阻力减小； 3）确保硬化混凝土质量。	普通减水剂； 高效减水剂； 引气减水剂； 缓凝减水剂； 缓凝高效减水剂； 泵送剂等。
10	预拌混凝土	1）保证混凝土运往施工现场后的和易性，以满足施工要求，确保施工质量； 2）满足工程对混凝土性能的特殊要求； 3）节约水泥，取得较好的经济效益。	普通减水剂； 高效减水剂； 夏季及运输距离比较长时，应采用缓凝减水剂、缓凝高效减水剂、泵送剂或能有效控制混凝土坍落度经时损失的减水剂（泵送剂）； 选用不同性质的外加剂，以满足各种工程的特殊要求。

续表

序号	项目	内容
3	外加剂的应用范围	见下表

续表

序号	混凝土品种	应用目的	适合的外加剂
11	自然养护的预制混凝土构件	1）以自然养护代替蒸汽养护； 2）缩短脱模、起吊时间； 3）提高场地利用率，缩短生产周期； 4）节省水泥，从而降低成本； 5）方便脱模，提高产品外观质量等。	普通减水剂； 高效减水剂； 早强剂； 早强减水剂； 脱模剂等。
12	蒸养混凝土构件	1）改善混凝土施工性，降低振动密实能耗； 2）缩短养护时间或降低蒸养温度； 3）缩短静停时间； 4）提高蒸养制品质量； 5）节省水泥用量； 6）方便脱模，提高产品外观质量等。	早强剂； 高效减水剂； 早强减水剂； 脱模剂等。
13	防水混凝土	1）减少混凝土内部毛细孔； 2）细化内部孔径，堵塞连通的渗水孔道； 3）减少混凝土的泌水； 4）减小混凝土的干缩开裂等。	防水剂； 膨胀剂； 普通减水剂； 引气减水剂； 高效减水剂等。

续表

序号	项目	内容
3	外加剂的应用范围	续表

序号	混凝土品种	应用目的	适合的外加剂
14	补偿收缩混凝土	1）在混凝土内产生0.2～0.7MPa的膨胀应力，抵消由于干缩而产生的拉应力，降低混凝土干缩开裂； 2）提高混凝土的结构密实性，改善混凝土的抗渗性。	膨胀剂； 膨胀剂与减水剂等复合掺加。
15	填充用混凝土	1）使混凝土体积产生一定膨胀，抵消由于干缩而产生的收缩，提高机械设备和构件的安装质量； 2）改善混凝土的和易性和施工流动性； 3）提高混凝土的强度。	膨胀剂； 膨胀剂与减水剂等复合掺加。
16	自应力混凝土	1）在钢筋混凝土内部产生较大膨胀应力（>2MPa），使混凝土因受钢筋的约束而形成预压应力； 2）提高钢筋混凝土构件（结构）的抗开裂性和抗渗性。	膨胀剂； 膨胀剂与减水剂等复合掺加。

续表

序号	项目	内容			
		续表			
		序号	混凝土品种	应用目的	适合的外加剂
3	外加剂的应用范围	17	修补加固用混凝土	1）达到较高的强度等级； 2）满足修补加固施工时的和易性； 3）与老混凝土之间具有良好的粘连强度； 4）收缩变形小； 5）早期强度发展快，能尽早承受荷载，或较早投入使用。	早强剂； 减水剂； 高效减水剂； 早强减水剂； 膨胀剂； 粘结剂； 膨胀剂与早强剂、减水剂等复合使用等。
		18	大模板施工用混凝土	1）改善和易性，确保混凝土既具有良好的流动性，又具有优异的黏聚性和保水性； 2）提高混凝土的早期强度，以减轻模板所受的侧压力，加快拆模。	夏季： 普通减水剂； 高效减水剂等。 冬季： 高效减水剂； 早强减水剂等。
		19	滑模施工用混凝土	1）改善混凝土的和易性，满足滑模施工工艺； 2）夏季适当延长混凝土的凝结时间，便于滑模和抹光； 3）冬期适当早强，保证滑升速度。	夏季： 普通减水剂； 缓凝减水剂； 缓凝高效减水剂。 冬季： 高效减水剂； 早强减水剂； 早强剂与高效减水剂复合使用。

续表

序号	项　　目	内　　容
3	外加剂的应用范围	续表（见下表）

续表

序号	混凝土品种	应用目的	适合的外加剂
20	高温炎热干燥天气施工用混凝土	1）适当延长混凝土的凝结时间； 2）改善混凝土的和易性； 3）预防塑性开裂和减少干燥收缩开裂等。	缓凝剂； 缓凝减水剂； 缓凝高效减水剂； 养护剂等。
21	冬期施工用混凝土	1）防止混凝土受到冻害； 2）加快施工进度，提高构件（结构）质量； 3）提高混凝土的抗冻融循环能力。	早强剂； 早强减水剂； 根据冬期日最低气温，选用规定温度的防冻剂； 早强剂与防冻剂、引气剂与防冻剂、引气剂与早强剂或早强减水剂复合掺加等。
22	耐冻融混凝土	1）在混凝土内部引入适量稳定的微气泡； 2）降低混凝土的水灰比（W/C）等。	引气剂； 引气减水剂； 普通减水剂； 高效减水剂等。

续表

序号	项目	内容
3	外加剂的应用范围	续表

续表

序号	混凝土品种	应用目的	适合的外加剂
23	水下浇筑混凝土	1）提高混凝土的流动性； 2）提高混凝土的黏聚性和抗水冲刷性，使拌合料在水下浇筑时不分离； 3）适当提高混凝土的设计强度等。	水下浇筑混凝土外加剂； 絮凝剂； 絮凝剂与减水剂复合掺加等。
24	清水混凝土	1）尽量减少用水量； 2）提高混凝土流动性； 3）改善砂浆的和易性，具有良好的抗离析性能，泌水率小； 4）确保硬化混凝土质量	常用具有较大减水率的高效减水剂等；
25	建筑砂浆	1）节省石灰膏； 2）改善砂浆和易性，提高其保水性等。	砂浆微沫剂； 普通减水剂； 高效减水剂等。
26	预拌砂浆（商品砂浆）	1）节省石灰膏； 2）改善砂浆和易性，提高其保水性； 3）降低砂浆流动性经时损失； 4）节省水泥用量等。	砂浆微沫剂； 砂浆增稠剂（絮凝剂）； 砂浆微沫剂与增稠剂（絮凝剂）、普通减水剂（或高效减水剂）等复合掺加。
27	预拌干粉砂浆	1）彻底不用石灰膏； 2）改善砂浆加水后的和易性和施工性； 3）节省水泥用量等。	砂浆微沫剂； 砂浆增稠剂（絮凝剂）； 砂浆微沫剂与增稠剂（絮凝剂）、普通减水剂（或高效减水剂）等复合掺加。

2.4 细集料

2.4.1 细集料的定义、种类及来源

序号	项　目	内　容
1	细集料的定义	普通混凝土所用集料按粒径大小分为两种，粒径大于4.75mm（方孔筛）的称为粗集料，粒径0.16～4.75mm的称为细集料。
2	细集料的种类	普通混凝土中所用细集料，一般是由天然岩石长期风化等自然条件形成的天然砂和由机器破碎形成的人工砂两大类。
3	细集料的来源	天然砂是由天然岩石经长期自然风化，水流搬运和分选、堆积形成的，粒径小于4.75mm的细岩石颗粒，天然砂可分为河砂、湖砂、海砂、山砂及特细砂。河砂、湖砂和海砂是在河、湖、海等天然水域中形成和堆积的岩石碎屑，由于长期受水流的冲刷作用，颗粒表面比较圆滑而清洁，且这些砂来源广，但海砂中常含有碎贝壳及盐类等有害杂质，需要经淡化处理才能使用。山砂是岩体风化后在山间适当地形中堆积下来的岩石碎屑，其颗粒多具棱角，表面粗糙，砂中含泥量及有机杂质较多。相对比较来说，河砂较为适用，故土木工程中普遍采用河砂作细集料。 人工砂包括经除土处理的机制砂和混合砂。机制砂是将天然岩石经机械破碎、筛分制成粒径小于4.75mm的颗粒，其颗粒富有棱角，比较洁净，但砂中片状颗粒及细粉含量较多，且成本较高。混合砂的使用是为了克服机制砂粗糙、天然砂细度模数偏细的缺点，由机制砂和天然砂混合而成的砂。 在《普通混凝土用砂、石质量及检验方法标准（附条文说明）》（JGJ 52—2006）中，考虑到天然砂资源日益匮乏，而建筑市场随着国民经济的发展日益扩大，首次将人工砂及特细砂纳入标准。

2.4.2 细集料的质量标准

<table>
<tr><th>序号</th><th>项　目</th><th>内　容</th></tr>
<tr><td>1</td><td>砂的粗细程度</td><td>砂的粗细程度，是指不同粒径的砂粒，混合在一起后的总体粗细程度，通常有粗砂、中砂与细砂之分。在相同用量条件下，细砂的总表面积较大，而粗砂的总表面积较小。在混凝土中，砂子的表面需要由水泥浆包裹，砂子的总表面积愈大，则需要包裹砂粒表面的水泥浆就愈多。因此，一般说用粗砂拌制混凝土比用细砂所需的水泥浆为省。</td></tr>
<tr><td>2</td><td>砂的颗粒级配</td><td>砂的颗粒级配，即表示砂中大小颗粒的搭配情况。混凝土中砂粒之间的空隙由水泥浆所填充，为达到节约水泥和提高强度的目的，就应尽量减小砂粒之间的空隙。要减小砂粒间的空隙，就必须有大小不同的颗粒进行搭配。
因此，在拌制混凝土时，砂的颗粒级配和粗细程度应同时考虑。当砂中含有较多的粗粒径砂，并以适当的中粒径砂及少量细粒径砂填充其空隙时，则可达到空隙及总表面积均较小，这样的砂比较理想，不仅水泥浆用量较少，而且还可提高混凝土的密实度与强度。
砂的颗粒级配和粗细程度，常用筛分析的方法进行测定。用级配区表示砂的颗粒级配，用细度模数表示砂的粗细。砂的筛分析方法是用一套孔径为 5.00mm、2.50mm、1.25mm、0.630mm、0.315mm 及 0.160mm 的标准筛，将抽样所得 500g 干砂，由粗到细依次过筛，然后称得留在各筛上砂的质量，并计算各筛上的分计筛余百分率 a_1、a_2、a_3、a_4、a_5、a_6（各筛上的筛余量占砂样质量的百分率），及累计筛余百分率 A_1、A_2、A_3、A_4、A_5、A_6（各个筛与比该筛粗的所有筛之分计筛余百分率之和）。累计筛余与分计筛余关系如表 5-5 所示。任意一组累计筛余（A_1～A_6）表征了一个级配，具体可参见表 2-21。

表 2-21　分计筛余和累计筛余的关系
<table>
<tr><th>筛孔尺寸（mm）</th><th>分计筛余（%）</th><th>累计筛余（%）</th></tr>
<tr><td>5.00</td><td>a_1</td><td>$A_1=a_1$</td></tr>
<tr><td>2.50</td><td>a_2</td><td>$A_2=a_1+a_2$</td></tr>
<tr><td>1.25</td><td>a_3</td><td>$A_3=a_1+a_2+a_3$</td></tr>
<tr><td>0.630</td><td>a_4</td><td>$A_4=a_1+a_2+a_3+a_4$</td></tr>
<tr><td>0.315</td><td>a_5</td><td>$A_5=a_1+a_2+a_3+a_4+a_5$</td></tr>
<tr><td>0.160</td><td>a_6</td><td>$A_6=a_1+a_2+a_3+a_4+a_5+a_6$</td></tr>
</table></td></tr>
</table>

续表

<table>
<tr><th>序号</th><th>项　目</th><th>内　容</th></tr>
<tr><td>2</td><td>砂的颗粒级配</td><td>

我国标准规定砂按 0.630mm 筛孔的累计筛余百分率计，分成三个级配区，见表 2-22。砂的实际颗粒级配与表 2-23 中所示累计筛余百分率相比，除 5.00mm 和 0.630mm 筛外，允许稍有超出分界线，但其总量百分率不应大于 5%，配制混凝土时宜优先选用Ⅱ区砂；当采用Ⅰ区砂时，应提高砂率，并保持足够的水泥用量，以满足混凝土的和易性；当采用Ⅲ区砂时，宜适当降低砂率，以保证混凝土强度。

表 2-22　砂颗粒级配区

<table>
<tr><th>级配区 / 累计筛余 / 筛孔尺寸（mm）</th><th>Ⅰ区</th><th>Ⅱ区</th><th>Ⅲ区</th></tr>
<tr><td>5.00</td><td>10～0</td><td>10～0</td><td>10～0</td></tr>
<tr><td>2.50</td><td>35～5</td><td>25～0</td><td>15～0</td></tr>
<tr><td>1.25</td><td>65～35</td><td>50～10</td><td>25～0</td></tr>
<tr><td>0.630</td><td>85～71</td><td>70～41</td><td>40～16</td></tr>
<tr><td>0.315</td><td>95～80</td><td>92～70</td><td>85～55</td></tr>
<tr><td>0.160</td><td>100～90</td><td>100～90</td><td>100～90</td></tr>
</table>

砂的粗细程度用细度模数表示，细度模数（M_x）按下式计算：

$$M_x = \frac{(A_2 + A_3 + A_4 + A_5 + A_6) - 5A_1}{100 - A_1} \tag{2-3}$$

</td></tr>
</table>

续表

<table>
<tr><th>序号</th><th>项　目</th><th>内　　容</th></tr>
<tr><td>2</td><td>砂的颗粒级配</td><td>细度模数越大，表示砂越粗。按照细度模数不同，砂可分为粗、中、细、特细四级。其范围符合以下规定：
M_x＝3.7～3.1 为粗砂；
M_x＝3.0～2.3 为中砂；
M_x＝2.2～1.6 为细砂；
M_x＝1.5～0.7 为特细砂。
配制混凝土时宜优先选用中砂。对特细砂，配制混凝土时要特殊考虑。
应当注意，砂的细度模数不能反映其级配的优劣，细度模数相同的砂，级配可以很不相同。所以配制混凝土时，必须同时考虑砂的级配和细度模数。
如果砂的自然级配不符合级配区的要求，可采用人工级配的方法来改善。通常，可将粗砂、细砂按适当比例搭配、掺合使用。为调整级配，在不得已时，也可将砂中过粗或过细的颗粒筛除。</td></tr>
<tr><td>3</td><td>有害杂质含量</td><td>混凝土用砂要求洁净、有害杂质少。砂中含有的云母、泥块、淤泥、有机物、硫化物及硫酸盐等，都对混凝土的性能有不利的影响。
含泥量是指集料中粒径小于 0.08mm 颗粒的含量。泥块含量在细集料中是指粒径大于 1.25mm，经水洗、手捏后变成小于 0.630mm 颗粒的含量；在粗集料中则指粒径大于5mm，经水洗、手捏后变成小于 2.5mm 颗粒的含量。集料中的泥颗粒极细，会黏附在集料表面，影响“水泥石”与集料之间的胶结能力，而泥块会在混凝土中形成薄弱部分，对混凝土的质量影响更大。据此，对集料中泥和泥块含量必须严加限制。
天然砂的含泥量和泥块含量应符合表 2-23 的规定。

表 2-23　砂中的含泥量和泥块含量
<table>
<tr><th rowspan="2">项　目</th><th colspan="3">指　标</th></tr>
<tr><th>≥C60</th><th>C55～C30</th><th>≤C25</th></tr>
<tr><td>含泥量（按质量计,%）</td><td>≤1.0</td><td>≤3.0</td><td>≤5.0</td></tr>
<tr><td>泥块含量（按质量计,%）</td><td>≤0.5</td><td>≤1.0</td><td><2.0</td></tr>
</table></td></tr>
</table>

续表

<table>
<tr><th>序号</th><th>项目</th><th>内容</th></tr>
<tr><td>3</td><td>有害杂质含量</td><td>
人工砂或混凝土砂中的石粉含量应符合表 2-24 的规定。
表 2-24　人工砂或混合砂中的石粉含量
<table>
<tr><td colspan="2">混凝土强度等级</td><td>≥C60</td><td>C55～C30</td><td>≤C25</td></tr>
<tr><td rowspan="2">石粉含量（按质量计,%）</td><td>MB 值<1.40（合格）</td><td>≤5.0</td><td>≤7.0</td><td>≤10.0</td></tr>
<tr><td>MB 值≥1.40（不合格）</td><td>≤2.0</td><td>≤3.0</td><td>≤5.0</td></tr>
</table>
砂不应混有草根、树叶、树枝、塑料、煤块、炉渣等杂物。砂中如含有云母、轻物质、有机物、硫化物及硫酸盐等，其含量应符合表 2-25 的规定。
表 2-25　砂中有害物质含量
<table>
<tr><th>项　目</th><th>质量指标</th></tr>
<tr><td>云母（按质量计,%）</td><td>≤2.0</td></tr>
<tr><td>轻物质（按质量计,%）</td><td>≤1.0</td></tr>
<tr><td>有机物（比色法）</td><td>颜色不应深于标准色。当颜色深于标准色时，应按照水泥胶砂强度实验方法进行强度对比试验，抗压强度比不应低于 0.95</td></tr>
<tr><td>硫化物及硫酸盐（按 SO_3 质量计,%）</td><td>≤1.0</td></tr>
</table>
对于有抗冻、抗渗要求的混凝土用砂，其云母含量不应大于 1.0%。
此外，砂中的氯离子含量应符合下列规定：
对于钢筋混凝土用砂，其氯离子含量不得大于 0.06%（以干砂的质量百分率来计）；对于预应力混凝土用砂，其氯离子含量不得大于 0.02%。
</td></tr>
</table>

续表

<table>
<tr><th>序号</th><th>项　目</th><th>内　　容</th></tr>
<tr><td>3</td><td>有害杂质含量</td><td>对于长期处于潮湿环境的重要混凝土结构用砂，应采用砂浆棒（快速法）或砂浆长度法进行集料的碱活性检验。经上述检验判断为有潜在危害时，应控制混凝土的碱含量不超过 3kg/m³，或采用能抑制碱-集料反应的有效措施。</td></tr>
<tr><td>4</td><td>坚固性</td><td>砂子的坚固性是指砂在自然风化和其他外界物理化学因素作用下抵抗破裂的能力。砂的坚固性指标采用硫酸钠溶液法进行试验，砂样经 5 次循环后其质量损失应符合表 2-26 的规定。
表 2-26　坚固性指标
<table>
<tr><th>混凝土所处的环境条件及其性能要求</th><th>5 次循环后的质量损失（%）</th></tr>
<tr><td>在严寒及寒冷地区室外使用并经常处于潮湿或干湿交替状态下的混凝土；
对于有抗疲劳、耐磨、抗冲击要求的混凝土；
对有腐蚀介质作用或经常处于水位变化区的地下结构混凝土</td><td>≤8</td></tr>
<tr><td>其他条件下使用的混凝土</td><td>≤10</td></tr>
</table>
人工砂的总压碎指标值应小于 30%。</td></tr>
<tr><td>5</td><td>砂的含水状态</td><td>砂的含水状态。砂的含水状态有如下四种，如图 2-1 所示。
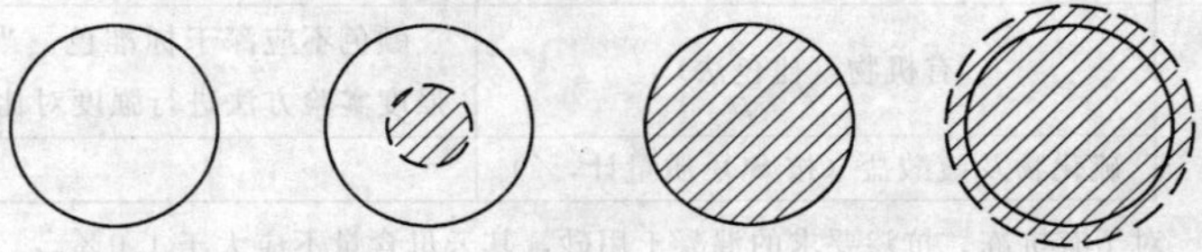
(a)　(b)　(c)　(d)
图 2-1　砂含水状态示意图
(a) 绝干状态；(b) 气干状态；(c) 饱和面干状态；(d) 湿润状态</td></tr>
</table>

续表

序号	项　目	内　容
5	砂的含水状态	（1）绝干状态：砂粒内外不含任何水，通常在（105±5）℃条件下烘干而得。 （2）气干状态：砂粒表面干燥，内部孔隙中部分含水。指室内或室外（天晴）空气平衡的含水状态，其含水量的大小与空气相对湿度和温度密切相关。 （3）饱和面干状态：砂粒表面干燥，内部孔隙全部吸水饱和。水利工程上通常采用饱和面干状态计量砂用量。 （4）湿润状态：砂粒内部吸水饱和，表面还含有部分表面水。施工现场，特别是雨后常出现此种状况，搅拌混凝土中计量砂用量时，要扣除砂中的含水量；同样，计量水用量时，要扣除砂中带入的水量。

2.5 粗集料

2.5.1 粗集料的定义、种类及来源

序号	项　目	内　容
1	粗集料的定义	粒径大于 4.75mm（方孔筛）的称为粗集料。
2	粗集料的种类	混凝土工程中常用的粗集料有碎石和卵石两大类。
3	粗集料的来源	碎石为岩石（有时采用大块卵石，称为碎卵石）经破碎、筛分而得；卵石多为自然形成的河卵石经筛分而得。

2.5.2 粗集料的质量标准

序号	项　目	内　容
1	最大粒径	石子各粒级的公称上限粒径称为这种石子的最大粒径。石子的最大粒径增大，则相同质量石子的总表面积减小，混凝土中包裹石子所需的水泥浆体积减小，即混凝土用水量和水泥用量都可减少。在一定的范围内，石子最大粒径增大，可因用水量的减少提高混凝土的强度。 在普通混凝土中，集料粒径大于 40mm 并没有好处，有可能造成混凝土强度下降。另外，混凝土粗集料的最大粒径不得超过结构截面最小尺寸的 1/4，同时不得大于钢筋间最小净距的 3/4；对于混凝土实心板，集料的最大粒径不宜超过板厚的 1/3，且不得超过 40mm；对于大体积混凝土，粗集料的最大公称直径不宜小于 31.5mm；对于泵送混凝土，集料最大粒径与输送管内径之比，碎石不宜大于 1∶3，卵石不宜大于 1∶2.5。石子粒径过大，对运输和搅拌都不方便。

续表

序号	项目	内容
2	颗粒级配	粗集料的级配原理和要求与细集料基本相同。级配试验采用筛分法测定，即用 2.36mm、4.75mm、9.5mm、16.0mm、19.0mm、26.5mm、31.5mm、37.5mm、53.0mm、63.0mm、75.0mm 和 90mm 十二种孔径的方孔筛进行筛分。 石子的颗粒级配可分为连续级配和间断级配。连续级配是指石子粒级呈连续性，即颗粒由小到大，每级石子占一定比例。用连续级配的集料配制的混凝土，和易性较好，不易发生离析现象。连续级配是工程上最常用的级配。 间断级配也称单粒级级配。间断级配是指人为地剔除集料中某些粒级颗粒，从而使集料级配不连续，大集料空隙由小几倍的小粒径颗粒填充，以降低石子的空隙率。由间断级配制成的混凝土，可以节约水泥，由于其颗粒粒径相差较大，因此混凝土混合物容易产生离析现象，导致施工困难。 石子颗粒级配范围应符合规范要求。碎石、卵石的颗粒级配规格见表 2-27。

表 2-27　碎石或卵石的颗粒级配规定

级配情况	公称粒级（mm）	累计筛　按质量计（%）方孔筛筛孔边长（mm）											
		2.50	5.00	10.0	16.0	20.0	25.0	31.5	40.0	50.0	63.0	80.0	100
连续粒级	5～10	95～100	80～100	0～15	0								
	5～16	95～100	90～100	30～60	0～10	0							
	5～20	95～100	90～100	40～70		0～10	0						
	5～25	95～100	90～100		30～70		0～5	0					
	5～31.5	95～100	90～100	70～90		15～45		0～5	0				
	5～40		95～100	75～90		30～65			0～5	0			
单粒级	10～20		95～100	85～100		0～15	0						
	16～31.5		95～100		85～100			0～10	0				
	20～40			95～100		80～100			0～10	0			
	31.5～63		95～100		95～100			75～100	45～75		0～10	0	
	40～80					95～100			70～100		30～60	0～10	0

续表

<table>
<tr><th>序号</th><th>项　目</th><th>内　　容</th></tr>
<tr><td>3</td><td>粗集料的强度</td><td>
集料的强度一般是指粗集料的强度，为了保证混凝土的强度，粗集料必须致密、具有足够强度。碎石的强度可用抗压强度和压碎指标值表示，卵石的强度只用压碎指标表示。

碎石的抗压强度测定，是将其母岩制成边长为 50mm 的立方体（或直径与高均为 50mm 的圆柱体）试件，在水饱和状态下测定的极限抗压强度值。碎石抗压强度一般在混凝土强度等级大于或等于 C60 时才检验，其他情况如有怀疑或必要时也可进行抗压强度检验。通常要求岩石抗压强度与混凝土强度等级之比不应小于 1.5，火成岩强度不宜低于 80MPa，变质岩强度不宜低于 60MPa，水成岩强度不宜低于 45MPa。

压碎指标是将一定质量气干状态下 10～20mm 的石子装入一定规格的金属圆桶内，在试验机上施加荷载到 200kN，卸荷后称取试样质量（m_0），再用孔径为 2.36mm 的筛子筛除被压碎的细粒，称取试样的筛余量（m_1），用下式计算压碎指标：

$$\delta_a = \frac{m_0 - m_1}{m_0} \times 100\% \qquad (2\text{-}4)$$
式中　δ_a——压碎指标值，%；
m_0——试样质量，g；
m_1——压碎试验后试样的筛余量，g。

压碎指标值越小，集料的强度越高。

碎石的压碎指标值宜符合表 2-28 的规定

表 2-28　碎石的压碎值指标
<table>
<tr><th>岩石品种</th><th>混凝土强度等级</th><th>碎石压碎值指标</th></tr>
<tr><td rowspan="2">沉积岩</td><td>C60～C40</td><td>≤10</td></tr>
<tr><td>≤C35</td><td>≤16</td></tr>
<tr><td rowspan="2">变质岩或深成火成岩</td><td>C60～C40</td><td>≤12</td></tr>
<tr><td>≤C35</td><td>≤20</td></tr>
<tr><td rowspan="2">喷出的火成岩</td><td>C60～C40</td><td>≤13</td></tr>
<tr><td>≤C35</td><td>≤30</td></tr>
</table>
</td></tr>
</table>

续表

<table>
<tr><th>序号</th><th>项　目</th><th>内　容</th></tr>
<tr><td>3</td><td>粗集料的强度</td><td>卵石的强度可以用压碎值指标表示，其压碎值指标宜符合表 2-29 的规定。
表 2-29　卵石的压碎值指标<table><tr><td>混凝土强度指标</td><td>C60～C40</td><td>≤C35</td></tr><tr><td>压碎值指标（%）</td><td>≤12</td><td>≤16</td></tr></table></td></tr>
<tr><td>4</td><td>粗集料的坚固性</td><td>碎石或卵石的坚固性是指在自然风化和其他外界物理化学因素作用下抵抗破裂的能力。碎石或卵石的坚固性指标采用硫酸钠溶液法进行试验，试样经 5 次循环后其质量损失应符合表 2-30 的规定。
表 2-30　坚固性指标<table><tr><th>混凝土所处的环境条件及其性能要求</th><th>5 次循环后的质量损失（%）</th></tr><tr><td>在严寒及寒冷地区室外使用并经常处于潮湿或干湿交替状态下的混凝土；
对于有抗疲劳、耐磨、抗冲击要求的混凝土
有腐蚀介质作用或经常处于水位变化区的地下结构混凝土</td><td>≤8</td></tr><tr><td>其他条件下使用的混凝土</td><td>≤12</td></tr></table></td></tr>
<tr><td>5</td><td>有害杂质</td><td>粗集料中的有害杂质主要有：黏土、淤泥及细屑；硫酸盐及硫化物；有机物质；蛋白石及其他含有活性氧化硅的岩石颗粒等。它们的危害作用与在细集料中的相同。各种有害杂质的含量都不应超出规范的规定。
碎石或卵石中的含泥量和泥块含量应符合表 2-31 的规定。</td></tr>
</table>

续表

<table>
<tr><th>序号</th><th>项目</th><th>内容</th></tr>
<tr><td>5</td><td>有害杂质</td><td>
表 2-31　碎石或卵石中的含泥量和泥块含量
<table>
<tr><th rowspan="2">项目</th><th colspan="3">指标</th></tr>
<tr><th>≥C60</th><th>C55～C30</th><th>≤C25</th></tr>
<tr><td>含泥量（按质量计,%）</td><td>≤0.5</td><td>≤1.0</td><td>≤2.0</td></tr>
<tr><td>泥块含量（按质量计,%）</td><td>≤0.2</td><td>≤0.5</td><td>≤0.7</td></tr>
</table>
对于有抗冻、抗渗或其他特殊要求的混凝土，其所用粗集料的含泥量不应大于1.0%，对于有抗冻、抗渗或其他特殊要求的强度等级小于C30的混凝土，其所用粗集料的含泥量不应大于0.5%。
碎石或卵石中的硫化物和硫酸盐含量以及卵石中有机物等有害物质含量，应符合表2-32的规定。
表 2-32　碎石或卵石中有害物质含量
<table>
<tr><th>项目</th><th>质量指标</th></tr>
<tr><td>硫化物及硫酸盐（按 SO_3 质量计,%）</td><td>≤1.0</td></tr>
<tr><td>卵石中有机物含量（用比色法试验）</td><td>颜色不应深于标准色。当颜色深于标准色时，应按照水泥胶砂强度实验方法进行强度对比试验，抗压强度比不应低于0.95</td></tr>
</table>
对于长期处于潮湿环境的重要混凝土结构用混凝土，应采用专门方法对集料的碱活性进行检验。经上述检验判断为有潜在危害时，应控制混凝土的碱含量不超过 $3kg/m^3$，或采用能抑制碱-集料反应的有效措施。
</td></tr>
</table>

续表

<table>
<tr><th>序号</th><th>项　目</th><th>内　容</th></tr>
<tr><td>6</td><td>粗集料的颗粒形状</td><td>粗集料的颗粒形状以近立方体或近球状体为最佳，但在岩石破碎生产碎石的过程中往往产生一定量的针状、片状颗粒，使集料的空隙率增大，并降低混凝土的强度，特别是抗折强度。针状颗粒是指长度大于该颗粒所属粒级平均粒径的 2.4 倍的颗粒；片状颗粒是指厚度小于平均粒径 0.4 倍的颗粒。
卵石和碎石的针状、片状颗粒含量应符合表 2-33 的规定。
表 2-33　针状、片状颗粒含量<table><tr><th>项　目</th><th>≥C60</th><th>C55～C30</th><th>≤C25</th></tr><tr><td>针状、片状颗粒（按质量计,%）</td><td>≤5</td><td>≤15</td><td>≤25</td></tr></table></td></tr>
<tr><td>7</td><td>粗集料的表面特征</td><td>粗集料的表面特征指表面粗糙程度。碎石表面比卵石表面粗糙，且多棱角，因此，拌制的混凝土拌合物的流动性较差，但与水泥粘结强度较高，配合比相同时，混凝土强度相对较高。卵石表面较光滑，少棱角，因此拌合物的流动性较好，但粘结性能较差。强度相对较低。若保持流动性相同，由于卵石可比碎石适量少用水，因此卵石混凝土的强度并不一定低。</td></tr>
</table>

2.6　水

序号	项　目	内　容
1	水对混凝土的影响	水是混凝土的重要组成之一，水质的好坏不仅影响混凝土的凝结和硬化，还能影响混凝土的强度和耐久性，并可加速混凝土中钢筋的锈蚀。
2	混凝土用水的分类	混凝土用水可分为混凝土拌合用水和混凝土养护用水两种。

续表

<table>
<tr><th>序号</th><th>项 目</th><th>内 容</th></tr>
<tr><td>3</td><td>混凝土拌合用水的水质要求</td><td>混凝土拌合水中各物质含量应该满足《混凝土用水标准》(JGJ 63—2006) 规定，见表 2-34。

表 2-34 混凝土拌合用水水质要求
<table>
<tr><th>项 目</th><th>预应力混凝土</th><th>钢筋混凝土</th><th>素混凝土</th></tr>
<tr><td>pH 值</td><td>≥5.0</td><td>≥4.5</td><td>≥4.5</td></tr>
<tr><td>不溶物（mg/L）</td><td>≤2000</td><td>≤2000</td><td>≤5000</td></tr>
<tr><td>可溶物（mg/L）</td><td>≤2000</td><td>≤5000</td><td>≤10000</td></tr>
<tr><td>Cl^-（mg/L）</td><td>≤500</td><td>≤1000</td><td>≤3500</td></tr>
<tr><td>SO_4^{2-}（mg/L）</td><td>≤600</td><td>≤2000</td><td>≤2700</td></tr>
<tr><td>碱含量（mg/L）</td><td>≤1500</td><td>≤1500</td><td>≤1500</td></tr>
</table>
注：碱含量按 $Na_2O+0.658K_2O$ 计算值来表示。采用非碱活性集料时，可不检验碱含量。</td></tr>
<tr><td>4</td><td>注意事项</td><td>拌制混凝土和养护混凝土宜采用饮用水。地表水和地下水常溶有较多的有机质和矿物盐类，用前必须按标准规定经检验合格后方可使用。
混凝土企业设备洗刷水不宜用于预应力混凝土、装饰混凝土、加气混凝土和暴露于腐蚀环境的混凝土；不得用于使用碱活性或潜在碱活性集料的混凝土。
未经处理的海水严禁用于钢筋混凝土和预应力混凝土。在无法获得水源的情况下，海水可用于素混凝土，但不宜用于装饰混凝土。
对于设计使用年限为 100 年的结构混凝土，氯离子含量不得超过 500mg/L；对使用钢丝或经热处理钢筋的预应力混凝土，氯离子含量不得超过 350mg/L。</td></tr>
</table>

第3章 普通商品混凝土的配合比设计

所谓混凝土配合比，是指单位体积的混凝土中各组成材料的质量比例。确定这种数量比例关系的工作，就称为混凝土配合比设计。

按照《普通混凝土配合比设计规程》（JGJ 55—2011）规定，普通商品混凝土的配合比应根据原材料性能及对混凝土的技术要求进行计算，并经试验室试配、调整后确定。

3.1 混凝土配合比设计的要求、依据与方法

序号	项目	内容
1	混凝土配合比设计的基本要求	满足混凝土配置强度及其他力学性能、拌合物性能、长期性能和耐久性能的设计要求。
2	混凝土配合比设计的资料准备	混凝土所用各种原材料的品质，直接关系着混凝土的各项技术性质，当原材料改变时，混凝土的配合比也应随之变动，否则不能保证混凝土达到与原来同样的技术性质。为此，在设计混凝土配合比之前，一定要做好调查研究工作。必须预先掌握下列资料情况：

续表

序号	项目	内容
2	混凝土配合比设计的资料准备	1）了解工程设计要求的混凝土强度等级，以确定混凝土配制强度及强度标准差。 2）了解工程所处环境对混凝土耐久性的要求，以便确定所配混凝土的最大水灰比和最小水泥用量。 3）了解结构构件断面尺寸及钢筋配置情况，以便确定混凝土集料的最大粒径等。 4）了解混凝土施工方法，以便选择混凝土拌合物坍落度。 5）掌握各原材料的性能指标： ①水泥。应掌握其品种、强度等级、密度、堆积密度等性能指标。 ②砂、石子集料。应掌握其品种规格、表观密度、堆积密度、级配、石子最大粒径等。 ③混凝土拌合用水。要了解水质情况。 ④混凝土外加剂。应掌握混凝土外加剂的品种、性能、适宜掺量等技术资料。 以上资料有的由设计者提出要求，有的由施工单位提供数据，或可经测试而得。
3	混凝土配合比设计的依据	1）混凝土配合比设计基本参数确定的原则 水灰比、单位用水量和砂率是混凝土配合比设计的三个基本参数，它们与混凝土各项性质之间有着非常密切的关系。因此，混凝土配合比设计主要是正确地确定出这三个参数，才能保证配制出满足四项基本要求的混凝土。 混凝土配合比设计中确定三个参数的原则是：在满足混凝土强度和耐久性的基础上，确定混凝土的水灰比；在满足混凝土施工要求的和易性基础上，根据粗集料的种类和规格确定混凝土的单位用水量；砂在集料中的数量应以填充石子的空隙后略有富余的原则来确定。 2）混凝土配合比设计的计算基准 混凝土配合比设计以计算 $1m^3$ 混凝土中各材料用量为基准，计算时其中集料以干燥状态为准。所谓干燥状态的集料系指细集料含水率小于0.5%，粗集料含水率小于0.2%。如需要以饱和面干集料为基准进行计算时，则应作相应的修改。 由于混凝土外加剂的掺量一般甚少，故在计算混凝土体积时，外加剂的体积可忽略不计，在计算混凝土表观密度时，外加剂的质量也可忽略不计。

3.2 混凝土配合比设计的步骤

进行混凝土配合比设计时，首先按照要求的技术指标初步计算出“计算配合比”。然后经试验室试拌调整，得出“基准配合比”，并经强度复核，定出“试验室配合比”。最后根据现场原材料的实际情况（如砂、石子含水等）修正“试验室配合比”，得出“施工配合比”。

3.2.1 初步配合比的计算

序号	项目	内容
1	确定试配强度（$f_{cu,0}$）	当混凝土设计强度等级小于C60时，配制强度应按下式计算求得混凝土要求的配制强度（$f_{cu,0}$）： $f_{cu,0} \geqslant f_{cu,k} + 1.645\sigma$　　(3-1) 式中　$f_{cu,0}$——混凝土配制强度，MPa； $f_{cu,k}$——混凝土立方体抗压强度标准值，这里取混凝土的设计强度等级值，MPa； σ——混凝土强度标准差，MPa。 当设计强度等级不小于C60时，配制强度应按下式计算： $f_{cu,0} \geqslant 1.15 f_{cu,k}$　　(3-2) 当具有近1～3个月的同一品种、同一强度等级混凝土的强度资料，且试件组数不小于30时，其混凝土强度标准差σ应按下式计算： $\sigma = \sqrt{\dfrac{\sum_{i=1}^{n} f_{cu,i}^2 - nm_{fcu}^2}{n-1}}$　　(3-3) 式中　$f_{cu,i}$——第i组的试件强度，MPa； m_{fcu}——n组试件的强度平均值，MPa； n——试件组数。

续表

<table>
<tr><th>序号</th><th colspan="2">项　目</th><th>内　　容</th></tr>
<tr><td>1</td><td colspan="2">确定试配强度（$f_{cu,0}$）</td><td>当混凝土强度等级不大于 C30 且混凝土强度标准差计算值不小于 3.0MPa 时，应按式（3-3）计算结果取值；当混凝土强度标准差计算值小于 3.0MPa 时，混凝土强度标准差应取 3.0MPa。
当混凝土强度等级大于 C30 且不大于 C60、混凝土强度标准差计算值不小于 4.0MPa 时，应按式（3-3）计算结果取值；当混凝土强度标准差计算值小于 4.0MPa 时，混凝土强度标准差应取 4.0MPa。
当没有近期的同一品种、同一强度等级混凝土强度资料时，其强度标准差 σ 可按表 3-1 取值。
表 3-1　混凝土强度标准差 σ 取值（MPa）
<table><tr><td>混凝土强度等级</td><td>≤C20</td><td>C25～C45</td><td>C50～C55</td></tr><tr><td>混凝土强度标准差（σ）</td><td>4.0</td><td>5.0</td><td>6.0</td></tr></table></td></tr>
<tr><td>2</td><td>计算水胶砂比（W/B）</td><td>计算法</td><td>当混凝土设计强度等级小于 C60 时，混凝土水胶比宜按下式计算：
$$\frac{W}{B}=\frac{\alpha_a f_b}{f_{cu,0}+\alpha_a\alpha_b f_b} \tag{3-4}$$
式中　W/B——混凝土水胶比；
α_a、α_b——回归系数，取值应符合表 3-2 规定；
f_b——胶凝材料 28d 胶砂抗压强度（MPa），试验方法按《水泥胶砂强度检验方法（ISO）》GB/T 17671 执行。
当胶凝材料 28d 胶砂抗压强度无实测值时，胶凝材料 28d 胶砂抗压强度值可按下式计算：
$$f_b=\gamma_f\gamma_s f_{ce} \tag{3-5}$$
式中　γ_f、γ_s——粉煤灰影响系数和粒化高炉矿渣粉影响系数，可按表 3-3 选用；
f_{ce}——水泥 28d 胶砂抗压强度（MPa）。</td></tr>
</table>

续表

2	计算水胶砂比（*W*/*B*）	计算法	当水泥 28d 胶砂抗压强度无实测值时，公式 3-5 中的水泥 28d 胶砂抗压强度值可按下式计算： $$f_{ce}=\gamma_c f_{ce,g} \quad (3\text{-}6)$$ 式中 γ_c——水泥强度等级值的富余系数，可按实际统计资料确定，当缺乏统计资料时，也可按表 3-4 确定； $f_{ce,g}$——水泥强度等级值，MPa。

表 3-2 回归系数 α_a、α_b 选用表

系数	碎石	卵石	
α_a	0.53	0.49	
α_b	0.20	0.13	

表 3-3 粉煤灰影响系数和粒化高炉矿渣粉影响系数

掺量	粉煤灰影响系数	粒化高炉矿渣粉影响系数
0	1.00	1.00
10	0.85～0.95	1.00
20	0.75～0.85	0.95～1.00
30	0.65～0.75	0.90～1.00
40	0.55～0.65	0.80～0.90
50	—	0.70～0.85

注1. 采用Ⅰ、Ⅱ级粉煤灰宜取上限值。

2. 采用 S75 级粒化高炉矿渣粉宜取下限值，采用 S95 级粒化高炉矿渣粉宜取上限值，采用 S105 级粒化高炉矿渣粉可取上限值加 0.05。

3. 当超出表中的掺量时，粉煤灰和粒化高炉矿渣粉影响系数应经试验确定。

续表

<table>
<tr>
<td>2</td>
<td>计算水胶砂比（W/B）</td>
<td>计算法</td>
<td>

表 3-4　水泥强度等级富余系数

<table>
<tr><td>水泥强度等级值</td><td>32.5</td><td>42.5</td><td>52.5</td></tr>
<tr><td>富余系数</td><td>1.12</td><td>1.16</td><td>1.10</td></tr>
</table>

可采用生产用原材料，配置不同水灰比的混凝土试样，经试验统计得出混凝土强度与水灰比。否则，应按规定选取。

1）进行耐久性要求的核对

除配制 C15 及其以下强度等级的混凝土外，混凝土的最小胶凝材料用量应符合表 3-5 的规定。

表 3-5　混凝土的最小胶凝材料用量

<table>
<tr><td rowspan="2">最大水胶比</td><td colspan="3">最小胶凝材料用量（kg/m³）</td></tr>
<tr><td>素混凝土</td><td>钢筋混凝土</td><td>预应力混凝土</td></tr>
<tr><td>0.60</td><td>250</td><td>280</td><td>300</td></tr>
<tr><td>0.55</td><td>280</td><td>300</td><td>300</td></tr>
<tr><td>0.50</td><td colspan="3">320</td></tr>
<tr><td>≤0.40</td><td colspan="3">330</td></tr>
</table>

</td>
</tr>
</table>

续表

序号	项　　目		内　　容
3	选定单位用水量（m_{w0}）		混凝土的用水量应根据施工要求的混凝土流动性及所用集料的种类、规格确定。所以，应先考虑工程类型与施工条件，确定适宜的流动性；再根据混凝土的水灰比、流动性及集料种类、规格等选取用水量。
		干硬性和塑性混凝土用水量的确定	对于水灰比在 0.4～0.8 范围内的干硬性和塑性混凝土用水量可参考表 3-6 和表 3-7 选取。水灰比小于 0.40 的混凝土以及采用特殊成型工艺的混凝土用水量应通过试验确定。

表 3-6　干硬性混凝土的用水量　　kg/m³

拌合物稠度		卵石最大粒径（mm）			碎石最大粒径（mm）		
项　目	指标	10	20	40	16	20	40
维勃稠度（s）	16～20	175	160	145	180	170	155
	11～15	180	165	150	185	175	160
	5～10	185	170	155	190	180	165

表 3-7　塑性混凝土的用水量　　kg/m³

拌合物稠度		卵石最大粒径（mm）				碎石最大粒径（mm）			
项　目	指标	10	20	31.5	40	16	20	31.5	40
坍落度（mm）	10～30	190	170	160	150	200	185	175	165
	35～50	200	180	170	160	210	195	185	175
	55～70	210	190	180	170	220	205	195	185
	75～90	215	195	185	175	230	215	205	195

注：1. 本表用水量系采用中砂时的平均取值，采用细砂时，每立方米混凝土用水量可增加 5～10kg，采用粗砂则可减少用水 5～10kg。
2. 掺用各种外加剂或掺合料时，用水量应相应调整。

续表

序号	项目		内容
3	选定单位用水量（m_{w0}）	流动性和大流动性混凝土的用水量的确定	每立方米流动性或大流动性混凝土（掺外加剂）的用水量（m_{w0}）可按下式计算： $m_{w0}=m'_{w0}(1-\beta)$ (3-7) 式中 m_{w0}——计算配合比每立方米混凝土的用水量，kg/m³； m'_{w0}——未掺外加剂时推定的满足实际坍落度要求的每立方米混凝土用水量，kg/m³，以本规程表 3-7 中 90mm 坍落度的用水量为基础，按每增大 20mm 坍落度相应增加 5kg/m³ 用水量来计算； β——外加剂的减水率（%），应经混凝土试验确定。 每立方米混凝土中外加剂用量（m_{a0}）应按下式计算： $m_{a0}=m_{b0}\beta_a$ (3-8) 式中 m_{a0}——计算配合比每立方米混凝土中外加剂用量，kg/m³； m_{b0}——计算配合比每立方米混凝土中胶凝材料用量，kg/m³； β_a——外加剂掺量（%），应经混凝土试验确定。
4	（胶凝材料）m_{b0}，矿物掺合料和水泥用量		每立方米混凝土的胶凝材料用量（m_{b0}）应按公式 3-9 计算，并应进行试拌调整，在拌合物性能满足的情况下，取经济合理的胶凝材料用量： $m_{b0}=\dfrac{m_{w0}}{W/B}$ (3-9) 每立方米混凝土的矿物掺合料用量（m_{f0}）应按下式计算： $m_{f0}=m_{b0}\beta_f$ (3-10) 式中 m_{f0}——计算配合比每立方米混凝土中矿物掺合料用量，kg/m³； β_f——矿物掺合料掺量，%。 每立方米混凝土的水泥用量（m_{c0}）应按下式计算： $m_{c0}=m_{b0}-m_{f0}$ (3-11) 式中 m_{c0}——计算配合比每立方米混凝土中水泥用量，kg/m³。

续表

<table>
<tr><th>序号</th><th>项　目</th><th colspan="2">内　　容</th></tr>
<tr><td>5</td><td>选择合理的砂率值（β_s）</td><td colspan="2">混凝土的砂率主要是根据新拌混凝土的流动性、黏聚性及保水性等确定。一般应通过试验找出合理砂率。在无使用经验时，对于坍落度为10～60mm的混凝土，可根据集料种类、规格及混凝土的水灰比，参考表3-8选用砂率。

表3-8　混凝土砂率选用表　　%
<table>
<tr><td rowspan="2">水灰比</td><td colspan="3">卵石最大粒径（mm）</td><td colspan="3">碎石最大粒径（mm）</td></tr>
<tr><td>10</td><td>20</td><td>40</td><td>16</td><td>20</td><td>40</td></tr>
<tr><td>0.40</td><td>26～32</td><td>25～31</td><td>24～30</td><td>30～35</td><td>29～34</td><td>27～32</td></tr>
<tr><td>0.50</td><td>30～35</td><td>29～34</td><td>28～33</td><td>33～38</td><td>32～37</td><td>30～35</td></tr>
<tr><td>0.60</td><td>33～38</td><td>32～37</td><td>31～36</td><td>36～41</td><td>35～40</td><td>33～38</td></tr>
<tr><td>0.70</td><td>36～41</td><td>35～40</td><td>34～39</td><td>39～44</td><td>38～43</td><td>36～41</td></tr>
</table>

对于坍落度大于60mm的混凝土，砂率可在表3-8的基础上，按坍落度每增大20mm砂率增大1%的幅度予以调整，而对于坍落度小于10mm的混凝土，则应通过试验确定砂率。</td></tr>
<tr><td>6</td><td>计算粗、细集料的用量（m_{g0}）及（m_{s0}）</td><td>质量法</td><td>根据经验，在原材料稳定的情况下，新拌混凝土的表观密度接近一个固定值。这样，就可假定每立方米新拌混凝土的质量，按式（3-12）、式（3-13）计算粗、细集料的用量：
$$\beta_s = \frac{m_{s0}}{m_{g0} + m_{s0}} \times 100\% \quad (3\text{-}12)$$
$$m_{f0} + m_{c0} + m_{g0} + m_{s0} + m_{w0} = m_{cp} \quad (3\text{-}13)$$
式中　m_{f0}——计算配合比每立方米混凝土中矿物掺合料用量，kg/m^3；
m_{c0}——每立方米混凝土的水泥用量，kg；
m_{g0}——每立方米混凝土的粗集料用量，kg；
m_{s0}——每立方米混凝土的细集料用量，kg；
m_{w0}——每立方米混凝土的用水量，kg；
m_{cp}——每立方米混凝土拌合物的假定质量，kg；
β_s——砂率，%；</td></tr>
</table>

续表

<table>
<tr><th>序号</th><th>项　目</th><th colspan="2">内　容</th></tr>
<tr><td rowspan="2">6</td><td rowspan="2">计算粗、细集料的用量(m_{g0})及(m_{s0})</td><td>质量法</td><td>每立方米混凝土的假定质量（m_{cp}）可根据本单位积累的试验资料确定，如缺乏资料，可根据集料的表观密度、粒径以及混凝土强度等级，在 2400～2450kg 范围内选定。</td></tr>
<tr><td>体积法</td><td>假定新拌混凝土的体积等于各组成材料绝对体积和所含空气的体积之和。因此，在计算粗细集料的用量时，可按照下式计算：
$$\beta_s = \frac{m_{s0}}{m_{g0} + m_{s0}} \times 100\%$$
$$\frac{m_{f0}}{\rho_f} + \frac{m_{c0}}{\rho_c} + \frac{m_{g0}}{\rho_g} + \frac{m_{s0}}{\rho_s} + \frac{m_{w0}}{\rho_w} + 0.01\alpha = 1 \quad (3\text{-}14)$$
式中　ρ_f——矿物掺合料密度，kg/m³；
ρ_c——水泥密度，kg/m³，可取 2900～3100kg/m³。
ρ_g——粗集料的表观密度，kg/m³；
ρ_s——细集料的表观密度，kg/m³；
ρ_w——水的密度，kg/m³，可取 1000kg/m³；
α——混凝土的含气量百分数，在不使用引气型外加剂时，α 可取为 1。</td></tr>
<tr><td>7</td><td>混凝土初步配合比</td><td colspan="2">混凝土初步配合比可表示为：
$$m_{c0} : m_{s0} : m_{g0} : m_{w0} = 1 : \frac{m_{s0}}{m_{c0}} : \frac{m_{g0}}{m_{c0}} : \frac{m_{w0}}{m_{c0}}$$
通过以上步骤可求出水、水泥、砂和石子的用量，得到混凝土的计算配合比，其中，砂、石子材料的用量是以干燥状态为基准（干燥状态是指含水率小于 0.5%的砂或含水率小于 0.2%的石子），如需要以饱和面干状态集料为基准进行计算时，则应进行相应的修正。以上计算的配合比是利用经验公式和经验资料得到的，因而不一定符合实际情况。必须通过试配、调整，使混凝土的各项性能符合技术要求，最后确定混凝土的配合比。</td></tr>
</table>

3.2.2 配合比的试配与调整

<table>
<tr><th>序号</th><th>项目</th><th>内　　容</th></tr>
<tr><td>1</td><td>基准配合比的确定</td><td>按以上方法算得的混凝土计算配合比，它不能直接用于工程施工，在实际施工时，应采用工程中实际使用的材料进行试配，经调整和易性、检验强度等后方可用于实际施工。
混凝土试配时应采用工程中实际使用的原材料，混凝土的搅拌方法也应与生产时使用的方法相同。
试配时，每盘混凝土的数量应不少于表 3-9 的规定值。当采用机械搅拌时，拌合量应不小于搅拌机额定搅拌量的四分之一。

表 3-9　混凝土试配用最小拌合量
<table><tr><th>粗集料最大粒径（mm）</th><th>拌合物数量（L）</th></tr><tr><td>31.5 及以下</td><td>20</td></tr><tr><td>40</td><td>25</td></tr></table>
按计算量称取各材料进行试拌，搅拌方法应尽量与生产时的方法相同。搅拌均匀测坍落度并观察有无分层、析水、流浆等情况。
如果坍落度不符合设计要求，可保持水灰比不变，增加适量水泥浆，并相应减少集料用量。对于普通混凝土，增加 10mm 坍落度，约需增加水泥浆 1%～5%。然后重新拌合试验，直至坍落度符合要求为止。
如果坍落度大于要求时，且拌合物黏聚性不足时，可减小水泥浆用量，并保持砂石总质量不变，适当提高砂率（增加砂用量同时，相应地减小石子用量，以保持砂石总质量不变），重新拌合，试验直到满足坍落度要求为止。
坍落度的调整时间不宜过长，一般不超过 20min 为宜。
当试拌工作完成后，记录好各种材料调整后用量，并测定混凝土拌合物的实际表观密度，以满足和易性的配比为基准配合比。</td></tr>
</table>

续表

序号	项目		内容
2	实验室配合比的确定	强度及耐久性校核	基准配合比能否满足强度要求，需要进行强度检验。一般采用三个不同的配合比，其中一个为基准配合比，另外两个配合比的水灰比值，应较基准配合比分别增加及减少 0.05，其用水量应该与基准配合比相同，砂率可分别增加或减少 0.05。 应调整使不同配合比的三组混合物均满足和易性要求后，制作混凝土强度试块。每种配合比应制作至少一组（三块）试块，如有耐久性要求，应同时制作有关耐久性测试指标的试件，标准养护 28d 后进行强度测定。有条件的单位可同时制作一组或 n 组试块，供快速检验或较早龄期时试压，以便提前定出混凝土配合比供施工使用。但以后仍必须以标准养护 28d 的检验结果为基准调整配合比。对耐久性有设计要求的混凝土应进行相关耐久性试验验证。
		混凝土水胶比的调整	根据计算得出的强度值 $f_{cu,0}$ 作出 $f_{cu,0}$ 和胶水比（B/W）图。由图中求出或计算出最适宜的水胶比（W/B）值（以满足 $f_{cu,0}$ 要求，W/B 又小者为最好），并按下列原则确定每立方米混凝土的材料用量： 用水量（m_{s0}）——取基准配合比中的用水量，并根据制作强度试件时测得的坍落度或维勃稠度进行调整； 胶凝材料用量（0.45（B/W）=2.22）——取用水量乘以选定出的胶水比（B/W）计算而得； 粗、细集料用量（m_{g0}、m_{s0}）——取基准配合比中的粗、细集料用量，并按定出的胶水比进行调整。 至此，得出混凝土初步配合比。 假设所测得的配置强度为 49.87MPa 时，三组不同配合比的试件 28d 强度及其相对应的胶水比（B/W）值如下： 胶水比 （0.45（B/W）=2.22） f_1=53.0MPa 胶水比 （0.50（B/W）=2.00） f_2=48.5MPa 胶水比 （0.55（B/W）=1.82） f_3=43.8MPa

续表

序号	项目		内容
2	实验室配合比的确定	混凝土水胶比的调整	1）作图法 绘制强度与胶水比关系曲线图（图 3-1），由图中查得配置强度为 49.87MPa 所对应得胶水比值为 2.07，即水胶比为 0.48。 2）计算法 列方程组 $f_1=a(B/W)_1+b$ (3-15a) $f_2=a(B/W)_2+b$ (3-15b) 式中 f_1、f_2——与 $f_{cu,0}=a(B/W)_{cu,0}+b$ 值临近的两组强度值； $(B/W)_1$、$(B/W)_2$——与 f_1、f_2 所对应的胶水比值。 代入数值得 $53.0=2.22a+b$ $48.5=2.00a+b$ 解方程得：$a=20.45$　$b=7.6$ 建立方程 $f_{cu,0}=a(B/W)_{cu,0}+b$ (3-16) 代入数值解得 $f_{cu,0}$所对应的胶水比 $(B/W)_{cu,0}=2.07$，其倒数即为所求的水胶比 $(W/B)_{cu,0}=0.48$ 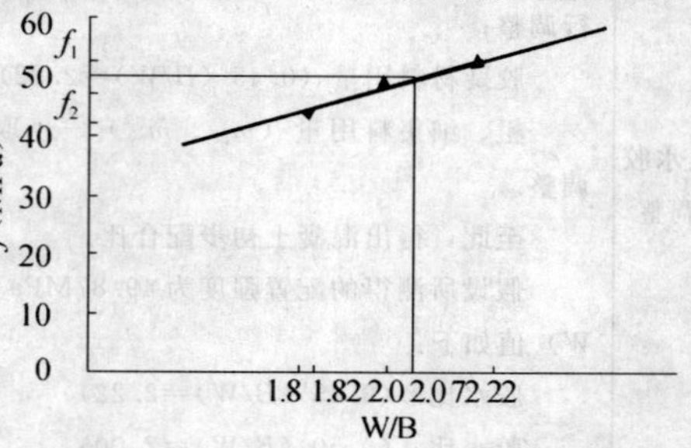 图 3-1　作图法求水胶比

续表

<table>
<tr><th>序号</th><th>项目</th><th colspan="2">内　容</th></tr>
<tr><td>2</td><td>实验室配合比的确定</td><td>混凝土表观密度的调整</td><td>在确定出初步配合比后，还应进行混凝土表观密度校正，其方法为：首先算出混凝土初步配合比的表观密度计算值（$\rho_{c,c}$），即
$$\rho_{c,c} = m_c + m_w + m_s + m_g + m_f \quad (3\text{-}17)$$
式中　$\rho_{c,c}$——混凝土拌合物的表观密度计算值，kg/m³；
m_c——每立方米的水泥用量，kg/m³；
m_f——每立方米的矿物掺合料用量 kg/m³；
m_g——每立方米的粗集料用量 kg/m³；
m_s——每立方米的细集料用量 kg/m³；
m_w——每立方米的用水量，kg/m³。
再用初步配合比进行试拌混凝土，测得其表观密度实测值（$\rho_{c,t}$），然后按下式得出校正系数 δ，即
$$\delta = \frac{\rho_{c,t}}{\rho_{c,c}} \quad (3\text{-}18)$$
当混凝土表观密度实测值与计算值之差的绝对值不超过计算值的 2%时，则上述计算得出的初步配合比即可确定为混凝土的正式配合比设计值。若两者之差超过 2%时，则必须将初步配合比中每项材料用量均乘以校正系数，即为最终定出的混凝土正式配合比设计值，通常也称实验室配合比。</td></tr>
<tr><td>3</td><td>施工配合比的确定</td><td colspan="2">混凝土实验室配合比计算用料是以干燥集料为基准的，但实际工地使用的集料常含有一定的水分，因此必须将实验室配合比进行换算，换算成扣除集料中水分、工地实际施工用的配合比。其换算方法如下：
设施工配合比 1m³混凝土中水泥、水、砂、石子的用量分别为 m'_{c0}、m'_{w0}、m'_{s0}、m'_{g0}；并设工地砂子含水率为 $a\%$，石子含水率为 $b\%$。则施工配合比中 1m³ 混凝土中各材料用量为
$$m'_{c0} = m_{c0} \quad (3\text{-}19)a$$
$$m'_{s0} = m_{s0}(1 + a\%) \quad (3\text{-}19)b$$
$$m'_{g0} = m_{g0}(1 + b\%) \quad (3\text{-}19)c$$
$$m'_{w0} = m_{w0} - m_{s0} \times a\% - m_{g0} \times b\% \quad (3\text{-}19)d$$
施工现场集料的含水率是经常变动的，因此在混凝土施工中应随时测定砂、石子集料的含水率，并及时调整混凝土配合比，以免因集料含水率的变化而导致混凝土水灰比的波动，从而将对混凝土的强度、耐久性等一系列技术性能造成不良影响。
“生产单位可根据常用材料设计出常用混凝土配合比备用，并应在启用过程中予以验证或调整。遇有下列情况之一时，应重新进行配合比设计：
1. 对混凝土性能有特殊要求时；
2. 水泥、外加剂或矿物掺合料等原材料品种、质量有显著变化时。</td></tr>
</table>

3.3 普通混凝土配合比设计实例

序号	项目		内容
1	工程情况		例 3-1：某框架结构工程现浇钢筋混凝土梁，混凝土设计强度等级为 C35，施工要求混凝土坍落度为 30～50mm，根据施工单位历史资料统计，混凝土强度标准差 $\sigma=6$MPa。所用原材料情况如下： 水泥：42.5 级普通硅酸盐水泥，水泥密度为 $\rho_c=3100$kg/m^3，水泥强度等级标准值的富余系数为 1.16； 砂：中砂，级配合格，砂子表观密度 $\rho_{os}=2600$kg/m^3； 石：5～31.5mm 碎石，级配合格，石子表观密度 $\rho_{og}=2650$kg/m^3；
2	初步混凝土配合比	1）确定混凝土配制强度（$f_{cu,0}$）	当混凝土强度等级为 C35 时，$\sigma=6.0$MPa，得： $f_{cu,0}=f_{cu,k}+1.645\sigma=35+1.645\times6=44.9$
		2）确定水胶比（W/B）	查表 3-2，对于碎石，$\alpha_a=0.53$，$\alpha_b=0.20$，且 $f_b=\gamma_c\times f_{ce,k}=1.16\times42.5=49.3$MPa $W/B=\dfrac{\alpha_a f_b}{f_{cu,0}+\alpha_a\alpha_b f_b}=\dfrac{0.53\times49.3}{44.9+0.53\times0.20\times49.3}=0.53$
		3）计算用水量（m_{w0}）	查表 3-7，对于最大粒径为 31.5mm 的碎石混凝土，当所需坍落度为 30～50mm 时，1m^3 混凝土的用水量可选用 185kg。
		4）计算水泥用量（m_{c0}）	$m_{co}=\dfrac{m_{w0}}{W/C}=\dfrac{185}{0.53}=349$kg 查表 3-5，对应水胶比 0.55，最小水泥用量为 300kg，故可取 $m_{c0}=349$kg/m^3。
		5）选择砂率（β_s）	查表 3-8，对于采用最大粒径为 40mm 的碎石配制的混凝土，当水胶比为 0.53，向上取值 0.60 时其砂率值可选取 32%～37%，采用插入法选定，现取 $\beta_s=35\%$。

续表

序号	项目		内容
2	初步混凝土配合比	6）计算砂石用量（m_{s0}、m_{g0}）	用体积法计算，将 $m_{c0}=349kg$；$m_{w0}=185kg$ 代入方程组 $\frac{m_{c0}}{3.1}+\frac{m_{g0}}{2.65}+\frac{m_{so}}{2.6}+\frac{m_{w0}}{1}+10\times1=1000$ $\frac{m_{s0}}{m_{g0}+m_{s0}}\times100\%=35\%$ 解此联立方程，则得：$m_{s0}=641kg$，$m_{g0}=1192kg$
		7）初步配合比	由此，理论配合比如下 $m_{c0}:m_{s0}:m_{g0}:m_{w0}=349:641:1192:185=1:1.83:3.42:0.53$
3	试配与调整	试拌	试配时拌制 15L 混凝土拌合物，各组成材料用量如下： 水泥$=349\times0.015=5.24kg$ 水$=185\times0.015=2.78kg$ 砂$=641\times0.015=9.62kg$ 碎石$=1192\times0.015=17.88kg$
		检验及调整混凝土拌合物性能	1）第一种调整情况 按以上计算的材料用量进行试拌。测得其混凝土拌合物坍落度为 30mm，小于施工要求值，保持水灰比不变，增加 1%水泥浆。 经重新搅拌后的混凝土拌合物实测坍落度为 40mm，黏聚性和保水性良好，满足施工要求。因此，可确定基准配合比。 提出基准配合比 理论配合比经试配、调整后，确定基准配合比如下

续表

序号	项目		内容
3	试配与调整	检验及调整混凝土拌合物性能	水泥质量 $m_{cj}=349\times(1+1\%)=352kg$；水的质量 $m_{wj}=185\times(1+1\%)=187kg$ 由：$\frac{m_{sj}}{2600}+\frac{m_{gj}}{2650}=1-\frac{352}{3100}-\frac{187}{1000}-0.01=0.689$ $\frac{m_{sj}}{m_{gj}+m_{sj}}\times 100\%=35\%$ 解得：$m_{sj}=635kg$ $m_{gj}=1179kg$ 然后按基准配合比做强度试验，假定满足要求，则不需要再调整。于是，试验室配合比为 $m_{c0}:m_{s0}:m_{g0}:m_{w0}=352:635:1179:187$ 2）第二种调整情况 当坍落度大于要求时，且拌合物黏聚性不足，可减小水泥浆用量，并保持砂石总质量不变，适当提高砂率。 按照初步配合比材料用量进行调整。 如减少用水量 5kg，同时相应地减少水泥用量，以保持水灰比不变。增加砂率 2.0%，在增加砂量的同时，相应地减少石子用量，以保持砂石总质量不变。 水的质量 $m_{w0}=185-5=180kg$，水泥质量 $m_{c0}=\frac{180}{0.53}=340kg$ 由：$\frac{m_{s0}}{2600}+\frac{m_{g0}}{2650}=1-\frac{340}{3100}-\frac{185}{1000}-0.01=0.695$ $\frac{m_{s0}}{m_{g0}+m_{s0}}\times 100\%=37\%$ 联立解得：$m_{s0}=682kg$ $m_{g0}=1160kg$

续表

序号	项目	内容
3	试配与调整	检验及调整混凝土拌合物性能：然后按基准配合比做强度试验，假定满足要求，则不需要再调整。 假设实测表观密度为 $\rho_{c,t}=2400kg/m^3$ 理论表观密度为 $\rho_{c,c}=\rho_c+\rho_w+\rho_s+\rho_g=340+180+682+180=2362kg/m^3$ 则校正系数 $\delta=\frac{\rho_{c,t}}{\rho_{c,c}}=\frac{2400}{2362}=1.016<1.02$，因此不需要调整 于是，试验室配合比为 $m_{c0}:m_{s0}:m_{g0}:m_{w0}=340:682:1160:180$
4	确定施工配合比	按照上述第二种情况计算 由现场砂子含水率为5%，石子含水率为1%，则施工配合比为：m'_{c0}、m'_{w0}、m'_{s0}、m'_{g0} 水泥 $m'_{c0}=m_{c0}=340kg$ 砂子 $m'_{s0}=m_{s0}\times(1+3\%)=682\times(1+5\%)=716kg$ 石子 $m'_{g0}=m_{g0}\times(1+1\%)=1160\times(1+1\%)=1171kg$ 水 $m'_{w0}=m_{w0}-m_{s0}\times5\%-m_{g0}\times1\%=180-635\times5\%-1179\times1\%=180-34.1-11.6=134kg$ 因此，施工配合比为 $m'_{c0}:m'_{s0}:m'_{g0}:m'_{w0}=340:716:1171:134=1:2.11:3.44:0.39$

3.4 掺加减水剂的商品混凝土配合比实例

序号	项目	内容
1	概述	掺减水剂普通混凝土的配合比可在不掺减水剂普通混凝土的基础上加以调整，减水剂所占的质量和体积不计（明矾石膨胀剂等例外）。普通混凝土的配合比设计按 JGJ 55—2011 技术规定进行。掺减水剂混凝土配合比视下列六种情况加以调整。

续表

序号	项目		内容
1	概述		1. 提高混凝土强度； 2. 节约水泥； 3. 既提高强度又节省水泥； 4. 提高混凝土拌合物的稠度； 5. 既提高流动性又节省水泥； 6. 既提高流动性又提高强度。
2	提高混凝土强度	配置原则	为了提高自然养护构件的产量，加速模板周转，缩短混凝土的热处理时间，或为了提高混凝土的强度等级时，减水剂的品种和掺量应符合有关要求，如木钙掺量为水泥质量的 0.2%～0.3%，一般取 0.25%；MY 减水剂为 0.2%～0.5%；WN-1 型减水剂为 0.25%；CH 减水剂为 0.2%～0.3%，一般为 0.25%；TMN 型减水剂为 0.35%～0.4%；NNO 减水剂为 0.5%～1.0%，FDN 高效减水剂为 0.2%～1%等。配合比设计方法如下： 1. 水泥用量与不掺减水剂时相同； 2. 流动性与不掺减水剂的混凝土相近，利用减水剂可以减少单位体积混凝土的用水量（即减小水灰比，提高混凝土强度）； 3. 砂率减小 1%～3%，计算砂、石子用量； 4. 试拌与调整，若和易性过大则可减少用水量，若强度已满足要求则可减少减水剂用量。 施工中往往仅减少用水量，而砂石用量不变，从而造成混凝土的体积减小。
		实例	例 3-2：预制钢筋混凝土构件用 C35 商品混凝土，施工要求坍落度为 3～5cm，采用 42.5 级普通硅酸盐水泥，中砂，实测强度为 43.0MPa，根据资料得到 σ=3.65MP，碎石最大粒径为 15cm，若某高效减水剂在其掺量为 0.5%时的减水率为 15%，求用高效减水剂提高强度时的混凝土配合比，并预测混凝土 28d 的强度。

续表

序号	项目		内　　容
2	提高混凝土强度	实例	1. 首先用普通混凝土的配合比设计方法，求得普通混凝土组成材料用量，其方法步骤如下： 1）计算混凝土配制强度 $f_{cu,0}=f_{cu,k}+1.645\sigma$，　$\sigma=3.65MPa$，$f_{cu,0}=35+1.645\times3.65=41MPa$ 2）计算所要求的水灰比 $\frac{W}{C}=\frac{\alpha_a\cdot f_b}{f_{cu,0}+\alpha_a\cdot\alpha_b\cdot f_b}=\frac{0.53\times43}{41+0.53\times0.2\times43}=\frac{22.79}{45.56}=0.50$ 3）查表得混凝土用水量　　$m_{w0}=210kg$ 4）计算水泥用量 $m_{c0}=m_{w0}\times\frac{c}{w}=210\times2=420kg$ 5）由混凝土砂选用表 3-8 得　　$\beta_s=35\%$ 6）计算粗细集料用料 按常用质量法计算，取 $\rho_{c,c}=2400kg/m^3$，并将有关数据代入下式： $\begin{cases}m_{c0}+m_{g0}+m_{s0}+m_{w0}=m_{cp}\\m_{s0}/(m_{s0}+m_{g0})\times100\%=\beta_s\end{cases}$ 则得 $m_{g0}+m_{s0}=2400-420-210=1770kg$ $m_{s0}=1770\times35\%=620kg$ $m_{g0}=1770-620=1150kg$ 7）试拌与调整 若经试验混凝土坍落度及强度满足要求，但实测表观密度为 2425kg/m³，则材料用量为 水泥＝420×(2425/2400)＝420×1.01＝424kg 砂＝620×1.01＝626kg 石＝1150×1.01＝1162kg 水＝210×1.01＝212kg

续表

序号	项目	内容	
2	提高混凝土强度	实例	混凝土配合比为 $m_{c0}:m_{s0}:m_{g0}:m_{w0}=424:626:1162:212=1:1.48:2.74:0.50$ 2. 在求得普通混凝土材料用量后，即可进行掺减水剂混凝土的配合比设计。其方法步骤如下： （1）水泥用量与不掺减水剂相同。 （2）流动性与不掺减水剂的混凝土相近，利用减水剂可以减少单位体积混凝土的用水量（即减小水灰比，提高混凝土强度）。 （3）砂率减小1%～3%，计算砂、石子用量。 （4）试拌与调整。若稠度过大则可减少用水量，若强度已满足要求则可减少减水剂用量。 施工中往往仅减少用水量，而砂石用量不变，从而造成混凝土的体积减小，应引起注意。 利用减水剂提高混凝土强度的设计配合比，计算如下： 1）水泥用量不变，即 $m_{c0}=424$kg； 2）用水量 $m_{w0}=212\times(1-15\%)=180$kg； 3）水灰比$\frac{W}{C}=180/424=0.42$，灰水比$=2.38$； 4）减水剂用量 $m_{a0}=424\times0.5\%=2.12$kg； 5）砂率减小 2%，即 $\beta_s=33\%$； 6）砂石总用量 $m_{s0}+m_{g0}=2425-424-180=1821$kg； 7）砂用量 $m_{s0}=1821\times33\%=601$kg； 8）石子用量 $m_{g0}=1821\times(1-0.33)=1220$kg。 经试拌，坍落度满足要求，与混凝土表观密度与假定的 2425kg/m³ 相符，则混凝土配合比： $m_{c0}:m_{s0}:m_{g0}:m_{w0}=1:1.42:2.88:0.42$ 标准养护下混凝土 28d 强度： $f_{cu,k}=0.46\times f_{ce}\left(\frac{c}{w}-0.07\right)=0.46\times43\times(2.38-0.07)=45.7\text{MPa}$ 由此可见，应用减水率为 15%左右的高效减水剂，混凝土强度可由 30.0MPa 提高到 45.7MPa。

续表

序号	项目		内容
3	节约水泥	配置原则	1. 利用减水剂可以减少单位体积混凝土的水泥用量，一般可减少5%～15%。 2. 水灰比不变（或稍有减小），按比例减少用水量。 3. 砂率保持不变，计算砂石用量（即减少的水泥和水的体积由砂、石子弥补）。 4. 试拌与调整。当稠度不合适时，保证水灰比不变的情况下调整用水量；当强度不合适时，调整水灰比或改用引气量少的减水剂。
		实例	木质素磺酸钙减水剂掺量为C×0.25%时可节省水泥8%左右，求例3-2中利用减水剂节省水泥后的混凝土配合比。 1）水泥用量 $m_{c0}=424\times(1-8\%)=390kg$； 2）水灰比稍减小，取 $\frac{W}{C}=0.48$； 3）用水量 $m_{w0}=m_{c0}\times\frac{W}{C}=390\times0.48=187kg$； 4）木质素磺酸钙减水剂用量 $m_{a0}=390\times0.25\%=0.98kg$； 5）砂率不变，即 $\beta_s=35\%$； 6）砂石总量 $m_{s0}+m_{g0}=2425-390-187=1848kg$； 7）砂用量 $m_{s0}=1848\times35\%=647kg$ 8）石子用量 $m_{g0}=1848\times(1-35\%)=1201kg$ 若经试验，稠度及强度满足要求，而实测表观密度为2400kg/m³，则： 水泥 $m_{c0}=390\times\frac{2400}{2425}=390\times0.99=386kg$； 砂 $m_{s0}=647\times0.99=641kg$； 石子 $m_{g0}=1201\times0.99=1189kg$； 水 $m_{w0}=187\times0.99=185kg$。 混凝土配合比： $m_{c0}:m_{s0}:m_{g0}:m_{w0}=386:641:1189:185=1:1.66:3.08:0.41$

续表

序号	项目		内容
4	既提高强度又节省水泥	配置原则	如在自然养护构件的生产中，既要提高构件的产量和质量，又希望节省水泥；蒸养混凝土中既要缩短热处理时间或提高脱模强度，又希望节省水泥，配合比按如下方法调整： 1. 根据具体情况决定水泥用量。当要求节省水泥量多时，则强度提高得少些。 2. 拌合物稠度与普通混凝土相近，试拌确定用水量。其水灰比比空白者小。 3. 砂率不变或减少1%～2%，计算砂、石子用量。 4. 试拌和调整。当强度富余过多或偏低时，可调整水灰比。
		实例	求例3-2中利用高效减水剂节省水泥10%时的混凝土配合比，并预测混凝土的28d强度。 1）水泥用量 $m_{c0}=424\times(1-10\%)=382kg$； 2）经试拌，高效减水剂掺量为$C\times0.5\%$，水灰比0.48时，坍落度3～5cm，则用水量$m_{w0}=382\times0.48=183kg/m^3$； 3）砂率不变，即 $\beta_s=35\%$； 4）砂、石子总量 $m_{s0}+m_{g0}=2425-382-183=1860kg$； 5）砂用量 $m_{s0}=1860\times35\%=651kg$； 6）石子用量 $m_{g0}=1860\times(1-35\%)=1209kg$； 经试拌实测表观密度与假定计算表观密度值一致，则混凝土配合比： $m_{c0}:m_{s0}:m_{g0}:m_{w0}=1:1.70:3.16:0.48$ 标准养护28d的混凝土抗压强度： $f_{cu,k}=0.46\times43.0\times\left(\frac{1}{0.48}-0.07\right)=39.8MPa$

续表

序号	项目		内容
5	提高混凝土拌合物的稠度	配置原则	任何一种减水剂均可用来提高混凝土拌合物的稠度，应根据其使用要求来选用。常用的是木质素磺酸钙，当要求和易性显著提高时宜用高效减水剂，泵送混凝土宜用引气型减水剂。 配合比设计方法如下： 1）水泥用量和水灰比不变（或水灰比稍有减小）。 2）砂率适当增大。配制大坍落度混凝土时砂率增大 3%～5%（砂率增大到 40%左右），并加适量粉煤灰。 3）试拌与调整。当流动性过大时减少减水剂的掺量；当保水性较差时，减少用水量或适当增加砂率；当和易性不能满足设计要求时，可改用高效减水剂。 施工中常忽视的是砂率调整，从而使有些拌合物的保水性及黏聚性较差，坍落度都无法测试。
		实例	计算利用 AF 型高效减水剂将例 3-2 的混凝土配成坍落度 18cm 左右的大流动性混凝土。 1）水泥用量不变，　$m_{c0}=424\text{kg}$； 2）水用量不变，　$m_{w0}=212\text{kg/m}^3$， 3）砂率提高 5%，即　$\beta_s=40\%$； 4）砂石总用量　$m_{s0}+m_{g0}=2425-424-212=1789\text{kg}$； 5）砂用量　$m_{s0}=1789\times40\%=716\ (\text{kg})$； 6）石子用量　$m_{g0}=1789\times(1-40\%)=1073\text{kg}$。 经试拌 AF 减水剂掺量为 $c\times0.5\%$时坍落度 18cm 左右，黏聚性、保水性也较好，实测表观密度与假定的计算表观密度相近。则混凝土配合比： $m_{c0}:m_{s0}:m_{g0}:m_{w0}=1:1.69:4.02:0.50$

续表

序号	项目		内容
6	既提高流动性又节省水泥	配置原则	这时，常用普通减水剂，也可用低掺量的高效减水剂。配合比按如下方法调整： 1）根据具体要求确定水泥用量，节省水泥用量多时流动性改善少。 2）水灰比保持不变（或稍有减小），经试拌确定用水量。 3）砂率基本不变。当流动性较大时，砂率提高1%～3%，由此计算砂、石子用量。 4）试拌。若流动性过大或过小，则保持水灰比不变的条件下减少或增加水泥和水的用量。
		实例	计算利用木质素磺酸钙减水剂，将例3-2中节省水泥5%，坍落度有所提高的混凝土配合比。 1）水泥用量 $m_{c0}=424\times(1-5\%)=403kg/m^3$； 2）水灰比稍减小，取 $\frac{W}{C}=0.48$； 3）用水量 $m_{w0}=403\times0.48=193kg$； 4）砂率仍取35%； 5）砂石总量 $m_{s0}+m_{g0}=2425-403-193=1829kg$； 6）砂用量 $m_{s0}=1829\times35\%=640kg$； 7）石子用量 $m_{g0}=1829\times(1-35\%)=1189kg$。 经试验，木质素磺酸钙掺量为 $c\times0.25\%$ 时坍落度8cm（即满足要求），强度也合适，但实测表观密度为2400kg/m³，则： 水泥 $m_{c0}=430\times\frac{2400}{2425}=403\times0.99=399kg$； 砂 $m_{s0}=640\times0.99=634kg$； 石子 $m_{g0}=1829\times0.99=1811kg$； 水 $m_{w0}=193\times0.99=191kg$。 混凝土配合比： $m_{c0}:m_{s0}:m_{g0}:m_{w0}=1:1.59:4.54:0.48$

续表

<table>
<tr><th>序号</th><th colspan="2">项目</th><th>内　　容</th></tr>
<tr><td rowspan="2">7</td><td rowspan="2">既提高流动性又提高强度</td><td>配置原则</td><td>特别要求提高强度时，宜用高效减水剂（冬期时用早强减水剂）。配合比设计方法为：
1）水泥用量保持不变。
2）根据要求的流动性用试拌的方法确定用水量。当流动性提高得多时，则强度提高得少。
3）砂率基本不变，计算砂、石子用量。
4）试拌与调整。在满足和易性的情况下，当强度太高时可减少减水剂掺量，增大水灰比；当强度不足时，增加减水剂掺量，减小水灰比或增加水泥用量。</td></tr>
<tr><td>实例</td><td>要求利用高效减水剂，将例 3-2 中混凝土坍落度提高到 10cm 左右，早期强度和质量尽可能地提高，计算其配合比。
1）水泥用量　$m_{c0}=424kg$；
2）经试拌，高效减水剂掺量为 $c\times0.5\%$，水灰比为 0.48 时坍落度为 10cm 左右。
3）用水量 $m_{w0}=424\times0.48=204kg$；砂率仍取 35％；
4）砂石总用量 $m_{s0}+m_{g0}=2425-424-204=1797kg$；
5）砂用量 $m_{s0}=1797\times0.35=629kg$；
6）石子用量 $m_{g0}=1797\times(1-0.35)=1168kg$。
经试验满足要求，则混凝土配合比：
$m_{c0}:m_{s0}:m_{g0}:m_{w0}=1:1.48:2.75:0.48$</td></tr>
</table>

3.5 掺加矿物掺合料的商品混凝土配合比实例

序号	项目	内容
1	概述	矿物掺合料不仅可以取代部分水泥、减少混凝土的水泥用量、降低成本，而且可以改善混凝土拌合物和硬化混凝土的各项性能。因此，商品混凝土中掺用掺合料，其技术、经济和环境效益是十分显著的。目前，掺加矿物掺合料是我国商品混凝土企业普遍采用的技术措施。本文将以最常用的粉煤灰为代表介绍掺加矿物掺合料的商品混凝土的配合比实例。 本书已介绍过，粉煤灰掺加到混凝土中有三种方法，分别是等量取代法、超量取代法和外加法三种方法，下面分别介绍用这三种不同方法配置商品混凝土的具体方法。
2	工程情况	例 3-3：某框架高层住宅，建筑物总高 95m。其梁板混凝土设计强度等级为 C35。梁的断面尺寸为 250mm×500mm，钢筋的最小净距为 50mm。采用混凝土输送泵输送混凝土，已知输送泵管道直径为 125mm。根据输送泵的性能说明，适宜输送坍落度为 140～160mm 的流态混凝土。预拌混凝土的运送距离约 8km，施工的气温为 25℃。试进行配合比设计。原材料情况如下： 水泥：42.5 级普通硅酸盐水泥，水泥表观密度为 $\rho_c=3000kg/m^3$； 砂：中砂，级配合格，砂子表观密度 $\rho_s=2650kg/m^3$； 石子：5～31.5mm 碎石，级配合格，石子表观密度 $\rho_g=2700kg/m^3$； Ⅱ级粉煤灰：$\rho_f=2200kg/m^3$； 水：$\rho_w=1000kg/m^3$ 外加剂：NF 高效减水剂，根据其减水效果，加入量可为水泥用量的 1.5%，减水率为 15%。 高层住宅基础底板混凝土一般均为大体积混凝土，为了降低大体积混凝土内部的温度，减少混凝土的内外温差，应降低水泥的水化热。除了合理地选择水泥品种以外，还需要设法降低水泥用量。为此，依据本例条件，采用掺加Ⅱ级粉煤灰的方法来配置商品混凝土。 采用本章的普通商品混凝土配合比设计的方法，可得出本例的初步配合比为： $m_{c0}:m_{s0}:m_{g0}:m_{w0}=396:728:1092:194=1:1.84:2.76:0.49$ 外加剂 NF 的掺量为 $m_{a0}=396\times1.5\%=5.9kg$

续表

序号	项目		内　　容
3	三种粉煤灰混凝土配合比设计方法	等量取代法	1）选用粉煤灰等量取代水泥的百分率 f_m(%) 根据本例的情况，采用 42.5 级普通硅酸盐水泥，故可采用表 2-8 中的上限值，取 $f_m=40\%$。 2）计算 1m³ 混凝土中的粉煤灰掺量（F）和水泥用量（C） $F=m_{co}\times f_m=396\times 40\%=158\text{kg}$ $C=m_{co}-F=396-158=238\text{kg}$ 3）计算 1m³ 混凝土中的用水量（W） $W=m_{w0}/m_{c0}\times(C+F)=0.49\times(238+158)=194\text{kg}$ 即与基准配合比的水灰比相同。由于粉煤灰的掺入减少了水泥用量且改善了混凝土拌合物的和易性，故其用水量还可以比基准配合比中的数值偏低些。因此，也可以根据实际情况采用较小些的水灰比值进行上述计算。 4）水泥和粉煤灰的浆体体积 V_p $V_p=C/\rho_c+F/\rho_f+W/\rho_w=238/3.0+158/2.2+194/1=345\text{kg}$ 5）集料的总体积 V_A $V_A=1000\ (1-\alpha)-V_p=1000\times 0.99-345=645\text{L}$ 通常情况下可设：混凝土的含气量为 $\alpha=1\%$。 6）选用与基准配合比中相同的砂率（β_s），计算粗、细集料的用量（S、G） $S/\rho_s+G/\rho_g=V_A$ $\beta_s=\frac{S}{S+G}$ 代入数值可得 $S/2.65+G/2.70=645$ $\frac{S}{S+G}=40\%$ 解得：$S=691\text{kg}$；$G=1037\text{kg}$ 7）等量取代法的粉煤灰混凝土配合比 $C:F:S:G:W=238:158:691:1037:194$ 基准配合比的调整等略

续表

序号	项目		内容
3	三种粉煤灰混凝土配合比设计方法	超量取代法	1）选用粉煤灰等量取代水泥的百分率 f_m(%) 根据例 3-3 的情况，采用 42.5 级普通硅酸盐水泥，故可采用表 2-8 中的上限值，取 $f_m=40\%$。 2）计算 $1m^3$ 混凝土中的水泥用量（C） $C=m_{c0}-F=396-158=238kg$ 3）按表 2-7 选择粉煤灰超量系数（δ_c） 本例选 $\delta_c=1.3$ 4）计算 $1m^3$ 混凝土中的粉煤灰掺量（F） $F=\delta_c(C_0-C)m_{co}=1.3\ (396-238)=205kg$ 5）通过求超量部分粉煤灰替代砂的数量，计算粉煤灰混凝土中砂的质量（S） $S=S_0-(C/\rho_c+F/\rho_f+C_0/\rho_c)\ \rho_s=728-(238/3.0+205/2.2-396/3.0)\times 2.65=683kg$ 6）超量取代法粉煤灰混凝土配合比 $C:F:S:G:W=238:205:683:1092:194$ 基准配合比的调整等略
		外加法	1）选用粉煤灰等量取代水泥的百分率 f_m(%) 根据例 3-3 的情况，采用 42.5 级普通硅酸盐水泥，故可采用表 2-8 中的上限值，取 $f_m=40\%$。 2）计算 $1m^3$ 混凝土中的粉煤灰掺量（F） $F=m_{c0}\times f_m=396\times 40\%=158kg$ 3）计算调整后的砂重（S） 由于外加粉煤灰替代了同体积的砂，故应从砂中扣除与粉煤灰同体积的砂重，即为调整后的砂重。 $S=m_{s0}-F/\rho_f\times\rho_s=728-158/2.2\times 2.65=538kg$ 4）超量取代法粉煤灰混凝土配合比 $C:F:S:G:W=238:158:538:1092:194$ 基准配合比的调整等略

掺矿物掺合料商品混凝土参考配合比参见表 3-10。

表 3-10　掺矿物掺合料商品混凝土参考配合比

原材料参数：P·O42.5 水泥；S95 级矿粉；Ⅱ级灰；中砂；碎石：5～31.5mm；萘系普通减水剂

混凝土强度等级	水灰比	砂率（%）	材料用量（kg/m^3）						
			水 m_{w0}	水泥 m_{c0}	矿粉 m_{sg0}	粉煤灰 m_{fa0}	砂 m_{s0}	石子 m_{g0}	外加剂 m_{a0}
C10	0. 68	44%	185	190	0	81	852	1090	1.14
C15	0.64	44%	185	201	0	86	844	1080	1.21
C20	0.63	37%	185	206	0	86	711	1212	1.24
C20	0.60	42%	185	216	0	91	803	1109	1.3
C20	0.60	42%	185	173	43	91	803	1109	1.3
C20	0.60	44%	180	223	44	33	845	1075	1.6
C20	0.58	42%	180	229	45	34	803	1109	0
C20	0.58	42%	185	224	0	96	794	1096	1.34
C20P6*	0.58	42%	185	180	44	96	794	1096	1.34
C20P6	0.55	40%	195	250	0	105	740	0	1.5
C20	0.55	40%	195	200	50	105	740	0	1.5
C25	0.60	36%	185	216	0	91	687	1221	1.29
C25	0.60	36%	185	173	43	91	687	1221	1.29
C25	0.57	42%	185	242	0	82	799	1094	1.45
C25	0.57	42%	185	194	48	82	799	1094	1.45

续表

混凝土强度等级	水灰比	砂率（%）	材料用量（kg/m³）						
			水 m_{w0}	水泥 m_{c0}	矿粉 m_{sg0}	粉煤灰 m_{fa0}	砂 m_{s0}	石子 m_{g0}	外加剂 m_{a0}
C25	0.51	44%	180	224	44	83	844	1075	1.61
C25P6	0.57	42%	185	245	0	80	790	1100	1.47
C25P6	0.57	42%	185	196	49	80	790	1100	1.47
C25	0.53	41%	180	252	50	37	771	1110	3
C25	0.52	40%	190	273	0	90	737	0	1.64
C25	0.52	40%	190	218	55	90	737	0	1.64
C25（水下）	0.52	41%	200	287	0	95	753	1062	1.72
C25（水下）	0.52	41%	200	230	57	95	753	1062	1.72
C30	0.52	41%	185	285	0	70	770	1090	1.71
C30	0.52	41%	185	228	57	70	770	1090	1.71
C30	0.55	44%	180	245	48	36	832	1059	1.76
C30P6	0.51	42%	185	290	0	72	771	1084	1.74
C30P6	0.51	42%	185	232	58	72	771	1084	1.74
C30P8	0.49	41%	185	300	0	75	752	1083	1.80
C30P8	0.49	41%	185	240	60	75	752	1083	1.80
C30P10～12	0.47	41%	190	325	0	81	739	1066	1.95
C30P10～12	0.47	41%	190	260	65	81	739	1066	1.95

续表

混凝土强度等级	水灰比	砂率（%）	材料用量（kg/m³）						
			水 m_{w0}	水泥 m_{c0}	矿粉 m_{sg0}	粉煤灰 m_{fa0}	砂 m_{s0}	石子 m_{g0}	外加剂 m_{a0}
C30	0.45	40%	190	338	0	84	706	0	2.03
C30	0.45	40%	190	270	68	84	706	0	2.03
C30	0.50	43%	180	268	53	39	781	1049	3.2
C30	0.46	42%	180	288	57	43	771	1061	3.4
C30	0.51	35%	190	275	0	95	644	1196	1.65
C30	0.51	35%	190	229	46	95	644	1196	1.65
C30	0.50	41%	185	270	0	102	760	1085	1.62
C30	0.50	41%	185	210	60	102	760	1085	1.62
C30（水下）	0.45	40%	200	355	0	88	711	1045	2.13
C30（水下）	0.45	40%	200	285	70	88	711	1045	2.13
C35	0.50	34%	180	310	0	50	630	1223	1.87
C35	0.50	34%	180	280	30	50	630	1223	1.87
C35	0.46	41%	180	335	0	60	736	1079	2.01
C35	0.48	41%	190	268	67	60	736	1079	2.01
C35	0.44	40%	190	323	64	48	716	1069	2.3
C35P8	0.41	41%	190	367	0	92	726	1025	2.2
C35P8	0.41	41%	190	295	72	92	726	1025	2.2
C35	0.51	40%	180	265	50	37	755	1133	1.89

续表

混凝土强度等级	水灰比	砂率（%）	材料用量（kg/m³）						
			水 m_{w0}	水泥 m_{c0}	矿粉 m_{sg0}	粉煤灰 m_{fa0}	砂 m_{s0}	石子 m_{g0}	外加剂 m_{a0}
C35（水下）	0.39	39%	200	413	0	103	650	1036	2.48
C35（水下）	0.39	39%	200	330	83	103	650	1036	2.48
C40	0.42	34%	185	380	0	60	604	1171	2.28
C40	0.42	34%	185	310	70	60	604	1171	2.28
C40	0.40	40%	180	330	66	49	710	1065	2.4
C40	0.43	40%	190	400	0	45	705	1058	2.4
C40	0.43	40%	190	320	80	45	705	1058	2.4
C40	0.42	40%	195	411	0	50	697	1045	2.47
C40	0.42	40%	195	329	82	50	697	1045	2.47
C40	0.42	40%	200	421	0	50	693	1041	2.53
C40	0.42	40%	200	337	84	50	693	1041	2.53
C40	0.43	40%	185	390	0	43	716	1064	5.85
C40	0.42	40%	185	321	78	43	716	1064	5.85
C40	0.40	40%	195	440	0	49	685	1030	6.6
C45	0.40	40%	195	352	88	49	685	1030	6.6
C50	0.33	38%	180	490	0	54	638	1043	7.4
C50	0.33	38%	180	392	98	54	638	1043	7.4

* P代表抗渗等级

3.6 普通商品混凝土配合比数据

3.6.1 C25 商品混凝土配合比

混凝土强度等级：C25；稠度：16～20s（维勃稠度）；砂子种类：粗砂；配制强度 33.2MPa

水泥强度等级	水泥实际强度（MPa）	石子种类	石子最大粒径（mm）	砂率（%）	材料用量（kg/m^3） 水 m_{w0}	水泥 m_{c0}	砂 m_{s0}	石子 m_{g0}	配合比（质量比） 水泥：砂：石子：水 $m_{c0}:m_{s0}:m_{g0}:m_{w0}$
32.5	35.0 (A)	卵石	10	30	168	382	561	1308	1：1.47：3.42：0.44
			20	29	153	348	562	1376	1：1.61：3.95：0.44
			40	28	138	314	562	1446	1：1.79：4.61：0.44
		碎石	16	34	173	368	635	1232	1：1.73：3.35：0.47
			20	33	163	347	631	1281	1：182：3.69：0.47
			40	31	148	315	614	1366	1：1.95：4.34：0.47
	37.5 (B)	卵石	10	30	168	365	565	1318	1：1.55：3.61：0.46
			20	29	153	333	566	1385	1：1.70：4.16：0.46
			40	28	138	300	565	1454	1：1.88：4.85：0.46
		碎石	16	35	173	346	660	1226	1：1.91：3.54：0.50
			20	34	163	326	656	1274	1：2.01：3.91：0.50
			40	32	148	296	639	1357	1：2.16：4.58：0.50
	40.0 (C)	卵石	10	32	168	343	608	1293	1：1.77：3.77：0.49
			20	31	153	312	611	1359	1：1.96：4.36：0.49
			40	30	138	282	610	1424	1：2.16：5.05：0.49
		碎石	16	37	173	326	704	1199	1：2.16：3.68：0.53
			20	36	163	308	700	1245	1：2.27：4.04：0.53
			40	33	148	279	663	1347	1：2.38：4.83：0.53

续表

水泥强度等级	水泥实际强度（MPa）	石子种类	石子最大粒径（mm）	砂率（%）	材料用量（kg/m³）				配合比（质量比）
					水 m_{w0}	水泥 m_{c0}	砂 m_{s0}	石子 m_{g0}	水泥：砂：石子：水 m_{c0} : m_{s0} : m_{g0} : m_{w0}
42.5	45.0（A）	卵石	10	34	168	311	656	1273	1：2.11：4.09：0.54
			20	33	153	283	658	1336	1：2.33：4.72：0.54
			40	32	138	256	658	1399	1：2.57：5.46：0.54
		碎石	16	39	173	288	754	1180	1：2.62：4.10：0.60
			20	38	163	272	751	1225	1：2.76：4.50：0.60
			40	36	148	247	734	1304	1：2.97：5.28：0.60
	47.5（B）	卵石	10	35	168	300	678	1260	1：2.26：4.20：0.56
			20	34	153	273	681	1321	1：2.49：4.84：0.56
			40	33	138	246	682	1384	1：2.77：5.63：0.56
		碎石	16	40	173	275	779	1168	1：2.83：4.25：0.63
			20	39	163	259	775	1212	1：2.99：4.68：0.63
			40	37	148	235	758	1290	1：3.23：5.49：0.63
	50.0（C）	卵石	10	36	168	285	703	1249	1：2.47：4.38：0.59
			20	35	153	259	705	1309	1：2.72：5.05：0.59
			40	34	138	234	706	1370	1：3.02：5.85：0.59
		碎石	16	41	173	262	803	1155	1：3.06：4.41：0.66
			20	40	163	247	799	1198	1：3.23：4.85：0.66
			40	38	148	224	781	1275	1：3.49：5.69：0.66

混凝土强度等级：C25；稠度：11～15s（维勃稠度）；砂子种类：粗砂；配制强度 33.2MPa

水泥强度等级	水泥实际强度（MPa）	石子种类	石子最大粒径（mm）	砂率（%）	材料用量（kg/m³）				配合比（质量比）
					水 m_{w0}	水泥 m_{c0}	砂 m_{s0}	石子 m_{g0}	水泥：砂：石子：水 $m_{c0}:m_{s0}:m_{g0}:m_{w0}$
32.5	35.0（A）	卵石	10	30	173	393	554	1292	1：1.41：3.29：0.44
			20	29	158	359	555	1360	1：1.55：3.79：0.44
			40	28	143	325	556	1429	1：1.71：4.40：0.44
		碎石	16	34	178	379	627	1217	1：1.65：3.21：0.47
			20	33	168	357	624	1266	1：1.75：3.55：0.47
			40	31	153	326	607	1350	1：1.86：4.14：0.47
	37.5（B）	卵石	10	30	173	376	558	1302	1：1.48：3.46：0.46
			20	29	158	343	560	1370	1：1.63：3.99：0.46
			40	28	143	311	559	1438	1：1.80：4.62：0.46
		碎石	16	35	178	356	652	1211	1：1.83：3.40：0.50
			20	34	168	336	649	1259	1：1.93：3.75：0.50
			40	32	153	306	632	1342	1：2.07：4.39：0.50
	40.0（C）	卵石	10	32	173	353	601	1278	1：1.70：3.62：0.49
			20	31	158	322	603	1343	1：1.87：4.17：0.49
			40	30	143	292	604	1409	1：2.07：4.83：0.49
		碎石	16	37	178	336	696	1185	1：2.07：3.53：0.53
			20	36	168	317	692	1231	1：2.18：3.88：0.53
			40	33	153	289	656	1332	1：2.27：4.61：0.53

续表

水泥强度等级	水泥实际强度（MPa）	石子种类	石子最大粒径（mm）	砂率（%）	材料用量（kg/m³）				配合比（质量比）
					水 m_{w0}	水泥 m_{c0}	砂 m_{s0}	石子 m_{g0}	水泥：砂：石子：水 $m_{c0}:m_{s0}:m_{g0}:m_{w0}$
42.5	45.0 (A)	卵石	10	34	173	320	649	1259	1：2.03：3.93：0.54
			20	33	158	293	651	1321	1：2.22：4.51：0.54
			40	32	143	265	651	1384	1：2.46：5.22：0.54
		碎石	16	39	178	297	746	1167	1：2.51：3.93：0.60
			20	38	168	280	743	1212	1：2.65：4.33：0.60
			40	36	153	255	726	1291	1：2.85：5.06：0.60
	47.5 (B)	卵石	10	35	173	309	671	1246	1：2.17：4.03：0.56
			20	34	158	282	673	1307	1：2.39：4.63：0.56
			40	33	143	255	675	1370	1：2.65：5.37：0.56
		碎石	16	40	178	283	770	1155	1：2.72：4.08：0.63
			20	39	168	267	767	1199	1：2.87：4.49：0.63
			40	37	153	243	750	1277	1：3.09：5.26：0.63
	50.0 (C)	卵石	10	36	173	293	695	1236	1：2.37：4.22：0.59
			20	35	158	268	697	1295	1：2.60：4.83：0.59
			40	34	143	242	699	1357	1：2.89：5.61：0.59
		碎石	16	41	178	270	794	1143	1：2.94：4.23：0.66
			20	40	168	255	791	1186	1：3.10：4.65：0.66
			40	38	153	232	774	1263	1：3.34：5.44：0.66

混凝土强度等级：C25；稠度：5～10s（维勃稠度）；砂子种类：粗砂；配制强度 33.2MPa

水泥强度等级	水泥实际强度（MPa）	石子种类	石子最大粒径（mm）	砂率（%）	材料用量（kg/m³）				配合比（质量比）
					水 m_{w0}	水泥 m_{c0}	砂 m_{s0}	石子 m_{g0}	水泥：砂：石子：水 $m_{c0}:m_{s0}:m_{g0}:m_{w0}$
32.5	35.0（A）	卵石	10	30	178	405	546	1275	1：1.35：3.15：0.44
			20	29	163	370	549	1344	1：1.48：3.63：0.44
			40	28	148	336	550	1413	1：1.64：4.21：0.44
		碎石	16	34	183	389	619	1202	1：1.59：3.09：0.47
			20	33	173	368	616	1251	1：1.67：3.40：0.47
			40	31	158	336	600	1335	1：1.79：3.97：0.47
	37.5（B）	卵石	10	30	178	387	551	1286	1：1.42：3.32：0.46
			20	29	163	354	553	1353	1：1.56：3.82：0.46
			40	28	148	322	553	1421	1：1.72：4.41：0.46
		碎石	16	35	183	366	645	1197	1：1.76：3.27：0.50
			20	34	173	346	641	1245	1：1.85：3.60：0.50
			40	32	158	316	624	1327	1：1.97：4.20：0.50
	40.0（C）	卵石	10	32	178	363	594	1263	1：1.64：3.48：0.49
			20	31	163	333	597	1328	1：1.79：3.99：0.49
			40	30	148	302	597	1394	1：1.98：4.62：0.49
		碎石	16	37	183	345	688	1171	1：1.99：3.39：0.53
			20	36	173	326	685	1218	1：2.10：3.74：0.53
			40	33	158	298	649	1318	1：2.18：4.42：0.53

续表

水泥强度等级	水泥实际强度（MPa）	石子种类	石子最大粒径（mm）	砂率（%）	材料用量（kg/m³）				配合比（质量比）
					水 m_{w0}	水泥 m_{c0}	砂 m_{s0}	石子 m_{g0}	水泥：砂：石子：水 $m_{c0}:m_{s0}:m_{g0}:m_{w0}$
42.5	45.0（A）	卵石	10	34	178	330	641	1245	1：1.94：3.77：0.54
			20	33	163	302	644	1307	1：2.13：4.33：0.54
			40	32	148	274	645	1370	1：2.35：5.00：0.54
		碎石	16	39	183	305	738	1155	1：2.42：3.79：0.60
			20	38	173	288	735	1200	1：2.55：4.17：0.60
			40	36	158	263	719	1278	1：2.73：4.86：0.60
	47.5（B）	卵石	10	35	178	318	664	1233	1：2.09：3.88：0.56
			20	34	163	291	666	1293	1：2.29：4.44：0.56
			40	33	148	264	668	1356	1：2.53：5.14：0.56
		碎石	16	40	183	290	763	1144	1：2.63：3.94：0.63
			20	39	173	275	759	1187	1：2.76：4.32：0.63
			40	37	158	251	743	1265	1：2.96：5.04：0.63
	50.0（C）	卵石	10	36	178	302	687	1222	1：2.27：4.05：0.59
			20	35	163	276	690	1282	1：2.50：4.64：0.59
			40	34	148	251	692	1343	1：2.76：5.35：0.59
		碎石	16	41	183	277	786	1131	1：2.84：4.08：0.66
			20	40	173	262	783	1174	1：2.99：4.48：0.66
			40	38	158	239	767	1251	1：3.21：5.23：0.66

混凝土强度等级：C25；稠度：10～30mm（坍落度）；砂子种类：粗砂；配制强度 33.2MPa

水泥强度等级	水泥实际强度（MPa）	石子种类	石子最大粒径（mm）	砂率（%）	材料用量（kg/m³）				配合比（质量比）
					水 m_{w0}	水泥 m_{c0}	砂 m_{s0}	石子 m_{g0}	水泥：砂：石子：水 $m_{c0}:m_{s0}:m_{g0}:m_{w0}$
32.5	35.0（A）	卵石	10	30	183	416	540	1259	1：1.30：3.03：0.44
			20	29	163	370	549	1344	1：1.48：3.63：0.44
			31.5	29	153	348	562	1376	1：1.61：3.95：0.44
			40	28	143	325	556	1429	1：1.71：4.40：0.44
		碎石	16	34	193	411	604	1172	1：1.47：2.85：0.47
			20	33	178	379	608	1235	1：1.60：3.26：0.47
			31.5	32	168	357	605	1285	1：1.69：3.60：0.47
			40	31	158	336	600	1335	1：1.79：3.97：0.47
	37.5（B）	卵石	10	30	183	398	544	1270	1：1.37：3.19：0.46
			20	29	163	354	553	1353	1：1.56：3.82：0.46
			31.5	29	153	333	566	1385	1：1.70：4.16：0.46
			40	28	143	311	559	1438	1：1.80：4.62：0.46
		碎石	16	35	193	386	629	1168	1：1.63：3.03：0.50
			20	34	178	356	634	1230	1：1.78：3.46：0.50
			31.5	33	168	336	629	1278	1：1.87：3.80：0.50
			40	32	158	316	624	1327	1：1.97：4.20：0.50
	40.0（C）	卵石	10	32	183	373	587	1248	1：1.57：3.35：0.49
			20	31	163	333	597	1328	1：1.79：3.99：0.49
			31.5	31	153	312	611	1359	1：1.96：4.36：0.49
			40	30	143	292	604	1409	1：2.07：4.83：0.49
		碎石	16	37	193	364	672	1144	1：1.85：3.14：0.53
			20	36	178	336	677	1204	1：2.01：3.58：0.53
			31.5	34	168	317	654	1270	1：2.06：4.01：0.53
			40	33	158	298	649	318	1：2.18：4.42：0.53

续表

水泥强度等级	水泥实际强度(MPa)	石子种类	石子最大粒径(mm)	砂率(%)	材料用量(kg/m³) 水 m_{w0}	水泥 m_{c0}	砂 m_{s0}	石子 m_{g0}	配合比(质量比) 水泥:砂:石子:水 $m_{c0}:m_{s0}:m_{g0}:m_{w0}$
42.5	45.0 (A)	卵石	10	34	183	339	634	1231	1:1.87:3.63:0.54
			20	33	163	302	644	1307	1:2.13:4.33:0.54
			31.5	33	153	283	658	1336	1:2.33:4.72:0.54
			40	32	143	265	651	1384	1:2.46:5.22:0.54
		碎石	16	39	193	322	722	1130	1:2.24:3.51:0.60
			20	38	178	297	728	1187	1:2.45:4.00:0.60
			31.5	37	168	280	724	1232	1:2.59:4.40:0.60
			40	36	158	263	719	1278	1:2.73:4.86:0.60
	47.5 (B)	卵石	10	35	183	327	656	1219	1:2.01:3.73:0.56
			20	34	163	291	666	1293	1:2.29:4.44:0.56
			31.5	34	153	273	681	1321	1:2.49:4.84:0.56
			40	33	143	255	675	1370	1:2.65:5.37:0.56
		碎石	16	40	193	306	746	1119	1:2.44:3.66:0.63
			20	39	178	283	751	1175	1:2.65:4.15:0.63
			31.5	38	168	267	747	1219	1:2.80:4.57:0.63
			40	37	158	251	743	1265	1:2.96:5.04:0.63
	50.0 (C)	卵石	10	36	183	310	680	1209	1:2.19:3.90:0.59
			20	35	163	276	690	1282	1:2.50:4.64:0.59
			31.5	35	153	259	705	1309	1:2.72:5.05:0.59
			40	34	143	242	699	1357	1:2.89:5.61:0.59
		碎石	16	41	193	292	770	1108	1:2.64:3.79:0.66
			20	40	178	270	775	1162	1:2.87:4.30:0.66
			31.5	39	168	255	771	1206	1:3.02:4.73:0.66
			40	38	158	239	767	1251	1:3.21:5.23:0.66

混凝土强度等级：C25；稠度：35～50mm（坍落度）；砂子种类：粗砂；配制强度 33.2MPa

水泥强度等级	水泥实际强度（MPa）	石子种类	石子最大粒径（mm）	砂率（%）	材料用量（kg/m³）				配合比（质量比）
					水 m_{w0}	水泥 m_{c0}	砂 m_{s0}	石子 m_{g0}	水泥：砂：石子：水 $m_{c0}:m_{s0}:m_{g0}:m_{w0}$
32.5	35.0 (A)	卵石	10	30	193	439	526	1227	1：1.20：2.79：0.44
			20	29	173	393	535	1311	1：1.36：3.34：0.44
			31.5	29	163	370	549	1344	1：1.48：3.63：0.44
			40	28	153	348	543	1396	1：1.56：4.01：0.44
		碎石	16	34	203	432	589	1143	1：1.36：2.65：0.47
			20	33	188	400	594	1205	1：1.49：3.01：0.47
			31.5	32	178	379	590	1254	1：1.56：3.31：0.47
			40	31	168	357	586	1304	1：1.64：3.65：0.47
	37.5 (B)	卵石	10	30	193	420	531	1238	1：1.26：2.95：0.46
			20	29	173	376	540	1321	1：1.44：3.51：0.46
			31.5	29	163	354	553	1353	1：1.56：3.82：0.46
			40	28	153	333	546	1405	1：1.64：4.22：0.46
		碎石	16	35	203	406	614	1140	1：1.51：2.81：0.50
			20	34	188	376	619	1201	1：1.65：3.19：0.50
			31.5	33	178	356	615	1249	1：1.73：3.51：0.50
			40	32	168	336	610	1297	1：1.82：3.86：0.50
	40.0 (C)	卵石	10	32	193	394	573	1218	1：1.45：3.09：0.49
			20	31	173	353	583	1297	1：1.65：3.67：0.49
			31.5	31	163	333	597	1328	1：1.79：3.99：0.49
			40	30	153	312	591	1378	1：1.89：4.42：0.49
		碎石	16	37	203	383	656	1117	1：1.71：2.92：0.53
			20	36	188	355	662	1176	1：1.86：3.31：0.53
			31.5	34	178	336	639	1241	1：1.90：3.69：0.53
			40	33	168	317	635	1289	1：2.00：4.07：0.53

续表

水泥强度等级	水泥实际强度（MPa）	石子种类	石子最大粒径（mm）	砂率（%）	材料用量（kg/m³）				配合比（质量比）
					水 m_{w0}	水泥 m_{c0}	砂 m_{s0}	石子 m_{g0}	水泥∶砂∶石子∶水 m_{c0}∶m_{s0}∶m_{g0}∶m_{w0}
42.5	45.0 (A)	卵石	10	34	193	357	620	1203	1∶1.74∶3.37∶0.54
			20	33	173	320	629	1278	1∶1.97∶3.99∶0.54
			31.5	33	163	302	644	1307	1∶2.13∶4.33∶0.54
			40	32	153	283	638	1356	1∶2.25∶4.79∶0.54
		碎石	16	39	203	338	706	1105	1∶2.09∶3.27∶0.60
			20	38	188	313	712	1162	1∶2.27∶3.71∶0.60
			31.5	37	178	297	708	1206	1∶2.38∶4.06∶0.60
			40	36	168	280	704	1252	1∶2.51∶4.47∶0.60
	47.5 (B)	卵石	10	35	193	345	641	1191	1∶1.86∶3.45∶0.56
			20	34	173	309	652	1266	1∶2.11∶4.10∶0.56
			31.5	34	163	291	666	1293	1∶2.29∶4.44∶0.56
			40	33	153	273	660	1341	1∶2.42∶4.91∶0.56
		碎石	16	40	203	322	730	1095	1∶2.27∶3.40∶0.63
			20	39	188	298	736	1151	1∶2.47∶3.86∶0.63
			31.5	38	178	283	732	1194	1∶2.59∶4.22∶0.63
			40	37	168	267	728	1239	1∶2.73∶4.64∶0.63
	50.0 (C)	卵石	10	36	193	327	665	1183	1∶2.03∶3.62∶0.59
			20	35	173	293	676	1255	1∶2.31∶4.28∶0.59
			31.5	35	163	276	690	1282	1∶2.50∶4.64∶0.59
			40	34	153	259	685	1329	1∶2.64∶5.13∶0.59
		碎石	16	41	203	308	753	1084	1∶2.44∶3.52∶0.66
			20	40	188	285	759	1138	1∶2.66∶3.99∶0.66
			31.5	39	178	270	756	1182	1∶2.80∶4.38∶0.66
			40	38	168	255	751	1226	1∶2.95∶4.81∶0.66

混凝土强度等级：C25；稠度：55～70mm（坍落度）；砂子种类：粗砂；配制强度33.2MPa

水泥强度等级	水泥实际强度（MPa）	石子种类	石子最大粒径（mm）	砂率（%）	材料用量（kg/m³）				配合比（质量比）
					水 m_{w0}	水泥 m_{c0}	砂 m_{s0}	石子 m_{g0}	水泥：砂：石子：水 $m_{c0}:m_{s0}:m_{g0}:m_{w0}$
32.5	35.0（A）	卵石	10	30	203	461	512	1195	1：1.11：2.59：0.44
			20	29	183	416	522	1277	1：1.25：3.07：0.44
			31.5	29	173	393	535	1311	1：1.36：3.34：0.44
			40	28	163	370	530	1363	1：1.43：3.68：0.44
		碎石	16	34	213	453	573	1113	1：1.26：2.46：0.47
			20	33	198	421	579	1175	1：1.38：2.79：0.47
			31.5	32	188	400	576	1223	1：1.44：3.06：0.47
			40	31	178	379	572	1273	1：1.51：3.36：0.47
	37.5（B）	卵石	10	30	203	441	517	1207	1：1.17：2.74：0.46
			20	29	183	398	526	1288	1：1.32：3.24：0.46
			31.5	29	173	376	540	1321	1：1.44：3.51：0.46
			40	28	163	354	534	1373	1：1.51：3.88：0.46
		碎石	16	35	213	426	598	1111	1：1.40：2.61：0.50
			20	34	198	396	604	1172	1：1.53：2.96：0.517
			31.5	33	188	376	600	1219	1：1.60：3.24：0.50
			40	32	178	356	596	1267	1：1.67：3.56：0.50
	40.0（C）	卵石	10	32	203	414	559	1188	1：1.35：2.87：0.49
			20	31	183	373	569	1267	1：1.53：3.40：0.49
			31.5	31	173	353	583	1297	1：1.65：3.67：0.49
			40	30	163	333	577	1347	1：1.73：4.05：0.49
		碎石	16	37	213	402	640	1090	1：1.59：2.71：0.53
			20	36	198	374	646	1148	1：1.73：3.07：0.53
			31.5	34	188	355	625	1213	1：1.76：3.42：0.53
			40	33	178	336	621	1260	1：1.85：3.75：0.53

续表

水泥强度等级	水泥实际强度（MPa）	石子种类	石子最大粒径（mm）	砂率（%）	材料用量（kg/m³）				配合比（质量比）
					水 m_{w0}	水泥 m_{c0}	砂 m_{s0}	石子 m_{g0}	水泥：砂：石子：水 $m_{c0}:m_{s0}:m_{g0}:m_{w0}$
42.5	45.0 (A)	卵石	10	34	203	376	605	1175	1：1.61：3.13：0.54
			20	33	183	339	616	1250	1：1.82：3.69：0.54
			31.5	33	173	320	629	1278	1：1.97：3.99：0.54
			40	32	163	302	624	1326	1：2.07：4.39：0.54
		碎石	16	39	213	355	690	1080	1：1.94：3.04：0.60
			20	38	198	330	696	1136	1：2.11：3.44：0.60
			31.5	37	188	313	693	1180	1：2.21：3.77：0.60
			40	36	178	297	689	1225	1：2.32：4.12：0.60
	47.5 (B)	卵石	10	35	203	362	627	1164	1：1.73：3.22：0.56
			20	34	183	327	638	1238	1：1.95：3.79：0.56
			31.5	34	173	309	652	1266	1：2.11：4.10：0.56
			40	33	163	291	647	1313	1：2.22：4.51：0.56
		碎石	16	40	213	338	714	1071	1：2.11：3.17：0.63
			20	39	198	314	720	1126	1：2.29：3.59：0.63
			31.5	38	188	298	717	1170	1：2.41：3.93：0.63
			40	37	178	283	712	1213	1：2.52：4.29：0.63
	50.0 (C)	卵石	10	36	203	344	650	1156	1：1.89：3.36：0.59
			20	35	183	310	661	1228	1：2.13：3.96：0.59
			31.5	35	173	293	676	1255	1：2.31：4.28：0.59
			40	34	163	276	671	1302	1：2.43：4.72：0.59
		碎石	16	41	213	323	737	1061	1：2.28：3.28：0.66
			20	40	198	300	743	1115	1：2.48：3.72：0.66
			31.5	39	188	285	740	1157	1：2.60：4.06：0.66
			40	38	178	270	736	1201	1：2.73：4.45：0.66

混凝土强度等级：C25；稠度：75～90mm（坍落度）；砂子种类：粗砂；配制强度 33.2MPa

水泥强度等级	水泥实际强度（MPa）	石子种类	石子最大粒径（mm）	砂率（%）	材料用量（kg/m³）				配合比（质量比）
					水 m_{w0}	水泥 m_{c0}	砂 m_{s0}	石子 m_{g0}	水泥：砂：石子：水 $m_{c0}:m_{s0}:m_{g0}:m_{w0}$
32.5	35.0（A）	卵石	10	31	208	473	522	1161	1：1.10：2.45：0.44
			20	30	188	427	533	1243	1：1.25：2.91：0.44
			31.5	30	178	405	546	1275	1：1.35：3.15：0.44
			40	29	168	382	542	1327	1：1.42：3.47：0.44
		碎石	16	35	223	474	575	1067	1：1.21：2.25：0.47
			20	34	208	443	581	1128	1：1.31：2.55：0.47
			31.5	33	198	421	579	1175	1：1.38：2.79：0.47
			40	32	188	400	576	1223	1：1.44：3.06：0.47
	37.5（B）	卵石	10	31	208	452	527	1174	1：1.17：2.60：0.46
			20	30	188	409	537	1254	1：1.31：3.07：0.46
			31.5	30	178	387	551	1286	1：1.42：3.32：0.46
			40	29	168	365	546	1337	1：1.50：3.66：0.46
		碎石	16	36	223	446	600	1066	1：1.35：2.39：0.50
			20	35	208	416	606	1126	1：1.46：2.71：0.50
			31.5	34	198	396	604	1172	1：1.53：2.96：0.50
			40	33	188	376	600	1219	1：1.60：3.24：0.50
	40.0（C）	卵石	10	33	208	424	569	1156	1：1.34：2.73：0.49
			20	32	188	384	580	1233	1：1.51：3.21：0.49
			31.5	32	178	363	594	1263	1：1.64：3.48：0.49
			40	31	168	343	589	1312	1：1.72：3.83：0.49
		碎石	16	38	223	421	641	1046	1：1.52：2.48：0.53
			20	37	208	392	648	1104	1：1.65：2.82：0.53
			31.5	35	198	374	628	1166	1：1.68：3.12：0.53
			40	34	188	355	625	1213	1：1.76：3.42：0.53

续表

水泥强度等级	水泥实际强度（MPa）	石子种类	石子最大粒径（mm）	砂率（%）	材料用量（kg/m³）				配合比（质量比）
					水 m_{w0}	水泥 m_{c0}	砂 m_{s0}	石子 m_{g0}	水泥：砂：石子：水 $m_{c0}:m_{s0}:m_{g0}:m_{w0}$
42.5	45.0（A）	卵石	10	35	208	385	615	1143	1：1.60：2.97：0.54
			20	34	188	348	627	1217	1：1.80：3.50：0.54
			31.5	34	178	330	641	1245	1：1.94：3.77：0.54
			40	33	168	313	637	1293	1：2.05：4.16：0.54
		碎石	16	40	223	372	691	1037	1：1.86：2.79：0.60
			20	39	208	347	698	1092	1：2.01：3.15：0.60
			31.5	38	198	330	696	1136	1：2.11：3.44：0.60
			40	37	188	313	693	1180	1：2.21：3.77：0.60
	47.5（B）	卵石	10	36	208	371	637	1133	1：1.72：3.05：0.56
			20	35	188	336	649	1205	1：1.93：3.59：0.56
			31.5	35	178	318	664	1233	1：2.09：3.88：0.56
			40	34	168	300	659	1280	1：2.20：4.27：0.56
		碎石	16	41	218	354	715	1029	1：2.02：2.91：0.63
			20	40	208	330	722	1083	1：2.19：3.28：0.63
			31.5	39	198	314	720	1126	1：2.29：3.59：0.63
			40	38	188	298	717	1170	1：2.41：3.93：0.63
	50.0（C）	卵石	10	37	208	353	661	1125	1：1.87：3.19：0.59
			20	36	188	319	673	1196	1：2.11：3.75：0.59
			31.5	36	178	302	687	1222	1：2.27：4.05：0.59
			40	35	168	285	683	1268	1：2.40：4.45：0.59
		碎石	16	42	223	338	739	1020	1：2.19：3.02：0.66
			20	41	208	315	746	1073	1：2.37：3.41：0.66
			31.5	40	198	300	743	1115	1：2.48：3.72：0.66
			40	39	188	285	740	1157	1：2.60：4.06：0.66

混凝土强度等级：C25；稠度：16～20s（维勃稠度）；砂子种类：中砂；配制强度 33.2MPa

水泥强度等级	水泥实际强度（MPa）	石子种类	石子最大粒径（mm）	砂率（%）	材料用量（kg/m³） 水 m_{w0}	水泥 m_{c0}	砂 m_{s0}	石子 m_{g0}	配合比（质量比） 水泥：砂：石子：水 $m_{c0}:m_{s0}:m_{g0}:m_{w0}$
32.5	35.0（A）	卵石	10	30	175	398	551	1285	1：1.38：3.23：0.44
			20	29	160	364	553	1353	1：1.52：3.72：0.44
			40	28	145	330	553	1422	1：1.68：4.31：0.44
		碎石	16	34	180	383	624	1211	1：1.63：3.16：0.47
			20	33	170	362	621	1260	1：1.72：3.48：0.47
			40	31	155	330	604	1344	1：1.83：4.07：0.47
	37.5（B）	卵石	10	30	175	380	555	1296	1：1.46：3.41：0.46
			20	29	160	348	557	1363	1：1.60：3.92：0.46
			40	28	145	315	557	1431	1：1.77：4.54：0.46
		碎石	16	35	180	360	649	1206	1：1.80：3.35：0.50
			20	34	170	340	645	1253	1：1.90：3.69：0.50
			40	32	155	310	629	1336	1：2.03：4.31：0.50
	40.0（C）	卵石	10	32	175	357	599	1272	1：1.68：3.56：0.49
			20	31	160	327	601	1337	1：1.84：4.09：0.49
			40	30	145	296	601	1403	1：2.03：4.74：0.49
		碎石	16	37	180	340	692	1179	1：2.04：3.47：0.53
			20	36	170	321	690	1226	1：2.15：3.82：0.53
			40	33	155	292	654	1327	1：2.24：4.54：0.53

续表

水泥强度等级	水泥实际强度（MPa）	石子种类	石子最大粒径（mm）	砂率（%）	材料用量（kg/m³）				配合比（质量比）
					水 m_{w0}	水泥 m_{c0}	砂 m_{s0}	石子 m_{g0}	水泥：砂：石子：水 $m_{c0}:m_{s0}:m_{g0}:m_{w0}$
42.5	45.0（A）	卵石	10	34	175	324	645	1253	1：1.99：3.87：0.54
			20	33	160	296	648	1316	1：2.19：4.45：0.54
			40	32	145	269	648	1378	1：2.41：5.12：0.54
		碎石	16	39	180	300	744	1163	1：2.48：3.88：0.60
			20	38	170	283	740	1207	1：2.61：4.27：0.60
			40	36	155	258	723	1286	1：2.80：4.98：0.60
	47.5（B）	卵石	10	35	175	312	668	1241	1：2.14：3.98：0.56
			20	34	160	286	671	1302	1：2.35：4.55：0.56
			40	33	145	259	672	1364	1：2.59：5.27：0.56
		碎石	16	40	180	286	767	1151	1：2.68：4.02：0.63
			20	39	170	270	764	1195	1：2.83：4.43：0.63
			40	37	155	246	747	1272	1：3.04：5.17：0.63
	50.0（C）	卵石	10	36	175	297	692	1230	1：2.33：4.14：0.59
			20	35	160	271	695	1290	1：2.56：4.76：0.59
			40	34	145	246	696	1351	1：2.83：5.49：0.59
		碎石	16	41	180	273	791	1138	1：2.90：4.17：0.66
			20	40	170	258	787	1181	1：3.05：4.58：0.66
			40	38	155	235	771	1258	1：3.28：5.35：0.66

混凝土强度等级：C25；稠度：11～15s（维勃稠度）；砂子种类：中砂；配制强度 33.2MPa

水泥强度等级	水泥实际强度（MPa）	石子种类	石子最大粒径（mm）	砂率（%）	材料用量（kg/m^3） 水 m_{w0}	水泥 m_{c0}	砂 m_{s0}	石子 m_{g0}	配合比（质量比） 水泥：砂：石子：水 m_{c0}：m_{s0}：m_{g0}：m_{w0}
32.5	35.0（A）	卵石	10	30	180	409	544	1269	1：1.33：3.10：0.44
			20	29	165	375	546	1337	1：1.46：3.57：0.44
			40	28	150	341	547	1406	1：1.60：4.12：0.44
		碎石	16	34	185	394	616	1196	1：1.56：3.04：0.47
			20	33	175	372	613	1245	1：1.65：3.35：0.47
			40	31	160	340	597	1329	1：1.76：3.91：0.47
	37.5（B）	卵石	10	30	180	391	549	1280	1：1.40：3.27：0.46
			20	29	165	359	550	1347	1：1.53：3.75：0.46
			40	28	150	326	550	1415	1：1.69：4.34：0.46
		碎石	16	35	185	370	641	1191	1：1.73：3.22：0.50
			20	34	175	350	638	1239	1：1.82：3.54：0.50
			40	32	160	320	622	1321	1：1.94：4.13：0.50
	40.0（C）	卵石	10	32	180	367	592	1257	1：1.61：3.43：0.49
			20	31	165	337	593	1321	1：1.76：3.92：0.49
			40	30	150	306	595	1388	1：1.94：4.54：0.49
		碎石	16	37	185	349	685	1166	1：1.96：3.34：0.53
			20	36	175	330	682	1212	1：2.07：3.67：0.53
			40	33	160	302	646	1312	1：2.14：4.34：0.53

续表

水泥强度等级	水泥实际强度（MPa）	石子种类	石子最大粒径（mm）	砂率（%）	材料用量（kg/m³）				配合比（质量比）
					水 m_{w0}	水泥 m_{c0}	砂 m_{s0}	石子 m_{g0}	水泥：砂：石子：水 $m_{c0}:m_{s0}:m_{g0}:m_{w0}$
42.5	45.0 (A)	卵石	10	34	180	333	639	1240	1：1.92：3.72：0.54
			20	33	165	306	641	1301	1：2.09：4.25：0.54
			40	32	150	278	642	1364	1：2.31：4.91：0.54
		碎石	16	39	185	308	735	1150	1：2.39：3.73：0.60
			20	38	175	292	732	1194	1：2.51：4.09：0.60
			40	36	160	267	716	1272	1：2.68：4.76：0.60
	47.5 (B)	卵石	10	35	180	321	661	1227	1：2.06：3.82：0.56
			20	34	165	295	664	1288	1：2.25：4.37：0.56
			40	33	150	268	665	1350	1：2.48：5.04：0.56
		碎石	16	40	185	294	759	1139	1：2.58：3.87：0.63
			20	39	175	278	756	1182	1：2.72：4.25：0.63
			40	37	160	254	740	1260	1：2.91：4.96：0.63
	50.0 (C)	卵石	10	36	180	305	685	1217	1：2.25：3.99：0.59
			20	35	165	280	687	1276	1：2.45：4.56：0.59
			40	34	150	254	689	1337	1：2.71：5.26：0.59
		碎石	16	41	185	280	783	1127	1：2.80：4.03：0.66
			20	40	175	265	780	1170	1：2.94：4.42：0.66
			40	38	160	242	764	1246	1：3.16：5.15：0.66

混凝土强度等级：C25；稠度：5～10s（维勃稠度）；砂子种类：中砂；配制强度 33.2MPa

水泥强度等级	水泥实际强度（MPa）	石子种类	石子最大粒径（mm）	砂率（%）	材料用量（kg/m³）				配合比（质量比）
					水 m_{w0}	水泥 m_{c0}	砂 m_{s0}	石子 m_{g0}	水泥：砂：石子：水 $m_{c0}:m_{s0}:m_{g0}:m_{w0}$
32.5	35.0 (A)	卵石	10	30	185	420	537	1253	1：1.28：2.98：0.44
			20	29	170	386	539	1320	1：1.40：3.42：0.44
			40	28	155	352	540	1389	1：1.53：3.95：0.44
		碎石	16	34	190	404	609	1182	1：1.51：2.93：0.47
			20	33	180	383	606	1230	1：1.58：3.21：0.47
			40	31	165	351	590	1313	1：1.68：3.74：0.47
	37.5 (B)	卵石	10	30	185	402	542	1264	1：1.35：3.14：0.46
			20	29	170	370	543	1330	1：1.47：3.59：0.46
			40	28	155	337	544	1399	1：1.61：4.15：0.46
		碎石	16	35	190	380	634	1177	1：1.67：3.10：0.50
			20	34	180	360	631	1224	1：1.75：3.40：0.50
			40	32	165	330	615	1306	1：1.86：3.96：0.50
	40.0 (C)	卵石	10	32	185	378	584	1242	1：1.54：3.29：0.49
			20	31	170	347	587	1306	1：1.69：3.76：0.49
			40	30	155	316	588	1372	1：1.86：4.34：0.49
		碎石	16	37	190	358	677	1153	1：1.89：3.22：0.53
			20	36	180	340	674	1198	1：1.98：3.52：0.53
			40	33	165	311	639	1298	1：2.05：4.17：0.53

续表

水泥强度等级	水泥实际强度（MPa）	石子种类	石子最大粒径（mm）	砂率（%）	材料用量（kg/m³） 水 m_{w0}	水泥 m_{c0}	砂 m_{s0}	石子 m_{g0}	配合比（质量比） 水泥∶砂∶石子∶水 m_{c0}∶m_{s0}∶m_{g0}∶m_{w0}
42.5	45.0（A）	卵石	10	34	185	343	631	1225	1∶1.84∶3.57∶0.54
			20	33	170	315	634	1287	1∶2.01∶4.09∶0.54
			40	32	155	287	635	1350	1∶2.21∶4.70∶0.54
		碎石	16	39	190	317	727	1137	1∶2.29∶3.59∶0.60
			20	38	180	300	724	1182	1∶2.41∶3.94∶0.06
			40	36	165	275	708	1259	1∶2.57∶4.58∶0.60
	47.5（B）	卵石	10	35	185	330	654	1214	1∶1.98∶3.68∶0.56
			20	34	170	304	656	1274	1∶2.16∶4.19∶0.56
			40	33	155	277	658	1336	1∶2.38∶4.82∶0.56
		碎石	16	40	190	302	751	1126	1∶2.49∶3.73∶0.63
			20	39	180	286	748	1170	1∶2.62∶4.09∶0.63
			40	37	165	262	732	1247	1∶2.79∶4.76∶0.63
	50.0（A）	卵石	10	36	190	322	670	1191	1∶2.08∶3.70∶0.59
			20	35	170	288	680	1263	1∶2.36∶4.39∶0.59
			31.5	35	160	271	695	1290	1∶2.56∶4.76∶0.59
			40	34	150	254	689	1337	1∶2.71∶5.26∶0.59
		碎石	16	41	200	303	758	1091	1∶2.50∶3.60∶0.66
			20	40	185	280	764	1146	1∶2.73∶4.09∶0.66
			31.5	39	175	265	760	1189	1∶2.87∶4.49∶0.66
			40	38	165	250	756	1233	1∶3.02∶4.93∶0.66

混凝土强度等级：C25；稠度：35～50mm（坍落度）；砂子种类：中砂；配制强度 33.2MPa

水泥强度等级	水泥实际强度（MPa）	石子种类	石子最大粒径（mm）	砂率（%）	材料用量（kg/m³） 水 m_{w0}	水泥 m_{c0}	砂 m_{s0}	石子 m_{g0}	配合比（质量比） 水泥：砂：石子：水 $m_{c0}:m_{s0}:m_{g0}:m_{w0}$
32.5	35.0（A）	卵石	10	30	200	455	516	1204	1：1.13：2.65：0.44
			20	29	180	409	526	1287	1：1.29：3.15：0.44
			31.5	29	170	386	539	1320	1：1.40：3.42：0.44
			40	28	160	364	534	1372	1：1.47：3.77：0.44
		碎石	16	34	210	447	578	1122	1：1.29：2.51：0.47
			20	33	195	415	583	1184	1：1.40：2.85：0.47
			31.5	32	185	394	580	1232	1：1.47：3.13：0.47
			40	31	175	372	576	1282	1：1.55：3.45：0.47
	37.5（B）	卵石	10	30	200	435	521	1216	1：1.20：2.80：0.46
			20	29	180	391	530	1298	1：1.36：3.32：0.46
			31.5	29	170	370	543	1330	1：1.47：3.59：0.46
			40	28	160	348	537	1382	1：1.54：3.97：0.46
		碎石	16	35	210	420	603	1120	1：1.44：2.67：0.50
			20	34	195	390	608	1181	1：1.56：3.03：0.50
			31.5	33	185	370	605	1228	1：1.64：3.32：0.50
			40	32	175	350	600	1276	1：1.71：3.65：0.50
	40.0（C）	卵石	10	32	200	408	563	1197	1：1138：2.93：0.49
			20	31	180	367	573	1276	1：1.56：3.48：0.49
			31.5	31	170	347	587	1306	1：1.69：3.76：0.49
			40	30	160	327	581	1356	1：1.78：4.15：0.49
		碎石	16	37	210	396	645	1098	1：1.63：2.77：0.53
			20	36	195	368	651	1157	1：1.77：3.14：0.53
			31.5	34	185	349	630	1222	1：1.81：3.50：0.53
			40	33	175	330	625	1269	1：1.89：3.85：0.53

续表

水泥强度等级	水泥实际强度（MPa）	石子种类	石子最大粒径（mm）	砂率（%）	材料用量（kg/m³）				配合比（质量比）
					水 m_{w0}	水泥 m_{c0}	砂 m_{s0}	石子 m_{g0}	水泥：砂：石子：水 $m_{c0}:m_{s0}:m_{g0}:m_{w0}$
42.5	45.0（A）	卵石	10	34	200	370	609	1183	1：1.65：3.20：0.54
			200	33	180	333	620	1258	1：1.86：3.78：0.54
			31.5	33	170	315	634	1287	1：2.01：4.09：0.54
			40	32	160	296	628	1335	1：2.12：4.51：0.54
		碎石	16	39	210	350	695	1087	1：1.99：3.11：0.60
			20	38	195	325	701	1144	1：2.16：3.52：0.60
			31.5	37	185	308	698	1188	1：2.27：3.86：0.60
			40	36	175.	2912	694	1233	1：2.38：4.22：0.60
	47.5（B）	卵石	10	35	200	357	631	1172	1：1.77：3.28：0.56
			20	34	180	321	642	1246	1：2.00：3.88：0.56
			31.5	34	170	304	656	1274	1：2.16：4.19：0.56
			40	33	160	286	651	1321	1：2.28：4.62：0.56
		碎石	16	40	210	333	719	1078	1：2.16：3.24：0.63
			20	39	195	310	724	1133	1：2.34：3.65：0.63
			31.5	38	185	294	721	1177	1：2.45：4.00：0.63
			40	37	175	278	717	1221	1：2.58：4.39：0.63
	50.0（C）	卵石	10	36	200	339	655	1164	1：1.93：3.43：0.59
			20	35	180	305	666	1236	1：2.18：4.05：0.59
			31.5	35	170	288	680	1263	1：2.36：4.39：0.59
			40	34	160	271	675	1310	1：2.49：4.83：0.59
		碎石	16	41	210	318	742	1068	1：2.33：3.36：0.66
			20	40	195	295	748	1122	1：2.54：3.80：0.66
			31.5	39	185	280	745	1165	1：2.66：4.16：0.66
			40	38	175	265	741	1209	1：2.80：4.56：0.66

混凝土强度等级：C25；稠度：55～70mm（坍落度）；砂子种类：中砂；配制强度 33.2MPa

水泥强度等级	水泥实际强度（MPa）	石子种类	石子最大粒径（mm）	砂率（%）	材料用量（kg/m³） 水 m_{w0}	水泥 m_{c0}	砂 m_{s0}	石子 m_{g0}	配合比（质量比） 水泥：砂：石子：水 $m_{c0}:m_{s0}:m_{g0}:m_{w0}$
32.5	35.0（A）	卵石	10	30	210	477	502	1172	1：1.05：2.46：0.44
			20	29	190	432	512	1254	1：1.19：2.90：0.44
			31.5	29	180	409	526	1287	1：1.29：3.15：0.44
			40	28	170	386	521	1339	1：1.35：3.47：0.44
		碎石	16	34	220	468	563	1092	1：1.20：2.33：0.47
			20	33	205	436	568	1154	1：1.30：2.65：0.47
			31.5	32	195	415	566	1202	1：1.36：2.90：0.47
			40	31	185	394	562	1251	1：1.43：3.18：0.47
	37.5（B）	卵石	10	30	210	457	507	1184	1：1.11：2.59：0.46
			20	29	190	413	517	1266	1：1.25：3.07：0.46
			31.5	29	180	391	530	1298	1：1.36：3.32：0.46
			40	28	170	370	525	1349	1：1.42：3.65：0.46
		碎石	16	35	220	440	587	1091	1：1.33：2.48：0.50
			20	34	205	410	593	1152	1：1.45：2.81：0.50
			31.5	33	195	390	591	1199	1：1.52：3.07：0.50
			40	32	185	370	587	1247	1：1.59：3.37：0.50
	40.0（C）	卵石	10	32	210	429	549	1166	1：1.28：2.72：0.49
			20	31	190	388	559	1245	1：1.44：3.21：0.49
			31.5	31	180	367	573	1276	1：1.56：3.48：0.49
			40	30	170	347	568	1325	1：1.64：3.82：0.49
		碎石	16	37	220	415	629	1071	1：1.52：2.58：0.53
			20	36	205	387	635	1129	1：1.64：2.92：0.53
			31.5	34	195	368	615	1193	1：1.67：3.24：0.53
			40	33	185	349	611	1240	1：1.75：3.55：0.53

续表

水泥强度等级	水泥实际强度（MPa）	石子种类	石子最大粒径（mm）	砂率（%）	材料用量（kg/m³）				配合比（质量比）
					水 m_{w0}	水泥 m_{c0}	砂 m_{s0}	石子 m_{g0}	水泥∶砂∶石子∶水 m_{c0}∶m_{s0}∶m_{g0}∶m_{w0}
42.5	45.0（A）	卵石	10	34	210	389	595	1155	1∶1.53∶2.97∶0.54
			20	33	190	352	606	1230	1∶1.72∶3.49∶0.54
			31.5	33	180	333	620	1258	1∶1.86∶3.78∶0.54
			40	32	170	315	615	1306	1∶1.95∶4.15∶0.54
		碎石	16	39	220	367	679	1062	1∶1.85∶2.89∶0.60
			20	38	205	342	685	1118	1∶2.00∶3.27∶0.60
			31.5	37	195	325	682	1162	1∶2.10∶3.58∶0.60
			40	36	185	308	679	1207	1∶2.20∶3.92∶0.60
	47.5（B）	卵石	10	35	210	375	617	1145	1∶1.65∶3.05∶0.56
			20	34	190	339	627	1218	1∶1.85∶3.59∶0.56
			31.5	34	180	321	642	1246	1∶2.00∶3.88∶0.56
			40	33	170	304	637	1293	1∶2.10∶4.25∶0.56
		碎石	16	40	220	349	703	1054	1∶2.01∶3.02∶0.63
			20	39	205	325	709	1109	1∶2.18∶3.41∶0.63
			31.5	38	195	310	706	1152	1∶2.28∶3.72∶0.63
			40	37	185	294	702	1196	1∶2.39∶4.07∶0.63
	50.0（C）	卵石	10	36	210	356	640	1138	1∶1.80∶3.20∶0.59
			20	35	190	322	651	1209	1∶2.02∶3.75∶0.59
			31.5	35	180	305	666	1236	1∶2.18∶4.05∶0.59
			40	34	170	288	661	1283	1∶2.30∶4.45∶0.59
		碎石	16	41	220	333	725	1044	1∶2.18∶3.14∶0.66
			20	40	205	311	732	1098	1∶2.35∶3.53∶0.66
			31.5	39	195	2915	729	1141	1∶2.47∶3.87∶0.66
			40	38	185	280	726	1184	1∶2.59∶4.23∶0.66

混凝土强度等级：C25；稠度：75～90mm（坍落度）；砂子种类：中砂；配制强度 33.2MPa

水泥强度等级	水泥实际强度（MPa）	石子种类	石子最大粒径（mm）	砂率（%）	材料用量（kg/m³）				配合比（质量比）
					水 m_{w0}	水泥 m_{c0}	砂 m_{s0}	石子 m_{g0}	水泥：砂：石子：水 $m_{c0}:m_{s0}:m_{g0}:m_{w0}$
32.5	35.0（A）	卵石	10	31	215	489	512	1139	1：1.05：2.33：0.44
			20	30	195	443	523	1221	1：1.18：2.76：0.44
			31.5	30	185	420	537	1253	1：1.28：2.98：0.44
			40	29	175	398	533	1304	1：1.34：3.28：0.44
		碎石	16	35	230	489	563	1046	1：1.15：2.14：0.47
			20	34	215	457	570	1107	1：1.25：2.42：0.47
			31.5	33	205	436	568	1154	1：1.30：2.65：0.47
			40	32	195	415	566	1202	1：1.36：2.90：0.47
	37.5（B）	卵石	10	31	215	467	518	1152	1：1.11：2.47：0.46
			20	30	195	424	528	1232	1：1.25：2.91：0.46
			31.5	30	185	402	542	1264	1：1.35：3.14：0.46
			40	29	175	380	537	1315	1：1.41：3.46：0.46
		碎石	16	36	230	460	588	1046	1：1.28：2.27：0.50
			20	35	215	430	596	1106	1：1.39：2.57：0.50
			31.5	34	205	410	593	1152	1：1.45：2.81：0.50
			40	33	195	390	591	1199	1：1.52：3.07：0.50
	40.0（C）	卵石	10	33	215	439	559	1134	1：1.27：2.58：0.49
			20	32	195	398	570	1212	1：1.43：3.05：0.49
			31.5	32	185	378	584	1242	1：1.54：3.29：0.49
			40	31	175	357	580	1291	1：1.62：3.62：0.49
		碎石	16	38	230	434	629	1027	1：1.45：2.37：0.53
			20	37	215	406	637	1084	1：1.57：2.67：0.53
			31.5	35	205	387	618	1147	1：1.60：2.96：0.53
			40	34	195	368	615	1193	1：1.67：3.24：0.53

续表

水泥强度等级	水泥实际强度 (MPa)	石子种类	石子最大粒径 (mm)	砂率 (%)	材料用量 (kg/m³) 水 m_{w0}	水泥 m_{c0}	砂 m_{s0}	石子 m_{g0}	配合比（质量比） 水泥∶砂∶石子∶水 $m_{c0}:m_{s0}:m_{g0}:m_{w0}$
42.5	45.0 (A)	卵石	10	35	215	398	605	1123	1∶1.52∶2.82∶0.54
			20	34	195	361	617	1197	1∶1.71∶3.32∶0.54
			31.5	34	185	343	631	1225	1∶1.84∶3.57∶0.54
			40	33	175	324	627	1273	1∶1.94∶3.93∶0.54
		碎石	16	40	230	383	680	1020	1∶1.78∶2.66∶0.60
			20	39	215	358	687	1175	1∶1.92∶3.00∶0.60
			35	38	205	342	685	1118	1∶2.00∶3.27∶0.60
			40	37	195	325	682	1162	1∶2.10∶3.58∶0.60
	47.5 (B)	卵石	10	36	215	384	627	1114	1∶1.63∶2.90∶0.56
			20	35	195	348	639	1186	1∶1.84∶3.41∶0.56
			31.5	35	185	330	654	1214	1∶1.98∶3.68∶0.56
			40	34	175	312	649	1260	1∶2.08∶4.04∶0.56
		碎石	16	41	230	365	703	1012	1∶1.93∶2.77∶0.63
			20	40	215	341	711	1066	1∶2.09∶3.13∶0.63
			31.5	39	205	325	709	1109	1∶2.18∶3.41∶0.63
			40	38	195	310	706	1152	1∶2.28∶3.72∶0.63
	50.0 (C)	卵石	10	37	215	364	650	1107	1∶1.79∶3.04∶0.59
			20	36	195	331	662	1177	1∶2.00∶3.56∶0.59
			31.5	36	185	314	677	1204	1∶2.16∶3.83∶0.59
			40	35	175	297	673	1250	1∶2.27∶4.21∶0.59
		碎石	16	42	230	348	727	1004	1∶2.09∶2.89∶0.66
			20	41	215	326	734	1056	1∶2.25∶3.24∶0.66
			31.5	40	205	311	732	1098	1∶2.35∶3.53∶0.66
			40	39	195	295	729	1141	1∶2.47∶3.87∶0.66

混凝土强度等级：C25；稠度：16～20s（维勃稠度）；砂子种类：细砂；配制强度 33.2MPa

水泥强度等级	水泥实际强度（MPa）	石子种类	石子最大粒径（mm）	砂率（%）	材料用量（kg/m³）				配合比（质量比）
					水 m_{w0}	水泥 m_{c0}	砂 m_{s0}	石子 m_{g0}	水泥：砂：石子：水 $m_{c0}:m_{s0}:m_{g0}:m_{w0}$
32.5	35.0（A）	卵石	10	30	182	414	541	1262	1：1.31：3.05：0.44
			20	29	167	380	543	1330	1：1.43：3.50：0.44
			40	28	152	345	544	1399	1：1.58：4.06：0.44
		碎石	16	34	187	398	613	1190	1：1.54：2.99：0.47
			20	33	177	377	610	1238	1：1.62：3.28：0.47
			40	31	162	345	594	1322	1：1.72：3.83：0.47
	37.5（B）	卵石	10	30	182	396	546	1273	1：1.38：3.21：0.46
			20	29	167	363	547	1340	1：1.51：3.69：0.46
			40	28	152	330	548	1409	1：1.66：4.27：0.46
		碎石	16	35	187	374	639	1186	1：1.71：3.17：0.50
			20	34	177	354	635	1233	1：1.79：3.48：0.50
			40	32	162	324	619	1315	1：1.91：4.06：0.50
	40.0（C）	卵石	10	32	182	371	589	1251	1：1.59：3.37：0.49
			20	31	167	341	591	1315	1：1.73：3.86：0.49
			40	30	152	310	592	1381	1：1.91：4.45：0.49
		碎石	16	37	187	353	681	1160	1：1.93：3.29：0.53
			20	36	177	334	678	1206	1：2.03：3.61：0.53
			40	33	162	306	643	1306	1：2.10：4.27：0.53

续表

水泥强度等级	水泥实际强度（MPa）	石子种类	石子最大粒径（mm）	砂率（%）	材料用量（kg/m³）				配合比（质量比）
					水 m_{w0}	水泥 m_{c0}	砂 m_{s0}	石子 m_{g0}	水泥：砂：石子：水 $m_{c0}:m_{s0}:m_{g0}:m_{w0}$
42.5	45.0 (A)	卵石	10	34	182	337	636	1234	1：1.89：3.66：0.54
			20	33	167	309	638	1296	1：2.06：4.19：0.54
			40	32	152	281	640	1359	1：2.28：4.84：0.54
		碎石	16	39	187	312	732	1145	1：2.35：3.67：0.60
			20	38	177	295	729	1189	1：2.47：4.03：0.60
			40	36	162	270	713	1267	1：2.64：4.69：0.60
	47.5 (B)	卵石	10	35	182	325	658	1222	1：2.02：3.76：0.56
			20	34	167	298	660	1282	1：2.21：4.30：0.56
			40	33	152	271	662	1344	1：2.44：4.96：0.56
		碎石	16	40	187	297	756	1134	1：2.55：3.82：0.63
			20	39	177	281	753	1177	1：2.68：4.19：0.63
			40	37	162	257	737	1255	1：2.87：4.88：0.63
	50.0 (C)	卵石	10	36	182	308	682	1212	1：2.21：3.94：0.59
			20	35	167	283	684	1271	1：2.42：4.49：0.59
			40	34	152	258	686	1332	1：2.66：5.16：0.59
		碎石	16	41	187	283	780	1122	1：2.76：3.96：0.66
			20	40	177	268	777	1165	1：2.90：4.35：0.66
			40	38	162	245	761	1241	1：3.11：5.07：0.66

混凝土强度等级：C25；稠度：11～15s（维勃稠度）；砂子种类：细砂；配制强度 33.2MPa

水泥强度等级	水泥实际强度（MPa）	石子种类	石子最大粒径（mm）	砂率（%）	材料用量（kg/m³） 水 m_{w0}	水泥 m_{c0}	砂 m_{s0}	石子 m_{g0}	配合比（质量比） 水泥：砂：石子：水 $m_{c0}:m_{s0}:m_{g0}:m_{w0}$
32.5	35.0（A）	卵石	10	30	187	425	534	1246	1：1.26：2.93：0.44
			20	29	172	391	537	1314	1：1.37：3.36：0.44
			40	28	157	357	537	1382	1：1.50：3.87：0.44
		碎石	16	34	192	409	605	1175	1：1.48：2.87：0.47
			20	33	182	387	603	1224	1：1.56：3.16：0.47
			40	31	167	355	587	1307	1：1.65：3.68：0.47
	37.5（B）	卵石	10	30	187	407	539	1257	1：1.32：3.09：0.46
			20	29	172	374	541	1324	1：1.45：3.54：0.46
			40	28	157	341	541	1392	1：1.59：4.08：0.46
		碎石	16	35	192	384	631	1171	1：1.64：3.05：0.50
			20	34	182	364	627	1218	1：1.72：3.35：0.50
			40	32	167	334	612	1300	1：1.83：3.89：0.50
	40.0（C）	卵石	10	32	187	382	582	1236	1：1.52：3.24：0.49
			20	31	172	351	584	1300	1：1.66：3.70：0.49
			40	30	157	320	585	1366	1：1.83：4.27：0.49
		碎石	16	37	192	362	674	1147	1：1.86：3.17：0.53
			20	36	182	343	671	1193	1：1.96：3.48：0.53
			40	33	167	315	636	1292	1：2.02：4.10：0.53

续表

水泥强度等级	水泥实际强度（MPa）	石子种类	石子最大粒径（mm）	砂率（%）	材料用量（kg/m³）				配合比（质量比）
					水 m_{w0}	水泥 m_{c0}	砂 m_{s0}	石子 m_{g0}	水泥：砂：石子：水 m_{c0}：m_{s0}：m_{g0}：m_{w0}
42.5	45.0（A）	卵石	10	34	187	346	628	1220	1：1.82：3.53：0.54
			20	33	172	319	631	1281	1：1.98：4.02：0.54
			40	32	157	291	632	1344	1：2.17：4.62：0.54
		碎石	16	39	192	320	724	1132	1：2.26：3.54：0.60
			20	38	182	303	721	1177	1：2.38：3.88：0.60
			40	36	167	278	705	1254	1：2.54：4.51：0.60
	47.5（B）	卵石	10	35	187	334	650	1208	1：1.95：3.62：0.56
			20	34	172	307	653	1268	1：2.13：4.13：0.56
			40	33	157	280	655	1330	1：2.34：4.75：0.56
		碎石	16	40	192	305	748	1122	1：2.45：3.68：0.63
			20	39	182	289	745	1165	1：2.58：4.03：0.63
			40	37	167	265	729	1242	1：2.75：4.69：0.63
	50.0（C）	卵石	10	36	187	317	674	1199	1：2.13：3.78：0.59
			20	35	172	292	677	1258	1：2.32：4.31：0.59
			40	34	157	266	679	1318	1：2.55：4.95：0.59
		碎石	16	41	192	291	771	1110	1：2.65：3.81：0.66
			20	40	182	276	769	1153	1：2.79：4.18：0.66
			40	38	167	253	753	1228	1：2.98：4.85：0.66

混凝土强度等级：C25；稠度：5～10s（维勃稠度）；砂子种类：细砂；配制强度 33.2MPa

水泥强度等级	水泥实际强度（MPa）	石子种类	石子最大粒径（mm）	砂率（%）	材料用量（kg/m³）				配合比（质量比）
					水 m_{w0}	水泥 m_{c0}	砂 m_{s0}	石子 m_{g0}	水泥：砂：石子：水 $m_{c0}:m_{s0}:m_{g0}:m_{w0}$
32.5	35.0（A）	卵石	10	30	192	436	527	1230	1：1.21：2.82：0.44
			20	29	177	402	530	1297	1：1.32：3.23：0.44
			40	28	162	368	531	1366	1：1.44：3.71：0.44
		碎石	16	34	197	419	598	1161	1：1.43：2.77：0.47
			20	33	187	398	595	1208	1：1.49：3.04：0.47
			40	31	172	366	580	1291	1：1.58：3.53：0.47
	37.5（B）	卵石	10	30	192	417	532	1242	1：1.28：2.98：0.46
			20	29	177	385	534	1308	1：1.39：3.40：0.46
			40	28	162	352	535	1376	1：1.52：3.91：0.46
		碎石	16	35	197	394	623	1157	1：1.58：2.94：0.50
			20	34	187	374	620	1204	1：1.66：3.22：0.50
			40	32	172	344	605	1285	1：1.76：3.74：0.50
	40.0（C）	卵石	10	32	192	392	575	1221	1：1.47：3.11：0.49
			20	31	177	361	577	1285	1：1.60：3.56：0.49
			40	30	162	331	579	1350	1：1.75：4.08：0.49
		碎石	16	37	197	372	665	1133	1：1.79：3.05：0.53
			20	36	187	353	663	1179	1：1.88：3.34：0.53
			40	33	172	325	629	1277	1：1.94：3.93：0.53

续表

水泥强度等级	水泥实际强度(MPa)	石子种类	石子最大粒径(mm)	砂率(%)	材料用量(kg/m³)				配合比(质量比)
					水 m_{w0}	水泥 m_{c0}	砂 m_{s0}	石子 m_{g0}	水泥:砂:石子:水 $m_{c0}:m_{s0}:m_{g0}:m_{w0}$
42.5	45.0 (A)	卵石	10	34	192	356	621	1205	1:1.74:3.38:0.54
			20	33	177	328	624	1267	1:1.90:3.86:0.54
			40	32	162	300	625	1329	1:2.08:4.43:0.54
		碎石	16	39	197	328	716	1120	1:2.18:3.41:0.60
			20	38	187	312	713	1164	1:2.29:3.73:0.60
			40	36	172	287	698	1241	1:2.43:4.32:0.60
	47.5 (B)	卵石	10	35	192	343	643	1194	1:1.87:3.48:0.56
			20	34	177	316	647	1255	1:2.05:3.97:0.56
			40	33	162	289	648	1316	1:2.24:4.55:0.56
		碎石	16	40	197	313	739	1109	1:2.36:3.54:0.63
			20	39	187	297	737	1153	1:2.48:3.88:0.63
			40	37	172	273	722	1229	1:2.64:4.50:0.63
	50.0 (C)	卵石	10	36	192	325	667	1186	1:2.05:3.65:0.59
			20	35	177	300	670	1244	1:2.23:4.15:0.59
			40	34	162	275	672	1304	1:2.44:4.74:0.59
		碎石	16	41	197	298	764	1099	1:2.56:3.69:0.66
			20	40	187	283	761	1141	1:2.69:4.03:0.66
			40	38	172	261	745	1216	1:2.85:4.66:0.66

混凝土强度等级：C25；稠度：10～30mm（坍落度）；砂子种类：细砂；配制强度 33.2MPa

水泥强度等级	水泥实际强度（MPa）	石子种类	石子最大粒径（mm）	砂率（%）	材料用量（kg/m³）				配合比（质量比）
					水 m_{w0}	水泥 m_{c0}	砂 m_{s0}	石子 m_{g0}	水泥：砂：石子：水 $m_{c0}:m_{s0}:m_{g0}:m_{w0}$
32.5	35.0（A）	卵石	10	30	197	448	520	1214	1：1.16：2.71：0.44
			20	29	177	402	530	1297	1：1.32：3.23：0.44
			31.5	29	167	380	543	1330	1：1.43：3.50：0.44
			40	28	157	357	537	1382	1：1.50：3.87：0.44
		碎石	16	34	207	440	583	1131	1：1.33：2.57：0.47
			20	33	192	409	588	1193	1：1.44：2.92：0.47
			31.5	32	182	387	584	1242	1：1.51：3.21：0.47
			40	31	172	366	580	1291	1：1.58：3.53：0.47
	37.5（B）	卵石	10	30	197	428	525	1226	1：1.23：2.86：0.46
			20	29	177	385	534	1308	1：1.39：3.40：0.46
			31.5	29	167	363	547	1340	1：1.51：3.69：0.46
			40	28	157	341	541	1392	1：1.59：4.08：0.46
		碎石	16	35	207	414	607	1128	1：1.47：2.72：0.50
			20	34	192	384	613	1189	1：1.60：3.10：0.50
			31.5	33	182	364	609	1237	1：1.67：3.40：0.50
			40	32	172	344	605	1285	1：1.76：3.74：0.50
	40.0（C）	卵石	10	32	197	402	568	1206	1：1.41：3.00：0.49
			20	31	177	361	577	1285	1：1.60：3.56：0.49
			31.5	31	167	341	591	1315	1：1.73：3.86：0.49
			40	30	157	320	585	1366	1：1.83：4.27：0.49
		碎石	16	37	207	391	650	1106	1：1.66：2.83：0.53
			20	36	192	362	655	1165	1：1.81：3.22：0.53
			31.5	34	182	343	634	1230	1：1.85：3.59：0.53
			40	33	172	325	629	1277	1：1.94：3.93：0.53

续表

水泥强度等级	水泥实际强度（MPa）	石子种类	石子最大粒径（mm）	砂率（%）	材料用量（kg/m³） 水 m_{w0}	水泥 m_{c0}	砂 m_{s0}	石子 m_{g0}	配合比（质量比） 水泥：砂：石子：水 $m_{c0}:m_{s0}:m_{g0}:m_{w0}$
42.5	45.0（A）	卵石	10	34	197	365	614	1191	1：1.68：3.26：0.54
			20	33	177	328	624	1267	1：1.90：3.86：0.54
			31.5	33	167	309	638	1296	1：2.06：4.19：0.54
			40	32	157	291	632	1344	1：2.17：4.62：0.54
		碎石	16	39	207	345	700	1095	1：2.03：3.17：0.60
			20	38	192	320	705	1151	1：2.20：3.60：0.60
			31.5	37	182	303	702	1196	1：2.32：3.95：0.60
			40	36	172	287	698	1241	1：2.43：4.32：0.60
	47.5（B）	卵石	10	35	197	352	635	1180	1：1.80：3.35：0.56
			20	34	177	316	647	1255	1：2.05：3.97：0.56
			31.5	34	167	298	660	1282	1：2.21：4.30：0.56
			40	33	157	280	655	1330	1：2.34：4.75：0.56
		碎石	16	40	207	329	723	1085	1：2.20：3.30：0.63
			20	39	192	305	729	1140	1：2.39：3.74：0.63
			31.5	38	182	289	726	1184	1：2.51：4.10：0.63
			40	37	172	273	722	1229	1：2.64：4.50：0.63
	50.0（C）	卵石	10	36	197	334	659	1172	1：1.97：3.51：0.59
			20	35	177	300	670	1244	1：2.23：4.15：0.59
			31.5	35	167	283	684	1271	1：2.42：4.49：0.59
			40	34	157	266	679	1318	1：2.55：4.95：0.59
		碎石	16	41	207	314	747	1075	1：2.38：3.42：0.66
			20	40	192	291	753	1129	1：2.59：3.88：0.66
			31.5	39	182	276	749	1172	1：2.71：4.25：0.66
			40	38	172	261	745	1216	1：2.85：4.66：0.66

混凝土强度等级：C25；稠度：35～50mm（坍落度）；砂子种类：细砂；配制强度 33.2MPa

水泥强度等级	水泥实际强度（MPa）	石子种类	石子最大粒径（mm）	砂率（%）	材料用量（kg/m³）				配合比（质量比）
					水 m_{w0}	水泥 m_{c0}	砂 m_{s0}	石子 m_{g0}	水泥：砂：石子：水 $m_{c0}:m_{s0}:m_{g0}:m_{w0}$
32.5	35.0 (A)	卵石	10	30	207	470	507	1182	1：1.08：2.51：0.44
			20	29	187	425	516	1264	1：1.21：2.97：0.44
			31.5	29	177	402	530	1297	1：1.32：3.23：0.44
			40	28	167	380	525	1349	1：1.38：3.55：0.44
		碎石	16	34	217	462	567	1101	1：1.23：2.38：0.47
			20	33	202	430	573	1163	1：1.33：2.70：0.47
			31.5	32	192	409	570	1211	1：1.39：2.96：0.47
			40	31	182	387	566	1260	1：1.46：3.26：0.47
	37.5 (B)	卵石	10	30	207	450	512	1194	1：1.14：2.65：0.46
			20	29	187	407	521	1275	1：1.28：3.13：0.46
			31.5	29	177	385	534	1308	1：1.39：3.40：0.46
			40	28	167	363	529	1359	1：1.46：3.74：0.46
		碎石	16	35	217	434	592	1100	1：1.36：2.53：0.50
			20	34	202	404	598	1160	1：1.48：2.87：0.50
			31.5	33	192	384	594	1207	1：1.55：3.14：0.50
			40	32	182	364	591	1255	1：1.62：3.45：0.50
	40.0 (C)	卵石	10	32	207	422	553	1176	1：1.31：2.79：0.49
			20	31	187	382	563	1254	1：1.47：3.28：0.49
			31.5	31	177	361	577	1285	1：1.60：3.56：0.49
			40	30	167	341	572	1335	1：1.68：3.91：0.49
		碎石	16	37	217	409	634	1079	1：1.55：2.64：0.53
			20	36	202	381	640	1138	1：1.68：2.99：0.53
			31.5	34	192	362	619	1202	1：1.71：3.32：0.53
			40	33	182	343	615	1249	1：1.79：3.64：0.53

续表

水泥强度等级	水泥实际强度（MPa）	石子种类	石子最大粒径（mm）	砂率（%）	材料用量（kg/m³） 水 m_{w0}	水泥 m_{c0}	砂 m_{s0}	石子 m_{g0}	配合比（质量比） 水泥：砂：石子：水 $m_{c0}:m_{s0}:m_{g0}:m_{w0}$
42.5	45.0（A）	卵石	10	34	207	383	599	1163	1：1.56：3.04：0.54
			20	33	187	346	610	1238	1：1.76：3.58：0.54
			31.5	33	177	328	624	1267	1：1.90：3.86：0.54
			40	32	167	309	619	1315	1：2.00：4.26：0.54
		碎石	16	39	217	362	684	1070	1：1.89：2.96：0.60
			20	38	202	337	690	1125	1：2.05：3.34：0.60
			31.5	37	192	320	687	1170	1：2.15：3.66：0.60
			40	36	182	303	683	1215	1：2.25：4.01：0.60
	47.5（B）	卵石	10	35	207	370	621	1153	1：1.68：3.12：0.56
			20	34	187	334	632	1227	1：1.89：3.67：0.56
			31.5	34	177	316	647	1255	1：2.05：3.97：0.56
			40	33	167	298	641	1302	1：2.15：4.37：0.56
		碎石	16	40	217	344	707	1061	1：2.06：3.08：0.63
			20	39	202	321	714	1116	1：2.22：3.48：0.63
			31.5	38	192	305	710	1159	1：2.33：3.80：0.63
			40	37	182	289	707	1203	1：2.45：4.16：0.63
	50.0（C）	卵石	10	36	207	351	645	1146	1：1.84：3.26：0.59
			20	35	187	317	655	1217	1：2.07：3.84：0.59
			31.5	35	177	300	670	1244	1：2.23：4.15：0.59
			40	34	167	283	665	1291	1：2.35：4.56：0.59
		碎石	16	41	217	329	730	1051	1：2.22：3.19：0.66
			20	40	202	306	737	1105	1：2.41：3.61：0.66
			31.5	39	192	291	734	1148	1：2.52：3.95：0.66
			40	38	182	276	730	1191	1：2.64：4.32：0.66

混凝土强度等级：C25；稠度：55～70mm（坍落度）；砂子种类：细砂；配制强度 33.2MPa

水泥强度等级	水泥实际强度（MPa）	石子种类	石子最大粒径（mm）	砂率（%）	材料用量（kg/m³） 水 m_{w0}	水泥 m_{c0}	砂 m_{s0}	石子 m_{g0}	配合比（质量比） 水泥：砂：石子：水 $m_{c0}:m_{s0}:m_{g0}:m_{w0}$
32.5	35.0（A）	卵石	10	30	217	493	492	1149	1∶1.00∶2.33∶0.44
			20	29	197	448	503	1231	1∶1.12∶2.75∶0.44
			31.5	29	187	425	516	1264	1∶1.21∶2.97∶0.44
			40	28	177	402	512	1316	1∶1.27∶3.27∶0.44
		碎石	16	34	227	483	552	1071	1∶1.14∶2.22∶0.47
			20	33	212	451	558	1133	1∶1.24∶2.51∶0.47
			31.5	32	202	430	555	1180	1∶1.29∶2.74∶0.47
			40	31	192	409	552	1229	1∶1.35∶3.00∶0.47
	37.5（B）	卵石	10	30	217	472	498	1162	1∶1.06∶2.46∶0.46
			20	29	197	428	508	1243	1∶1.19∶2.90∶0.46
			31.5	29	187	407	521	1275	1∶1.28∶3.13∶0.46
			40	28	177	385	516	1326	1∶1.34∶3.44∶0.46
		碎石	16	35	227	454	577	1071	1∶1.27∶2.36∶0.50
			20	34	212	424	583	1131	1∶1.38∶2.67∶0.50
			31.5	33	202	404	580	1178	1∶1.44∶2.92∶0.50
			40	32	192	384	577	1226	1∶1.50∶3.19∶0.50
	40.0（C）	卵石	10	32	217	443	539	1146	1∶1.22∶2.59∶0.49
			20	31	197	402	550	1224	1∶1.37∶3.04∶0.49
			31.5	31	187	382	563	1254	1∶1.47∶3.28∶0.49
			40	30	177	361	559	1304	1∶1.55∶3.61∶0.49
		碎石	16	37	227	428	618	1052	1∶1.44∶2.46∶0.53
			20	36	212	400	624	1110	1∶1.56∶2.78∶0.53
			31.5	34	202	381	604	1173	1∶1.59∶3.08∶0.53
			40	33	192	362	601	1220	1∶1.66∶3.37∶0.53

续表

水泥强度等级	水泥实际强度（MPa）	石子种类	石子最大粒径（mm）	砂率（%）	材料用量（kg/m³）				配合比（质量比）
					水 m_{w0}	水泥 m_{c0}	砂 m_{s0}	石子 m_{g0}	水泥：砂：石子：水 $m_{c0}:m_{s0}:m_{g0}:m_{w0}$
42.5	45.0（A）	卵石	10	34	217	402	585	1135	1：1.46：2.82：0.54
			20	33	197	365	595	1209	1：1.63：3.31：0.54
			31.5	33	187	346	610	1238	1：1.76：3.58：0.54
			40	32	177	328	650	1286	1：1.84：3.92：0.54
		碎石	16	39	227	378	668	1045	1：1.77：2.76：0.60
			20	38	212	353	674	1100	1：1.91：3.12：0.60
			31.5	37	202	337	672	1144	1：1.99：3.39：0.60
			40	36	192	320	668	1188	1：2.09：3.71：0.60
	47.5（B）	卵石	10	35	217	387	606	1126	1：1.57：2.91：0.56
			20	34	197	352	618	1199	1：1.76：3.41：0.56
			31.5	34	187	334	632	1227	1：1.89：3.67：0.56
			40	33	177	316	627	1274	1：1.98：4.03：0.56
		碎石	16	40	227	360	691	1037	1：1.92：2.88：0.63
			20	39	212	337	698	1091	1：2.07：3.24：0.63
			31.5	38	202	321	695	1134	1：2.17：3.53：0.63
			40	37	192	305	692	1178	1：2.27：3.86：0.63
	50.0（C）	卵石	10	36	217	368	629	1119	1：1.71：3.04：0.59
			20	35	197	334	641	1191	1：1.92：3.57：0.59
			31.5	35	187	317	655	1217	1：2.07：3.84：0.59
			40	34	177	300	651	1264	1：2.17：4.21：0.59
		碎石	16	41	227	344	714	1028	1：2.08：2.99：0.66
			20	40	212	321	721	1081	1：2.25：3.37：0.66
			31.5	39	202	306	719	1124	1：2.35：3.67：0.66
			40	38	192	291	715	1167	1：2.46：4.01：0.66

混凝土强度等级：C25；稠度：75～90mm（坍落度）；砂子种类：细砂；配制强度 33.2MPa

水泥强度等级	水泥实际强度（MPa）	石子种类	石子最大粒径（mm）	砂率（%）	材料用量（kg/m³）				配合比（质量比）
					水 m_{w0}	水泥 m_{c0}	砂 m_{s0}	石子 m_{g0}	水泥：砂：石子：水 $m_{c0}:m_{s0}:m_{g0}:m_{w0}$
32.5	35.0（A）	卵石	10	31	222	505	501	1116	1：0.99：2.21：0.44
			20	30	202	459	513	1198	1：1.12：2.61：0.44
			31.5	30	192	436	527	1230	1：1.21：2.82：0.44
			40	29	182	414	523	1281	1：1.26：3.09：0.44
		碎石	16	35	237	504	552	1026	1：1.10：2.04：0.47
			20	34	222	472	559	1086	1：1.18：2.30：0.47
			31.5	33	212	451	558	1133	1：1.24：2.51：0.47
			40	32	202	430	555	1180	1：1.29：2.74：0.47
	37.5（B）	卵石	10	31	222	483	507	1129	1：1.05：2.34：0.46
			20	30	202	439	519	1210	1：1.18：2.76：0.46
			31.5	30	192	417	532	1242	1：1.28：2.98：0.46
			40	29	182	396	528	1292	1：1.33：3.26：0.46
		碎石	16	36	237	474	578	1027	1：1.22：2.17：0.50
			20	35	222	444	585	1086	1：1.32：2.45：0.50
			31.5	34	212	424	583	1131	1：1.38：2.67：0.50
			40	33	202	404	580	1178	1：1.44：2.92：0.50
	40.0（C）	卵石	10	33	222	453	549	1114	1：1.21：2.46：0.49
			20	32	202	412	560	1191	1：1.36：2.89：0.49
			31.5	32	192	392	575	1221	1：1.47：3.11：0.49
			40	31	182	371	571	1270	1：1.54：3.42：0.49
		碎石	16	38	237	447	618	1009	1：1.38：2.26：0.53
			20	37	222	419	626	1066	1：1.49：2.54：0.53
			31.5	35	212	400	607	1128	1：1.52：2.82：0.53
			40	34	202	381	604	1173	1：1.59：3.08：0.53

续表

水泥强度等级	水泥实际强度（MPa）	石子种类	石子最大粒径（mm）	砂率（%）	材料用量（kg/m³） 水 m_{w0}	水泥 m_{c0}	砂 m_{s0}	石子 m_{g0}	配合比（质量比） 水泥：砂：石子：水 $m_{c0}:m_{s0}:m_{g0}:m_{w0}$
42.5	45.0 (A)	卵石	10	35	222	411	594	1104	1∶1.45∶2.69∶0.54
			20	34	202	374	606	1177	1∶1.62∶3.15∶0.54
			31.5	34	192	356	621	1205	1∶1.74∶3.38∶0.54
			40	33	182	337	617	1253	1∶1.83∶3.72∶0.54
		碎石	16	40	237	395	669	1003	1∶1.69∶2.54∶0.60
			20	39	222	370	676	1057	1∶1.83∶2.86∶0.60
			31.5	38	212	353	674	1100	1∶1.91∶3.12∶0.60
			40	37	202	337	672	1144	1∶1.99∶3.39∶0.60
	47.5 (B)	卵石	10	36	222	396	616	1095	1∶1.56∶2.77∶0.56
			20	35	202	361	628	1167	1∶1.74∶3.23∶0.56
			31.5	35	192	343	643	1194	1∶1.87∶3.48∶0.56
			40	34	182	325	639	1241	1∶1.97∶3.82∶0.56
		碎石	16	41	237	376	692	996	1∶1.84∶2.65∶0.63
			20	40	222	352	699	1049	1∶1.99∶2.98∶0.63
			31.5	39	212	337	698	1091	1∶2.07∶3.24∶0.63
			40	38	202	321	695	1134	1∶2.17∶3.53∶0.63
	50.0 (C)	卵石	10	37	222	376	640	1089	1∶1.70∶2.90∶0.59
			20	36	202	342	652	1159	1∶1.91∶3.39∶0.59
			31.5	36	192	325	667	1186	1∶2.05∶3.65∶0.59
			40	35	182	308	663	1231	1∶2.15∶4.00∶0.59
		碎石	16	42	237	359	715	987	1∶1.99∶2.75∶0.66
			20	41	222	336	723	1040	1∶2.15∶3.10∶0.66
			31.5	40	212	321	721	1081	1∶2.25∶3.37∶0.66
			40	39	202	306	719	1124	1∶2.35∶3.67∶0.66

3.6.2 C30 商品混凝土配合比

混凝土强度等级：C30；稠度：16～20s（维勃稠度）；砂子种类：粗砂；配制强度 38.2MPa

水泥强度等级	水泥实际强度（MPa）	石子种类	石子最大粒径（mm）	砂率（%）	材料用量（kg/m³） 水 m_{w0}	水泥 m_{c0}	砂 m_{s0}	石子 m_{g0}	配合比（质量比） 水泥：砂：石子：水 $m_{c0}:m_{s0}:m_{g0}:m_{w0}$
32.5	35.0（A）	卵石	10	28	168	431	511	1315	1：1.19：3.05：0.39
			20	27	153	392	513	1387	1：1.31：3.54：0.39
			40	26	138	354	513	1460	1：1.45：4.12：0.39
		碎石	16	32	173	422	583	1238	1：1.38：2.93：0.41
			20	31	163	398	579	1289	1：1.45：3.24：0.41
			40	29	148	361	563	1378	1：1.56：3.82：0.41
	37.5（B）	卵石	10	28	168	410	516	1328	1：1.26：3.24：0.41
			20	27	153	373	517	1399	1：1.39：3.75：0.41
			40	26	138	337	517	1471	1：1.53：4.36：0.41
		碎石	16	33	173	393	609	1236	1：1.55：3.15：0.44
			20	32	163	370	606	1287	1：1.64：3.48：0.44
			40	30	148	336	588	1373	1：1.75：4.09：0.44
	40.0（C）	卵石	10	29	168	391	540	1321	1：1.38：3.38：0.43
			20	28	153	356	541	1391	1：1.52：3.91：0.43
			40	27	138	321	540	1461	1：1.68：4.55：0.43
		碎石	16	34	173	368	635	1232	1：1.73：3.35：0.47
			20	33	163	347	631	1281	1：1.82：3.69：0.47
			40	31	148	315	614	1366	1：1.95：4.34：0.47

续表

水泥强度等级	水泥实际强度（MPa）	石子种类	石子最大粒径（mm）	砂率（%）	材料用量（kg/m³）				配合比（质量比）
					水 m_{w0}	水泥 m_{c0}	砂 m_{s0}	石子 m_{g0}	水泥：砂：石子：水 $m_{c0}:m_{s0}:m_{g0}:m_{w0}$
42.5	45.0（A）	卵石	10	31	168	350	588	1308	1：1.68：3.74：0.48
			20	30	153	319	589	1374	1：1.85：4.31：0.48
			40	29	138	288	589	1441	1：2.05：5.00：0.48
		碎石	16	37	173	333	702	1195	1：1.21：3.59：0.52
			20	36	163	313	699	1242	1：2.23：3.97：0.52
			40	34	148	285	682	1323	1：2.39：4.64：0.52
	47.5（B）	卵石	10	32	168	336	610	1297	1：1.82：3.86：0.50
			20	31	153	306	612	1362	1：2.00：4.45：0.50
			40	30	138	276	612	1428	1：2.22：5.17：0.50
		碎石	16	38	173	315	726	1185	1：2.30：3.76：0.55
			20	37	163	296	724	1232	1：2.45：4.16：0.55
			40	35	148	269	706	1312	1：2.62：4.88：0.55
	50.0（C）	卵石	10	34	168	323	652	1216	1：2.02：3.92：0.52
			20	33	153	294	655	1329	1：2.23：4.52：0.52
			40	32	138	265	656	1394	1：2.48：5.26：0.52
		碎石	16	38	173	298	732	1194	1：2.46：4.01：0.58
			20	37	163	281	728	1240	1：2.59：4.41：0.58
			40	35	148	255	711	1320	1：2.79：5.18：0.58

混凝土强度等级：C30；稠度：11～15s（维勃稠度）；砂子种类：粗砂；配制强度 38.2MPa

水泥强度等级	水泥实际强度（MPa）	石子种类	石子最大粒径（mm）	砂率（%）	材料用量（kg/m^3） 水 m_{w0}	水泥 m_{c0}	砂 m_{s0}	石子 m_{g0}	配合比（质量比） 水泥：砂：石子：水 $m_{c0}:m_{s0}:m_{g0}:m_{w0}$
32.5	35.0（A）	卵石	10	28	173	444	504	1297	1：1.14：2.92：0.39
			20	27	158	405	506	1369	1：1.25：3.38：0.39
			40	26	143	367	507	1442	1：1.38：3.93：0.39
		碎石	16	32	178	434	575	1222	1：1.32：2.82：0.41
			20	31	168	410	572	1273	1：1.40：3.10：0.41
			40	29	153	373	556	1361	1：1.49：3.65：0.41
	37.5（B）	卵石	10	28	173	422	510	1311	1：1.21：3.11：0.41
			20	27	158	385	511	1382	1：1.33：3.59：0.41
			40	26	143	349	511	1454	1：1.46：4.17：0.41
		碎石	16	33	178	405	601	1220	1：1.48：3.01：0.44
			20	32	168	382	598	1270	1：1.57：3.32：0.44
			40	30	153	348	582	1357	1：1.67：3.90：0.44
	40.0（C）	卵石	10	29	173	402	533	1305	1：1.33：3.25：0.43
			20	28	158	367	534	1374	1：1.46：3.74：0.43
			40	27	143	333	534	1444	1：1.60：4.34：0.43
		碎石	16	34	178	379	627	1217	1：1.65：3.21：0.47
			20	33	168	357	624	1266	1：1.75：3.55：0.47
			40	31	153	326	607	1350	1：1.86：4.14：0.47

续表

水泥强度等级	水泥实际强度（MPa）	石子种类	石子最大粒径（mm）	砂率（%）	材料用量（kg/m³）				配合比（质量比）
					水 m_{w0}	水泥 m_{c0}	砂 m_{s0}	石子 m_{g0}	水泥：砂：石子：水 $m_{c0}:m_{s0}:m_{g0}:m_{w0}$
42.5	45.0 (A)	卵石	10	31	173	360	581	1293	1：1.61：3.59：0.48
			20	30	158	329	582	1359	1：1.77：4.13：0.48
			40	29	143	298	582	1426	1：1.95：4.79：0.48
		碎石	16	37	178	342	694	1181	1：2.03：3.45：0.52
			20	36	168	323	691	1228	1：2.14：3.80：0.52
			40	34	153	294	674	1309	1：2.29：4.45：0.52
	47.5 (B)	卵石	10	32	173	346	603	1282	1：1.74：3.71：0.50
			20	31	158	316	605	1347	1：1.91：4.26：0.50
			40	30	143	286	606	1413	1：2.12：4.94：0.50
		碎石	16	38	178	324	718	1172	1：2.22：3.62：0.55
			20	37	168	305	715	1218	1：2.34：3.99：0.55
			40	35	153	278	699	1298	1：2.51：4.67：0.55
	50.0 (C)	卵石	10	34	173	333	645	1252	1：1.94：3.76：0.52
			20	33	158	304	648	1315	1：2.13：4.33：0.52
			40	32	143	275	649	1379	1：2.36：5.01：0.52
		碎石	16	38	178	307	724	1181	1：2.36：3.85：0.58
			20	37	168	290	721	1227	1：2.49：4.23：0.58
			40	35	153	264	703	1306	1：2.66：4.95：0.58

混凝土强度等级：C30；稠度：5～10s（维勃稠度）；砂子种类：粗砂；配制强度 38.2MPa

水泥强度等级	水泥实际强度（MPa）	石子种类	石子最大粒径（mm）	砂率（%）	材料用量（kg/m³）				配合比（质量比）
					水 m_{w0}	水泥 m_{c0}	砂 m_{s0}	石子 m_{g0}	水泥：砂：石子：水 $m_{c0}:m_{s0}:m_{g0}:m_{w0}$
32.5	35.0 (A)	卵石	10	28	178	456	498	1280	1：1.09：2.81：0.39
			20	27	163	418	500	1351	1：1.20：3.23：0.39
			40	26	148	379	501	1425	1：1.32：3.76：0.39
		碎石	16	32	183	446	568	1206	1：1.27：2.70：0.41
			20	31	173	422	564	1256	1：1.34：2.98：0.41
			40	29	158	385	549	1344	1：1.43：3.49：0.41
	37.5 (B)	卵石	10	28	178	434	503	1294	1：1.16：2.98：0.41
			20	27	163	398	504	1364	1：1.27：3.43：0.41
			40	26	148	361	505	1436	1：1.40：3.98：0.41
		碎石	16	33	183	416	594	1205	1：1.43：2.90：0.44
			20	32	173	393	591	1255	1：1.50：3.19：0.44
			40	30	158	359	575	1341	1：1.60：3.74：0.44
	40.0 (C)	卵石	10	29	178	414	526	1288	1：1.27：3.11：0.43
			20	28	163	379	528	1357	1：1.39：3.58：0.43
			40	27	148	344	528	1427	1：1.53：4.15：0.43
		碎石	16	34	183	389	619	1202	1：1.59：3.09：0.47
			20	33	173	368	616	1251	1：1.67：3.40：0.47
			40	31	158	336	600	1335	1：1.79：3.97：0.47

续表

水泥强度等级	水泥实际强度（MPa）	石子种类	石子最大粒径（mm）	砂率（%）	材料用量（kg/m³）				配合比（质量比）
					水 m_{w0}	水泥 m_{c0}	砂 m_{s0}	石子 m_{g0}	水泥：砂：石子：水 $m_{c0}:m_{s0}:m_{g0}:m_{w0}$
42.5	45.0 (A)	卵石	10	31	178	371	574	1277	1：1.55：3.44：0.48
			20	30	163	340	576	1343	1：1.69：3.95：0.48
			40	29	148	308	576	1410	1：1.87：4.58：0.48
		碎石	16	37	183	352	686	1168	1：1.95：3.32：0.52
			20	36	173	333	683	1214	1：2.05：3.65：0.52
			40	34	158	304	667	1295	1：2.19：4.26：0.52
	47.5 (B)	卵石	10	32	178	356	596	1267	1：1.67：3.56：0.50
			20	31	163	326	598	1332	1：1.83：4.09：0.50
			40	30	148	296	599	1397	1：2.02：4.72：0.50
		碎石	16	38	183	333	710	1159	1：2.13：3.48：0.55
			20	37	173	315	708	1205	1：2.25：3.83：0.55
			40	35	158	287	692	1285	1：2.41：4.48：0.55
	50.0 (C)	卵石	10	34	178	342	638	1238	1：1.87：3.62：0.52
			20	33	163	313	640	1300	1：2.04：4.15：0.52
			40	32	148	285	642	1364	1：2.25：4.79：0.52
		碎石	16	38	183	316	716	1168	1：2.27：3.70：0.58
			20	37	173	298	713	1214	1：2.39：4.07：0.58
			40	35	158	272	696	1293	1：2.56：4.75：0.58

混凝土强度等级：C30；稠度：10～30mm（坍落度）；砂子种类：粗砂；配制强度 38.2MPa

水泥强度等级	水泥实际强度（MPa）	石子种类	石子最大粒径（mm）	砂率（%）	材料用量（kg/m³）				配合比（质量比）
					水 m_{w0}	水泥 m_{c0}	砂 m_{s0}	石子 m_{g0}	水泥：砂：石子：水 $m_{c0}:m_{s0}:m_{g0}:m_{w0}$
32.5	35.0 (A)	卵石	10	29	183	469	509	1245	1：1.09：2.65：0.39
			20	28	163	418	518	1333	1：1.24：3.19：0.39
			31.5	28	153	392	532	1368	1：1.36：3.49：0.39
			40	27	143	367	526	1423	1：1.43：3.88：0.39
		碎石	16	32	193	471	552	1173	1：1.17：2.49：0.41
			20	31	178	434	557	1240	1：1.28：2.86：0.41
			31.5	30	168	410	553	1291	1：1.35：3.15：0.41
			40	29	158	385	549	1344	1：1.43：3.49：0.41
	37.5 (B)	卵石	10	28	183	446	497	1277	1：1.11：2.86：0.41
			20	27	163	398	504	1364	1：1.27：3.43：0.41
			31.5	27	153	373	517	1399	1：1.39：3.75：0.41
			40	26	143	349	511	1454	1：1.46：4.17：0.41
		碎石	16	33	193	439	578	1174	1：1.32：2.67：0.44
			20	32	178	405	583	1239	1：1.44：3.06：0.44
			31.5	31	168	382	579	1289	1：1.52：3.37：0.44
			40	30	158	359	575	1341	1：1.60：3.74：0.44
	40.0 (C)	卵石	10	29	183	426	519	1271	1：1.22：2.98：0.43
			20	28	163	379	528	1357	1：1.39：3.58：0.43
			31.5	28	153	356	541	1391	1：1.52：3.91：0.43
			40	27	143	333	534	1444	1：1.60：4.34：0.43
		碎石	16	34	193	411	604	1172	1：1.47：2.85：0.47
			20	33	178	379	608	1235	1：1.60：3.26：0.47
			31.5	32	168	357	605	1285	1：1.69：3.60：0.47
			40	31	158	336	600	1335	1：1.79：3.97：0.47

续表

水泥强度等级	水泥实际强度 (MPa)	石子种类	石子最大粒径 (mm)	砂率 (%)	材料用量（kg/m³） 水 m_{w0}	水泥 m_{c0}	砂 m_{s0}	石子 m_{g0}	配合比（质量比） 水泥：砂：石子：水 $m_{c0}:m_{s0}:m_{g0}:m_{w0}$
42.5	45.0 (A)	卵石	10	31	183	381	567	1262	1：1.49：3.31：0.48
			20	30	163	340	576	1343	1：1.69：3.95：0.48
			31.5	30	153	319	589	1374	1：1.85：4.31：0.48
			40	29	143	298	582	1426	1：1.95：4.79：0.48
		碎石	16	37	193	371	670	1140	1：1.81：3.07：0.52
			20	36	178	342	675	1200	1：1.97：3.51：0.52
			31.5	35	168	323	671	1247	1：2.08：3.86：0.52
			40	34	158	304	667	1295	1：2.19：4.26：0.52
	47.5 (B)	卵石	10	32	183	366	590	1253	1：1.61：3.42：0.50
			20	31	163	326	598	1332	1：1.83：4.09：0.50
			31.5	31	153	306	612	1362	1：2.00：4.45：0.50
			40	30	143	286	606	1413	1：2.12：4.94：0.50
		碎石	16	38	193	351	694	1133	1：1.98：3.23：0.55
			20	37	178	324	699	1191	1：2.16：3.68：0.55
			31.5	36	168	305	696	1238	1：2.28：4.06：0.55
			40	35	158	287	692	1285	1：2.41：4.48：0.55
	50.0 (C)	卵石	10	34	183	352	630	1223	1：1.79：3.47：0.52
			20	33	163	313	640	1300	1：2.04：4.15：0.52
			31.5	33	153	294	655	1329	1：2.23：4.52：0.52
			40	32	143	275	649	1379	1：2.36：5.01：0.52
		碎石	16	38	193	333	701	1143	1：2.11：3.43：0.58
			20	37	178	307	705	1200	1：2.30：3.91：0.58
			31.5	36	168	290	701	1246	1：2.42：4.30：0.58
			40	35	158	272	696	1293	1：2.56：4.75：0.58

混凝土强度等级：C30；稠度：35～50mm（坍落度）；砂子种类：粗砂；配制强度 38.2MPa

水泥强度等级	水泥实际强度（MPa）	石子种类	石子最大粒径（mm）	砂率（%）	材料用量（kg/m³）				配合比（质量比）
					水 m_{w0}	水泥 m_{c0}	砂 m_{s0}	石子 m_{g0}	水泥：砂：石子：水 $m_{c0}:m_{s0}:m_{g0}:m_{w0}$
32.5	35.0（A）	卵石	10	29	193	4915	494	1210	1：1.00：2.44：0.39
			20	28	173	444	504	1297	1：1.14：2.92：0.39
			31.5	28	163	418	518	1333	1：1.24：3.19：0.39
			40	27	153	392	513	1387	1：1.31：3.54：0.39
		碎石	16	32	203	495	536	1140	1：1.08：2.30：0.41
			20	31	188	459	542	1206	1：1.18：2.63：0.41
			31.5	30	178	434	539	1258	1：1.24：2.90：0.41
			40	29	168	410	535	1310	1：1.30：3.20：0.41
	37.5（B）	卵石	10	28	193	471	483	1242	1：1.03：2.64：0.41
			20	27	173	422	492	1329	1：1.17：3.15：0.41
			31.5	27	163	398	504	1364	1：1.27：3.43：0.41
			40	26	153	373	499	1419	1：1.34：3.80：0.41
		碎石	16	33	203	461	563	1143	1：1.22：2.48：0.44
			20	32	188	427	568	1208	1：1.33：2.83：0.44
			31.5	31	178	405	565	1257	1：1.40：3.10：0.44
			40	30	168	382	561	1308	1：1.47：3.42：0.44
	40.0（C）	卵石	10	29	193	449	506	1238	1：1.13：2.76：0.43
			20	28	173	402	515	1323	1：1.28：3.29：0.43
			31.5	28	163	379	528	1357	1：1.39：3.58：0.43
			40	27	153	356	522	1410	1：1.47：3.96：0.43
		碎石	16	34	203	432	589	1143	1：1.36：2.65：0.47
			20	33	188	400	594	1205	1：1.49：3.01：0.47
			31.5	32	178	379	590	1254	1：1.56：3.31：0.47
			40	31	168	357	586	1304	1：1.64：3.65：0.47

续表

水泥强度等级	水泥实际强度（MPa）	石子种类	石子最大粒径（mm）	砂率（%）	材料用量（kg/m^3）				配合比（质量比）
					水 m_{w0}	水泥 m_{c0}	砂 m_{s0}	石子 m_{g0}	水泥：砂：石子：水 $m_{c0}:m_{s0}:m_{g0}:m_{w0}$
42.5	45.0（A）	卵石	10	31	193	402	553	1231	1：1.38：3.06：0.48
			20	30	173	360	562	1312	1：1.56：3.64：0.48
			31.5	30	163	340	576	1343	1：1.69：3.95：0.48
			40	29	153	319	569	1394	1：1.78：4.37：0.48
		碎石	16	37	203	390	654	1113	1：1.68：2.85：0.52
			20	36	188	362	659	1172	1：1.82：3.24：0.52
			31.5	35	178	342	656	1219	1：1.92：3.56：0.52
			40	34	168	323	652	1266	1：2.02：3.92：0.52
	47.5（B）	卵石	10	32	193	386	576	1223	1：1.49：3.17：0.50
			20	31	173	346	585	1301	1：1.69：3.76：0.50
			31.5	31	163	326	598	1332	1：1.83：4.09：0.50
			40	30	153	306	592	1382	1：1.93：4.52：0.50
		碎石	16	38	203	369	678	1107	1：1.84：3.00：0.55
			20	37	188	342	684	1165	1：2.00：3.41：0.55
			31.5	36	178	324	681	1210	1：2.10：3.73：0.55
			40	35	168	305	677	1257	1：2.22：4.12：0.55
	50.0（C）	卵石	10	34	193	371	616	1195	1：1.66：3.22：0.52
			20	33	173	333	626	1271	1：1.88：3.82：0.52
			31.5	33	163	313	640	1300	1：2.04：4.15：0.52
			40	32	153	294	635	1349	1：2.16：4.59：0.52
		碎石	16	38	203	350	685	1117	1：1.96：3.19：0.58
			20	37	188	324	689	1174	1：2.13：3.62：0.58
			31.5	36	178	307	686	1220	1：2.23：3.97：0.58
			40	35	168	290	682	1266	1：2.35：4.37：0.58

混凝土强度等级：C30；稠度：55～70mm（坍落度）；砂子种类：粗砂；配制强度 38.2MPa

水泥强度等级	水泥实际强度（MPa）	石子种类	石子最大粒径（mm）	砂率（%）	材料用量（kg/m^3）				配合比（质量比）
					水 m_{w0}	水泥 m_{c0}	砂 m_{s0}	石子 m_{g0}	水泥：砂：石子：水 $m_{c0}:m_{s0}:m_{g0}:m_{w0}$
32.5	35.0（A）	卵石	10	29	203	521	480	1175	1：0.92：2.26：0.39
			20	28	183	469	491	1263	1：1.05：2.69：0.39
			31.5	28	173	444	504	1297	1：1.14：2.92：0.39
			40	27	163	418	500	1351	1：1.20：3.23：0.39
		碎石	16	32	213	520	521	1108	1：1.00：2.13：0.41
			20	31	198	483	527	1174	1：1.09：2.43：0.41
			31.5	30	188	459	525	1224	1：1.14：2.67：0.41
			40	29	178	434	521	1276	1：1.20：2.94：0.41
	37.5（B）	卵石	10	28	203	495	470	1208	1：0.95：2.44：0.41
			20	27	183	446	479	1295	1：1.07：2.90：0.41
			31.5	27	173	422	492	1329	1：1.17：3.15：0.41
			40	26	163	398	486	1383	1：1.22：3.47：0.41
		碎石	16	33	213	484	548	1112	1：1.13：2.30：0.44
			20	32	198	450	553	1176	1：1.23：2.61：0.44
			31.5	31	188	427	550	1225	1：1.29：2.87：0.44
			40	30	178	405	546	1275	1：1.35：3.15：0.44
	40.0（C）	卵石	10	29	203	472	492	1205	1：1.04：2.55：0.43
			20	28	183	426	501	1289	1：1.18：3.03：0.43
			31.5	28	173	402	515	1323	1：1.28：3.29：0.43
			40	27	163	379	509	1376	1：1.34：3.63：0.43
		碎石	16	34	213	453	573	1113	1：1.26：2.46：0.47
			20	33	198	421	579	1175	1：1.38：2.79：0.47
			31.5	32	188	400	576	1223	1：1.44：3.06：0.47
			40	31	178	379	572	1273	1：1.51：3.36：0.47

续表

水泥强度等级	水泥实际强度（MPa）	石子种类	石子最大粒径（mm）	砂率（%）	材料用量（kg/m³） 水 m_{w0}	水泥 m_{c0}	砂 m_{s0}	石子 m_{g0}	配合比（质量比） 水泥：砂：石子：水 $m_{c0}:m_{s0}:m_{g0}:m_{w0}$
42.5	45.0（A）	卵石	10	31	203	423	539	1200	1：1.27：2.84：0.48
			20	30	183	381	549	1280	1：1.44：3.36：0.48
			31.5	30	173	360	562	1312	1：1.56：3.64：0.48
			40	29	163	340	556	1362	1：1.64：4.01：0.48
		碎石	16	37	213	410	638	1086	1：1.56：2.65：0.52
			20	36	198	381	644	1145	1：1.69：3.01：0.52
			31.5	35	188	362	641	1191	1：1.77：3.29：0.52
			40	34	178	342	638	1238	1：1.87：3.62：0.52
	47.5（B）	卵石	10	32	203	406	561	1193	1：1.38：2.94：0.50
			20	31	183	366	571	1271	1：1.56：3.47：0.50
			31.5	31	173	346	585	1301	1：1.69：3.76：0.50
			40	30	163	326	579	1351	1：1.78：4.14：0.50
		碎石	16	38	213	387	663	1081	1：1.71：2.79：0.55
			20	37	198	360	668	1138	1：1.86：3.16：0.55
			31.5	36	188	342	665	1183	1：1.94：3.46：0.55
			40	35	178	324	662	1229	1：2.04：3.79：0.55
	50.0（C）	卵石	10	34	203	390	601	1167	1：1.54：2.99：0.52
			20	33	183	352	612	1242	1：1.74：3.53：0.52
			31.5	33	173	333	626	1271	1：1.88：3.82：0.52
			40	32	163	313	621	1320	1：1.98：4.22：0.52
		碎石	16	38	213	367	669	1091	1：1.82：2.97：0.58
			20	37	198	341	674	1148	1：1.98：3.37：0.58
			31.5	36	188	324	671	1193	1：2.07：3.68：0.58
			40	35	178	307	667	1239	1：2.17：4.04：0.58

混凝土强度等级：C30；稠度：75～90mm（坍落度）；砂子种类：粗砂；配制强度 38.2MPa

水泥强度等级	水泥实际强度（MPa）	石子种类	石子最大粒径（mm）	砂率（%）	材料用量（kg/m³）				配合比（质量比）
					水 m_{w0}	水泥 m_{c0}	砂 m_{s0}	石子 m_{g0}	水泥：砂：石子：水 $m_{c0}:m_{s0}:m_{g0}:m_{w0}$
32.5	35.0（A）	卵石	10	30	208	533	489	1142	1：0.92：2.14：0.39
			20	29	188	482	502	1228	1：1.04：2.55：0.39
			31.5	29	179	456	515	1262	1：1.13：2.77：0.39
			40	28	168	431	511	1315	1：1.19：3.05：0.39
		碎石	16	33	223	544	522	1059	1：0.96：1.95：0.41
			20	32	208	507	529	1124	1：1.04：2.22：0.41
			31.5	31	198	483	527	1174	1：1.09：2.43：0.41
			40	30	188	459	525	1224	1：1.14：2.67：0.41
	37.5（B）	卵石	10	29	208	507	480	1174	1：0.95：2.32：0.41
			20	28	188	459	490	1259	1：1.07：2.74：0.41
			31.5	28	178	434	503	1294	1：1.16：2.98：0.41
			40	27	168	410	498	1347	1：1.21：3.29：0.41
		碎石	16	34	223	507	549	1065	1：1.08：2.10：0.44
			20	33	208	473	555	1127	1：1.17：2.38：0.44
			31.5	32	198	450	553	1176	1：1.23：2.61：0.44
			40	31	188	427	550	1225	1：1.29：2.87：0.44
	40.0（C）	卵石	10	30	208	484	502	1171	1：1.04：2.42：0.43
			20	29	188	437	513	1255	1：1.17：2.87：0.43
			31.5	29	178	414	526	1288	1：1.27：3.11：0.43
			40	28	168	391	521	1340	1：1.33：3.43：0.43
		碎石	16	35	223	474	575	1067	1：1.21：2.25：0.47
			20	34	208	443	581	1128	1：1.31：2.55：0.47
			31.5	33	198	421	579	1175	1：1.38：2.79：0.47
			40	32	188	400	576	1223	1：1.44：3.06：0.47

续表

水泥强度等级	水泥实际强度 (MPa)	石子种类	石子最大粒径 (mm)	砂率 (%)	材料用量（kg/m³）				配合比（质量比）
					水 m_{w0}	水泥 m_{c0}	砂 m_{s0}	石子 m_{g0}	水泥：砂：石子：水 $m_{c0}:m_{s0}:m_{g0}:m_{w0}$
42.5	45.0 (A)	卵石	10	32	208	433	550	1168	1：1.27：2.70：0.48
			20	31	188	392	560	1246	1：1.43：3.18：0.48
			31.5	31	178	371	574	1277	1：1.55：3.44：0.48
			40	30	168	350	569	1327	1：1.63：3.79：0.48
		碎石	16	38	223	429	639	1042	1：1.49：2.43：0.52
			20	37	208	400	645	1099	1：1.61：2.75：0.52
			31.5	36	198	381	644	1145	1：1.69：3.01：0.52
			40	35	188	362	641	1191	1：1.77：3.29：0.52
	47.5 (B)	卵石	10	33	208	416	571	1160	1：1.37：2.79：0.53
			20	32	188	376	583	1238	1：1.55：3.29：0.50
			31.5	32	178	356	596	1267	1：1.67：3.56：0.53
			40	31	168	336	592	1317	1：1.76：3.92：0.53
		碎石	16	39	223	405	663	1037	1：1.64：2.56：0.55
			20	38	208	378	671	1094	1：1.78：2.89：0.55
			31.5	37	198	360	668	1138	1：1.86：3.16：0.55
			40	36	188	342	665	1183	1：1.94：3.46：0.55
	50.0 (C)	卵石	10	35	208	400	611	1134	1：1.53：2.84：0.52
			20	34	188	362	623	1209	1：1.72：3.34：0.52
			31.5	34	178	342	638	1238	1：1.87：3.62：0.52
			40	33	168	323	633	1286	1：1.96：3.98：0.52
		碎石	16	39	223	384	670	1048	1：1.74：2.73：0.58
			20	38	208	359	677	1104	1：1.89：3.08：0.58
			31.5	37	198	341	674	1148	1：1.98：3.37：0.58
			40	36	188	324	671	1193	1：2.07：3.68：0.58

混凝土强度等级：C30；稠度：16～20s（维勃稠度）；砂子种类：中砂；配制强度 38.2MPa

水泥强度等级	水泥实际强度（MPa）	石子种类	石子最大粒径（mm）	砂率（%）	材料用量（kg/m³）				配合比（质量比）
					水 m_{w0}	水泥 m_{c0}	砂 m_{s0}	石子 m_{g0}	水泥：砂：石子：水 $m_{c0}:m_{s0}:m_{g0}:m_{w0}$
32.5	35.0 (A)	卵石	10	28	175	449	502	1290	1：1.12：2.87：0.39
			20	27	160	410	504	1362	1：1.23：3.32：0.39
			40	26	145	372	504	1435	1：1.35：3.86：0.39
		碎石	16	32	180	439	572	1215	1：1.30：2.77：0.41
			20	31	170	415	569	1266	1：1.37：3.05：0.41
			40	29	155	378	553	1354	1：1.46：3.58：0.41
	37.5 (B)	卵石	10	28	175	427	507	1304	1：1.19：3.05：0.41
			20	27	160	390	509	1375	1：1.31：3.53：0.41
			40	26	145	354	508	1147	1：1.44：4.09：0.41
		碎石	16	33	180	409	598	1215	1：1.46：2.97：0.44
			20	32	170	386	595	1264	1：1.54：3.27：0.44
			40	30	155	352	579	1350	1：1.64：3.84：0.44
	40.0 (C)	卵石	10	29	175	407	530	1298	1：1.30：3.19：0.43
			20	28	160	372	532	1367	1：1.43：3.67：0.43
			40	27	145	337	532	1438	1：1.58：4.27：0.43
		碎石	16	34	180	383	624	1211	1：1.63：3.16：0.47
			20	33	170	302	621	1260	1：1.72：3.48：0.47
			40	31	155	330	604	1344	1：1.83：4.07：0.47

续表

水泥强度等级	水泥实际强度（MPa）	石子种类	石子最大粒径（mm）	砂率（%）	材料用量（kg/m³）				配合比（质量比）
					水 m_{w0}	水泥 m_{c0}	砂 m_{s0}	石子 m_{g0}	水泥：砂：石子：水 m_{c0}：m_{s0}：m_{g0}：m_{w0}
42.5	45.0 (A)	卵石	10	31	175	365	578	1286	1：1.58：3.52：0.48
			20	30	160	333	580	1353	1：1.74：4.06：0.48
			40	29	145	302	580	1419	1：1.92：4.70：0.48
		碎石	16	37	180	346	691	1176	1：2.00：3.40：0.52
			20	36	170	327	687	1222	1：2.10：3.74：0.52
			40	34	155	298	672	1304	1：2.26：4.38：0.52
	47.5 (B)	卵石	10	32	175	350	600	1276	1：1.71：3.65：0.50
			20	31	160	320	602	1341	1：1.88：4.19：0.50
			40	30	145	290	603	1470	1：2.08：4.85：0.50
		碎石	16	38	180	327	715	1167	1：2.19：3.57：0.55
			20	37	170	309	712	1213	1：2.30：3.93：0.55
			40	35	155	282	696	1293	1：2.47：4.59：0.55
	50.0 (C)	卵石	10	34	175	337	642	246	1：1.91：3.70：0.52
			20	33	160	308	645	1309	1：2.09：4.25：0.52
			40	32	145	279	646	1373	1：2.32：4.92：0.52
		碎石	16	38	180	310	721	1176	1：2.33：3.79：0.58
			20	37	170	293	718	1222	1：2.45：4.17：0.58
			40	35	155	267	701	1301	1：2.63：4.87：0.58

混凝土强度等级：C30；稠度：11～15s（维勃稠度）；砂子种类：中砂；配制强度 38.2MPa

水泥强度等级	水泥实际强度（MPa）	石子种类	石子最大粒径（mm）	砂率（%）	材料用量（kg/m³）				配合比（质量比）
					水 m_{w0}	水泥 m_{c0}	砂 m_{s0}	石子 m_{g0}	水泥：砂：石子：水 $m_{c0}:m_{s0}:m_{g0}:m_{w0}$
32.5	35.0 (A)	卵石	10	28	180	462	495	1273	1：1.07：2.76：0.39
			20	27	165	423	497	1344	1：1.17：3.18：0.39
			40	26	150	385	498	1417	1：1.29：3.68：0.39
		碎石	16	32	185	451	564	1199	1：1.25：2.66：0.41
			20	31	175	427	561	1249	1：1.31：2.93：0.41
			40	29	160	390	546	1337	1：1.40：3.43：0.41
	37.5 (B)	卵石	10	28	180	439	501	1287	1：1.14：2.93：0.41
			20	27	165	402	502	1358	1：1.25：3.38：0.41
			40	26	150	366	502	1429	1：1.37：3.90：0.41
		碎石	16	33	185	420	591	1199	1：1.41：2.85：0.44
			20	32	175	398	587	1248	1：1.47：3.14：0.44
			40	30	160	364	572	1334	1：1.57：3.66：0.44
	40.0 (C)	卵石	10	29	180	419	523	1281	1：1.25：3.06：0.43
			20	28	165	384	525	1350	1：1.37：3.52：0.43
			40	27	150	349	525	1420	1：1.50：4.07：0.43
		碎石	16	34	185	394	616	1196	1：1.56：3.04：0.47
			20	33	175	372	613	1245	1：1.65：3.35：0.47
			40	31	160	340	597	1329	1：1.76：3.91：0.47

续表

水泥强度等级	水泥实际强度（MPa）	石子种类	石子最大粒径（mm）	砂率（%）	材料用量（kg/m³）				配合比（质量比）
					水 m_{w0}	水泥 m_{c0}	砂 m_{s0}	石子 m_{g0}	水泥：砂：石子：水 $m_{c0}:m_{s0}:m_{g0}:m_{w0}$
42.5	45.0（A）	卵石	10	31	180	375	571	1271	1：1.52：3.39：0.48
			20	30	165	344	573	1337	1：1.67：3.89：0.48
			40	29	150	313	573	1403	1：1.83：4.48：0.48
		碎石	16	37	185	356	682	1162	1：1.92：3.26：0.52
			20	36	175	337	680	1208	1：2.02：3.58：0.52
			40	34	160	308	664	1289	1：2.16：4.19：0.52
	47.5（B）	卵石	10	32	180	360	593	1261	1：1.65：3.50：0.50
			20	31	165	330	596	1326	1：1.81：4.02：0.50
			40	30	150	300	596	1391	1：1.99：4.64：0.50
		碎石	16	38	185	336	707	1154	1：2.10：3.43：0.55
			20	37	175	318	705	1200	1：2.22：3.77：0.55
			40	35	160	291	689	1279	1：2.37：4.40：0.55
	50.0（C）	卵石	10	34	180	346	635	1232	1：1.84：3.56：0.52
			20	33	165	317	638	1295	1：2.01：4.09：0.52
			40	32	150	288	639	1358	1：2.22：4.72：0.52
		碎石	16	38	185	319	713	1163	1：2.24：3.65：0.58
			20	37	175	302	709	1208	1：2.35：4.00：0.58
			40	35	160	276	693	1287	1：2.51：4.66：0.58

混凝土强度等级：C30；稠度：5～10s（维勃稠度）；砂子种类：中砂；配制强度 38.2MPa

水泥强度等级	水泥实际强度（MPa）	石子种类	石子最大粒径（mm）	砂率（%）	材料用量（kg/m³） 水 m_{w0}	水泥 m_{c0}	砂 m_{s0}	石子 m_{g0}	配合比（质量比） 水泥：砂：石子：水 $m_{c0}:m_{s0}:m_{g0}:m_{w0}$
32.5	35.0 (A)	卵石	10	28	185	474	488	1256	1：1.03：2.65：0.39
			20	27	170	436	490	1326	1：1.12：3.04：0.39
			40	26	155	397	492	1399	1：1.24：3.52：0.39
		碎石	16	32	190	463	557	1183	1：1.20：2.56：0.41
			20	31	180	439	554	1233	1：1.26：2.81：0.41
			40	29	165	402	539	1320	1：1.34：3.28：0.41
	37.5 (B)	卵石	10	28	185	451	494	1270	1：1.10：2.82：0.41
			20	27	170	415	496	1340	1：1.20：3.23：0.41
			40	26	155	378	496	1411	1：1.31：3.73：0.41
		碎石	16	33	190	432	583	1183	1：1.35：2.74：0.44
			20	32	180	409	580	1233	1：1.42：3.01：0.44
			40	30	165	375	565	1318	1：1.51：3.51：0.44
	40.0 (C)	卵石	10	29	185	430	517	1265	1：1.20：2.94：0.43
			20	28	170	395	519	1334	1：1.31：3.38：0.43
			40	27	155	360	519	1404	1：1.44：3.90：0.43
		碎石	16	34	190	404	609	1182	1：1.51：2.93：0.47
			20	33	180	383	606	1230	1：1.58：3.21：0.47
			40	31	165	351	590	1313	1：1.68：3.74：0.47

续表

水泥强度等级	水泥实际强度（MPa）	石子种类	石子最大粒径（mm）	砂率（%）	材料用量（kg/m³） 水 m_{w0}	水泥 m_{c0}	砂 m_{s0}	石子 m_{g0}	配合比（质量比） 水泥：砂：石子：水 $m_{c0}:m_{s0}:m_{g0}:m_{w0}$
42.5	45.0 (A)	卵石	10	31	185	385	564	1256	1∶1.46∶3.26∶0.48
			20	30	170	354	566	1321	1∶1.60∶3.73∶0.48
			40	29	155	323	567	1388	1∶1.76∶4.30∶0.48
		碎石	16	37	190	365	675	1149	1∶1.85∶3.15∶0.52
			20	36	180	346	672	1195	1∶1.94∶3.45∶0.52
			40	34	165	317	657	1275	1∶2.07∶4.02∶0.52
	47.5 (B)	卵石	10	32	185	370	587	1247	1∶1.59∶3.37∶0.50
			20	31	170	340	589	1310	1∶1.73∶3.85∶0.50
			40	30	155	310	590	1376	1∶1.90∶4.44∶0.50
		碎石	16	38	190	345	699	1141	1∶2.03∶3.31∶0.55
			20	37	180	327	697	1186	1∶2.13∶3.63∶0.55
			40	35	165	300	681	1265	1∶2.27∶4.22∶0.55
	50.0 (C)	卵石	10	34	185	356	627	1218	1∶1.76∶3.42∶0.52
			20	33	1711	327	630	1280	1∶1.93∶3.91∶0.52
			40	32	155	298	632	1343	1∶2.12∶4.51∶0.52
		碎石	16	38	190	328	705	1150	1∶2.15∶3.51∶0.58
			20	37	180	310	702	1195	1∶2.26∶3.85∶0.58
			40	35	165	284	686	1274	1∶2.42∶4.49∶0.58

混凝土强度等级：C30；稠度：10～30mm（坍落度）；砂子种类：中砂；配制强度 38.27MPa

水泥强度等级	水泥实际强度（MPa）	石子种类	石子最大粒径（mm）	砂率（%）	材料用量（kg/m³） 水 m_{w0}	水泥 m_{c0}	砂 m_{s0}	石子 m_{g0}	配合比（质量比） 水泥：砂：石子：水 $m_{c0}:m_{s0}:m_{g0}:m_{w0}$
32.5	35.0（A）	卵石	10	29	190	487	499	1221	1：1.02：2.51：0.39
			20	28	170	436	509	1308	1：1.17：3.00：0.39
			31.5	28	160	410	523	1344	1：1.28：3.28：0.39
			40	27	150	385	517	1398	1：1.34：3.63：0.39
		碎石	16	32	200	488	541	1150	1：1.11：2.36：0.41
			20	31	185	451	547	1217	1：1.21：2.70：0.41
			31.5	30	175	427	543	1268	1：1.27：2.97：0.41
			40	29	165	402	539	1320	1：1.34：3.28：0.41
	37.5（B）	卵石	10	28	190	463	487	1253	1：1.05：2.71：0.41
			20	27	170	415	496	1340	1：1.20：3.23：0.41
			31.5	27	160	390	509	1375	1：1.31：3.53：0.41
			40	26	150	366	502	1429	1：1.37：3.90：0.41
		碎石	16	33	200	455	567	1152	1：1.25：2.53：0.44
			20	32	185	420	573	1217	1：1.36：2.90：0.44
			31.5	31	175	398	569	1267	1：1.43：3.18：0.44
			40	30	165	375	565	1318	1：1.51：3.51：0.44
	40.0（C）	卵石	10	29	190	442	510	1248	1：1.15：2.82：0.43
			20	28	170	395	519	1334	1：1.31：3.38：0.43
			31.5	28	160	372	532	1367	1：1.43：3.67：0.43
			40	27	150	349	525	1420	1：1.50：4.07：0.43
		碎石	16	34	200	426	593	1151	1：1.39：2.70：0.47
			20	33	185	394	598	1214	1：1.52：3.08：0.47
			31.5	32	175	372	595	1264	1：1.60：3.40：0.47
			40	31	165	351	590	1313	1：1.68：3.74：0.47

续表

水泥强度等级	水泥实际强度（MPa）	石子种类	石子最大粒径（mm）	砂率（%）	材料用量（kg/m³） 水 m_{w0}	水泥 m_{c0}	砂 m_{s0}	石子 m_{g0}	配合比（质量比） 水泥：砂：石子：水 $m_{c0}:m_{s0}:m_{g0}:m_{w0}$
42.5	45.0 (A)	卵石	10	31	190	396	557	1240	1：1.41：3.13：0.48
			20	30	170	354	566	1321	1：1.60：3.73：0.48
			31.5	30	160	333	580	1353	1：1.74：4.06：0.48
			40	29	150	313	573	1403	1：1.83：4.48：0.48
		碎石	16	37	200	385	658	1121	1：1.71：2.91：0.52
			20	36	185	356	664	1181	1：1.87：3.32：0.52
			31.5	35	175	337	661	1227	1：1.96：3.64：0.52
			40	34	165	317	657	1275	1：2.07：4.02：0.52
	47.5 (B)	卵石	10	32	190	380	580	1232	1：1.53：3.24：0.50
			20	31	170	340	589	1310	1：1.73：3.85：0.50
			31.5	31	160	320	602	1341	1：1.88：4.19：0.50
			40	30	150	300	596	1391	1：1.99：4.64：0.50
		碎石	16	38	200	364	683	1114	1：1.88：3.06：0.55
			20	37	185	336	689	1173	1：2.05：3.49：0.55
			31.5	36	175	318	686	1219	1：2.16：3.83：0.55
			40	35	165	300	681	1265	1：2.27：4.22：0.55
	50.0 (C)	卵石	10	34	190	365	620	1204	1：1.70：3.30：0.52
			20	33	170	327	630	1280	1：1.93：3.91：0.52
			31.5	33	160	308	645	1309	1：2.09：4.25：0.52
			40	32	150	288	639	1358	1：2.22：4.72：0.52
		碎石	16	38	200	345	690	1125	1：2.00：3.26：0.58
			20	37	185	319	694	1182	1：2.18：3.71：0.58
			31.5	36	175	302	690	1227	1：2.28：4.06：0.58
			40	35	165	284	686	1274	1：2.42：4.49：0.58

混凝土强度等级：C30；稠度：35～50mm（坍落度）；砂子种类：中砂；配制强度 38.2MPa

水泥强度等级	水泥实际强度（MPa）	石子种类	石子最大粒径（mm）	砂率（%）	材料用量（kg/m³）				配合比（质量比）
					水 m_{w0}	水泥 m_{c0}	砂 m_{s0}	石子 m_{g0}	水泥：砂：石子：水 $m_{c0}:m_{s0}:m_{g0}:m_{w0}$
32.5	35.0（A）	卵石	10	29	200	513	484	1186	1：0.94：2.31：0.39
			20	28	180	462	495	1273	1：1.07：2.76：0.39
			31.5	28	170	436	509	1308	1：1.17：3.00：0.39
			40	27	160	410	504	1362	1：1.23：3.32：0.39
		碎石	16	32	210	512	526	1118	1：1.03：2.18：0.41
			20	31	195	476	531	1183	1：1.12：2.49：0.41
			31.5	30	185	451	529	1234	1：1.17：2.74：0.41
			40	29	175	427	525	1286	1：1.23：3.01：0.41
	37.5（B）	卵石	10	28	200	488	474	1218	1：0.97：2.50：0.41
			20	27	180	439	483	1305	1：1.10：2.97：0.41
			31.5	27	170	415	496	1340	1：1.20：3.23：0.41
			40	26	160	390	490	1394	1：1.26：3.57：0.41
		碎石	16	33	210	477	552	1121	1：1.16：2.35：0.44
			20	32	195	443	558	1186	1：1.26：2.68：0.44
			31.5	31	185	420	555	1235	1：1.32：2.94：0.44
			40	30	175	398	551	1285	1：1.38：3.23：0.44
	40.0（C）	卵石	10	29	200	465	496	1215	1：1.07：2.61：0.43
			20	28	180	419	505	1299	1：1.21：3.10：0.43
			31.5	28	170	395	519	1334	1：1.31：3.38：0.43
			40	27	160	372	513	1386	1：1.38：3.73：0.43
		碎石	16	34	210	447	578	1122	1：1.29：2.51：0.47
			20	33	195	415	583	1184	1：1.40：2.85：0.47
			31.5	32	185	394	580	1232	1：1.47：3.13：0.47
			40	31	175	372	576	1282	1：1.55：3.45：0.47

续表

水泥强度等级	水泥实际强度（MPa）	石子种类	石子最大粒径（mm）	砂率（%）	材料用量（kg/m³）水 m_{w0}	水泥 m_{c0}	砂 m_{s0}	石子 m_{g0}	配合比（质量比）水泥：砂：石子：水 $m_{c0}:m_{s0}:m_{g0}:m_{w0}$
42.5	45.0 (A)	卵石	10	31	200	417	543	1209	1：1.30：2.90：0.48
			20	30	180	375	553	1290	1：1.47：3.44：0.48
			31.5	30	170	354	566	1321	1：1.60：3.73：0.48
			40	29	160	333	560	1372	1：1.68：4.12：0.48
		碎石	16	37	210	404	643	1094	1：1.59：2.71：0.52
			20	36	195	375	649	1153	1：1.73：3.07：0.52
			31.5	35	185	356	646	1199	1：1.81：3.37：0.52
			40	34	175	337	642	1246	1：1.91：3.70：0.52
	47.5 (B)	卵石	10	32	200	400	566	1202	1：1.42：3.01：0.50
			20	31	180	360	575	1280	1：1.60：3.56：0.50
			31.5	31	170	340	589	1310	1：1.73：3.85：0.50
			40	30	160	320	583	1360	1：1.82：4.25：0.50
		碎石	16	38	210	382	667	1088	1：1.75：2.85：0.55
			20	37	195	355	673	1146	1：1.90：3.23：0.55
			31.5	36	185	336	671	1192	1：2.00：3.55：0.55
			40	35	175	318	667	1238	1：2.10：3.89：0.55
	50.0 (C)	卵石	10	34	200	385	605	1175	1：1.57：3.05：0.52
			20	33	180	346	616	1251	1：1.78：3.62：0.52
			31.5	33	170	327	630	1280	1：1.93：3.91：0.52
			40	32	160	308	625	1328	1：2.03：4.31：0.52
		碎石	16	38	210	362	674	1099	1：1.86：3.04：0.58
			20	37	195	336	679	1156	1：2.02：3.44：0.58
			31.5	36	185	319	676	1201	1：2.12：3.76：0.58
			40	35	175	302	671	1247	1：2.22：4.13：0.58

混凝土强度等级：C30；稠度：55～70mm（坍落度）；砂子种类：中砂；配制强度 38.2MPa

水泥强度等级	水泥实际强度（MPa）	石子种类	石子最大粒径（mm）	砂率（%）	材料用量（kg/m³）				配合比（质量比）
					水 m_{w0}	水泥 m_{c0}	砂 m_{s0}	石子 m_{g0}	水泥：砂：石子：水 $m_{c0}:m_{s0}:m_{g0}:m_{w0}$
32.5	35.0 (A)	卵石	10	29	210	538	470	1151	1：0.87：2.14：0.39
			20	28	190	487	481	1238	1：0.99：2.54：0.39
			31.5	28	180	462	495	1273	1：1.07：2.76：0.39
			40	27	170	436	490	1326	1：1.12：3.04：0.39
		碎石	16	32	220	537	511	1085	1：0.95：2.02：0.41
			20	31	205	500	517	1151	1：1.03：2.30：0.41
			31.5	30	195	476	515	1201	1：1.08：2.52：0.41
			40	29	185	451	511	1252	1：1.13：2.78：0.41
	37.5 (B)	卵石	10	28	210	512	460	1184	1：0.90：2.31：0.41
			20	27	190	463	470	1270	1：1.02：2.74：0.41
			31.5	27	180	439	483	1305	1：1.10：2.97：0.41
			40	26	170	415	477	1358	1：1.15：3.27：0.41
		碎石	16	33	220	500	537	1090	1：1.07：2.18：0.44
			20	32	205	466	543	1154	1：1.17：2.48：0.44
			31.5	31	195	443	540	1203	1：1.22：2.72：0.44
			40	30	185	420	537	1253	1：1.28：2.98：0.44
	40.0 (C)	卵石	10	29	210	488	483	1182	1：0.99：2.42：0.43
			20	28	190	442	492	1266	1：1.11：2.86：0.43
			31.5	28	180	419	505	1299	1：1.21：3.10：0.43
			40	27	170	395	500	1352	1：1.27：3.42：0.43
		碎石	16	34	220	468	563	1092	1：1.20：2.33：0.47
			20	33	205	436	568	1154	1：1.30：2.65：0.47
			31.5	32	195	415	566	1202	1：1.36：2.90：0.47
			40	31	185	394	562	1251	1：1.43：3.18：0.47

续表

水泥强度等级	水泥实际强度（MPa）	石子种类	石子最大粒径（mm）	砂率（%）	材料用量（kg/m³）				配合比（质量比）
					水 m_{w0}	水泥 m_{c0}	砂 m_{s0}	石子 m_{g0}	水泥∶砂∶石子∶水 $m_{c0}:m_{s0}:m_{g0}:m_{w0}$
42.5	45.0（A）	卵石	10	31	210	438	529	1178	1∶1.21∶2.69∶0.48
			20	30	190	396	539	1258	1∶1.36∶3.18∶0.48
			31.5	30	180	375	553	1290	1∶1.47∶3.44∶0.48
			40	29	170	354	547	1340	1∶1.55∶3.79∶0.48
		碎石	16	37	220	423	627	1067	1∶1.48∶2.52∶0.52
			20	36	205	394	633	1125	1∶1.61∶2.86∶0.52
			31.5	35	195	375	631	1171	1∶1.68∶3.12∶0.52
			40	34	185	356	627	1218	1∶1.76∶3.42∶0.52
	47.5（B）	卵石	10	32	210	420	552	1172	1∶1.31∶2.79∶0.50
			20	31	190	380	562	1250	1∶1.48∶3.29∶0.50
			31.5	31	180	360	575	1280	1∶1.60∶3.56∶0.50
			40	30	170	340	570	1330	1∶1.68∶3.91∶0.50
		碎石	16	38	220	400	651	1062	1∶1.63∶2.66∶0.55
			20	37	205	373	657	1119	1∶1.76∶3.00∶0.55
			31.5	36	195	355	655	1164	1∶1.85∶3.28∶0.55
			40	35	185	336	652	1210	1∶1.94∶3.28∶0.55
	50.0（C）	卵石	10	34	210	404	590	1146	1∶1.46∶2.84∶0.52
			20	33	190	365	602	1222	1∶1.65∶3.35∶0.52
			31.5	33	180	346	616	1251	1∶1.78∶3.62∶0.52
			40	32	170	327	611	1299	1∶1.87∶3.97∶0.52
		碎石	16	38	220	379	658	1073	1∶1.74∶2.83∶0.58
			20	37	205	353	664	1130	1∶1.88∶3.20∶0.58
			31.5	36	195	336	660	1174	1∶1.96∶3.49∶0.58
			40	35	185	319	657	1220	1∶2.06∶3.82∶0.58

混凝土强度等级：C30；稠度：75～90mm（坍落度）；砂子种类：中砂；配制强度 38.2MPa

水泥强度等级	水泥实际强度（MPa）	石子种类	石子最大粒径（mm）	砂率（%）	材料用量（kg/m³）水 m_{w0}	水泥 m_{c0}	砂 m_{s0}	石子 m_{g0}	配合比（质量比）水泥：砂：石子：水 m_{c0}：m_{s0}：m_{g0}：m_{w0}
32.5	35.0（A）	卵石	10	30	215	551	479	1118	1：0.87：2.03：0.39
			20	29	195	500	491	1203	1：0.98：2.41：0.39
			31.5	29	185	474	506	1238	1：1.07：2.61：0.39
			40	28	175	449	502	1290	1：1.12：2.87：0.39
		碎石	16	33	230	561	511	1037	1：0.91：1.85：0.41
			20	32	215	524	519	1102	1：0.99：2.10：0.41
			31.5	31	205	500	517	1151	1：1.03：2.30：0.41
			40	30	195	476	515	1201	1：1.08：2.52：0.41
	37.5（B）	卵石	10	29	215	524	470	1151	1：0.90：2.20：0.41
			20	28	195	476	480	1235	1：1.01：2.59：0.41
			31.5	28	185	451	494	1270	1：1.10：2.82：0.41
			40	27	175	427	489	1322	1：1.15：3.10：0.41
		碎石	16	34	230	523	537	1043	1：1.03：1.99：0.44
			20	33	215	489	545	1106	1：1.11：2.26：0.44
			31.5	32	205	466	543	1154	1：1.17：2.48：0.44
			40	31	195	443	540	1203	1：1.22：2.72：0.44
	40.0（C）	卵石	10	30	215	500	492	1149	1：0.98：2.30：0.43
			20	29	195	453	503	1232	1：1.11：2.72：0.43
			31.5	29	185	430	517	1265	1：1.20：2.94：0.43
			40	28	175	407	512	1317	1：1.26：3.24：0.43
		碎石	16	35	230	489	563	1046	1：1.15：2.14：0.47
			20	34	215	457	570	1107	1：1.25：2.42：0.47
			31.5	33	205	436	568	1154	1：1.30：2.65：0.47
			40	32	195	415	566	1202	1：1.36：2.90：0.47

续表

水泥强度等级	水泥实际强度（MPa）	石子种类	石子最大粒径（mm）	砂率（%）	材料用量（kg/m³） 水 m_{w0}	水泥 m_{c0}	砂 m_{s0}	石子 m_{g0}	配合比（质量比） 水泥：砂：石子：水 $m_{c0}:m_{s0}:m_{g0}:m_{w0}$
42.5	45.0 (A)	卵石	10	32	215	448	539	1146	1：1.20：2.56：0.48
			20	31	195	406	550	1225	1：1.35：3.02：0.48
			31.5	31	185	385	564	1256	1：1.46：3.26：0.48
			40	30	175	365	559	1305	1：1.53：3.58：0.48
		碎石	16	38	230	442	627	1023	1：1.42：2.31：0.52
			20	37	215	413	635	1081	1：1.54：2.62：0.52
			31.5	36	205	394	633	1125	1：1.61：2.86：0.52
			40	35	195	375	631	1171	1：1.68：3.12：0.52
	47.5 (B)	卵石	10	33	215	430.	561	1140	1：1.30：2.65：0.50
			20	32	195	390	573	1217	1：1.47：3.12：0.50
			31.5	32	185	370	587	1247	1：1.59：3.37：0.50
			40	31	175	350	582	1295	1：1.66：3.70：0.50
		碎石	16	39	230	418	651	1019	1：1.56：2.44：0.55
			20	38	215	391	659	1075	1：1.69：2.75：0.55
			31.5	37	205	373	657	1119	1：1.76：3.00：0.55
			40	36	195	355	655	1164	1：1.85：3.28：0.55
	50.0 (C)	卵石	10	35	215	413	600	1115	1：1.45：2.70：0.52
			20	34	195	375	613	1189	1：1.63：3.17：0.52
			31.5	34	185	356	627	1218	1：1.76：3.42：0.52
			40	33	175	337	623	1265	1：1.85：3.75：0.52
		碎石	16	39	230	397	659	1030	1：1.66：2.59：0.58
			20	38	215	371	666	1086	1：1.80：2.93：0.58
			31.5	37	205	353	664	1130	1：1.88：3.20：0.58
			40	36	195	336	660	1174	1：1.96：3.49：0.58

混凝土强度等级：C30；稠度：16～20s（维勃稠度）；砂子种类：细砂；配制强度 38.2MPa

水泥强度等级	水泥实际强度（MPa）	石子种类	石子最大粒径（mm）	砂率（%）	材料用量（kg/m³）				配合比（质量比）
					水 m_{w0}	水泥 m_{c0}	砂 m_{s0}	石子 m_{g0}	水泥：砂：石子：水 $m_{c0}:m_{s0}:m_{g0}:m_{w0}$
32.5	35.0（A）	卵石	10	28	182	467	492	1266	1：1.05：2.71：0.39
			20	27	167	428	495	1337	1：1.16：3.12：0.39
			40	26	152	390	495	1410	1：1.27：3.62：0.39
		碎石	16	32	187	456	561	1192	1：1.23：2.61：0.41
			20	31	177	432	558	1243	1：1.29：2.88：0.41
			40	29	162	395	543	1330	1：1.37：3.37：0.41
	37.5（B）	卵石	10	28	182	444	498	1280	1：1.12：2.88：0.41
			20	27	167	407	500	1351	1：1.23：3.32：0.41
			40	26	152	371	500	1422	1：1.35：3.83：0.41
		碎石	16	33	187	425	588	1193	1：1.38：2.81：0.44
			20	32	177	402	584	1242	1：1.45：3.09：0.44
			40	30	162	368	569	1328	1：1.55：3.61：0.44
	40.0（C）	卵石	10	29	182	423	521	1275	1：1.23：3.01：0.43
			20	28	167	388	523	1344	1：1.35：3.46：0.43
			40	27	152	353	523	1414	1：1.48：4.01：0.43
		碎石	16	34	187	398	613	1190	1：1.54：2.99：0.47
			20	33	177	377	610	1238	1：1.62：3.28：0.47
			40	31	162	345	594	1322	1：1.72：3.83：0.47

续表

水泥强度等级	水泥实际强度（MPa）	石子种类	石子最大粒径（mm）	砂率（%）	材料用量（kg/m³） 水 m_{w0}	水泥 m_{c0}	砂 m_{s0}	石子 m_{g0}	配合比（质量比） 水泥：砂：石子：水 $m_{c0}:m_{s0}:m_{g0}:m_{w0}$
42.5	45.0 (A)	卵石	10	31	182	379	568	1265	1：1.50：3.34：0.48
			20	30	167	348	570	1330	1：1.64：3.82：0.48
			40	29	152	317	571	1397	1：1.80：4.41：0.48
		碎石	16	37	187	360	679	1156	1：1.89：3.21：0.52
			20	36	177	340	677	1203	1：1.99：3.54：0.52
			40	34	162	312	661	1283	1：2.12：4.11：0.52
	47.5 (B)	卵石	10	32	182	364	591	1255	1：1.62：3.45：0.50
			20	31	167	334	593	1320	1：1.78：3.95：0.50
			40	30	152	304	594	1385	1：1.95：4.56：0.50
		碎石	16	38	187	340	704	1149	1：2.07：3.38：0.55
			20	37	177	322	701	1194	1：2.18：3.71：0.55
			40	35	162	295	685	1273	1：2.32：4.32：0.55
	50.0 (C)	卵石	10	34	182	350	632	1226	1：1.81：3.50：0.52
			20	33	167	321	635	1289	1：1.98：4.02：0.52
			40	32	152	292	636	1352	1：2.18：4.63：0.52
		碎石	16	38	187	322	710	1158	1：2.20：3.60：0.58
			20	37	177	305	707	1203	1：2.32：3.94：0.58
			40	35	162	279	690	1282	1：2.47：4.59：0.58

混凝土强度等级：C30；稠度：11～15s（维勃稠度）；砂子种类：细砂；配制强度 38.2MPa

水泥强度等级	水泥实际强度（MPa）	石子种类	石子最大粒径（mm）	砂率（%）	材料用量（kg/m³）				配合比（质量比）
					水 m_{w0}	水泥 m_{c0}	砂 m_{s0}	石子 m_{g0}	水泥：砂：石子：水 $m_{c0}:m_{s0}:m_{g0}:m_{w0}$
32.5	35.0（A）	卵石	10	28	187	479	486	1249	1：1.01：2.61：0.39
			20	27	172	441	488	1319	1：1.11：2.99：0.39
			40	26	157	403	489	1391	1：1.21：3.45：0.39
		碎石	16	32	192	468	553	1176	1：1.18：2.51：0.41
			20	31	182	444	551	1226	1：1.24：2.76：0.41
			40	29	167	407	536	1313	1：1.32：3.23：0.41
	37.5（B）	卵石	10	28	187	456	491	1263	1：1.08：2.77：0.41
			20	27	172	420	493	1333	1：1.17：3.17：0.41
			40	26	157	383	493	1404	1：1.29：3.67：0.41
		碎石	16	33	192	436	580	1177	1：1.33：2.70：0.44
			20	32	182	414	577	1226	1：1.39：2.96：0.44
			40	30	167	380	562	1311	1：1.48：3.45：0.44
	40.0（C）	卵石	10	29	187	435	514	1258	1：1.18：2.89：0.43
			20	28	172	400	516	1327	1：1.29：3.32：0.43
			40	27	157	365	516	1396	1：1.41：3.82：0.43
		碎石	16	34	192	409	605	1175	1：1.48：2.87：0.47
			20	33	182	387	603	1224	1：1.56：3.16：0.47
			40	31	167	355	587	1307	1：1.65：3.68：0.47

续表

水泥强度等级	水泥实际强度 (MPa)	石子种类	石子最大粒径 (mm)	砂率 (%)	材料用量 (kg/m³)				配合比 (质量比)
					水 m_{w0}	水泥 m_{c0}	砂 m_{s0}	石子 m_{g0}	水泥 : 砂 : 石子 : 水 m_{c0} : m_{s0} : m_{g0} : m_{w0}
42.5	45.0 (A)	卵石	10	31	187	390	561	1249	1 : 1.44 : 3.20 : 0.48
			20	30	172	358	564	1315	1 : 1.58 : 3.67 : 0.48
			40	29	157	327	564	1381	1 : 1.72 : 4.22 : 0.48
		碎石	16	37	192	369	671	1143	1 : 1.82 : 3.10 : 0.52
			20	36	182	350	669	1189	1 : 1.91 : 3.40 : 0.52
			40	34	167	321	654	1269	1 : 2.04 : 3.95 : 0.52
	47.5 (B)	卵石	10	32	187	374	584	1241	1 : 1.56 : 3.32 : 0.50
			20	31	172	344	586	1304	1 : 1.70 : 3.79 : 0.50
			40	30	157	314	587	1370	1 : 1.87 : 4.36 : 0.50
		碎石	16	38	192	349	696	1136	1 : 1.99 : 3.26 : 0.55
			20	37	182	331	694	1181	1 : 2.10 : 3.57 : 0.55
			40	35	167	304	678	1260	1 : 2.23 : 4.14 : 0.55
	50.0 (C)	卵石	10	34	187	360	624	1212	1 : 1.73 : 3.37 : 0.52
			20	33	172	331	627	1274	1 : 1.89 : 3.85 : 0.52
			40	32	157	302	629	1337	1 : 2.08 : 4.43 : 0.52
		碎石	16	38	192	331	702	1145	1 : 2.12 : 3.46 : 0.58
			20	37	182	314	699	1190	1 : 2.23 : 3.79 : 0.58
			40	35	167	288	683	1268	1 : 2.37 : 4.40 : 0.58

混凝土强度等级：C30；稠度：5～10s（维勃稠度）；砂子种类：细砂；配制强度 38.2MPa

水泥强度等级	水泥实际强度（MPa）	石子种类	石子最大粒径（mm）	砂率（%）	材料用量（kg/m³）				配合比（质量比）
					水 m_{w0}	水泥 m_{c0}	砂 m_{s0}	石子 m_{g0}	水泥：砂：石子：水 $m_{c0}:m_{s0}:m_{g0}:m_{w0}$
32.5	35.0（A）	卵石	10	28	192	492	479	1231	1：0.97：2.50：0.39
			20	27	177	454	481	1301	1：1.06：2.87：0.39
			40	26	162	415	483	1374	1：1.16：3.31：0.39
		碎石	16	32	197	480	546	1160	1：1.14：2.42：0.41
			20	31	187	456	544	1210	1：1.19：2.65：0.41
			40	29	172	420	529	1296	1：1.26：3.09：0.41
	37.5（B）	卵石	10	28	192	468	485	1246	1：1.04：2.66：0.41
			20	27	177	432	486	1315	1：1.13：3.04：0.41
			40	26	162	395	487	1387	1：1.23：3.51：0.41
		碎石	16	33	197	448	572	1162	1：1.28：2.59：0.44
			20	32	187	425	570	1211	1：1.34：2.85：0.44
			40	30	172	391	555	1295	1：1.42：3.31：0.44
	40.0（C）	卵石	10	29	192	447	507	1241	1：1.13：2.78：0.43
			20	28	177	412	509	1310	1：1.24：3.18：0.43
			40	27	162	377	510	1379	1：1.35：3.66：0.43
		碎石	16	34	197	419	598	1161	1：1.43：2.77：0.47
			20	33	187	398	595	1208	1：1.49：3.04：0.47
			40	31	172	366	580	1291	1：1.58：3.53：0.47

续表

水泥强度等级	水泥实际强度（MPa）	石子种类	石子最大粒径（mm）	砂率（%）	材料用量（kg/m³）				配合比（质量比）
					水 m_{w0}	水泥 m_{c0}	砂 m_{s0}	石子 m_{g0}	水泥∶砂∶石子∶水 $m_{c0}:m_{s0}:m_{g0}:m_{w0}$
42.5	45.0（A）	卵石	10	31	192	400	554	1234	1∶1.39∶3.09∶0.48
			20	30	177	369	557	1299	1∶1.51∶3.52∶0.48
			40	29	162	338	558	1365	1∶1.65∶4.04∶0.48
		碎石	16	37	197	379	663	1129	1∶1.75∶2.98∶0.52
			20	36	187	360	661	1175	1∶1.84∶3.26∶0.52
			40	34	172	331	647	1255	1∶1.95∶3.79∶0.52
	47.5（B）	卵石	10	32	192	384	577	1226	1∶1.50∶3.19∶0.50
			20	31	177	354	579	1289	1∶1.64∶3.64∶0.50
			40	30	162	324	580	1354	1∶1.79∶4.18∶0.50
		碎石	16	38	197	358	688	1123	1∶1.92∶3.14∶0.55
			20	37	187	340	685	1167	1∶2.01∶3.43∶0.55
			40	35	172	313	671	1246	1∶2.14∶3.98∶0.55
	50.0（C）	卵石	10	34	192	369	617	1198	1∶1.67∶3.25∶0.52
			20	33	177	340	621	1260	1∶1.83∶3.71∶0.52
			40	32	162	312	622	1322	1∶1.99∶4.24∶0.52
		碎石	16	38	197	340	694	1132	1∶2.04∶3.33∶0.58
			20	37	187	322	691	1177	1∶2.15∶3.66∶0.58
			40	35	172	297	676	1255	1∶2.28∶4.23∶0.58

混凝土强度等级：C30；稠度：10～30mm（坍落度）；砂子种类：细砂；配制强度 38.2MPa

水泥强度等级	水泥实际强度（MPa）	石子种类	石子最大粒径（mm）	砂率（%）	材料用量（kg/m³） 水 m_{w0}	水泥 m_{c0}	砂 m_{s0}	石子 m_{g0}	配合比（质量比） 水泥：砂：石子：水 $m_{c0}:m_{s0}:m_{g0}:m_{w0}$
32.5	35.0（A）	卵石	10	29	197	505	489	1196	1：0.97：2.37：0.39
			20	28	177	454	499	1283	1：1.10：2.83：0.39
			31.5	28	167	428	513	1319	1：1.20：3.08：0.39
			40	27	157	403	508	1373	1：1.26：3.41：0.39
		碎石	16	32	207	505	530	1127	1：1.05：2.23：0.41
			20	31	192	468	536	1194	1：1.15：2.55：0.41
			31.5	30	182	444	533	1244	1：1.20：2.80：0.41
			40	29	172	420	529	1296	1：1.26：3.09：0.41
	37.5（B）	卵石	10	28	197	480	478	1229	1：1.00：2.56：0.41
			20	27	177	432	586	1315	1：1.13：3.04：0.41
			31.5	27	167	407	500	1351	1：1.23：3.32：0.41
			40	26	157	383	493	1404	1：1.29：3.67：0.41
		碎石	16	33	207	470	557	1131	1：1.19：2.41：0.44
			20	32	192	436	562	1195	1：1.29：2.74：0.44
			31.5	31	182	414	559	1244	1：1.35：3.00：0.44
			40	30	172	391	555	1295	1：1.42：3.31：0.44
	40.0（C）	卵石	10	29	197	458	500	1225	1：1.09：2.67：0.43
			20	28	177	412	509	1310	1：1.24：3.18：0.43
			31.5	28	167	388	523	1344	1：1.35：3.46：0.43
			40	27	157	365	516	1396	1：1.41：3.82：0.43
		碎石	16	34	207	440	583	1131	1：1.33：2.57：0.47
			20	33	192	409	588	1193	1：1.44：2.92：0.47
			31.5	32	182	387	584	1242	1：1.51：3.21：0.47
			40	31	172	366	580	1291	1：1.58：3.53：0.47

续表

水泥强度等级	水泥实际强度（MPa）	石子种类	石子最大粒径（mm）	砂率（%）	材料用量（kg/m³） 水 m_{w0}	水泥 m_{c0}	砂 m_{s0}	石子 m_{g0}	配合比（质量比） 水泥：砂：石子：水 $m_{c0}:m_{s0}:m_{g0}:m_{w0}$
42.5	45.0（A）	卵石	10	31	197	410	548	1219	1：1.34：2.97：0.48
			20	30	177	369	557	1299	1：1.51：3.52：0.48
			31.5	30	167	348	570	1330	1：1.64：3.82：0.48
			40	29	157	327	564	1381	1：1.72：4.22：0.48
		碎石	16	37	207	398	647	1102	1：1.63：2.77：0.52
			20	36	192	369	653	1161	1：1.77：3.15：0.52
			31.5	35	182	350	650	1208	1：1.86：3.45：0.52
			40	34	172	331	647	1255	1：1.95：3.79：0.52
	47.5（B）	卵石	10	32	197	394	570	1211	1：1.45：3.07：0.50
			20	31	177	354	579	1289	1：1.64：3.64：0.50
			31.5	31	167	334	593	1320	1：1.78：3.95：0.50
			40	30	157	314	587	1370	1：1.87：4.36：0.50
		碎石	16	38	207	376	672	1096	1：1.79：2.91：0.55
			20	37	192	349	678	1154	1：1.94：3.31：0.55
			31.5	36	182	331	674	1199	1：2.04：3.62：0.55
			40	35	172	313	671	1246	1：2.14：3.98：0.55
	50.0（C）	卵石	10	34	197	379	609	1183	1：1.61：3.12：0.52
			20	33	177	340	621	1260	1：1.83：3.71：0.52
			31.5	33	167	321	635	1289	1：1.98：4.02：0.52
			40	32	157	302	629	1337	1：2.08：4.43：0.52
		碎石	16	38	207	357	678	1107	1：1.90：3.10：0.58
			20	37	192	331	684	1164	1：2.07：3.52：0.58
			31.5	36	182	314	680	1209	1：2.17：3.85：0.58
			40	35	172	297	676	1255	1：2.28：4.23：0.58

混凝土强度等级：C30；稠度：35～50mm（坍落度）；砂子种类：细砂；配制强度 38.2MPa

水泥强度等级	水泥实际强度（MPa）	石子种类	石子最大粒径（mm）	砂率（%）	材料用量（kg/m³） 水 m_{w0}	水泥 m_{c0}	砂 m_{s0}	石子 m_{g0}	配合比（质量比） 水泥：砂：石子：水 $m_{c0}:m_{s0}:m_{g0}:m_{w0}$
32.5	35.0 (A)	卵石	10	29	207	531	474	1161	1：0.89：2.19：0.39
			20	28	187	479	486	1249	1：1.01：2.61：0.39
			31.5	28	177	454	499	1283	1：1.10：2.83：0.39
			40	27	167	428	495	1337	1：1.16：3.12：0.39
		碎石	16	32	217	529	515	1095	1：0.97：2.07：0.41
			20	31	202	493	521	1160	1：1.06：2.35：0.41
			31.5	30	192	468	519	1211	1：1.11：2.59：0.41
			40	29	182	444	515	1262	1：1.16：2.84：0.41
	37.5 (B)	卵石	10	28	207	505	464	1194	1：0.92：2.36：0.41
			20	27	187	456	474	1281	1：1.04：2.81：0.41
			31.5	27	177	432	486	1315	1：1.13：3.04：0.41
			40	26	167	407	481	1369	1：1.18：3.36：0.41
		碎石	16	33	217	493	542	1100	1：1.10：2.23：0.44
			20	32	202	459	547	1163	1：1.19：2.53：0.44
			31.5	31	192	436	545	1213	1：1.25：2.78：0.44
			40	30	182	414	541	1262	1：1.31：3.05：0.44
	40.0 (C)	卵石	10	29	207	481	487	1192	1：1.01：2.48：0.43
			20	28	187	435	496	1276	1：1.14：2.93：0.43
			31.5	28	177	412	509	1310	1：1.24：3.18：0.43
			40	27	167	388	504	1362	1：1.30：3.51：0.43
		碎石	16	34	217	462	567	1101	1：1.23：2.38：0.47
			20	33	202	430	573	1163	1：1.33：2.70：0.47
			31.5	32	192	409	570	1211	1：1.39：2.96：0.47
			40	31	182	387	566	1260	1：1.46：3.26：0.47

续表

水泥强度等级	水泥实际强度（MPa）	石子种类	石子最大粒径（mm）	砂率（%）	材料用量（kg/m³）				配合比（质量比）
					水 m_{w0}	水泥 m_{c0}	砂 m_{s0}	石子 m_{g0}	水泥：砂：石子：水 $m_{c0}:m_{s0}:m_{g0}:m_{w0}$
42.5	45.0（A）	卵石	10	31	207	431	534	1188	1∶1.24∶2.76∶0.48
			20	30	187	390	543	1268	1∶1.39∶3.25∶0.48
			31.5	30	177	369	557	1299	1∶1.51∶3.52∶0.48
			40	29	167	348	551	1349	1∶1.58∶3.88∶0.48
		碎石	16	37	217	417	631	1075	1∶1.51∶2.58∶0.52
			20	36	202	388	638	1134	1∶1.64∶2.92∶0.52
			31.5	35	192	369	635	1180	1∶1.72∶3.20∶0.52
			40	34	182	350	632	1226	1∶1.81∶3.50∶0.52
	47.5（B）	卵石	10	32	207	414	556	1181	1∶1.34∶2.85∶0.50
			20	31	187	374	566	1259	1∶1.51∶3.37∶0.50
			31.5	31	177	354	579	1289	1∶1.64∶3.64∶0.50
			40	30	167	334	574	1339	1∶1.72∶4.01∶0.50
		碎石	16	38	217	395	656	1070	1∶1.66∶2.71∶0.55
			20	37	202	367	662	1127	1∶1.80∶3.07∶0.55
			31.5	36	192	349	659	1172	1∶1.89∶3.36∶0.55
			40	35	182	331	656	1218	1∶1.98∶3.68∶0.55
	50.0（C）	卵石	10	34	207	398	595	1155	1∶1.49∶2.90∶0.52
			20	33	187	360	606	1230	1∶1.68∶3.42∶0.52
			31.5	33	177	340	621	1260	1∶1.83∶3.71∶0.52
			40	32	167	321	616	1308	1∶1.92∶4.07∶0.52
		碎石	16	38	217	374	663	1081	1∶1.77∶2.89∶0.58
			20	37	202	348	668	1138	1∶1.92∶3.27∶0.58
			31.5	36	192	331	665	1182	1∶2.01∶3.57∶0.58
			40	35	182	314	661	1228	1∶2.11∶3.91∶0.58

混凝土强度等级：C30；稠度：55～70mm（坍落度）；砂子种类：细砂；配制强度 38.2MPa

水泥强度等级	水泥实际强度（MPa）	石子种类	石子最大粒径（mm）	砂率（%）	材料用量（kg/m³）				配合比（质量比）
					水 m_{w0}	水泥 m_{c0}	砂 m_{s0}	石子 m_{g0}	水泥：砂：石子：水 $m_{c0}:m_{s0}:m_{g0}:m_{w0}$
32.5	35.0 (A)	卵石	10	29	217	556	460	1127	1：0.83：2.03：0.39
			20	28	197	505	472	1213	1：0.93：2.40：0.39
			31.5	28	187	479	486	1249	1：1.01：2.61：0.39
			40	27	177	454	481	1301	1：1.06：2.87：0.39
		碎石	16	32	227	554	500	1062	1：0.90：1.92：0.41
			20	31	212	517	507	1128	1：0.98：2.18：0.41
			31.5	30	202	493	504	1177	1：1.02：2.39：0.41
			40	29	192	468	502	1228	1：1.07：2.62：0.41
	37.5 (B)	卵石	10	28	217	529	451	1160	1：0.85：2.19：0.41
			20	27	197	480	461	1246	1：0.96：2.60：0.41
			31.5	27	187	456	474	1281	1：1.04：2.81：0.41
			40	26	177	432	468	1333	1：1.08：3.09：0.41
		碎石	16	33	227	516	527	1069	1：1.02：2.07：0.44
			20	32	212	482	533	1132	1：1.11：2.35：0.44
			31.5	31	202	459	531	1181	1：1.16：2.57：0.44
			40	30	192	436	527	1230	1：1.21：2.82：0.44
	40.0 (C)	卵石	10	29	217	505	473	1158	1：0.94：2.29：0.43
			20	28	197	458	483	1242	1：1.05：2.71：0.43
			31.5	28	187	435	496	1276	1：1.14：2.93：0.43
			40	27	177	412	491	1328	1：1.19：3.22：0.43
		碎石	16	34	227	483	552	1071	1：1.14：2.22：0.47
			20	33	212	451	558	1133	1：1.24：2.51：0.47
			31.5	32	202	430	555	1180	1：1.29：2.74：0.47
			40	31	192	409	552	1229	1：1.35：3.00：0.47

续表

水泥强度等级	水泥实际强度（MPa）	石子种类	石子最大粒径（mm）	砂率（%）	材料用量（kg/m³）				配合比（质量比）
					水 m_{w0}	水泥 m_{c0}	砂 m_{s0}	石子 m_{g0}	水泥∶砂∶石子∶水 $m_{c0}:m_{s0}:m_{g0}:m_{w0}$
42.5	45.0（A）	卵石	10	31	217	452	520	1157	1∶1.15∶2.56∶0.48
			20	30	197	410	530	1237	1∶1.29∶3.02∶0.48
			31.5	30	187	390	543	1268	1∶1.39∶3.25∶0.48
			40	29	177	369	538	1318	1∶1.46∶3.57∶0.48
		碎石	16	37	227	437	615	1047	1∶1.41∶2.40∶0.52
			20	36	212	408	622	1106	1∶1.52∶2.71∶0.52
			31.5	35	202	388	620	1152	1∶1.60∶2.97∶0.52
			40	34	192	369	617	1198	1∶1.67∶3.25∶0.52
	47.5（B）	卵石	10	32	217	434	542	1151	1∶1.25∶2.65∶0.50
			20	31	197	394	552	1229	1∶1.40∶3.12∶0.50
			31.5	31	187	374	566	1259	1∶1.51∶3.37∶0.50
			40	30	177	354	561	1308	1∶1.58∶3.69∶0.50
		碎石	16	38	227	413	639	1043	1∶1.55∶2.53∶0.55
			20	37	212	385	647	1101	1∶1.68∶2.86∶0.55
			31.5	36	202	367	644	1145	1∶1.75∶3.12∶0.55
			40	35	192	349	641	1191	1∶1.84∶3.41∶0.55
	50.0（C）	卵石	10	34	217	417	580	1126	1∶1.39∶2.70∶0.52
			20	33	197	379	592	1201	1∶1.56∶3.17∶0.52
			31.5	33	187	360	606	1230	1∶1.68∶3.42∶0.52
			40	32	177	340	602	1279	1∶1.77∶3.76∶0.52
		碎石	16	38	227	391	647	1055	1∶1.65∶2.70∶0.58
			20	37	212	366	652	1111	1∶1.78∶3.04∶0.58
			31.5	36	202	348	650	1156	1∶1.87∶3.32∶0.58
			40	35	192	331	647	1201	1∶1.95∶3.63∶0.58

混凝土强度等级：C30；稠度：75～90mm（坍落度）；砂子种类：细砂；配制强度 38.2MPa

水泥强度等级	水泥实际强度（MPa）	石子种类	石子最大粒径（mm）	砂率（%）	材料用量（kg/m³）				配合比（质量比）
					水 m_{w0}	水泥 m_{c0}	砂 m_{s0}	石子 m_{g0}	水泥：砂：石子：水 $m_{c0}:m_{s0}:m_{g0}:m_{w0}$
32.5	35.0（A）	卵石	20	29	202	518	482	1179	1：0.93：2.28：0.39
			31.5	29	192	492	496	1214	1：1.01：2.47：0.39
			40	28	182	467	492	1266	1：1.05：2.71：0.39
		碎石	20	32	222	541	508	1079	1：0.94：1.99：0.41
			31.5	31	212	517	507	1128	1：0.98：2.18：0.41
			40	30	202	493	504	1177	1：1.02：2.39：0.41
	37.5（B）	卵石	10	29	222	541	460	1127	1：0.85：2.08：0.41
			20	28	202	493	471	1211	1：0.96：2.46：0.41
			31.5	28	192	468	485	1246	1：1.04：2.66：0.41
			40	27	182	444	480	1298	1：1.08：2.92：0.41
		碎石	16	34	237	539	526	1022	1：0.98：1.90：0.44
			20	33	222	505	534	1084	1：1.06：2.15：0.44
			31.5	32	212	482	533	1132	1：1.11：2.35：0.44
			40	31	202	459	531	1181	1：1.16：2.57：0.44
	40.0（C）	卵石	10	30	222	516	483	1126	1：0.94：2.18：0.43
			20	29	202	470	493	1208	1：1.05：2.57：0.43
			31.5	29	192	447	507	1241	1：1.13：2.78：0.43
			40	28	182	423	503	1293	1：1.19：3.06：0.43
		碎石	16	35	237	504	552	1026	1：1.10：2.04：0.47
			20	34	222	472	559	1086	1：1.18：2.30：0.47
			31.5	33	212	451	558	1133	1：1.24：2.51：0.47
			40	32	202	430	555	1180	1：1.29：2.74：0.47

续表

水泥强度等级	水泥实际强度（MPa）	石子种类	石子最大粒径（mm）	砂率（%）	材料用量（kg/m³）				配合比（质量比）
					水 m_{w0}	水泥 m_{c0}	砂 m_{s0}	石子 m_{g0}	水泥：砂：石子：水 $m_{c0}:m_{s0}:m_{g0}:m_{w0}$
42.5	45.0（A）	卵石	10	32	222	463	529	1125	1：1.14：2.43：0.48
			20	31	202	421	540	1203	1：1.28：2.86：0.48
			31.5	31	192	400	554	1234	1：1.39：3.09：0.48
			40	30	182	379	550	1284	1：1.45：3.39：0.48
		碎石	16	38	237	456	615	1004	1：1.35：2.20：0.52
			20	37	222	427	623	1061	1：1.46：2.48：0.52
			31.5	36	212	408	622	1106	1：1.52：2.71：0.52
			40	35	202	388	620	1152	1：1.60：2.97：0.42
	47.5（B）	卵石	10	33	222	444	551	1119	1：1.24：2.52：0.50
			20	32	202	404	563	1196	1：1.39：2.96：0.50
			31.5	32	192	384	577	1226	1：1.50：3.19：0.50
			40	31	182	364	572	1274	1：1.57：3.50：0.50
		碎石	16	39	237	431	640	1001	1：1.48：2.32：0.55
			20	38	222	404	648	1057	1：1.60：2.62：0.55
			31.5	37	212	385	647	1101	1：1.68：2.86：0.55
			40	36	202	367	644	1145	1：1.75：3.12：0.55
	50.0（C）	卵石	10	35	222	427	590	1095	1：1.38：2.56：0.52
			20	34	202	388	602	1169	1：1.55：3.01：0.52
			31.5	34	192	369	617	1198	1：1.67：3.25：0.52
			40	33	182	350	613	1245	1：1.75：3.56：0.52
		碎石	16	39	237	409	647	1012	1：1.58：2.47：0.58
			20	38	222	383	655	1068	1：1.71：2.79：0.58
			31.5	37	212	366	652	1111	1：1.78：3.04：0.58
			40	36	202	348	650	1156	1：1.87：3.32：0.58

3.6.3 C35 商品混凝土配合比

混凝土强度等级：C35；稠度：16～20s（维勃稠度）；砂子种类：粗砂；配制强度 43.2MPa

水泥强度等级	水泥实际强度(MPa)	石子种类	石子最大粒径(mm)	砂率(%)	材料用量（kg/m^3）				配合比（质量比）
					水 m_{w0}	水泥 m_{c0}	砂 m_{s0}	石子 m_{g0}	水泥：砂：石子：水 $m_{c0}:m_{s0}:m_{g0}:m_{w0}$
42.5	45.0 (A)	卵石	10	29	168	391	540	1321	1：1.38：3.38：0.43
			20	28	153	356	541	1391	1：1.52：3.91：0.43
			40	27	138	321	540	1461	1：1.68：4.55：0.43
		碎石	16	34	173	376	632	1227	1：1.68：3.26：0.46
			20	33	163	354	629	1277	1：1.78：3.61：0.46
			40	31	148	322	612	1362	1：1.90：4.23：0.46
	47.5 (B)	卵石	10	30	168	373	563	1313	1：1.51：3.52：0.45
			20	29	153	340	564	1381	1：1.66：4.06：0.45
			40	28	138	307	564	1450	1：1.84：4.72：0.45
		碎石	16	35	173	353	658	1222	1：1.86：3.46：0.49
			20	34	163	333	654	1270	1：1.96：3.81：0.49
			40	32	148	302	637	1354	1：2.11：4.48：0.49
	50.0 (C)	卵石	10	31	168	357	586	1304	1：1.64：3.65：0.47
			20	30	153	326	587	1370	1：1.80：4.20：0.47
			40	29	138	294	587	1438	1：2.00：4.89：0.47
		碎石	16	36	173	339	681	1210	1：2.01：3.57：0.51
			20	35	163	320	677	1258	1：2.12：3.93：0.51
			40	32	148	290	640	1361	1：2.21：4.69：0.51

续表

水泥强度等级	水泥实际强度（MPa）	石子种类	石子最大粒径（mm）	砂率（%）	材料用量（kg/m³）				配合比（质量比）
					水 m_{w0}	水泥 m_{c0}	砂 m_{s0}	石子 m_{g0}	水泥：砂：石子：水 $m_{c0}:m_{s0}:m_{g0}:m_{w0}$
52.5	55.0（A）	卵石	10	32	168	329	612	1301	1：1.86：3.95：0.51
			20	31	153	300	614	1366	1：2.05：4.55：0.51
			40	30	138	271	613	1431	1：2.26：5.28：0.51
		碎石	16	38	173	309	729	1189	1：2.36：3.85：0.56
			20	37	163	291	725	1234	1：2.49：4.24：0.56
			40	35	148	264	708	1315	1：2.68：4.98：0.56
	57.5（B）	卵石	10	33	168	317	635	1289	1：2.00：4.07：0.53
			20	32	153	289	636	1352	1：2.20：4.68：0.53
			40	31	138	260	637	1417	1：2.45：5.45：0.53
		碎石	16	39	173	293	753	1178	1：2.57：4.02：0.59
			20	38	163	276	750	1223	1：2.72：4.43：0.59
			40	36	148	251	732	1302	1：2.92：5.19：0.59
	60.0（C）	卵石	10	35	168	305	677	1257	1：2.22：4.12：0.55
			20	34	153	278	679	1318	1：2.44：4.74：0.55
			40	33	138	251	680	1381	1：2.71：5.50：0.55
		碎石	16	39	173	284	756	1182	1：2.66：4.16：0.61
			20	38	163	267	753	1228	1：2.82：4.60：0.61
			40	36	148	243	735	1306	1：3.02：5.37：0.61

混凝土强度等级：C35；稠度：11～15s（维勃稠度）；砂子种类：粗砂；配制强度 43.2MPa

水泥强度等级	水泥实际强度（MPa）	石子种类	石子最大粒径（mm）	砂率（%）	材料用量（kg/m³）				配合比（质量比）
					水 m_{w0}	水泥 m_{c0}	砂 m_{s0}	石子 m_{g0}	水泥：砂：石子：水 $m_{c0}:m_{s0}:m_{g0}:m_{w0}$
42.5	45.0（A）	卵石	10	29	173	402	533	1305	1∶1.33∶3.25∶0.43
			20	28	158	367	534	1374	1∶1.46∶3.74∶0.43
			40	27	143	333	534	1444	1∶1.60∶4.34∶0.43
		碎石	16	34	178	387	624	1212	1∶1.61∶3.13∶0.46
			20	33	168	365	621	1261	1∶1.70∶3.45∶0.46
			40	31	153	333	605	1346	1∶1.82∶4.04∶0.46
	47.5（B）	卵石	10	30	173	384	556	1297	1∶1.45∶3.38∶0.45
			20	29	158	351	558	1365	1∶1.59∶3.89∶0.45
			40	28	143	318	557	1433	1∶1.75∶4.51∶0.45
		碎石	16	35	178	363	650	1207	1∶1.79∶3.33∶0.49
			20	34	168	343	647	1255	1∶1.89∶3.66∶0.49
			40	32	158	312	630	1339	1∶2.02∶4.29∶0.49
	50.0（C）	卵石	10	31	173	368	579	1288	1∶1.57∶3.50∶0.47
			20	30	158	336	580	1354	1∶1.73∶4.03∶0.47
			40	29	143	304	581	1422	1∶1.91∶4.68∶0.47
		碎石	16	36	178	349	673	1196	1∶1.93∶3.43∶0.51
			20	35	168	329	670	1244	1∶2.04∶3.78∶0.51
			40	32	153	300	633	1346	1∶2.11∶4.49∶0.51

续表

水泥强度等级	水泥实际强度（MPa）	石子种类	石子最大粒径（mm）	砂率（%）	材料用量（kg/m³） 水 m_{w0}	水泥 m_{c0}	砂 m_{s0}	石子 m_{g0}	配合比（质量比） 水泥：砂：石子：水 $m_{c0}:m_{s0}:m_{g0}:m_{w0}$
52.5	55.0 (A)	卵石	10	32	173	339	606	1287	1：1.79：3.80：0.51
			20	31	158	310	607	1350	1：1.96：4.35：0.51
			40	30	143	280	607	1416	1：2.17：5.06：0.51
		碎石	16	38	178	318	720	1175	1：2.26：3.69：0.56
			20	37	168	300	717	1221	1：2.39：4.07：0.56
			40	35	153	273	701	1301	1：2.57：4.77：0.56
	57.5 (B)	卵石	10	33	173	326	628	1275	1：1.93：3.91：0.53
			20	32	158	298	630	1338	1：2.11：4.49：0.53
			40	31	143	270	630	1402	1：2.33：5.19：0.53
		碎石	16	39	178	302	745	1165	1：2.47：3.86：0.59
			20	38	168	285	742	1210	1：2.60：4.25：0.59
			40	36	153	259	725	1289	1：2.80：4.98：0.59
	60.0 (C)	卵石	10	35	173	315	669	1243	1：2.12：3.95：0.55
			20	34	158	287	672	1305	1：2.34：4.55：0.55
			40	33	143	260	673	1367	1：2.59：5.26：0.55
		碎石	16	39	178	292	748	1170	1：2.56：4.01：0.61
			20	38	168	275	745	1215	1：2.71：4.42：0.61
			40	36	153	251	727	1293	1：2.90：5.15：0.61

混凝土强度等级：C35；稠度：5～10s（维勃稠度）；砂子种类：粗砂；配制强度 43.2MPa

水泥强度等级	水泥实际强度（MPa）	石子种类	石子最大粒径（mm）	砂率（%）	材料用量（kg/m^3）水 m_{w0}	水泥 m_{c0}	砂 m_{s0}	石子 m_{g0}	配合比（质量比）水泥：砂：石子：水 $m_{c0}:m_{s0}:m_{g0}:m_{w0}$
42.5	45.0 (A)	卵石	10	29	178	414	526	1288	1：1.27：3.11：0.43
			20	28	163	379	528	1357	1：1.39：3.58：0.43
			40	27	148	344	528	1427	1：1.53：4.15：0.43
		碎石	16	34	183	398	617	1197	1：1.55：3.01：0.46
			20	33	173	376	614	1246	1：1.63：3.31：0.46
			40	31	158	343	598	1331	1：1.74：3.88：0.46
	47.5 (B)	卵石	10	30	178	396	549	1281	1：1.39：3.23：0.45
			20	29	163	362	551	1348	1：1.52：3.72：0.45
			40	28	148	329	551	1417	1：1.67：4.31：0.45
		碎石	16	35	183	373	642	1193	1：1.72：3.20：0.49
			20	34	173	353	639	1241	1：1.81：3.52：0.49
			40	32	158	322	623	1324	1：1.93：4.11：0.49
	50.0 (C)	卵石	10	31	178	379	572	1273	1：1.51：3.36：0.47
			20	30	163	347	573	1338	1：1.65：3.86：0.47
			40	29	148	315	574	1406	1：1.82：4.46：0.47
		碎石	16	36	183	359	665	1182	1：1.85：3.29：0.51
			20	35	173	339	662	1229	1：1.95：3.63：0.51
			40	32	158	310	626	1331	1：2.02：4.29：0.51

续表

水泥强度等级	水泥实际强度（MPa）	石子种类	石子最大粒径（mm）	砂率（%）	材料用量（kg/m³）				配合比（质量比）
					水 m_{w0}	水泥 m_{c0}	砂 m_{s0}	石子 m_{g0}	水泥：砂：石子：水 $m_{c0}:m_{s0}:m_{g0}:m_{w0}$
52.5	55.0 (A)	卵石	10	32	178	349	599	1272	1：1.72：3.64：0.51
			20	31	163	320	600	1335	1：1.88：4.17：0.51
			40	30	148	290	600	1401	1：2.07：4.83：0.51
		碎石	16	38	183	327	712	1162	1：2.18：3.55：0.56
			20	37	173	309	709	1208	1：2.29：3.91：0.56
			40	35	158	282	693	1287	1：2.46：4.56：0.56
	57.5 (B)	卵石	10	33	178	336	621	1260	1：1.85：3.75：0.53
			20	32	163	308	623	1323	1：2.02：4.30：0.53
			40	31	148	279	623	1387	1：2.23：4.97：0.53
		碎石	16	39	183	310	737	1152	1：2.38：3.72：0.59
			20	38	173	293	734	1197	1：2.51：4.09：0.59
			40	36	158	268	717	1275	1：2.68：4.76：0.59
	60.0 (C)	卵石	10	35	178	324	662	1229	1：2.04：3.79：0.55
			20	34	163	296	665	1291	1：2.25：4.36：0.55
			40	33	148	269	666	1353	1：2.48：5.03：0.55
		碎石	16	39	183	300	740	1158	1：2.47：3.86：0.61
			20	38	173	284	737	1202	1：2.60：4.23：0.61
			40	36	158	259	720	1280	1：2.78：4.94：0.61

混凝土强度等级：C35；稠度：10～30mm（坍落度）；砂子种类：粗砂；配制强度 43.2MPa

水泥强度等级	水泥实际强度（MPa）	石子种类	石子最大粒径（mm）	砂率（%）	材料用量（kg/m³） 水 m_{w0}	水泥 m_{c0}	砂 m_{s0}	石子 m_{g0}	配合比（质量比） 水泥：砂：石子：水 $m_{c0}:m_{s0}:m_{g0}:m_{w0}$
42.5	45.0 (A)	卵石	10	29	183	426	519	1271	1：1.22：2.98：0.43
			20	28	163	379	528	1357	1：1.39：3.58：0.43
			31.5	28	153	356	541	1391	1：1.52：3.91：0.43
			40	27	143	333	534	1444	1：1.60：4.34：0.43
		碎石	16	34	193	420	601	1167	1：1.43：2.78：0.46
			20	33	178	387	606	1231	1：1.57：3.18：0.46
			31.5	32	168	365	602	1280	1：1.65：3.51：0.46
			40	31	158	343	598	1331	1：1.74：3.88：0.46
	47.5 (B)	卵石	10	30	183	407	542	1265	1：1.33：3.11：0.45
			20	29	163	362	551	1348	1：1.52：3.72：0.45
			31.5	29	153	340	564	1381	1：1.66：4.06：0.45
			40	28	143	318	557	1433	1：1.75：4.51：0.45
		碎石	16	35	193	394	627	1164	1：1.59：2.95：0.49
			20	34	178	363	632	1226	1：1.74：3.38：0.49
			31.5	33	168	343	627	1274	1：1.83：3.71：0.49
			40	32	158	322	623	1324	1：1.93：4.11：0.49
	50.0 (C)	卵石	10	31	183	389	565	1257	1：1.45：3.23：0.47
			20	30	163	347	573	1338	1：1.65：3.86：0.47
			31.5	30	153	326	587	1370	1：1.80：4.20：0.47
			40	29	143	304	581	1422	1：1.91：4.68：0.47
		碎石	16	36	193	378	650	1155	1：1.72：3.06：0.51
			20	35	178	349	654	1215	1：1.87：3.48：0.51
			31.5	33	168	329	631	1282	1：1.92：3.90：0.51
			40	32	158	310	626	1331	1：2.02：4.29：0.51

续表

水泥强度等级	水泥实际强度（MPa）	石子种类	石子最大粒径（mm）	砂率（%）	材料用量（kg/m³）				配合比（质量比）
					水 m_{w0}	水泥 m_{c0}	砂 m_{s0}	石子 m_{g0}	水泥：砂：石子：水 m_{c0} : m_{s0} : m_{g0} : m_{w0}
52.5	55.0 (A)	卵石	10	32	183	359	592	1257	1 : 1.65 : 3.50 : 0.51
			20	31	163	320	600	1335	1 : 1.88 : 4.17 : 0.51
			31.5	31	153	300	614	1366	1 : 2.05 : 4.55 : 0.51
			40	30	143	280	607	1416	1 : 2.17 : 5.06 : 0.51
		碎石	16	38	193	345	696	1136	1 : 2.02 : 3.29 : 0.56
			20	37	178	318	701	1194	1 : 2.20 : 3.75 : 0.56
			31.5	36	168	300	698	1241	1 : 2.33 : 4.14 : 0.56
			40	35	158	282	693	1287	1 : 2.46 : 4.56 : 0.56
	57.5 (B)	卵石	10	33	183	345	614	1246	1 : 1.78 : 3.61 : 0.53
			20	32	163	308	623	1323	1 : 2.02 : 4.30 : 0.53
			31.5	32	153	289	636	1352	1 : 2.20 : 4.68 : 0.53
			40	31	143	270	630	1402	1 : 2.33 : 5.19 : 0.53
		碎石	16	39	193	327	721	1127	1 : 2.20 : 3.45 : 0.59
			20	38	178	302	726	1184	1 : 2.40 : 3.92 : 0.59
			31.5	37	168	285	722	1229	1 : 2.53 : 4.31 : 0.59
			40	36	158	268	717	1275	1 : 2.68 : 4.76 : 0.59
	60.0 (C)	卵石	10	35	183	333	654	1215	1 : 1.96 : 3.65 : 0.55
			20	34	163	296	665	1291	1 : 2.25 : 4.36 : 0.55
			31.5	34	153	278	679	1318	1 : 2.44 : 4.74 : 0.55
			40	33	143	260	673	1367	1 : 2.59 : 5.26 : 0.55
		碎石	16	39	193	316	724	1133	1 : 2.29 : 3.59 : 0.61
			20	38	178	292	729	1189	1 : 2.50 : 4.07 : 0.61
			31.5	37	168	275	725	1235	1 : 2.64 : 4.49 : 0.61
			40	36	158	259	720	1280	1 : 2.78 : 4.94 : 0.61

混凝土强度等级：C35；稠度：35～50mm（坍落度）；砂子种类：粗砂；配制强度 43.2MPa

水泥强度等级	水泥实际强度（MPa）	石子种类	石子最大粒径（mm）	砂率（%）	材料用量（kg/m³）				配合比（质量比）
					水 m_{w0}	水泥 m_{c0}	砂 m_{s0}	石子 m_{g0}	水泥：砂：石子：水 $m_{c0}:m_{s0}:m_{g0}:m_{w0}$
42.5	45.0（A）	卵石	10	29	193	449	506	1238	1：1.13：2.76：0.43
			20	28	173	402	515	1323	1：1.28：3.29：0.43
			31.5	28	163	379	528	1357	1：1.39：3.58：0.43
			40	27	153	356	522	1410	1：1.47：3.96：0.43
		碎石	16	34	203	441	586	1138	1：1.33：2.58：0.46
			20	33	188	409	591	1200	1：1.44：2.93：0.46
			31.5	32	178	387	588	1249	1：1.52：3.23：0.46
			40	31	168	365	584	1299	1：1.60：3.56：0.46
	47.5（B）	卵石	10	30	193	429	528	1233	1：1.23：2.87：0.45
			20	29	173	384	538	1316	1：1.40：3.43：0.45
			31.5	29	163	362	551	1348	1：1.52：3.72：0.45
			40	28	153	340	544	1400	1：1.60：4.12：0.45
		碎石	16	35	203	414	611	1135	1：1.48：2.74：0.49
			20	34	188	384	616	1196	1：1.60：3.11：0.49
			31.5	33	178	363	613	1245	1：1.69：3.43：0.49
			40	32	168	343	608	1293	1：1.77：3.77：0.49
	50.0（C）	卵石	10	31	193	411	551	1226	1：1.34：2.98：0.47
			20	30	173	368	560	1307	1：1.52：3.55：0.47
			31.5	30	163	347	573	1338	1：1.65：3.86：0.47
			40	29	153	326	568	1390	1：1.74：4.26：0.47
		碎石	16	36	203	398	634	1127	1：1.59：2.83：0.51
			20	35	188	369	639	1187	1：1.73：3.22：0.51
			31.5	33	178	349	617	1253	1：1.77：3.59：0.51
			40	32	168	329	612	1301	1：1.86：3.95：0.51

续表

水泥强度等级	水泥实际强度（MPa）	石子种类	石子最大粒径（mm）	砂率（%）	材料用量（kg/m³）				配合比（质量比）
					水 m_{w0}	水泥 m_{c0}	砂 m_{s0}	石子 m_{g0}	水泥：砂：石子：水 $m_{c0}:m_{s0}:m_{g0}:m_{w0}$
52.5	55.0（A）	卵石	10	32	193	378	577	1227	1：1.53：3.25：0.51
			20	31	173	339	587	1306	1：1.73：3.85：0.51
			31.5	31	163	320	600	1335	1：1.88：4.17：0.51
			40	30	153	300	594	1386	1：1.98：4.62：0.51
		碎石	16	38	203	362	680	1110	1：1.88：3.07：0.56
			20	37	188	336	686	1168	1：2.04：3.48：0.56
			31.5	36	178	318	683	1214	1：2.15：3.82：0.56
			40	35	168	300	678	1260	1：2.26：4.20：0.56
	57.5（B）	卵石	10	33	193	364	599	1217	1：1.65：3.34：0.53
			20	32	173	326	609	1294	1：1.87：3.97：0.53
			31.5	32	163	308	623	1323	1：2.02：4.30：0.53
			40	31	153	289	616	1372	1：2.13：4.75：0.53
		碎石	16	39	203	344	705	1102	1：2.05：3.20：0.59
			20	38	188	319	710	1158	1：2.23：3.63：0.59
			31.5	37	178	302	707	1203	1：2.34：3.98：0.59
			40	36	168	285	703	1249	1：2.47：4.38：0.59
	60.0（C）	卵石	10	35	193	351	640	1188	1：1.82：3.38：0.55
			20	34	173	315	650	1262	1：2.06：4.01：0.55
			31.5	34	163	296	665	1291	1：2.25：4.36：0.55
			40	33	153	278	660	1339	1：2.37：4.82：0.55
		碎石	16	39	203	333	708	1108	1：2.13：3.33：0.61
			20	38	188	308	713	1164	1：2.31：3.78：0.61
			31.5	37	178	292	710	1209	1：2.43：4.14：0.61
			40	36	168	275	705	1254	1：2.56：4.56：0.61

混凝土强度等级：C35；稠度：55～70mm（坍落度）；砂子种类：粗砂；配制强度 43.2MPa

水泥强度等级	水泥实际强度（MPa）	石子种类	石子最大粒径（mm）	砂率（%）	材料用量（kg/m³）				配合比（质量比）
					水 m_{w0}	水泥 m_{c0}	砂 m_{s0}	石子 m_{g0}	水泥：砂：石子：水 $m_{c0}:m_{s0}:m_{g0}:m_{w0}$
42.5	45.0（A）	卵石	10	29	203	472	492	1205	1：1.04：2.55：0.43
			20	28	183	426	501	1289	1：1.18：3.03：0.43
			31.5	28	173	402	515	1323	1：1.28：3.29：0.43
			40	27	163	379	509	1376	1：1.34：3.63：0.43
		碎石	16	34	213	463	570	1107	1：1.23：2.39：0.46
			20	33	198	430	576	1170	1：1.34：2.72：0.46
			31.5	32	188	409	573	1218	1：1.40：2.98：0.46
			40	31	178	387	570	1268	1：1.47：3.28：0.46
	47.5（B）	卵石	10	30	203	451	515	1201	1：1.14：2.66：0.45
			20	29	183	407	524	1283	1：1.29：3.15：0.45
			31.5	29	173	384	538	1316	1：1.40：3.43：0.45
			40	28	163	362	532	1368	1：1.47：3.78：0.45
		碎石	16	35	213	435	596	1106	1：1.37：2.54：0.49
			20	34	198	404	601	1167	1：1.49：2.89：0.49
			31.5	33	188	384	598	1215	1：1.56：3.16：0.49
			40	32	178	363	594	1263	1：1.64：3.48：0.49
	50.0（C）	卵石	10	31	203	432	537	1195	1：1.24：2.77：0.47
			20	30	183	389	547	1276	1：1.41：3.28：0.47
			31.5	30	173	368	560	1307	1：1.52：3.55：0.47
			40	29	163	347	555	1358	1：1.60：3.91：0.47
		碎石	16	36	213	418	618	1098	1：1.48：2.63：0.51
			20	35	198	388	624	1159	1：1.61：2.99：0.51
			31.5	33	188	369	602	1223	1：1.63：3.31：0.51
			40	32	178	349	599	1272	1：1.72：3.64：0.51

续表

水泥强度等级	水泥实际强度(MPa)	石子种类	石子最大粒径(mm)	砂率(%)	材料用量(kg/m³) 水 m_{w0}	水泥 m_{c0}	砂 m_{s0}	石子 m_{g0}	配合比(质量比) 水泥:砂:石子:水 $m_{c0}:m_{s0}:m_{g0}:m_{w0}$
52.5	55.0 (A)	卵石	10	32	203	398	563	1197	1:1.41:3.01:0.51
			20	31	183	359	573	1275	1:1.60:3.55:0.51
			31.5	31	173	339	587	1306	1:1.73:3.85:0.51
			40	30	163	320	581	1355	1:1.82:4.23:0.51
		碎石	16	38	213	380	664	1084	1:1.75:2.85:0.56
			20	37	198	354	670	1141	1:1.89:3.22:0.56
			31.5	36	188	336	667	1186	1:1.99:3.53:0.56
			40	35	178	318	664	1233	1:2.09:3.88:0.56
	57.5 (B)	卵石	10	33	203	383	585	1188	1:1.53:3.10:0.53
			20	32	183	345	595	1265	1:1.72:3.67:0.53
			31.5	32	173	326	609	1294	1:1.87:3.97:0.53
			40	31	163	308	603	1342	1:1.96:4.36:0.53
		碎石	16	39	213	361	689	1077	1:1.91:2.98:0.59
			20	38	198	336	694	1133	1:2.07:3.37:0.59
			31.5	37	188	319	691	1177	1:2.17:3.69:0.59
			40	36	178	302	687	1222	1:2.27:4.05:0.59
	60.0 (C)	卵石	10	35	203	369	625	1161	1:1.69:3.15:0.55
			20	34	183	333	636	1234	1:1.91:3.71:0.55
			31.5	34	173	315	650	1262	1:2.06:4.01:0.55
			40	33	163	296	645	1310	1:2.18:4.43:0.55
		碎石	16	39	213	349	692	1083	1:1.98:3.10:0.61
			20	38	198	325	698	1139	1:2.15:3.50:0.61
			31.5	37	188	308	695	1183	1:2.26:3.84:0.61
			40	36	178	292	691	1228	1:2.37:4.21:0.61

混凝土强度等级：C35；稠度：75～90mm（坍落度）；砂子种类：粗砂；配制强度 43.2MPa

水泥强度等级	水泥实际强度（MPa）	石子种类	石子最大粒径（mm）	砂率（%）	材料用量（kg/m³） 水 m_{w0}	水泥 m_{c0}	砂 m_{s0}	石子 m_{g0}	配合比（质量比） 水泥：砂：石子：水 $m_{c0}:m_{s0}:m_{g0}:m_{w0}$
42.5	45.0 (A)	卵石	10	30	208	484	502	1171	1：1.04：2.42：0.43
			20	29	188	437	513	1255	1：1.17：2.87：0.43
			31.5	29	178	414	526	1288	1：1.27：3.11：0.43
			40	28	168	391	521	1340	1：1.33：3.43：0.43
		碎石	16	35	223	485	571	1061	1：1.18：2.19：0.46
			20	34	208	452	578	1122	1：1.28：2.48：0.46
			31.5	33	198	430	576	1170	1：1.34：2.72：0.46
			40	32	188	409	573	1218	1：1.40：2.98：0.46
	47.5 (B)	卵石	10	31	208	462	525	1168	1：1.14：2.53：0.45
			20	30	188	418	535	1249	1：1.28：2.99：0.45
			31.5	30	178	396	549	1281	1：1.39：3.23：0.45
			40	29	168	373	544	1332	1：1.46：3.57：0.45
		碎石	16	36	223	455	597	1061	1：1.31：2.33：0.49
			20	35	208	424	604	1121	1：1.42：2.64：0.49
			31.5	34	198	404	601	1167	1：1.49：2.89：0.49
			40	33	188	384	598	1215	1：1.56：3.16：0.49
	50.0 (C)	卵石	10	32	208	443	547	1162	1：1.23：2.62：0.47
			20	31	188	400	558	1242	1：1.40：3.11：0.47
			31.5	31	178	379	572	1273	1：1.51：3.36：0.47
			40	30	168	357	567	1323	1：1.59：3.71：0.47
		碎石	16	37	223	437	619	1054	1：1.42：2.41：0.51
			20	36	208	408	626	1113	1：1.53：2.73：0.51
			31.5	34	198	388	606	1176	1：1.56：3.03：0.51
			40	33	188	369	602	1223	1：1.63：3.31：0.51

续表

水泥强度等级	水泥实际强度（MPa）	石子种类	石子最大粒径（mm）	砂率（%）	材料用量（kg/m³） 水 m_{w0}	水泥 m_{c0}	砂 m_{s0}	石子 m_{g0}	配合比（质量比） 水泥：砂：石子：水 m_{c0}：m_{s0}：m_{g0}：m_{w0}
52.5	55.0 (A)	卵石	10	33	208	408	574	1165	1：1.41：2.86：0.51
			20	32	188	369	584	1242	1：1.58：3.37：0.51
			31.5	32	178	349	599	1272	1：1.72：3.64：0.51
			40	31	168	329	593	1321	1：1.80：4.02：0.51
		碎石	16	39	223	398	666	1041	1：1.67：2.62：0.56
			20	38	208	371	672	1097	1：1.81：2.96：0.56
			31.5	37	198	354	670	1141	1：1.89：3.22：0.56
			40	36	188	336	667	1186	1：1.99：3.53：0.56
	57.5 (B)	卵石	10	34	208	392	596	1157	1：1.52：2.95：0.53
			20	33	188	355	606	1231	1：1.71：3.47：0.55
			31.5	33	178	336	621	1260	1：1.85：3.75：0.53
			40	32	168	317	616	1309	1：1.94：4.13：0.53
		碎石	16	40	223	378	689	1034	1：1.82：2.74：0.59
			20	39	208	353	696	1089	1：1.97：3.08：0.59
			31.5	38	198	336	694	1133	1：2.07：3.37：0.59
			40	37	188	319	691	1177	1：2.17：3.69：0.69
	60.0 (C)	卵石	10	36	208	378	635	1129	1：1.68：2.99：0.55
			20	35	188	342	647	1202	1：1.89：3.51：0.55
			31.5	35	178	324	662	1229	1：2.04：3.79：0.55
			40	34	168	305	658	1277	1：2.16：4.19：0.55
		碎石	16	40	223	366	693	1040	1：1.89：2.84：0.61
			20	39	208	341	700	1095	1：2.05：3.21：0.61
			31.5	38	198	325	698	1139	1：2.15：3.50：0.61
			40	37	188	308	695	1183	1：2.26：3.84：0.61

混凝土强度等级：C35；稠度：16～20s（维勃稠度）；砂子种类：中砂；配制强度 43.2MPa

水泥强度等级	水泥实际强度（MPa）	石子种类	石子最大粒径（mm）	砂率（%）	材料用量（kg/m³）				配合比（质量比）
					水 m_{w0}	水泥 m_{c0}	砂 m_{s0}	石子 m_{g0}	水泥：砂：石子：水 $m_{c0}:m_{s0}:m_{g0}:m_{w0}$
42.5	45.0（A）	卵石	10	29	175	407	530	1298	1：1.30：3.19：0.43
			20	28	160	372	532	1367	1：1.43：3.67：0.43
			40	27	145	337	532	1438	1：1.58：4.27：0.43
		碎石	16	34	180	391	622	1207	1：1.59：3.09：0.46
			20	33	170	370	618	1255	1：1.67：3.39：0.46
			40	31	155	337	602	1340	1：1.79：3.98：0.46
	47.5（B）	卵石	10	30	175	389	553	1291	1：1.42：3.32：0.45
			20	29	160	356	555	1358	1：1.56：3.81：0.45
			40	28	145	322	555	1427	1：1.72：4.43：0.45
		碎石	16	35	180	367	647	1202	1：1.76：3.28：0.49
			20	34	170	347	643	1249	1：1.85：3.60：0.49
			40	32	155	316	627	1333	1：1.98：4.22：0.49
	50.0（C）	卵石	10	31	175	372	576	1282	1：1.55：3.45：0.47
			20	30	160	340	578	1348	1：1.70：3.96：0.47
			40	29	145	309	578	1415	1：1.87：4.58：0.47
		碎石	16	36	180	353	670	1191	1：1.90：3.37：0.51
			20	35	170	333	667	1238	1：2.00：3.72：0.51
			40	32	155	304	631	1340	1：2.08：4.41：0.51

续表

水泥强度等级	水泥实际强度（MPa）	石子种类	石子最大粒径（mm）	砂率（%）	材料用量（kg/m³）				配合比（质量比）
					水 m_{w0}	水泥 m_{c0}	砂 m_{s0}	石子 m_{g0}	水泥：砂：石子：水 $m_{c0}:m_{s0}:m_{g0}:m_{w0}$
52.5	55.0（A）	卵石	10	32	175	343	603	1281	1：1.76：3.73：0.51
			20	31	160	314	604	1344	1：1.92：4.28：0.51
			40	30	145	284	604	1410	1：2.13：4.96：0.51
		碎石	16	38	180	321	717	1170	1：2.23：3.64：0.56
			20	37	170	304	714	1216	1：2.35：4.00：0.56
			40	35	155	277	698	1296	1：2.52：4.68：0.56
	57.5（B）	卵石	10	33	175	330	625	1269	1：1.89：3.85：0.53
			20	32	160	302	627	1332	1：2.08：4.41：0.53
			40	31	145	274	627	1396	1：2.29：5.09：0.53
		碎石	16	39	180	305	742	1160	1：2.43：3.80：0.59
			20	38	170	288	739	1205	1：2.57：4.18：0.59
			40	36	155	263	722	1283	1：2.75：4.88：0.59
	60.0（C）	卵石	10	35	175	318	667	1238	1：2.10：3.89：0.55
			20	34	160	291	669	1299	1：2.30：4.46：0.55
			40	33	145	264	670	1361	1：2.54：5.16：0.55
		碎石	16	39	180	295	745	1165	1：2.53：3.95：0.61
			20	38	170	279	742	1210	1：2.66：4.34：0.61
			40	36	155	254	725	1288	1：2.85：5.07：0.61

混凝土强度等级：C35；稠度：11～15s（维勃稠度）；砂子种类：中砂；配制强度 43.2MPa

水泥强度等级	水泥实际强度（MPa）	石子种类	石子最大粒径（mm）	砂率（%）	材料用量（kg/m³）				配合比（质量比）
					水 m_{w0}	水泥 m_{c0}	砂 m_{s0}	石子 m_{g0}	水泥：砂：石子：水 $m_{c0}:m_{s0}:m_{g0}:m_{w0}$
42.5	45.0（A）	卵石	10	29	180	419	523	1281	1：1.25：3.06：0.43
			20	28	165	384	525	1350	1：1.37：3.52：0.43
			40	27	150	349	525	1420	1：1.50：4.07：0.43
		碎石	16	34	185	402	614	1191	1：1.53：2.96：0.46
			20	33	175	380	611	1240	1：1.61：3.26：0.46
			40	31	160	348	595	1324	1：1.71：3.80：0.46
	47.5（B）	卵石	10	30	180	400	546	1275	1：1.37：3.19：0.45
			20	29	165	367	548	1342	1：1.49：3.66：0.45
			40	28	150	333	549	1411	1：1.65：4.24：0.45
		碎石	16	35	185	378	639	1187	1：1.69：3.14：0.49
			20	34	175	357	636	1235	1：1.78：3.46：0.49
			40	32	160	327	620	1317	1：1.90：4.03：0.49
	50.0（C）	卵石	10	31	180	383	569	1266	1：1.49：3.31：0.47
			20	30	165	351	571	1332	1：1.63：3.79：0.47
			40	29	150	319	571	1399	1：1.79：4.39：0.47
		碎石	16	36	185	363	662	1177	1：1.82：3.24：0.51
			20	35	175	343	659	1224	1：1.92：3.57：0.51
			40	32	160	314	624	1325	1：1.99：4.22：0.51

续表

水泥强度等级	水泥实际强度（MPa）	石子种类	石子最大粒径（mm）	砂率（%）	材料用量（kg/m³）				配合比（质量比）
					水 m_{w0}	水泥 m_{c0}	砂 m_{s0}	石子 m_{g0}	水泥：砂：石子：水 $m_{c0}:m_{s0}:m_{g0}:m_{w0}$
52.5	55.0（A）	卵石	10	32	180	353	596	1266	1：1.69：3.59：0.51
			20	31	165	324	597	1329	1：1.84：4.10：0.51
			40	30	150	294	598	1395	1：2.03：4.74：0.51
		碎石	16	38	185	330	709	1157	1：2.15：3.51：0.56
			20	37	175	312	707	1203	1：2.27：3.86：0.56
			40	35	160	286	690	1282	1：2.41：4.48：0.56
	57.5（B）	卵石	10	33	180	340	618	1254	1：1.82：3.69：0.53
			20	32	165	311	620	1317	1：1.99：4.23：0.53
			40	31	150	283	620	1381	1：2.19：4.88：0.53
		碎石	16	39	185	314	733	1147	1：2.33：3.65：0.59
			20	38	175	297	731	1192	1：2.46：4.01：0.59
			40	36	160	271	714	1270	1：2.63：4.69：0.59
	60.0（C）	卵石	10	35	180	327	659	1224	1：2.02：3.74：0.55
			20	34	165	300	662	1285	1：2.21：4.28：0.55
			40	33	150	273	663	1347	1：2.43：4.93：0.55
		碎石	16	39	185	303	737	1153	1：2.43：3.81：0.61
			20	38	175	287	734	1197	1：2.56：4.17：0.61
			40	36	160	262	717	1275	1：2.74：4.87：0.61

混凝土强度等级：C35；稠度：5～10s（维勃稠度）；砂子种类：中砂；配制强度 43.2MPa

水泥强度等级	水泥实际强度（MPa）	石子种类	石子最大粒径（mm）	砂率（%）	材料用量（kg/m³）				配合比（质量比）
					水 m_{w0}	水泥 m_{c0}	砂 m_{s0}	石子 m_{g0}	水泥：砂：石子：水 $m_{c0}:m_{s0}:m_{g0}:m_{w0}$
42.5	45.0（A）	卵石	10	29	185	430	517	1265	1：1.20：2.94：0.43
			20	28	170	395	519	1334	1：1.31：3.38：0.43
			40	27	155	360	519	1404	1：1.44：3.90：0.43
		碎石	16	34	190	413	606	1176	1：1.47：2.85：0.46
			20	33	180	391	603	1225	1：1.54：3.13：0.46
			40	31	165	359	588	1308	1：1.64：3.64：0.46
	47.5（B）	卵石	10	30	185	411	540	1259	1：1.31：3.06：0.45
			20	29	170	378	541	1325	1：1.43：3.51：0.45
			40	28	155	344	542	1394	1：1.58：4.05：0.45
		碎石	16	35	190	388	631	1172	1：1.63：3.02：0.49
			20	34	180	367	628	1220	1：1.71：3.32：0.49
			40	32	165	337	613	1302	1：1.82：3.86：0.49
	50.0（C）	卵石	10	31	185	394	562	1251	1：1.43：3.18：0.47
			20	30	170	362	564	1316	1：1.56：3.64：0.47
			40	29	155	330	565	1383	1：1.71：4.19：0.47
		碎石	16	36	190	373	654	1163	1：1.75：3.12：0.51
			20	35	180	353	651	1209	1：1.84：3.42：0.51
			40	32	165	324	616	1310	1：1.90：4.04：0.51

续表

水泥强度等级	水泥实际强度（MPa）	石子种类	石子最大粒径（mm）	砂率（%）	材料用量（kg/m³）				配合比（质量比）
					水 m_{w0}	水泥 m_{c0}	砂 m_{s0}	石子 m_{g0}	水泥：砂：石子：水 $m_{c0}:m_{s0}:m_{g0}:m_{w0}$
52.5	55.0 (A)	卵石	10	32	185	363	589	1251	1：1.62：3.45：0.51
			20	31	170	333	591	1315	1：1.77：3.95：0.51
			40	30	155	304	591	1379	1：1.94：4.54：0.51
		碎石	16	38	190	339	701	1144	1：2.07：3.37：0.56
			20	37	180	321	698	1189	1：2.17：3.70：0.56
			40	35	165	295	683	1268	1：2.32：4.30：0.56
	57.5 (B)	卵石	10	33	185	349	611	1240	1：1.75：3.55：0.53
			20	32	170	321	613	1303	1：1.91：4.06：0.53
			40	31	155	292	614	1367	1：2.10：4.68：0.53
		碎石	16	39	190	322	726	1135	1：2.25：3.52：0.59
			20	38	180	305	723	1179	1：2.37：3.87：0.59
			40	36	165	280	707	1257	1：2.53：4.49：0.59
	60.0 (C)	卵石	10	35	185	336	652	1210	1：1.94：3.60：0.55
			20	34	170	309	655	1271	1：2.12：4.11：0.55
			40	33	155	282	657	1333	1：2.33：4.73：0.55
		碎石	16	39	190	311	729	1140	1：2.34：3.67：0.61
			20	38	180	295	726	1184	1：2.46：4.01：0.61
			40	36	165	270	710	1262	1：2.63：4.67：0.61

混凝土强度等级：C35；稠度：10～30mm（坍落度）；砂子种类：中砂；配制强度 43.2MPa

水泥强度等级	水泥实际强度（MPa）	石子种类	石子最大粒径（mm）	砂率（%）	材料用量（kg/m³）				配合比（质量比）
					水 m_{w0}	水泥 m_{c0}	砂 m_{s0}	石子 m_{g0}	水泥：砂：石子：水 $m_{c0}:m_{s0}:m_{g0}:m_{w0}$
42.5	45.0（A）	卵石	10	29	190	442	510	1248	1：1.15：2.82：0.43
			20	28	170	395	519	1334	1：1.31：3.38：0.43
			31.5	28	160	372	532	1367	1：1.43：3.67：0.43
			40	27	150	349	525	1420	1：1.50：4.07：0.43
		碎石	16	34	200	435	590	1146	1：1.36：2.63：0.46
			20	33	185	402	596	1210	1：1.48：3.01：0.46
			31.5	32	175	380	592	1259	1：1.56：3.31：0.46
			40	31	165	359	588	1308	1：1.64：3.64：0.46
	47.5（B）	卵石	10	30	190	422	533	1243	1：1.26：2.95：0.45
			20	29	170	378	541	1325	1：1.43：3.51：0.45
			31.5	29	160	356	555	1358	1：1.56：3.81：0.45
			40	28	150	333	549	1411	1：1.65：4.24：0.45
		碎石	16	35	200	408	616	1144	1：1.51：2.80：0.49
			20	34	185	378	621	1205	1：1.64：3.19：0.49
			31.5	33	175	357	618	1254	1：1.73：3.51：0.49
			40	32	165	337	613	1302	1：1.82：3.86：0.49
	50.0（C）	卵石	10	31	190	404	555	1235	1：1.37：3.06：0.47
			20	30	170	362	564	1316	1：1.56：3.64：0.47
			31.5	30	160	340	578	1348	1：1.70：3.96：0.47
			40	29	150	319	571	1399	1：1.79：4.39：0.47
		碎石	16	36	200	392	638	1135	1：1.63：2.90：0.51
			20	35	185	363	643	1195	1：1.77：3.29：0.51
			31.5	33	175	343	622	1262	1：1.81：3.68：0.51
			40	32	165	324	616	1310	1：1.90：4.04：0.51

续表

水泥强度等级	水泥实际强度（MPa）	石子种类	石子最大粒径（mm）	砂率（%）	材料用量（kg/m³）				配合比（质量比）
					水 m_{w0}	水泥 m_{c0}	砂 m_{s0}	石子 m_{g0}	水泥：砂：石子：水 $m_{c0}:m_{s0}:m_{g0}:m_{w0}$
52.5	55.0 (A)	卵石	10	32	190	373	582	1236	1：1.56：3.31：0.51
			20	31	170	333	591	1315	1：1.77：3.95：0.51
			31.5	31	160	314	604	1344	1：1.92：4.28：0.51
			40	30	150	294	598	1395	1：2.03：4.74：0.51
		碎石	16	38	200	357	685	1118	1：1.92：3.13：0.56
			20	37	185	330	691	1176	1：2.09：3.56：0.56
			31.5	36	175	312	687	1222	1：2.20：3.92：0.56
			40	35	165	295	683	1268	1：2.32：4.30：0.56
	57.5 (B)	卵石	10	33	190	358	604	1226	1：1.69：3.42：0.53
			20	32	170	321	613	1303	1：1.91：4.06：0.53
			31.5	32	160	302	627	1332	1：2.08：4.41：0.53
			40	31	150	283	620	1381	1：2.19：4.88：0.53
		碎石	16	39	200	339	709	1109	1：2.09：3.27：0.59
			20	38	185	314	715	1166	1：2.28：3.71：0.59
			31.5	37	175	297	711	1211	1：2.39：4.08：0.59
			40	36	165	280	707	1257	1：2.53：4.49：0.59
	60.0 (C)	卵石	10	35	190	345	645	1197	1：1.87：3.47：0.55
			20	34	170	309	655	1271	1：2.12：4.11：0.55
			31.5	34	160	291	669	1299	1：2.30：4.46：0.55
			40	33	150	273	663	1347	1：2.43：4.93：0.55
		碎石	16	39	200	328	713	1115	1：2.17：3.40：0.61
			20	38	185	303	718	1172	1：2.37：3.87：0.61
			31.5	37	175	287	714	1216	1：2.49：4.24：0.61
			40	36	165	270	710	1262	1：2.63：4.67：0.61

混凝土强度等级：C35；稠度：35～50mm（坍落度）；砂子种类：中砂；配制强度 43.2MPa

水泥强度等级	水泥实际强度 (MPa)	石子种类	石子最大粒径 (mm)	砂率 (%)	材料用量（kg/m³） 水 m_{w0}	水泥 m_{c0}	砂 m_{s0}	石子 m_{g0}	配合比（质量比） 水泥：砂：石子：水 $m_{c0}:m_{s0}:m_{g0}:m_{w0}$
42.5	45.0 (A)	卵石	10	29	200	465	496	1215	1：1.07：2.61：0.43
			20	28	180	419	505	1299	1：1.21：3.10：0.43
			31.5	28	170	395	519	1334	1：1.31：3.38：0.43
			40	27	160	372	513	1386	1：1.38：3.73：0.43
		碎石	16	34	210	457	575	1116	1：1.26：2.44：0.46
			20	33	195	424	581	1179	1：1.37：2.78：0.46
			31.5	32	185	402	578	1228	1：1.44：3.05：0.46
			40	31	175	380	574	1277	1：1.51：3.36：0.46
	47.5 (B)	卵石	10	30	200	444	519	1211	1：1.17：2.73：0.45
			20	29	180	400	528	1293	1：1.32：3.23：0.45
			31.5	29	170	378	541	1325	1：1.43：3.51：0.45
			40	28	160	356	536	1377	1：1.51：3.87：0.45
		碎石	16	35	210	429	600	1115	1：1.40：2.60：0.49
			20	34	195	398	606	1176	1：1.52：2.95：0.49
			31.5	33	185	378	602	1223	1：1.59：3.24：0.49
			40	32	175	357	599	1272	1：1.68：3.56：0.49
	50.0 (C)	卵石	10	31	200	426	541	1204	1：1.27：2.83：0.47
			20	30	180	383	551	1285	1：1.44：3.36：0.47
			31.5	30	170	362	564	1316	1：1.56：3.64：0.47
			40	29	160	340	559	1368	1：1.64：4.02：0.47
		碎石	16	36	210	412	623	1107	1：1.51：2.69：0.51
			20	35	195	382	628	117	1：1.64：3.05：0.51
			31.5	33	185	363	607	1232	1：1.67：3.39：0.51
			40	32	175	343	603	1281	1：1.76：3.73：0.51

续表

水泥强度等级	水泥实际强度（MPa）	石子种类	石子最大粒径（mm）	砂率（%）	材料用量（kg/m³）				配合比（质量比）
					水 m_{w0}	水泥 m_{c0}	砂 m_{s0}	石子 m_{g0}	水泥：砂：石子：水 $m_{c0}:m_{s0}:m_{g0}:m_{w0}$
52.5	55.0（A）	卵石	10	32	200	392	568	1206	1：1.45：3.08：0.51
			20	31	180	353	577	1284	1：1.63：3.64：0.51
			31.5	31	170	333	591	1315	1：1.77：3.95：0.51
			40	30	160	314	585	1364	1：1.86：4.34：0.51
		碎石	16	38	210	375	669	1092	1：1.78：2.91：0.56
			20	37	195	348	675	1150	1：1.94：3.30：0.56
			31.5	36	185	330	672	1195	1：2.04：3.62：0.56
			40	35	175	312	668	1241	1：2.14：3.98：0.56
	57.5（B）	卵石	10	33	200	377	590	1197	1：1.56：3.18：0.53
			20	32	180	340	599	1273	1：1.76：3.74：0.53
			31.5	32	170	321	613	1303	1：1.91：4.06：0.53
			40	31	160	302	607	1352	1：2.01：4.48：0.53
		碎石	16	39	210	356	693	1084	1：1.95：3.04：0.59
			20	38	195	331	699	1140	1：2.11：3.44：0.59
			31.5	37	185	314	696	1185	1：2.22：3.77：0.59
			40	36	175	297	692	1230	1：2.33：4.14：0.59
	60.0（C）	卵石	10	35	200	364	629	1169	1：1.73：3.21：0.55
			20	34	180	327	640	1243	1：1.96：3.80：0.55
			31.5	34	170	309	655	1271	1：2.12：4.11：0.55
			40	33	160	291	650	1319	1：2.23：4.53：0.55
		碎石	16	39	210	344	698	1091	1：2.03：3.17：0.61
			20	38	195	320	702	1146	1：2.19：3.58：0.61
			31.5	37	185	303	699	1191	1：2.31：3.93：0.61
			40	36	175	287	695	1236	1：2.42：4.31：0.61

混凝土强度等级：C35；稠度：55～70mm（坍落度）；砂子种类：中砂；配制强度 43.2MPa

水泥强度等级	水泥实际强度（MPa）	石子种类	石子最大粒径（mm）	砂率（%）	材料用量（kg/m³） 水 m_{w0}	水泥 m_{c0}	砂 m_{s0}	石子 m_{g0}	配合比（质量比） 水泥：砂：石子：水 $m_{c0}:m_{s0}:m_{g0}:m_{w0}$
42.5	45.0（A）	卵石	10	29	210	488	483	1182	1：0.99：2.42：0.43
			20	28	190	442	492	1266	1：1.11：2.86：0.43
			31.5	28	180	419	505	1299	1：1.21：3.10：0.43
			40	27	170	395	500	1352	1：1.27：3.42：0.43
		碎石	16	34	220	478	559	1086	1：1.17：2.27：0.46
			20	33	205	446	565	1148	1：1.27：2.57：0.46
			31.5	32	195	424	563	1197	1：1.33：2.82：0.46
			40	31	185	402	560	1246	1：1.39：3.10：0.46
	47.5（B）	卵石	10	30	210	467	505	1178	1：1.08：2.52：0.45
			20	29	190	422	515	1260	1：1.22：2.99：0.45
			31.5	29	180	400	528	1293	1：1.32：3.23：0.45
			40	28	170	378	523	1344	1：1.38：3.56：0.45
		碎石	16	35	220	449	585	1086	1：1.30：2.42：0.49
			20	34	205	418	591	1147	1：1.41：2.74：0.49
			31.5	33	195	398	588	1194	1：1.48：3.00：0.49
			40	32	185	378	584	1242	1：1.54：3.29：0.49
	50.0（C）	卵石	10	31	210	447	527	1173	1：1.18：2.62：0.47
			20	30	190	404	537	1253	1：1.33：3.10：0.47
			31.5	30	180	383	551	1285	1：1.44：3.36：0.47
			40	29	170	362	545	1335	1：1.51：3.69：0.47
		碎石	16	36	220	431	607	1079	1：1.41：2.50：0.51
			20	35	205	402	613	1139	1：1.52：2.83：0.51
			31.5	33	195	382	593	1203	1：1.55：3.15：0.51
			40	32	185	363	589	1251	1：1.62：3.45：0.51

续表

水泥强度等级	水泥实际强度 (MPa)	石子种类	石子最大粒径 (mm)	砂率 (%)	材料用量 (kg/m³) 水 m_{w0}	水泥 m_{c0}	砂 m_{s0}	石子 m_{g0}	配合比（质量比） 水泥：砂：石子：水 $m_{c0}:m_{s0}:m_{g0}:m_{w0}$
52.5	55.0 (A)	卵石	10	32	210	412	553	1176	1：1.34：2.85：0.51
			20	31	190	373	563	1254	1：1.51：3.36：0.51
			31.5	31	180	353	577	1284	1：1.63：3.64：0.51
			40	30	170	333	572	1334	1：1.72：4.01：0.51
		碎石	16	38	220	393	653	1066	1：1.66：2.71：0.56
			20	37	205	366	660	1123	1：1.80：3.07：0.56
			31.5	36	195	348	657	1168	1：1.89：3.36：0.56
			40	35	185	330	654	1214	1：1.98：3.68：0.56
	57.5 (B)	卵石	10	33	210	396	575	1168	1：1.45：2.95：0.53
			20	32	190	358	585	1244	1：1.63：3.47：0.53
			31.5	32	180	340	599	1273	1：1.76：3.74：0.53
			40	31	170	321	594	1322	1：1.85：4.12：0.53
		碎石	16	39	220	373	677	1059	1：1.82：2.84：0.59
			20	38	205	347	683	1115	1：1.97：3.21：0.59
			31.5	37	195	331	681	1159	1：2.06：3.50：0.59
			40	36	185	314	677	1204	1：2.16：3.83：0.59
	60.0 (C)	卵石	10	35	210	382	614	1141	1：1.61：2.99：0.55
			20	34	190	345	626	1215	1：1.81：3.52：0.55
			31.5	34	180	327	640	1243	1：1.96：3.80：0.55
			40	33	170	309	635	1290	1：2.06：4.17：0.55
		碎石	16	39	220	361	681	1065	1：1.89：2.95：0.61
			20	38	205	336	687	1121	1：2.04：3.34：0.61
			31.5	37	195	320	684	1165	1：2.14：3.64：0.61
			40	36	185	303	681	1210	1：2.25：3.99：0.61

混凝土强度等级：C35；稠度：75～90mm（坍落度）；砂子种类：中砂；配制强度 43.2MPa

水泥强度等级	水泥实际强度（MPa）	石子种类	石子最大粒径（mm）	砂率（%）	材料用量（kg/m³）				配合比（质量比）
					水 m_{w0}	水泥 m_{c0}	砂 m_{s0}	石子 m_{g0}	水泥：砂：石子：水 $m_{c0}:m_{s0}:m_{g0}:m_{w0}$
42.5	45.0（A）	卵石	10	30	215	500	492	1149	1：0.98：2.30：0.43
			20	29	195	453	503	1232	1：1.11：2.72：0.43
			31.5	29	185	430	517	1265	1：1.20：2.94：0.43
			40	28	175	407	512	1317	1：1.26：3.24：0.43
		碎石	16	35	230	500	560	1040	1：1.12：2.08：0.46
			20	34	215	467	568	1102	1：1.22：2.36：0.46
			31.5	33	205	446	565	1148	1：1.27：2.57：0.46
			40	32	195	424	563	1197	1：1.33：2.82：0.46
	47.5（B）	卵石	10	31	215	478	514	1145	1：1.08：2.40：0.45
			20	30	195	433	526	1227	1：1.21：2.83：0.45
			31.5	30	185	411	540	1259	1：1.31：3.06：0.45
			40	29	175	389	535	1309	1：1.38：3.37：0.45
		碎石	16	36	230	469	586	1041	1：1.25：2.22：0.49
			20	35	215	439	592	1100	1：1.35：2.51：0.49
			31.5	34	205	418	591	1147	1：1.41：2.74：0.49
			40	33	195	398	588	1194	1：1.48：3.00：0.49
	50.0（C）	卵石	10	32	215	457	537	1141	1：1.18：2.50：0.47
			20	31	195	415	548	1220	1：1.32：2.94：0.47
			31.5	31	185	394	562	1251	1：1.43：3.18：0.47
			40	30	175	372	558	1301	1：1.50：3.50：0.47
		碎石	16	37	230	451	608	1035	1：1.35：2.29：0.51
			20	36	215	422	615	1093	1：1.46：2.59：0.51
			31.5	34	205	402	596	1156	1：1.48：2.88：0.51
			40	33	195	382	593	1203	1：1.55：3.15：0.51

续表

水泥强度等级	水泥实际强度(MPa)	石子种类	石子最大粒径(mm)	砂率(%)	材料用量(kg/m³) 水 m_{w0}	水泥 m_{c0}	砂 m_{s0}	石子 m_{g0}	配合比(质量比) 水泥∶砂∶石子∶水 $m_{c0}:m_{s0}:m_{g0}:m_{w0}$
52.5	55.0 (A)	卵石	10	33	215	422	563	1144	1∶1.33∶2.71∶0.51
			20	32	195	382	575	1221	1∶1.51∶3.20∶0.51
			31.5	32	185	363	589	1251	1∶1.62∶3.45∶0.51
			40	31	175	343	584	1299	1∶1.70∶3.79∶0.51
		碎石	16	39	230	411	654	1023	1∶1.59∶2.49∶0.56
			20	38	215	384	661	1079	1∶1.72∶2.81∶0.56
			31.5	37	205	366	660	1123	1∶1.80∶3.07∶0.56
			40	36	195	348	657	1168	1∶1.89∶3.36∶0.56
	57.5 (B)	卵石	10	34	215	406	585	1136	1∶1.44∶2.80∶0.53
			20	33	195	368	596	1211	1∶1.62∶3.29∶0.53
			31.5	33	185	349	611	1240	1∶1.75∶3.55∶0.53
			40	32	175	330	606	1288	1∶1.84∶3.90∶0.53
		碎石	16	40	230	390	678	1017	1∶1.74∶2.61∶0.59
			20	39	215	364	685	1072	1∶1.88∶2.95∶0.59
			31.5	38	205	347	683	1115	1∶1.97∶3.21∶0.59
			40	37	195	331	681	1159	1∶2.06∶3.50∶0.59
	60.0 (C)	卵石	10	36	215	391	624	1110	1∶1.60∶2.84∶0.55
			20	35	195	355	636	1182	1∶1.79∶3.33∶0.55
			31.5	35	185	336	652	1210	1∶1.94∶3.60∶0.55
			40	34	175	318	648	1257	1∶2.04∶3.95∶0.55
		碎石	16	40	230	377	682	1023	1∶1.81∶2.71∶0.61
			20	39	215	352	689	1078	1∶1.96∶3.06∶0.61
			31.5	38	205	336	687	1121	1∶2.04∶3.34∶0.61
			40	37	195	320	684	1165	1∶2.14∶3.64∶0.61

混凝土强度等级：C35；稠度：16～20s（维勃稠度）；砂子种类：细砂；配制强度 43.2MPa

水泥强度等级	水泥实际强度（MPa）	石子种类	石子最大粒径（mm）	砂率（%）	材料用量（kg/m^3）				配合比（质量比）
					水 m_{w0}	水泥 m_{c0}	砂 m_{s0}	石子 m_{g0}	水泥：砂：石子：水 $m_{c0}:m_{s0}:m_{g0}:m_{w0}$
42.5	45.0（A）	卵石	10	29	182	423	521	1275	1：1.23：3.01：0.43
			20	28	167	388	523	1344	1：1.35：3.46：0.43
			40	27	152	353	523	1414	1：1.48：4.01：0.43
		碎石	16	34	187	407	610	1185	1：1.50：2.91：0.46
			20	33	177	385	608	1234	1：1.58：3.21：0.46
			40	31	162	352	592	1318	1：1.68：3.74：0.46
	47.5（B）	卵石	10	30	182	404	543	1268	1：1.34：3.14：0.45
			20	29	167	371	545	1335	1：1.47：3.60：0.45
			40	28	152	338	546	1404	1：1.62：4.15：0.45
		碎石	16	35	187	382	636	1181	1：1.66：3.09：0.49
			20	34	177	361	633	1229	1：1.75：3.40：0.49
			40	32	162	331	617	1311	1：1.86：3.96：0.49
	50.0（C）	卵石	10	31	182	387	566	1260	1：1.46：3.26：0.47
			20	30	167	355	568	1326	1：1.60：3.74：0.47
			40	29	152	323	569	1393	1：1.76：4.31：0.47
		碎石	16	36	187	367	659	1171	1：1.80：3.19：0.51
			20	35	177	347	656	1218	1：1.89：3.51：0.51
			40	32	162	318	621	1319	1：1.95：4.15：0.51

续表

水泥强度等级	水泥实际强度（MPa）	石子种类	石子最大粒径（mm）	砂率（%）	材料用量（kg/m^3）				配合比（质量比）
					水 m_{w0}	水泥 m_{c0}	砂 m_{s0}	石子 m_{g0}	水泥：砂：石子：水 $m_{c0}:m_{s0}:m_{g0}:m_{w0}$
52.5	55.0（A）	卵石	10	32	182	357	593	1260	1：1.66：3.53：0.51
			20	31	167	327	595	1324	1：1.82：4.05：0.51
			40	30	152	298	595	1389	1：2.00：4.66：0.51
		碎石	16	38	187	334	706	1152	1：2.11：3.45：0.56
			20	37	177	316	703	1197	1：2.22：3.79：0.56
			40	35	162	289	688	1277	1：2.38：4.42：0.56
	57.5（B）	卵石	10	33	182	343	615	1249	1：1.79：3.64：0.53
			20	32	167	315	617	1312	1：1.96：4.17：0.53
			40	31	152	287	618	1375	1：2.15：4.79：0.53
		碎石	16	39	187	317	730	1142	1：2.30：3.6：0.59
			20	38	177	300	728	1187	1：2.43：3.96：0.59
			40	36	162	275	712	1265	1：2.59：4.60：0.59
	60.0（C）	卵石	10	35	182	331	656	1218	1：1.98：3.68：0.55
			20	34	167	304	659	1279	1：2.17：4.21：0.55
			40	33	152	276	661	1342	1：2.39：4.86：0.55
		碎石	16	39	187	307	733	1147	1：2.39：3.74：0.61
			20	38	177	290	731	1192	1：2.52：4.11：0.61
			40	36	162	266	714	1270	1：2.68：4.77：0.61

混凝土强度等级：C35；稠度：11～15s（维勃稠度）；砂子种类：细砂；配制强度 43.2MPa

水泥强度等级	水泥实际强度（MPa）	石子种类	石子最大粒径（mm）	砂率（%）	材料用量（kg/m³）				配合比（质量比）
					水 m_{w0}	水泥 m_{c0}	砂 m_{s0}	石子 m_{g0}	水泥：砂：石子：水 $m_{c0}:m_{s0}:m_{g0}:m_{w0}$
42.5	45.0 (A)	卵石	10	29	187	435	514	1258	1：1.18：2.89：0.43
			20	28	172	400	516	1327	1：1.29：3.32：0.43
			40	27	157	365	516	1396	1：1.41：3.82：0.43
		碎石	16	34	192	417	608	1171	1：1.45：2.81：0.46
			20	33	182	396	600	1218	1：1.52：3.08：0.46
			40	31	167	363	585	1302	1：1.61：3.59：0.46
	47.5 (B)	卵石	10	30	187	416	537	1252	1：1.29：3.01：0.45
			20	29	172	382	539	1319	1：1.41：3.45：0.45
			40	28	157	349	539	1387	1：1.54：3.97：0.45
		碎石	16	35	192	392	628	1167	1：1.60：2.98：0.49
			20	34	182	371	625	1214	1：1.68：3.27：0.49
			40	32	167	341	610	1296	1：1.79：3.80：0.49
	50.0 (C)	卵石	10	31	187	398	559	1245	1：1.40：3.13：0.47
			20	30	172	366	561	1310	1：1.53：3.58：0.47
			40	29	157	334	562	1377	1：1.68：4.12：0.47
		碎石	16	36	192	376	651	1158	1：1.73：3.08：0.51
			20	35	182	357	648	1204	1：1.82：3.37：0.51
			40	32	167	327	614	1304	1：1.88：3.99：0.51

续表

水泥强度等级	水泥实际强度（MPa）	石子种类	石子最大粒径（mm）	砂率（%）	材料用量（kg/m³）				配合比（质量比）
					水 m_{w0}	水泥 m_{c0}	砂 m_{s0}	石子 m_{g0}	水泥：砂：石子：水 m_{c0} : m_{s0} : m_{g0} : m_{w0}
52.5	55.0（A）	卵石	10	32	187	367	586	1245	1 : 1.60 : 3.39 : 0.51
			20	31	172	337	588	1309	1 : 1.74 : 3.88 : 0.51
			40	30	157	308	588	1373	1 : 1.91 : 4.46 : 0.51
		碎石	16	38	192	343	698	1139	1 : 2.03 : 3.32 : 0.56
			20	37	182	325	695	1184	1 : 2.14 : 3.64 : 0.56
			40	35	167	298	680	1263	1 : 2.28 : 4.24 : 0.56
	57.5（B）	卵石	10	33	187	353	608	1234	1 : 1.72 : 3.50 : 0.53
			20	32	172	325	610	1297	1 : 1.88 : 3.99 : 0.53
			40	31	157	296	611	1361	1 : 2.06 : 4.60 : 0.53
		碎石	16	39	192	325	722	1130	1 : 2.22 : 3.48 : 0.59
			20	38	182	308	720	1174	1 : 2.34 : 3.81 : 0.59
			40	36	167	283	704	1252	1 : 2.49 : 4.42 : 0.59
	60.0（C）	卵石	10	35	187	340	649	1205	1 : 1.91 : 3.54 : 0.55
			20	34	172	313	652	1265	1 : 2.08 : 4.04 : 0.55
			40	33	157	285	654	1327	1 : 2.29 : 4.66 : 0.55
		碎石	16	39	192	315	726	1135	1 : 2.30 : 3.60 : 0.61
			20	38	182	298	723	1179	1 : 2.43 : 3.96 : 0.61
			40	36	167	274	707	1257	1 : 2.58 : 4.59 : 0.61

混凝土强度等级：C35；稠度：5～10s（维勃稠度）；砂子种类：细砂；配制强度 43.2MPa

水泥强度等级	水泥实际强度（MPa）	石子种类	石子最大粒径（mm）	砂率（%）	材料用量（kg/m³）				配合比（质量比）
					水 m_{w0}	水泥 m_{c0}	砂 m_{s0}	石子 m_{g0}	水泥：砂：石子：水 $m_{c0}:m_{s0}:m_{g0}:m_{w0}$
42.5	45.0（A）	卵石	10	29	192	447	507	1241	1：1.13：2.78：0.43
			20	28	177	412	509	1310	1：1.24：3.18：0.43
			40	27	162	377	510	1379	1：1.35：3.66：0.43
		碎石	16	34	197	428	595	1155	1：1.39：2.70：0.46
			20	33	187	407	593	1203	1：1.46：2.96：0.46
			40	31	172	374	578	1287	1：1.55：3.44：0.46
	47.5（B）	卵石	10	30	192	427	530	1236	1：1.24：2.89：0.45
			20	29	177	393	532	1303	1：1.35：3.32：0.45
			40	28	162	360	533	1371	1：1.48：3.81：0.45
		碎石	16	35	197	402	620	1152	1：1.54：2.87：0.49
			20	34	187	382	618	1199	1：1.62：3.14：0.49
			40	32	172	351	603	1281	1：1.72：3.65：0.49
	50.0（C）	卵石	10	31	192	409	552	1229	1：1.35：3.00：0.47
			20	30	177	377	555	1294	1：1.47：3.43：0.47
			40	29	162	345	556	1361	1：1.61：3.94：0.47
		碎石	16	36	197	386	643	1143	1：1.67：2.96：0.51
			20	35	187	367	640	1189	1：1.74：3.24：0.51
			40	32	172	337	607	1290	1：1.80：3.83：0.51

续表

水泥强度等级	水泥实际强度（MPa）	石子种类	石子最大粒径（mm）	砂率（%）	材料用量（kg/m³） 水 m_{w0}	水泥 m_{c0}	砂 m_{s0}	石子 m_{g0}	配合比（质量比） 水泥：砂：石子：水 $m_{c0}:m_{s0}:m_{g0}:m_{w0}$
52.5	55.0（A）	卵石	10	32	192	376	579	1230	1：1.54：3.27：0.51
			20	31	177	347	581	1293	1：1.67：3.73：0.51
			40	30	162	318	582	1358	1：1.83：4.27：0.51
		碎石	16	38	197	352	690	1126	1：1.96：3.20：0.56
			20	37	187	334	688	1171	1：2.06：3.51：0.56
			40	35	172	307	673	1249	1：2.19：4.07：0.56
	57.5（B）	卵石	10	33	192	362	601	1120	1：1.66：3.37：0.53
			20	32	177	334	603	1282	1：1.81：3.84：0.53
			40	31	162	306	604	1345	1：1.97：4.40：0.53
		碎石	16	39	197	334	714	1117	1：2.14：3.34：0.59
			20	38	187	317	712	1161	1：2.25：3.66：0.59
			40	36	172	292	696	1238	1：2.38：4.24：0.59
	60.0（C）	卵石	10	35	192	349	641	1191	1：1.84：3.41：0.55
			20	34	177	322	644	1251	1：2.00：3.89：0.55
			40	33	162	295	647	1313	1：2.19：4.45：0.55
		碎石	16	39	197	323	718	1123	1：2.22：3.48：0.61
			20	38	187	307	715	1166	1：2.33：3.80：0.61
			40	36	172	282	700	1244	1：2.48：4.41：0.61

混凝土强度等级：C35；稠度：10～30mm（坍落度）；砂子种类：细砂；配制强度 43.2MPa

水泥强度等级	水泥实际强度（MPa）	石子种类	石子最大粒径（mm）	砂率（%）	材料用量（kg/m³） 水 m_{w0}	水泥 m_{c0}	砂 m_{s0}	石子 m_{g0}	配合比（质量比） 水泥：砂：石子：水 $m_{c0}:m_{s0}:m_{g0}:m_{w0}$
42.5	45.0 (A)	卵石	10	29	197	458	500	1225	1∶1.09∶2.67∶0.43
			20	28	177	412	509	1310	1∶1.24∶3.18∶0.43
			31.5	28	167	388	523	1344	1∶1.35∶3.46∶0.43
			40	27	157	365	516	1396	1∶1.41∶3.82∶0.43
		碎石	16	34	207	450	580	1125	1∶1.29∶2.50∶0.46
			20	33	192	417	585	1188	1∶1.40∶2.85∶0.46
			31.5	32	182	396	582	1237	1∶1.47∶3.12∶0.46
			40	31	172	374	578	1287	1∶1.55∶3.44∶0.46
	47.5 (B)	卵石	10	30	197	438	523	1220	1∶1.19∶2.79∶0.45
			20	29	177	393	532	1303	1∶1.35∶3.32∶0.45
			31.5	29	167	371	545	1335	1∶1.47∶3.60∶0.45
			40	28	157	349	539	1387	1∶1.54∶3.97∶0.45
		碎石	16	35	207	422	605	1124	1∶1.43∶2.66∶0.49
			20	34	192	392	610	1185	1∶1.56∶3.02∶0.49
			31.5	33	182	371	607	1233	1∶1.64∶3.32∶0.49
			40	32	172	351	603	1281	1∶1.72∶3.65∶0.49
	50.0 (C)	卵石	10	31	197	419	545	1214	1∶1.30∶2.90∶0.47
			20	30	177	377	555	1294	1∶1.47∶3.43∶0.47
			31.5	30	167	355	568	1326	1∶1.60∶3.74∶0.47
			40	29	157	334	562	1377	1∶1.68∶4.12∶0.47
		碎石	16	36	200	406	627	1115	1∶1.54∶2.75∶0.51
			20	35	192	376	633	1176	1∶1.68∶3.13∶0.51
			31.5	33	182	357	611	1241	1∶1.71∶3.48∶0.51
			40	32	172	337	607	1290	1∶1.80∶3.83∶0.51

续表

水泥强度等级	水泥实际强度（MPa）	石子种类	石子最大粒径（mm）	砂率（%）	材料用量（kg/m³）				配合比（质量比）
					水 m_{w0}	水泥 m_{c0}	砂 m_{s0}	石子 m_{g0}	水泥：砂：石子：水 $m_{c0}:m_{s0}:m_{g0}:m_{w0}$
52.5	55.0 (A)	卵石	10	32	197	386	572	1215	1：1.48：3.15：0.51
			20	31	177	347	581	1293	1：1.67：3.73：0.51
			31.5	31	167	327	595	1324	1：1.82：4.05：0.51
			40	30	157	308	588	1373	1：1.91：4.46：0.51
		碎石	16	38	207	370	674	1100	1：1.82：2.97：0.56
			20	37	192	343	680	1157	1：1.98：3.37：0.56
			31.5	36	182	325	677	1203	1：2.08：3.70：0.56
			40	35	172	307	673	1249	1：2.19：4.07：0.56
	57.5 (B)	卵石	10	33	197	372	594	1205	1：1.60：3.24：0.53
			20	32	177	334	603	1282	1：1.81：3.84：0.53
			31.5	32	167	315	617	1312	1：1.96：4.17：0.53
			40	31	157	296	611	1361	1：2.06：4.60：0.53
		碎石	16	39	207	351	698	1092	1：1.99：3.11：0.59
			20	38	192	325	704	1148	1：2.17：3.53：0.59
			31.5	37	182	308	701	1193	1：2.28：3.87：0.59
			40	36	172	292	696	1238	1：2.38：4.24：0.59
	60.0 (C)	卵石	10	35	197	358	634	1177	1：1.77：3.29：0.55
			20	34	177	322	644	1251	1：2.00：3.89：0.55
			31.5	34	167	304	659	1279	1：2.17：4.21：0.55
			40	33	157	285	654	1327	1：2.29：4.66：0.55
		碎石	16	39	207	339	702	1098	1：2.07：3.24：0.61
			20	38	192	315	707	1154	1：2.24：3.66：0.61
			31.5	37	182	298	704	1199	1：2.36：4.02：0.61
			40	36	172	282	700	1244	1：2.48：4.41：0.61

混凝土强度等级：C35；稠度：35～50mm（坍落度）；砂子种类：细砂；配制强度 43.2MPa

水泥强度等级	水泥实际强度（MPa）	石子种类	石子最大粒径（mm）	砂率（%）	材料用量（kg/m^3）				配合比（质量比）
					水 m_{w0}	水泥 m_{c0}	砂 m_{s0}	石子 m_{g0}	水泥：砂：石子：水 $m_{c0}:m_{s0}:m_{g0}:m_{w0}$
42.5	45.0（A）	卵石	10	29	207	481	487	1192	1：1.01：2.48：0.43
			20	28	187	435	496	1276	1：1.14：2.93：0.43
			31.5	28	177	412	509	1310	1：1.24：3.18：0.43
			40	27	167	388	504	1362	1：1.30：3.51：0.43
		碎石	16	34	217	472	564	1095	1：1.19：2.32：0.46
			20	33	202	439	570	1158	1：1.30：2.64：0.46
			31.5	32	192	417	568	1206	1：1.36：2.89：0.46
			40	31	182	396	564	1255	1：1.42：3.17：0.46
	47.5（B）	卵石	10	30	207	460	509	1188	1：1.11：2.58：0.45
			20	29	187	416	519	1270	1：1.25：3.05：0.45
			31.5	29	177	393	532	1303	1：1.35：3.32：0.45
			40	28	167	371	527	1354	1：1.42：3.65：0.45
		碎石	16	35	217	443	590	1095	1：1.33：2.47：0.49
			20	34	202	412	596	1156	1：1.45：2.81：0.49
			31.5	33	192	392	593	1203	1：1.51：3.07：0.49
			40	32	182	371	589	1251	1：1.59：3.37：0.49
	50.0（C）	卵石	10	31	207	440	531	1183	1：1.21：2.69：0.47
			20	30	187	398	541	1263	1：1.36：3.17：0.47
			31.5	30	177	377	555	1294	1：1.47：3.43：0.47
			40	29	167	355	549	1345	1：1.55：3.79：0.47
		碎石	16	36	217	425	612	1088	1：1.44：2.56：0.51
			20	35	202	396	618	1147	1：1.56：2.90：0.51
			31.5	33	192	376	597	1212	1：1.59：3.22：0.51
			40	32	182	357	593	1260	1：1.66：3.53：0.51

续表

水泥强度等级	水泥实际强度（MPa）	石子种类	石子最大粒径（mm）	砂率（%）	材料用量（kg/m³）				配合比（质量比）
					水 m_{w0}	水泥 m_{c0}	砂 m_{s0}	石子 m_{g0}	水泥∶砂∶石子∶水 m_{c0}∶m_{s0}∶m_{g0}∶m_{w0}
52.5	55.0（A）	卵石	10	32	207	406	558	1185	1∶1.37∶2.92∶0.51
			20	31	187	367	567	1263	1∶1.54∶3.44∶0.51
			31.5	31	177	347	581	1293	1∶1.67∶3.73∶0.51
			40	30	167	327	576	1343	1∶1.76∶4.11∶0.51
		碎石	16	38	217	387	658	1074	1∶1.70∶2.78∶0.56
			20	37	202	361	664	1131	1∶1.84∶3.13∶0.56
			31.5	36	192	343	662	1176	1∶1.93∶3.43∶0.56
			40	35	182	325	658	1222	1∶2.02∶3.76∶0.56
	57.5（B）	卵石	10	33	207	391	580	1177	1∶1.48∶3.01∶0.53
			20	32	187	353	590	1253	1∶1.67∶3.55∶0.53
			31.5	32	177	334	603	1282	1∶1.81∶3.84∶0.53
			40	31	167	315	598	1331	1∶1.90∶4.23∶0.53
		碎石	16	39	217	368	682	1067	1∶1.85∶2.90∶0.59
			20	38	202	342	688	1123	1∶2.01∶3.28∶0.59
			31.5	37	192	325	685	1167	1∶2.11∶3.59∶0.59
			40	36	182	308	682	1212	1∶2.21∶3.94∶0.59
	60.0（C）	卵石	10	35	207	376	619	1150	1∶1.65∶3.06∶0.55
			20	34	187	340	630	1223	1∶1.85∶3.60∶0.55
			31.5	34	177	322	644	1251	1∶2.00∶3.89∶0.55
			40	33	167	304	639	1298	1∶2.10∶4.27∶0.55
		碎石	16	39	217	356	686	1073	1∶1.93∶3.01∶0.61
			20	38	202	331	692	1129	1∶2.09∶3.41∶0.61
			31.5	37	192	315	689	1173	1∶2.19∶3.72∶0.61
			40	36	182	298	685	1218	1∶2.30∶4.09∶0.61

混凝土强度等级：C35；稠度：55～70mm（坍落度）；砂子种类：细砂；配制强度 43.2MPa

水泥强度等级	水泥实际强度（MPa）	石子种类	石子最大粒径（mm）	砂率（%）	材料用量（kg/m^3）				配合比（质量比）
					水 m_{w0}	水泥 m_{c0}	砂 m_{s0}	石子 m_{g0}	水泥：砂：石子：水 $m_{c0}:m_{s0}:m_{g0}:m_{w0}$
42.5	45.0（A）	卵石	10	29	217	505	473	1158	1：0.94：2.29：0.43
			20	28	197	458	483	1242	1：1.05：2.71：0.43
			31.5	28	187	435	496	1276	1：1.14：2.93：0.43
			40	27	177	412	491	1328	1：1.19：3.22：0.43
		碎石	16	34	227	493	549	1066	1：1.11：2.16：0.46
			20	33	212	461	555	1127	1：1.20：2.44：0.46
			31.5	32	202	439	553	1175	1：1.26：2.68：0.46
			40	31	192	417	550	1224	1：1.32：2.94：0.46
	47.5（B）	卵石	10	30	217	482	495	1156	1：1.03：2.40：0.45
			20	29	197	438	505	1237	1：1.15：2.82：0.45
			31.5	29	187	416	519	1270	1：1.25：3.05：0.45
			40	28	177	393	514	1321	1：1.31：3.36：0.45
		碎石	16	35	227	463	574	1066	1：1.24：2.30：0.49
			20	34	212	433	580	1126	1：1.34：2.60：0.49
			31.5	33	202	412	578	1173	1：1.40：2.85：0.49
			40	32	192	392	575	1221	1：1.47：3.11：0.49
	50.0（C）	卵石	10	31	217	462	517	1151	1：1.12：2.49：0.47
			20	30	197	419	528	1231	1：1.26：2.94：0.47
			31.5	30	187	398	541	1263	1：1.36：3.17：0.47
			40	29	177	377	536	1313	1：1.42：3.48：0.47
		碎石	16	36	227	445	596	1060	1：1.34：2.38：0.51
			20	35	212	416	608	1119	1：1.45：2.69：0.51
			31.5	33	202	396	583	1183	1：1.47：2.99：0.51
			40	32	192	376	579	1230	1：1.54：3.27：0.51

续表

水泥强度等级	水泥实际强度（MPa）	石子种类	石子最大粒径（mm）	砂率（%）	材料用量（kg/m³） 水 m_{w0}	水泥 m_{c0}	砂 m_{s0}	石子 m_{g0}	配合比（质量比） 水泥：砂：石子：水 $m_{c0}:m_{s0}:m_{g0}:m_{w0}$
52.5	55.0（A）	卵石	10	32	217	425	544	1156	1∶1.28∶2.72∶0.51
			31.5	31	197	386	554	1233	1∶1.44∶3.19∶0.51
			20	31	187	367	567	1263	1∶1.54∶3.44∶0.51
			40	30	177	347	562	1312	1∶1.62∶3.78∶0.51
		碎石	16	38	227	405	642	1048	1∶1.59∶2.59∶0.56
			20	37	212	379	648	1104	1∶1.71∶2.91∶0.56
			31.5	36	202	361	646	1149	1∶1.79∶3.18∶0.56
			40	35	192	343	643	1194	1∶1.87∶3.48∶0.56
	57.5（B）	卵石	10	33	217	409	565	1148	1∶1.38∶2.81∶0.53
			20	32	197	372	576	1224	1∶1.55∶3.29∶0.53
			31.5	32	187	353	590	1253	1∶1.67∶3.55∶0.53
			40	31	177	334	585	1301	1∶1.75∶3.90∶0.53
		碎石	16	39	227	385	666	1041	1∶1.73∶2.70∶0.59
			20	38	212	359	672	1097	1∶1.87∶3.06∶0.59
			31.5	37	202	342	670	1141	1∶1.96∶3.34∶0.59
			40	36	192	325	667	1186	1∶2.05∶3.65∶0.59
	60.0（C）	卵石	10	35	217	395	604	1122	1∶1.53∶2.84∶0.55
			20	34	197	358	616	1195	1∶1.72∶3.34∶0.55
			31.5	34	187	340	630	1223	1∶1.85∶3.60∶0.55
			40	33	177	322	626	1270	1∶1.94∶3.94∶0.55
		碎石	16	39	227	372	670	1048	1∶1.80∶2.82∶0.61
			20	38	212	348	676	1103	1∶1.94∶3.17∶0.61
			31.5	37	202	331	674	1147	1∶2.04∶3.47∶0.61
			40	36	192	315	670	1191	1∶2.13∶3.78∶0.61

混凝土强度等级：C35；稠度：75～90mm（坍落度）；砂子种类：细砂；配制强度 43.2MPa

水泥强度等级	水泥实际强度（MPa）	石子种类	石子最大粒径（mm）	砂率（%）	材料用量（kg/m³） 水 m_{w0}	水泥 m_{c0}	砂 m_{s0}	石子 m_{g0}	配合比（质量比） 水泥：砂：石子：水 $m_{c0}:m_{s0}:m_{g0}:m_{w0}$
42.5	45.0（A）	卵石	10	30	222	516	483	1126	1：0.94：2.18：0.43
			20	29	202	470	493	1208	1：1.05：2.57：0.43
			31.5	29	192	447	507	1241	1：1.13：2.78：0.43
			40	28	182	423	503	1293	1：1.19：3.06：0.43
		碎石	16	35	237	515	549	1020	1：1.07：1.98：0.46
			20	34	222	483	556	1080	1：1.15：2.24：0.46
			31.5	33	212	461	555	1127	1：1.20：2.44：0.46
			40	32	202	439	553	1175	1：1.26：2.68：0.46
	47.5（B）	卵石	10	31	222	493	505	1123	1：1.02：2.28：0.45
			20	30	202	449	516	1204	1：1.15：2.68：0.45
			31.5	30	192	427	530	1236	1：1.24：2.89：0.45
			40	29	182	404	526	1287	1：1.30：3.19：0.45
		碎石	16	36	237	484	574	1021	1：1.19：2.11：0.49
			20	35	222	453	582	1080	1：1.28：2.38：0.49
			31.5	34	212	433	580	1126	1：1.34：2.60：0.49
			40	33	202	412	578	1173	1：1.40：2.85：0.49
	50.0（C）	卵石	10	32	222	472	527	1119	1：1.12：2.37：0.47
			20	31	202	430	538	1198	1：1.25：2.79：0.47
			31.5	31	192	409	552	1229	1：1.35：3.00：0.47
			40	30	182	387	548	1279	1：1.42：3.30：0.47
		碎石	16	37	237	465	596	1015	1：1.28：2.18：0.51
			20	36	222	435	604	1074	1：1.39：2.47：0.51
			31.5	34	212	416	585	1136	1：1.41：2.73：0.51
			40	33	202	396	583	1183	1：1.47：2.99：0.51

续表

水泥强度等级	水泥实际强度（MPa）	石子种类	石子最大粒径（mm）	砂率（%）	材料用量（kg/m^3） 水 m_{w0}	水泥 m_{c0}	砂 m_{s0}	石子 m_{g0}	配合比（质量比） 水泥：砂：石子：水 $m_{c0}:m_{s0}:m_{g0}:m_{w0}$
52.5	55.0 (A)	卵石	10	33	222	435	554	1124	1：1.27：2.58：0.51
			20	32	202	396	565	1200	1：1.43：3.03：0.51
			31.5	32	192	376	579	1230	1：1.54：3.27：0.51
			40	31	182	357	574	1278	1：1.61：3.58：0.51
		碎石	16	39	237	423	643	1005	1：1.52：2.38：0.56
			20	38	222	396	650	1061	1：1.64：2.68：0.56
			31.5	37	212	379	648	1104	1：1.71：2.91：0.56
			40	36	202	361	646	1149	1：1.79：3.18：0.56
	57.5 (B)	卵石	10	34	222	419	575	1117	1：1.37：2.67：0.53
			20	33	202	381	587	1191	1：1.54：3.13：0.53
			31.5	33	192	362	601	1220	1：1.66：3.37：0.53
			40	32	182	343	597	1268	1：1.74：3.70：0.53
		碎石	16	40	237	402	666	999	1：1.66：2.49：0.59
			20	39	222	376	674	1054	1：1.79：2.80：0.59
			31.5	38	212	359	672	1097	1：1.87：3.06：0.59
			40	37	202	342	670	1141	1：1.96：3.34：0.59
	60.0 (C)	卵石	10	36	222	404	614	1091	1：1.52：2.70：0.55
			20	35	202	367	626	1163	1：1.71：3.17：0.55
			31.5	35	192	349	641	1191	1：1.84：3.41：0.55
			40	34	182	331	637	1237	1：1.92：3.74：0.55
		碎石	16	40	237	389	671	1006	1：1.72：2.59：0.61
			20	39	222	364	678	1060	1：1.86：2.91：0.61
			31.5	38	212	348	676	1103	1：1.94：3.17：0.61
			40	37	202	331	674	1147	1：2.04：3.47：0.61

3.6.4 C40 商品混凝土配合比

混凝土强度等级：C40；稠度：16～20s（维勃稠度）；砂子种类：粗砂；配制强度 49.9MPa

水泥强度等级	水泥实际强度（MPa）	石子种类	石子最大粒径（mm）	砂率（%）	材料用量（kg/m³）				配合比（质量比）
					水 m_{w0}	水泥 m_{c0}	砂 m_{s0}	石子 m_{g0}	水泥：砂：石子：水 $m_{c0}:m_{s0}:m_{g0}:m_{w0}$
42.5	45.0（A）	卵石	10	28	168	442	509	1308	1：1.15：2.96：0.38
			20	27	153	403	510	1380	1：1.27：3.42：0.38
			40	26	138	363	511	1455	1：1.41：4.01：0.38
		碎石	16	32	173	433	579	1231	1：1.34：2.84：0.40
			20	31	163	408	576	1283	1：1.41：3.14：0.40
			40	29	148	370	560	1372	1：1.51：3.71：0.40
	47.5（B）	卵石	10	28	168	420	514	1322	1：1.22：3.15：0.40
			20	27	153	383	515	1393	1：1.34：3.64：0.40
			40	26	138	345	515	1466	1：1.49：4.25：0.40
		碎石	16	33	173	412	603	1225	1：1.46：2.97：0.42
			20	32	163	388	600	1276	1：1.55：3.29：0.42
			40	30	148	352	584	1363	1：1.66：3.87：0.42
	50.0（C）	卵石	10	29	168	400	538	1316	1：1.35：3.29：0.42
			20	28	153	364	539	1386	1：1.48：3.81：0.42
			40	27	138	329	539	1456	1：1.64：4.43：0.42
		碎石	16	34	173	384	630	1223	1：1.64：3.18：0.45
			20	33	163	362	627	1272	1：1.73：3.51：0.45
			40	41	148	329	610	1358	1：1.85：4.13：0.45

续表

水泥强度等级	水泥实际强度（MPa）	石子种类	石子最大粒径（mm）	砂率（%）	材料用量（kg/m³） 水 m_{w0}	水泥 m_{c0}	砂 m_{s0}	石子 m_{g0}	配合比（质量比） 水泥：砂：石子：水 $m_{c0}:m_{s0}:m_{g0}:m_{w0}$
52.5	55.0 (A)	卵石	16	37	173	326	704	1199	1：2.16：3.68：0.53
			20	36	163	308	700	1245	1：2.27：4.04：0.53
			40	33	148	279	663	1347	1：2.38：4.83：0.53
		碎石	16	35	173	353	658	1222	1：1.86：3.46：0.49
			20	34	163	333	654	1270	1：1.96：3.81：0.49
			40	32	148	302	637	1354	1：2.11：4.48：0.49
	57.5 (B)	卵石	10	31	168	357	586	1304	1：1.64：3.65：0.47
			20	30	153	326	587	1370	1：1.80：4.20：0.47
			40	29	138	294	587	1438	1：2.00：4.89：0.47
		碎石	16	36	173	339	681	1210	1：2.01：3.57：0.51
			20	35	163	320	677	1258	1：2.12：3.93：0.51
			40	32	148	290	640	1361	1：2.21：4.69：0.51
	60.0 (C)	卵石	10	32	168	343	608	1293	1：1.77：3.77：0.49
			20	31	153	312	611	1359	1：1.96：4.36：0.49
			40	30	138	282	610	1424	1：2.16：5.05：0.49
		碎石	16	37	173	326	704	1199	1：2.16：3.68：0.53
			20	36	163	308	700	1245	1：2.27：4.04：0.53
			40	33	148	279	663	1347	1：2.38：4.83：0.53

混凝土强度等级：C40；稠度：11～15s（维勃稠度）；砂子种类：粗砂；配制强度 49.9MPa

水泥强度等级	水泥实际强度（MPa）	石子种类	石子最大粒径（mm）	砂率（%）	材料用量（kg/m³）				配合比（质量比）
					水 m_{w0}	水泥 m_{c0}	砂 m_{s0}	石子 m_{g0}	水泥：砂：石子：水 m_{c0}：m_{s0}：m_{g0}：m_{w0}
42.5	45.0（A）	卵石	10	28	173	455	502	1291	1：1.10：2.84：0.38
			20	27	158	416	504	1362	1：1.21：3.27：0.38
			40	26	143	376	505	1436	1：1.34：3.82：0.38
		碎石	16	32	178	445	572	1215	1：1.29：2.73：0.40
			20	31	168	420	569	1267	1：1.35：3.02：0.40
			40	29	153	383	553	1355	1：1.44：3.54：0.40
	47.5（B）	卵石	10	28	173	433	507	1304	1：1.17：3.01：0.40
			20	27	158	395	509	1376	1：1.29：3.48：0.40
			40	26	143	358	509	1448	1：1.42：4.04：0.40
		碎石	16	33	178	424	595	1209	1：1.40：2.85：0.42
			20	32	168	400	593	1260	1：1.48：3.15：0.42
			40	30	153	364	577	1347	1：1.59：3.70：0.42
	50.0（C）	卵石	10	29	173	412	531	1299	1：1.29：3.15：0.42
			20	28	158	376	532	1369	1：1.41：3.64：0.42
			40	27	143	340	533	1440	1：1.57：4.24：0.42
		碎石	16	34	178	396	622	1207	1：1.57：3.05：0.45
			20	33	168	373	619	1257	1：1.66：3.37：0.45
			40	31	153	340	603	1342	1：1.77：3.95：0.45

续表

水泥强度等级	水泥实际强度（MPa）	石子种类	石子最大粒径（mm）	砂率（%）	材料用量（kg/m³）				配合比（质量比）
					水 m_{w0}	水泥 m_{c0}	砂 m_{s0}	石子 m_{g0}	水泥：砂：石子：水 $m_{c0}:m_{s0}:m_{g0}:m_{w0}$
52.5	55.0（A）	卵石	10	30	173	384	556	1297	1：1.45：3.38：0.45
			20	29	158	351	558	1365	1：1.59：3.89：0.45
			40	28	143	318	557	1433	1：1.75：4.51：0.45
		碎石	16	35	178	363	650	1207	1：1.79：3.33：0.49
			20	34	168	343	647	1255	1：1.89：3.66：0.49
			40	32	153	312	630	1339	1：2.02：4.29：0.49
	57.5（B）	卵石	10	31	173	368	579	1288	1：1.57：3.50：0.47
			20	30	158	336	580	1354	1：1.73：4.03：0.47
			40	29	143	304	581	1422	1：1.91：4.68：0.47
		碎石	16	36	178	349	673	1196	1：1.93：3.43：0.51
			20	35	168	329	670	1244	1：2.04：3.78：0.51
			40	32	153	300	633	1346	1：2.11：4.49：0.51
	60.0（C）	卵石	10	32	173	353	601	1278	1：1.70：3.62：0.49
			20	31	158	322	603	1343	1：1.87：4.17：0.49
			40	30	143	292	604	1409	1：2.07：4.83：0.49
		碎石	16	37	178	336	696	1185	1：2.07：3.53：0.53
			20	36	168	317	692	1231	1：2.18：3.88：0.53
			40	33	153	289	656	1332	1：2.27：4.61：0.53

混凝土强度等级：C40；稠度：5～10s（维勃稠度）；砂子种类：粗砂；配制强度 49.9MPa

水泥强度等级	水泥实际强度（MPa）	石子种类	石子最大粒径（mm）	砂率（%）	材料用量（kg/m^3）				配合比（质量比）
					水 m_{w0}	水泥 m_{c0}	砂 m_{s0}	石子 m_{g0}	水泥：砂：石子：水 $m_{c0}:m_{s0}:m_{g0}:m_{w0}$
42.5	45.0（A）	卵石	10	28	178	468	495	1273	1：1.06：2.72：0.38
			20	27	163	429	497	1344	1：1.16：3.13：0.38
			40	26	148	389	498	1418	1：1.28：3.65：0.38
		碎石	16	32	183	458	564	1199	1：1.23：2.62：0.40
			20	31	173	433	562	1250	1：1.30：2.89：0.40
			40	29	158	395	547	1338	1：1.38：3.39：0.40
	47.5（B）	卵石	10	28	178	445	501	1287	1：1.13：2.89：0.40
			20	27	163	408	502	1358	1：1.23：3.33：0.40
			40	26	148	370	502	1430	1：1.36：3.86：0.40
		碎石	16	33	183	436	588	1194	1：1.35：2.74：0.42
			20	32	173	412	585	1244	1：1.42：3.02：0.42
			40	30	158	376	570	1330	1：1.52：3.54：0.42
	50.0（C）	卵石	10	29	178	424	524	1282	1：1.24：3.02：0.42
			20	28	163	388	525	1351	1：1.35：3.48：0.42
			40	27	148	352	526	1422	1：1.49：4.04：0.42
		碎石	16	34	183	407	614	1192	1：1.51：2.93：0.45
			20	33	173	384	612	1242	1：1.59：3.23：0.45
			40	31	158	351	596	1326	1：1.70：3.78：0.45

续表

水泥强度等级	水泥实际强度（MPa）	石子种类	石子最大粒径（mm）	砂率（%）	材料用量（kg/m³）				配合比（质量比）
					水 m_{w0}	水泥 m_{c0}	砂 m_{s0}	石子 m_{g0}	水泥：砂：石子：水 $m_{c0}:m_{s0}:m_{g0}:m_{w0}$
52.5	55.0 (A)	卵石	10	30	178	396	549	1281	1：1.39：3.23：0.45
			20	29	163	362	551	1348	1：1.52：3.72：0.45
			40	28	148	329	551	1417	1：1.67：4.31：0.45
		碎石	16	35	183	373	642	1193	1：1.72：3.20：0.49
			20	34	173	353	639	1241	1：1.81：3.52：0.49
			40	42	158	322	623	1324	1：1.93：4.11：0.49
	57.5 (B)	卵石	10	31	178	379	572	1273	1：1.51：3.36：0.47
			20	30	163	347	573	1338	1：1.65：3.86：0.47
			40	29	148	315	574	1406	1：1.82：4.46：0.47
		碎石	16	36	183	359	665	1182	1：1.85：3.29：0.51
			20	35	173	339	662	1229	1：1.95：3.63：0.51
			40	32	158	310	626	1331	1：2.02：4.29：0.51
	60.0 (C)	卵石	10	32	178	363	594	1263	1：1.64：3.48：0.49
			20	31	163	333	597	1328	1：1.79：3.99：0.49
			40	30	148	302	597	1394	1：1.98：4.62：0.49
		碎石	16	37	183	345	688	1171	1：1.99：3.39：0.53
			20	36	173	326	685	1218	1：2.10：3.74：0.53
			40	33	158	298	649	1318	1：2.18：4.42：0.53

混凝土强度等级：C40；稠度：10～30mm（坍落度）；砂子种类：粗砂；配制强度 49.9MPa

水泥强度等级	水泥实际强度（MPa）	石子种类	石子最大粒径（mm）	砂率（%）	材料用量（kg/m³） 水 m_{w0}	水泥 m_{c0}	砂 m_{s0}	石子 m_{g0}	配合比（质量比） 水泥：砂：石子：水 $m_{c0}:m_{s0}:m_{g0}:m_{w0}$
42.5	45.0（A）	卵石	10	29	183	482	505	1237	1：1.05：2.57：0.38
			20	28	163	429	516	1326	1：1.20：3.09：0.38
			31.5	28	153	403	529	1361	1：1.31：3.38：0.38
			40	27	143	376	524	1417	1：1.39：3.77：0.38
		碎石	16	32	193	483	549	1166	1：1.14：2.41：0.40
			20	31	178	445	554	1233	1：1.24：2.77：0.40
			31.5	30	168	420	551	1285	1：1.31：3.06：0.40
			40	29	158	395	547	1338	1：1.38：3.39：0.40
	47.5（B）	卵石	10	29	183	458	511	1252	1：1.12：2.73：0.40
			20	28	163	408	521	1339	1：1.28：3.28：0.40
			31.5	28	153	383	534	1374	1：1.39：3.59：0.40
			40	27	143	358	528	1428	1：1.47：3.99：0.40
		碎石	16	33	193	460	572	1162	1：1.24：2.53：0.42
			20	32	178	424	578	1228	1：1.36：2.90：0.42
			31.5	31	168	400	574	1278	1：1.44：3.20：0.42
			40	30	158	376	570	1330	1：1.52：3.54：0.42
	50.0（C）	卵石	10	29	183	436	517	1265	1：1.19：2.90：0.42
			20	28	163	388	525	1351	1：1.35：3.48：0.42
			31.5	28	153	364	539	1386	1：1.48：3.81：0.42
			40	27	143	340	533	1440	1：1.57：4.24：0.42
		碎石	16	34	193	429	599	1162	1：1.40：2.71：0.45
			20	33	178	396	604	1226	1：1.53：3.10：0.45
			31.5	32	168	373	600	1276	1：1.61：3.42：0.45
			40	31	158	351	596	1326	1：1.70：3.78：0.45

续表

水泥强度等级	水泥实际强度（MPa）	石子种类	石子最大粒径（mm）	砂率（%）	材料用量（kg/m^3） 水 m_{w0}	水泥 m_{c0}	砂 m_{s0}	石子 m_{g0}	配合比（质量比） 水泥：砂：石子：水 $m_{c0}:m_{s0}:m_{g0}:m_{w0}$
52.5	55.0（A）	卵石	10	30	183	407	542	1265	1∶1.33∶3.11∶0.45
			20	29	163	362	551	1348	1∶1.52∶3.72∶0.45
			31.5	29	153	340	564	1381	1∶1.66∶4.06∶0.45
			40	28	143	318	557	1433	1∶1.75∶4.51∶0.45
		碎石	16	35	193	394	627	1164	1∶1.59∶2.95∶0.49
			20	34	178	363	632	1226	1∶1.74∶3.38∶0.49
			31.5	33	168	343	627	1274	1∶1.83∶3.71∶0.49
			40	32	158	322	623	1324	1∶1.93∶4.11∶0.49
	57.5（B）	卵石	10	31	183	389	565	1257	1∶1.45∶3.23∶0.47
			20	30	163	347	573	1338	1∶1.65∶3.86∶0.47
			31.5	30	153	326	587	1370	1∶1.80∶4.20∶0.47
			40	29	143	304	581	1422	1∶1.91∶4.68∶0.47
		碎石	16	36	193	378	650	1155	1∶1.72∶3.06∶0.51
			20	35	178	349	654	1215	1∶1.87∶3.48∶0.51
			31.5	33	168	329	631	1282	1∶1.92∶3.90∶0.51
			40	32	158	310	626	1331	1∶2.02∶4.29∶0.51
	60.0（C）	卵石	10	32	183	373	587	1248	1∶1.57∶3.35∶0.49
			20	31	163	333	597	1328	1∶1.79∶3.99∶0.49
			31.5	31	153	312	611	1359	1∶1.96∶4.36∶0.49
			40	30	143	292	604	1409	1∶2.07∶4.83∶0.49
		碎石	16	37	193	364	672	1144	1∶1.85∶3.14∶0.53
			20	36	178	336	677	1204	1∶2.01∶3.58∶0.53
			31.5	34	168	317	654	1270	1∶2.06∶4.01∶0.53
			40	33	158	298	649	1318	1∶2.18∶4.42∶0.53

混凝土强度等级：C40；稠度：35～50mm（坍落度）；砂子种类：粗砂；配制强度 49.9MPa

水泥强度等级	水泥实际强度(MPa)	石子种类	石子最大粒径(mm)	砂率(%)	材料用量(kg/m³) 水 m_{w0}	水泥 m_{c0}	砂 m_{s0}	石子 m_{g0}	配合比（质量比）水泥：砂：石子：水 $m_{c0}:m_{s0}:m_{g0}:m_{w0}$
42.5	45.0 (A)	卵石	10	29	193	508	491	1202	1：0.97：2.37：0.38
			20	28	173	455	502	1291	1：1.10：2.84：0.38
			31.5	28	163	429	516	1326	1：1.20：3.09：0.38
			40	27	153	403	510	1380	1：1.27：3.42：0.38
		碎石	16	32	203	508	533	1133	1：1.05：2.23：0.40
			20	31	188	470	539	1200	1：1.15：2.55：0.40
			31.5	30	178	445	536	1251	1：1.20：2.81：0.40
			40	29	168	420	532	1303	1：1.27：3.10：0.40
	47.5 (B)	卵石	10	29	193	483	497	1217	1：1.03：2.52：0.40
			20	28	173	433	507	1304	1：1.17：3.01：0.40
			31.5	28	163	408	521	1339	1：1.28：3.28：0.40
			40	27	153	383	515	1393	1：1.34：3.64：0.40
		碎石	16	33	203	483	557	1131	1：1.15：2.34：0.42
			20	32	188	448	562	1195	1：1.25：2.67：0.42
			31.5	31	178	424	560	1246	1：1.32：2.94：0.42
			40	30	168	400	556	1297	1：1.39：3.24：0.42
	50.0 (C)	卵石	10	29	193	460	503	1231	1：1.09：2.68：0.42
			20	28	173	412	512	1317	1：1.24：3.20：0.42
			31.5	28	163	388	525	1351	1：1.35：3.48：0.42
			40	27	153	364	520	1405	1：1.43：3.86：0.42
		碎石	16	34	203	451	583	1132	1：1.29：2.51：0.45
			20	33	188	418	589	1195	1：1.41：2.86：0.45
			31.5	32	178	396	585	1244	1：1.48：3.14：0.45
			40	31	168	373	582	1295	1：1.56：3.47：0.50

续表

水泥强度等级	水泥实际强度（MPa）	石子种类	石子最大粒径（mm）	砂率（%）	材料用量（kg/m³） 水 m_{w0}	水泥 m_{c0}	砂 m_{s0}	石子 m_{g0}	配合比（质量比） 水泥：砂：石子：水 $m_{c0}:m_{s0}:m_{g0}:m_{w0}$
52.5	55.0 (A)	卵石	10	30	193	429	528	1233	1：1.23：2.87：0.45
			20	29	173	384	538	1316	1：1.40：3.43：0.45
			31.5	29	163	362	551	1348	1：1.52：3.72：0.45
			40	28	153	340	544	1400	1：1.60：4.12：0.45
		碎石	16	35	203	414	611	1135	1：1.48：2.74：0.49
			20	34	188	384	616	1196	1：1.60：3.11：0.49
			31.5	33	178	363	613	1245	1：1.69：3.43：0.49
			40	32	168	343	608	1293	1：1.77：3.77：0.49
	57.5 (B)	卵石	10	31	193	411	551	1226	1：1.34：2.98：0.47
			20	30	173	368	560	1307	1：1.52：3.55：0.47
			31.5	30	163	347	573	1338	1：1.65：3.86：0.47
			40	29	153	326	568	1390	1：1.74：4.26：0.47
		碎石	16	36	203	398	634	1127	1：1.59：2.83：0.51
			20	35	188	369	639	1187	1：1.73：3.22：0.51
			31.5	33	178	349	617	1253	1：1.77：3.59：0.51
			40	32	168	329	612	1301	1：1.86：3.95：0.51
	60.0 (C)	卵石	10	32	193	394	573	1218	1：1.45：3.09：0.49
			20	31	173	353	583	1297	1：1.65：3.67：0.49
			31.5	31	163	333	597	1328	1：1.79：3.99：0.49
			40	30	153	312	591	1378	1：1.89：4.42：0.49
		碎石	16	37	203	383	656	1117	1：1.71：2.92：0.53
			20	36	188	355	662	1176	1：1.86：3.31：0.53
			31.5	34	178	336	639	1241	1：1.90：3.69：0.53
			40	33	168	317	635	1289	1：2.00：4.07：0.53

混凝土强度等级：C40；稠度：55～70mm（坍落度）；砂子种类：粗砂；配制强度 49.9MPa

水泥强度等级	水泥实际强度（MPa）	石子种类	石子最大粒径（mm）	砂率（%）	材料用量（kg/m³）				配合比（质量比）
					水 m_{w0}	水泥 m_{c0}	砂 m_{s0}	石子 m_{g0}	水泥：砂：石子：水 $m_{c0}:m_{s0}:m_{g0}:m_{w0}$
42.5	45.0（A）	卵石	10	29	203	534	477	1167	1：0.89：2.19：0.38
			20	28	183	482	488	1255	1：1.01：2.60：0.38
			31.5	28	173	455	502	1291	1：1.10：2.84：0.38
			40	27	163	429	497	1344	1：1.16：3.13：0.38
		碎石	16	32	213	533	518	1100	1：0.97：2.06：0.40
			20	31	198	495	524	1167	1：1.06：2.36：0.40
			31.5	30	188	470	522	1217	1：1.11：2.59：0.40
			40	29	178	445	518	1269	1：1.16：2.85：0.40
	47.5（B）	卵石	10	29	203	508	483	1183	1：0.95：2.33：0.40
			20	28	183	458	494	1269	1：1.08：2.77：0.40
			31.5	28	173	433	507	1304	1：1.17：3.01：0.40
			40	27	163	408	502	1358	1：1.23：3.33：0.40
		碎石	16	33	213	507	541	1099	1：1.07：2.17：0.42
			20	32	198	471	548	1164	1：1.16：2.47：0.42
			31.5	31	188	448	545	1213	1：1.22：2.71：0.42
			40	30	178	424	542	1264	1：1.28：2.98：0.42
	50.0（C）	卵石	10	29	203	483	489	1198	1：1.01：2.48：0.42
			20	28	183	436	499	1283	1：1.14：2.94：0.42
			31.5	28	173	412	512	1317	1：1.24：3.20：0.42
			40	27	163	388	507	1370	1：1.31：3.53：0.42
		碎石	16	34	213	473	568	1102	1：1.20：2.33：0.45
			20	33	198	440	573	1164	1：1.30：2.65：0.45
			31.5	32	188	418	571	1213	1：1.37：2.90：0.45
			40	31	178	396	567	1262	1：1.43：3.19：0.45

续表

水泥强度等级	水泥实际强度 (MPa)	石子种类	石子最大粒径 (mm)	砂率 (%)	材料用量 (kg/m³)				配合比（质量比）
					水 m_{w0}	水泥 m_{c0}	砂 m_{s0}	石子 m_{g0}	水泥：砂：石子：水 $m_{c0}:m_{s0}:m_{g0}:m_{w0}$
52.5	55.0 (A)	卵石	10	30	203	451	515	1201	1：1.14：2.66：0.45
			20	29	183	407	524	1283	1：1.29：3.15：0.45
			31.5	29	173	384	538	1316	1：1.40：3.43：0.45
			40	28	163	362	532	1368	1：1.47：3.78：0.45
		碎石	16	35	213	435	596	1106	1：1.37：2.54：0.49
			20	34	198	404	601	1167	1：1.49：2.89：0.49
			31.5	33	188	384	598	1215	1：1.56：3.16：0.49
			40	32	178	363	594	1263	1：1.64：3.48：0.49
	57.5 (B)	卵石	10	31	203	432	537	1195	1：1.24：2.77：0.47
			20	30	183	389	547	1276	1：1.41：3.28：0.47
			31.5	30	173	368	560	1307	1：1.52：3.55：0.47
			40	29	163	347	555	1358	1：1.60：3.91：0.47
		碎石	16	36	213	418	618	1098	1：1.48：2.63：0.51
			20	35	198	388	624	1159	1：1.61：2.99：0.51
			31.5	33	188	369	602	1223	1：1.63：3.31：0.51
			40	32	178	349	599	1272	1：1.72：3.64：0.51
	60.0 (C)	卵石	10	32	203	414	559	1188	1：1.35：2.87：0.49
			20	31	183	373	569	1267	1：1.53：3.40：0.49
			31.5	31	173	353	583	1297	1：1.65：3.67：0.49
			40	30	163	333	577	1347	1：1.73：4.05：0.49
		碎石	16	37	213	402	640	1090	1：1.59：2.71：0.53
			20	36	198	374	646	1148	1：1.73：3.07：0.53
			31.5	34	188	355	625	1213	1：1.76：3.42：0.53
			40	33	178	336	621	1260	1：1.85：3.75：0.53

混凝土强度等级：C40；稠度：75～90mm（坍落度）；砂子种类：粗砂；配制强度 49.9MPa

水泥强度等级	水泥实际强度（MPa）	石子种类	石子最大粒径（mm）	砂率（%）	材料用量（kg/m³）				配合比（质量比）
					水 m_{w0}	水泥 m_{c0}	砂 m_{s0}	石子 m_{g0}	水泥：砂：石子：水 $m_{c0}:m_{s0}:m_{g0}:m_{w0}$
42.5	45.0（A）	卵石	10	30	208	547	486	1133	1：0.89：2.07：0.38
			20	29	188	495	498	1220	1：1.01：2.46：0.38
			31.5	29	178	468	513	1255	1：1.10：2.68：0.38
			40	28	168	442	509	1308	1：1.15：2.96：0.38
		碎石	16	33	223	558	518	1051	1：0.93：1.88：0.40
			20	32	208	520	526	1117	1：1.01：2.15：0.40
			31.5	31	198	495	524	1167	1：1.06：2.36：0.40
			40	30	188	470	522	1217	1：1.11：2.59：0.40
	47.5（B）	卵石	10	30	208	520	493	1150	1：0.95：2.21：0.40
			20	29	188	470	504	1235	1：1.07：2.63：0.40
			31.5	29	178	445	518	1269	1：1.16：2.85：0.40
			40	28	168	420	514	1322	1：1.22：3.15：0.40
		碎石	16	34	223	531	541	1051	1：1.02：1.98：0.42
			20	33	208	495	549	1115	1：1.11：2.25：0.42
			31.5	32	198	471	548	1164	1：1.16：2.47：0.42
			40	31	188	448	545	1213	1：1.22：2.71：0.42
	50.0（C）	卵石	10	30	208	495	499	1165	1：1.01：2.35：0.42
			20	29	188	448	510	1248	1：1.14：2.79：0.42
			31.5	29	178	424	524	1282	1：1.24：3.02：0.42
			40	28	168	400	519	1334	1：1.30：3.34：0.42
		碎石	16	35	223	496	568	1055	1：1.15：2.13：0.45
			20	34	208	462	575	1117	1：1.24：2.42：0.45
			31.5	33	198	440	573	1164	1：1.30：2.65：0.45
			40	32	188	418	571	1213	1：1.37：2.90：0.45

续表

水泥强度等级	水泥实际强度（MPa）	石子种类	石子最大粒径（mm）	砂率（%）	材料用量（kg/m³）				配合比（质量比）
					水 m_{w0}	水泥 m_{c0}	砂 m_{s0}	石子 m_{g0}	水泥∶砂∶石子∶水 $m_{c0}:m_{s0}:m_{g0}:m_{w0}$
52.5	55.0 (A)	卵石	10	31	208	462	525	1168	1∶1.14∶2.53∶0.45
			20	30	188	418	535	1249	1∶1.28∶2.99∶0.45
			31.5	30	178	396	549	1281	1∶1.39∶3.23∶0.45
			40	29	168	373	544	1332	1∶1.46∶3.57∶0.45
		碎石	16	36	223	455	597	1061	1∶1.31∶2.33∶0.49
			20	35	208	424	604	1121	1∶1.42∶2.64∶0.49
			31.5	34	198	404	601	1167	1∶1.49∶2.89∶0.49
			40	33	188	384	598	1215	1∶1.56∶3.16∶0.49
	57.5 (B)	卵石	10	32	208	443	547	1162	1∶1.23∶2.62∶0.47
			20	31	188	400	558	1242	1∶1.40∶3.11∶0.47
			31.5	31	178	379	572	1273	1∶1.51∶3.36∶0.47
			40	30	168	357	567	1323	1∶1.59∶3.71∶0.47
		碎石	16	37	223	437	619	1054	1∶1.42∶2.41∶0.51
			20	36	208	408	626	1113	1∶1.53∶2.73∶0.51
			31.5	34	198	388	606	1176	1∶1.56∶3.03∶0.51
			40	33	188	369	602	1223	1∶1.63∶3.31∶0.51
	60.0 (C)	卵石	10	33	208	424	569	1156	1∶1.34∶2.73∶0.49
			20	32	188	384	580	1233	1∶1.51∶3.21∶0.49
			31.5	32	178	363	594	1263	1∶1.64∶3.48∶0.49
			40	31	168	343	589	1312	1∶1.72∶3.83∶0.49
		碎石	16	38	223	421	641	1046	1∶1.52∶2.48∶0.53
			20	37	208	392	648	1104	1∶1.65∶2.82∶0.53
			31.5	35	198	374	628	1166	1∶1.68∶3.12∶0.53
			40	34	188	355	625	1213	1∶1.76∶3.42∶0.53

混凝土强度等级：C40；稠度：16～20s（维勃稠度）；砂子种类：中砂；配制强度 49.9MPa

水泥强度等级	水泥实际强度（MPa）	石子种类	石子最大粒径（mm）	砂率（%）	材料用量（kg/m³） 水 m_{w0}	水泥 m_{c0}	砂 m_{s0}	石子 m_{g0}	配合比（质量比） 水泥：砂：石子：水 $m_{c0}:m_{s0}:m_{g0}:m_{w0}$
42.5	45.0（A）	卵石	10	28	175	461	499	1283	1：1.08：2.78：0.38
			20	27	160	421	501	1355	1：1.19：3.22：0.38
			40	26	145	382	502	1429	1：1.31：3.74：0.48
		碎石	16	32	180	450	569	1209	1：1.26：2.69：0.40
			20	31	170	425	566	1260	1：1.33：2.96：0.40
			40	29	155	388	551	1348	1：1.42：3.47：0.40
	47.5（B）	卵石	10	28	175	438	504	1297	1：1.15：2.96：0.40
			20	27	160	400	506	1369	1：1.26：3.42：0.40
			40	26	145	363	506	1441	1：1.39：3.97：0.40
		碎石	16	33	180	429	593	1203	1：1.38：2.80：0.42
			20	32	170	405	590	1253	1：1.46：3.09：0.42
			40	30	155	369	574	1340	1：1.56：3.63：0.42
	50.0（C）	卵石	10	29	175	417	528	1292	1：1.27：3.10：0.42
			20	28	160	381	530	1362	1：1.39：3.57：0.42
			40	27	145	345	530	1433	1：1.54：4.15：0.42
		碎石	16	34	180	400	619	1201	1：1.55：3.00：0.45
			20	33	170	378	616	1250	1：1.63：3.31：0.40
			40	31	155	344	600	1336	1：1.74：3.88：0.45

续表

水泥强度等级	水泥实际强度（MPa）	石子种类	石子最大粒径（mm）	砂率（%）	材料用量（kg/m³）				配合比（质量比）
					水 m_{w0}	水泥 m_{c0}	砂 m_{s0}	石子 m_{g0}	水泥：砂：石子：水 $m_{c0}:m_{s0}:m_{g0}:m_{w0}$
52.5	55.0 (A)	卵石	10	30	175	389	553	1291	1：1.42：3.32：0.45
			20	29	160	356	555	1358	1：1.56：3.81：0.45
			40	28	145	322	555	1427	1：1.72：4.43：0.45
		碎石	16	35	180	367	647	1202	1：1.76：3.28：0.49
			20	34	170	347	643	1249	1：1.85：3.60：0.49
			40	32	155	316	627	1333	1：1.98：4.22：0.49
	57.5 (B)	卵石	10	31	175	372	576	1282	1：1.55：3.45：0.47
			20	30	160	340	578	1348	1：1.70：3.96：0.47
			40	29	145	309	578	1415	1：1.87：4.58：0.47
		碎石	16	36	180	353	670	1191	1：1.90：3.37：0.51
			20	35	170	333	667	1238	1：2.00：3.72：0.51
			40	32	155	304	631	1340	1：2.08：4.41：0.51
	60.0 (C)	卵石	10	32	175	357	599	1272	1：1.68：3.56：0.49
			20	31	160	327	601	1337	1：1.84：4.09：0.49
			40	30	145	296	601	1403	1：2.03：4.74：0.49
		碎石	16	37	180	340	692	1179	1：2.04：3.47：0.53
			20	36	170	321	690	1226	1：2.15：3.82：0.53
			40	33	155	292	654	1327	1：2.24：4.54：0.53

混凝土强度等级：C40；稠度：11～15s（维勃稠度）；砂子种类：中砂；配制强度 49.9MPa

水泥强度等级	水泥实际强度（MPa）	石子种类	石子最大粒径（mm）	砂率（%）	材料用量（kg/m³）				配合比（质量比）
					水 m_{w0}	水泥 m_{c0}	砂 m_{s0}	石子 m_{g0}	水泥：砂：石子：水 $m_{c0}:m_{s0}:m_{g0}:m_{w0}$
42.5	45.0（A）	卵石	10	28	180	474	492	1265	1：1.04：2.67：0.38
			20	27	165	434	295	1337	1：1.14：3.08：0.38
			40	26	150	395	495	1410	1：1.25：3.57：0.38
		碎石	16	32	185	463	561	1192	1：1.21：2.57：0.40
			20	31	175	438	558	1243	1：1.27：2.84：0.40
			40	29	160	400	544	1331	1：1.36：3.33：0.40
	47.5（B）	卵石	10	28	180	450	498	1280	1：1.11：2.84：0.40
			20	27	165	413	500	1351	1：1.21：3.27：0.40
			40	26	150	375	500	1423	1：1.33：3.79：0.40
		碎石	16	33	185	440	585	1188	1：1.33：2.70：0.42
			20	32	175	417	582	1237	1：1.40：2.97：0.42
			40	30	160	381	567	1324	1：1.49：3.48：0.42
	50.0（C）	卵石	10	29	180	429	521	1275	1：1.21：2.97：0.42
			20	28	165	393	523	1344	1：1.33：3.42：0.42
			40	27	150	357	523	1415	1：1.46：3.96：0.42
		碎石	16	34	185	411	611	1186	1：1.49：2.89：0.45
			20	33	175	389	608	1235	1：1.56：3.17：0.45
			40	31	160	356	593	1319	1：1.67：3.71：0.45

续表

水泥强度等级	水泥实际强度（MPa）	石子种类	石子最大粒径（mm）	砂率（%）	材料用量（kg/m³） 水 m_{w0}	水泥 m_{c0}	砂 m_{s0}	石子 m_{g0}	配合比（质量比） 水泥：砂：石子：水 $m_{c0}:m_{s0}:m_{g0}:m_{w0}$
52.5	55.0 (A)	卵石	10	30	180	400	546	1275	1∶1.37∶3.19∶0.45
			20	29	165	367	548	1342	1∶1.49∶3.66∶0.45
			40	28	150	333	549	1411	1∶1.65∶4.24∶0.45
		碎石	16	35	185	378	639	1187	1∶1.69∶3.14∶0.49
			20	34	175	357	636	1235	1∶1.78∶3.46∶0.49
			40	32	160	327	620	1317	1∶1.90∶4.03∶0.49
	57.5 (B)	卵石	10	31	180	383	569	1266	1∶1.49∶3.31∶0.47
			20	30	165	351	571	1332	1∶1.63∶3.79∶0.47
			40	29	150	319	571	1399	1∶1.79∶4.39∶0.47
		碎石	16	36	185	363	662	1177	1∶1.82∶3.24∶0.51
			20	35	175	343	659	1224	1∶1.92∶3.57∶0.51
			40	32	160	314	624	1325	1∶1.99∶4.22∶0.51
	60.0 (C)	卵石	10	32	180	367	592	1257	1∶1.61∶3.43∶0.49
			20	31	165	337	593	1321	1∶1.76∶3.92∶0.49
			40	30	150	306	595	1388	1∶1.94∶4.54∶0.49
		碎石	16	37	185	349	685	1166	1∶1.96∶3.34∶0.53
			20	36	175	330	682	1212	1∶2.07∶3.67∶0.53
			40	33	160	302	646	1312	1∶2.14∶4.34∶0.53

混凝土强度等级：C40；稠度：5～10s（维勃稠度）；砂子种类：中砂；配制强度 49.9MPa

水泥强度等级	水泥实际强度（MPa）	石子种类	石子最大粒径（mm）	砂率（%）	材料用量（kg/m³）				配合比（质量比）
					水 m_{w0}	水泥 m_{c0}	砂 m_{s0}	石子 m_{g0}	水泥∶砂∶石子∶水 $m_{c0}:m_{s0}:m_{g0}:m_{w0}$
42.5	45.0 (A)	卵石	10	28	185	487	485	1248	1∶1.00∶2.56∶0.38
			20	27	170	447	488	1319	1∶1.09∶2.95∶0.38
			40	26	155	408	489	1392	1∶1.20∶3.41∶0.38
		碎石	16	32	190	475	553	1176	1∶1.16∶2.48∶0.40
			20	31	180	450	551	1227	1∶1.22∶2.73∶0.40
			40	29	165	413	536	1313	1∶1.30∶3.18∶0.40
	47.5 (B)	卵石	10	28	185	463	491	1262	1∶1.06∶2.73∶0.40
			20	27	170	425	493	1333	1∶1.16∶3.14∶0.40
			40	26	155	388	494	1405	1∶1.27∶3.62∶0.40
		碎石	16	33	190	452	577	1172	1∶1.28∶2.59∶0.42
			20	32	180	429	575	1221	1∶1.34∶2.85∶0.42
			40	30	165	393	560	1307	1∶1.42∶3.33∶0.42
	50.0 (C)	卵石	10	29	185	440	514	1259	1∶1.17∶2.86∶0.42
			20	28	170	405	516	1327	1∶1.27∶3.28∶0.42
			40	27	155	369	517	1398	1∶1.40∶3.79∶0.42
		碎石	16	34	190	422	603	1171	1∶1.43∶2.77∶0.45
			20	33	180	400	601	1220	1∶1.50∶3.05∶0.45
			40	31	165	367	586	1304	1∶1.60∶3.55∶0.45

续表

水泥强度等级	水泥实际强度（MPa）	石子种类	石子最大粒径（mm）	砂率（%）	材料用量（kg/m³） 水 m_{w0}	水泥 m_{c0}	砂 m_{s0}	石子 m_{g0}	配合比（质量比） 水泥：砂：石子：水 $m_{c0}:m_{s0}:m_{g0}:m_{w0}$
52.5	55.0 (A)	卵石	10	30	185	411	540	1259	1：1.31：3.06：0.45
			20	29	170	378	541	1325	1：1.43：3.51：0.45
			40	28	155	344	542	1394	1：1.58：4.05：0.45
		碎石	16	35	190	388	631	1172	1：1.63：3.02：0.49
			20	34	180	367	628	1220	1：1.71：3.32：0.49
			40	32	165	337	613	1302	1：1.82：3.86：0.49
	57.5 (B)	卵石	10	31	185	394	562	1251	1：1.43：3.18：0.47
			20	30	170	362	564	1316	1：1.56：3.64：0.47
			40	29	155	330	565	1383	1：1.71：4.19：0.47
		碎石	16	36	190	373	654	1163	1：1.75：3.12：0.51
			20	35	180	353	651	1209	1：1.84：3.42：0.51
			40	32	165	324	616	1310	1：1.90：4.04：0.51
	60.0 (C)	卵石	10	32	185	378	584	1242	1：1.54：3.29：0.49
			20	31	170	437	587	1306	1：1.69：3.76：0.49
			40	30	155	316	588	1372	1：1.86：4.34：0.49
		碎石	16	37	190	358	677	1153	1：1.89：3.22：0.53
			20	36	180	340	674	1198	1：1.98：3.52：0.53
			40	33	165	311	639	1298	1：2.05：4.17：0.53

混凝土强度等级：C40；稠度：10～30mm（坍落度）；砂子种类：中砂；配制强度 49.9MPa

水泥强度等级	水泥实际强度（MPa）	石子种类	石子最大粒径（mm）	砂率（%）	材料用量（kg/m³）				配合比（质量比）
					水 m_{w0}	水泥 m_{c0}	砂 m_{s0}	石子 m_{g0}	水泥：砂：石子：水 m_{c0} : m_{s0} : m_{g0} : m_{w0}
42.5	45.0（A）	卵石	10	29	190	500	495	1213	1：0.99：2.43：0.38
			20	28	170	447	506	1301	1：1.13：2.91：0.38
			31.5	28	160	421	520	1337	1：1.24：3.18：0.38
			40	27	150	395	514	1391	1：1.30：3.52：0.38
		碎石	16	32	200	500	538	1143	1：1.08：2.29：0.40
			20	31	185	463	544	1210	1：1.17：2.61：0.40
			31.5	30	175	438	540	1261	1：1.23：2.88：0.40
			40	29	165	413	536	1313	1：1.30：3.18：0.40
	47.5（B）	卵石	10	29	190	475	502	1228	1：1.06：2.59：0.40
			20	28	170	425	511	1315	1：1.20：3.09：0.40
			31.5	28	160	400	525	1350	1：1.31：3.38：0.40
			40	27	150	375	519	1404	1：1.38：3.74：0.40
		碎石	16	33	200	476	561	1140	1：1.18：2.39：0.42
			20	32	185	440	567	1205	1：1.29：2.74：0.42
			31.5	31	175	417	564	1255	1：1.35：3.01：0.42
			40	30	165	393	560	1307	1：1.42：3.33：0.42
	50.0（C）	卵石	10	29	190	452	507	1242	1：1.12：2.75：0.42
			20	28	170	405	516	1327	1：1.27：3.28：0.42
			31.5	28	160	381	530	1362	1：1.39：3.57：0.42
			40	27	150	357	523	1415	1：1.46：3.96：0.42
		碎石	16	34	200	444	588	1141	1：1.32：2.57：0.45
			20	33	185	411	593	1204	1：1.44：2.93：0.45
			31.5	32	175	389	590	1254	1：1.52：3.22：0.45
			40	31	165	367	586	1304	1：1.60：3.55：0.45

续表

水泥强度等级	水泥实际强度（MPa）	石子种类	石子最大粒径（mm）	砂率（%）	材料用量（kg/m³）				配合比（质量比）
					水 m_{w0}	水泥 m_{c0}	砂 m_{s0}	石子 m_{g0}	水泥：砂：石子：水 $m_{c0}:m_{s0}:m_{g0}:m_{w0}$
52.5	55.0（A）	卵石	10	30	190	422	533	1243	1：1.26：2.95：0.45
			20	29	170	378	541	1325	1：1.43：3.51：0.45
			31.5	29	160	356	555	1358	1：1.56：3.81：0.45
			40	28	150	333	549	1411	1：1.65：4.24：0.45
		碎石	16	35	200	408	616	1144	1：1.51：2.80：0.49
			20	34	185	378	621	1205	1：1.64：3.19：0.49
			31.5	33	175	357	618	1254	1：1.73：3.51：0.49
			40	32	165	337	613	1302	1：1.82：3.86：0.49
	57.5（B）	卵石	10	31	190	404	555	1235	1：1.37：3.06：0.47
			20	30	170	362	564	1316	1：1.56：3.64：0.47
			31.5	30	160	340	578	1348	1：1.70：3.96：0.47
			40	29	150	319	571	1399	1：1.79：4.39：0.47
		碎石	16	36	200	392	638	1135	1：1.63：2.90：0.51
			20	35	185	363	643	1195	1：1.77：3.29：0.51
			31.5	33	175	343	622	1262	1：1.81：3.68：0.51
			40	32	165	324	616	1310	1：1.90：4.04：0.51
	60.0（C）	卵石	10	32	190	388	577	1227	1：1.49：3.16：0.49
			20	31	170	347	587	1306	1：1.69：3.76：0.49
			31.5	31	160	327	601	1337	1：1.84：4.09：0.49
			40	30	150	306	595	1388	1：1.94：4.54：0.49
		碎石	16	37	200	377	661	1125	1：1.75：2.98：0.53
			20	36	185	349	666	1184	1：1.91：3.39：0.53
			31.5	34	175	330	644	1250	1：1.95：3.79：0.53
			40	33	165	311	639	1298	1：2.05：4.17：0.53

混凝土强度等级：C40；稠度：35～50mm（坍落度）；砂子种类：中砂；配制强度 49.9MPa

水泥强度等级	水泥实际强度（MPa）	石子种类	石子最大粒径（mm）	砂率（%）	材料用量（kg/m³）				配合比（质量比）
					水 m_{w0}	水泥 m_{c0}	砂 m_{s0}	石子 m_{g0}	水泥：砂：石子：水 $m_{c0}:m_{s0}:m_{g0}:m_{w0}$
42.5	45.0 (A)	卵石	10	29	200	526	481	1178	1：0.91：2.24：0.38
			20	28	180	474	492	1265	1：1.04：2.67：0.38
			31.5	28	170	447	506	1301	1：1.13：2.91：0.38
			40	27	160	421	501	1355	1：1.19：3.22：0.38
		碎石	16	32	210	525	522	1110	1：0.99：2.11：0.40
			20	31	195	488	528	1176	1：1.08：2.41：0.40
			31.5	30	185	463	526	1227	1：1.14：2.65：0.40
			40	29	175	438	522	1279	1：1.19：2.92：0.40
	47.5 (B)	卵石	10	29	200	500	488	1194	1：0.98：2.39：0.40
			20	28	180	450	498	1280	1：1.11：2.84：0.40
			31.5	28	170	425	511	1315	1：1.20：3.09：0.40
			40	27	160	400	506	1369	1：1.26：3.42：0.40
		碎石	16	33	210	500	546	1108	1：1.09：2.22：0.42
			20	32	195	464	552	1173	1：1.19：2.53：0.42
			31.5	31	185	440	549	1223	1：1.25：2.78：0.42
			40	30	175	417	546	1274	1：1.31：3.06：0.42
	50.0 (C)	卵石	10	29	200	476	493	1208	1：1.04：2.54：0.42
			20	28	180	429	503	1293	1：1.17：3.01：0.42
			31.5	28	170	405	516	1327	1：1.27：3.28：0.42
			40	27	160	381	511	1381	1：1.34：3.62：0.42
		碎石	16	34	210	467	572	1110	1：1.22：2.38：0.45
			20	33	195	433	578	1174	1：1.33：2.71：0.45
			31.5	32	185	411	575	1222	1：1.40：2.97：0.45
			40	31	175	389	571	1272	1：1.47：3.27：0.45

续表

水泥强度等级	水泥实际强度（MPa）	石子种类	石子最大粒径（mm）	砂率（%）	材料用量（kg/m³） 水 m_{w0}	水泥 m_{c0}	砂 m_{s0}	石子 m_{g0}	配合比（质量比） 水泥：砂：石子：水 $m_{c0}:m_{s0}:m_{g0}:m_{w0}$
52.5	55.0 (A)	卵石	10	30	200	444	519	1211	1：1.17：2.73：0.45
			20	29	180	400	528	1293	1：1.32：3.23：0.45
			31.5	29	170	378	541	1325	1：1.43：3.51：0.45
			40	28	160	356	536	1377	1：1.51：3.87：0.45
		碎石	16	35	210	429	600	1115	1：1.40：2.60：0.49
			20	34	195	398	606	1176	1：1.52：2.95：0.49
			31.5	33	185	378	602	1223	1：1.59：3.24：0.49
			40	32	175	357	599	1272	1：1.68：3.56：0.49
	57.5 (B)	卵石	10	31	200	426	541	1204	1：1.27：2.83：0.47
			20	30	180	383	551	1285	1：1.44：3.36：0.47
			31.5	30	170	362	564	1316	1：1.56：3.64：0.47
			40	29	160	340	559	1368	1：1.64：4.02：0.47
		碎石	16	36	210	412	623	1107	1：1.51：2.69：0.51
			20	36	195	382	628	1167	1：1.64：3.05：0.51
			31.5	33	185	363	607	1232	1：1.67：3.39：0.51
			40	32	175	343	603	1281	1：1.76：3.73：0.51
	60.0 (C)	卵石	10	32	200	408	563	1197	1：1.38：2.93：0.49
			20	31	180	367	573	1276	1：1.56：3.48：0.49
			31.5	31	170	345	587	1306	1：1.69：3.76：0.49
			40	30	160	327	581	1356	1：1.78：4.15：0.49
		碎石	16	37	210	396	645	1098	1：1.63：2.77：0.53
			20	36	195	368	651	1157	1：1.77：3.14：0.53
			31.5	34	185	349	630	1222	1：1.81：3.50：0.53
			40	33	175	330	625	1269	1：1.89：3.85：0.53

混凝土强度等级：C40；稠度：55～70mm（坍落度）；砂子种类：中砂；配制强度 49.9MPa

水泥强度等级	水泥实际强度（MPa）	石子种类	石子最大粒径（mm）	砂率（%）	材料用量（kg/m³）				配合比（质量比）
					水 m_{w0}	水泥 m_{c0}	砂 m_{s0}	石子 m_{g0}	水泥：砂：石子：水 $m_{c0}:m_{s0}:m_{g0}:m_{w0}$
42.5	45.0（A）	卵石	10	29	210	553	466	1142	1：0.84：2.07：0.38
			20	28	190	500	478	1230	1：0.96：2.46：0.38
			31.5	28	180	474	492	1265	1：1.04：2.67：0.38
			40	27	170	447	488	1319	1：1.09：2.95：0.38
		碎石	16	32	220	550	507	1077	1：0.92：1.96：0.40
			20	31	205	513	514	1143	1：1.00：2.23：0.40
			31.5	30	195	488	511	1193	1：1.05：2.44：0.40
			40	29	185	463	509	1245	1：1.10：2.69：0.40
	47.5（B）	卵石	10	29	210	525	473	1159	1：0.90：2.21：0.40
			20	28	190	475	484	1245	1：1.02：2.62：0.40
			31.5	28	180	450	498	1280	1：1.11：2.84：0.40
			40	27	170	425	493	1333	1：1.16：3.14：0.40
		碎石	16	33	220	524	530	1076	1：1.01：2.05：0.42
			20	32	205	488	537	1141	1：1.10：2.34：0.42
			31.5	31	195	464	535	1191	1：1.15：2.57：0.42
			40	30	185	440	532	1241	1：1.21：2.82：0.42
	50.0（C）	卵石	10	29	210	500	480	1175	1：0.96：2.35：0.42
			20	28	190	452	490	1260	1：1.08：2.79：0.42
			31.5	28	180	429	503	1293	1：1.17：3.01：0.42
			40	27	170	405	498	1346	1：1.23：3.32：0.42
		碎石	16	34	220	489	556	1080	1：1.14：2.21：0.45
			20	33	205	456	563	1143	1：1.23：2.51：0.45
			31.5	32	195	433	560	1191	1：1.29：2.75：0.45
			40	31	185	411	558	1241	1：1.36：3.02：0.45

续表

水泥强度等级	水泥实际强度（MPa）	石子种类	石子最大粒径（mm）	砂率（%）	材料用量（kg/m³） 水 m_{w0}	水泥 m_{c0}	砂 m_{s0}	石子 m_{g0}	配合比（质量比） 水泥：砂：石子：水 $m_{c0}:m_{s0}:m_{g0}:m_{w0}$
52.5	55.0（A）	卵石	10	30	210	467	505	1178	1：1.08：2.52：0.45
			20	29	190	422	515	1260	1：1.22：2.99：0.45
			31.5	29	180	400	528	1293	1：1.32：3.23：0.45
			40	28	170	378	523	1344	1：1.38：3.56：0.45
		碎石	16	35	220	449	585	1086	1：1.30：2.42：0.49
			20	34	205	418	591	1147	1：1.41：2.74：0.49
			31.5	33	195	398	588	1194	1：1.48：3.00：0.49
			40	32	185	378	584	1242	1：1.54：3.29：0.49
	57.5（B）	卵石	10	31	210	447	527	1173	1：1.18：2.62：0.47
			20	30	190	404	537	1253	1：1.33：3.10：0.47
			31.5	30	180	383	551	1285	1：1.44：3.36：0.47
			40	29	170	362	545	1335	1：1.51：3.69：0.47
		碎石	16	36	220	431	607	1079	1：1.41：2.50：0.51
			20	35	205	402	613	1139	1：1.52：2.83：0.51
			31.5	33	195	382	593	1203	1：1.55：3.15：0.51
			40	32	185	363	589	1251	1：1.62：3.45：0.51
	60.0（C）	卵石	10	32	210	429	549	1166	1：1.28：2.72：0.49
			20	31	190	388	559	1245	1：1.44：3.21：0.49
			31.5	31	180	367	573	1276	1：1.56：3.48：0.49
			40	30	170	347	568	1325	1：1.64：3.82：0.49
		碎石	16	37	220	415	629	1071	1：1.52：2.58：0.53
			20	36	205	387	635	1129	1：1.64：2.92：0.53
			31.5	34	195	368	615	1193	1：1.67：3.24：0.53
			40	33	185	349	611	1240	1：1.75：3.55：0.53

混凝土强度等级：C40；稠度：75～90mm（坍落度）；砂子种类：中砂；配制强度 49.9MPa

水泥强度等级	水泥实际强度（MPa）	石子种类	石子最大粒径（mm）	砂率（%）	材料用量（kg/m³）				配合比（质量比）
					水 m_{w0}	水泥 m_{c0}	砂 m_{s0}	石子 m_{g0}	水泥：砂：石子：水 $m_{c0}:m_{s0}:m_{g0}:m_{w0}$
42.5	45.0（A）	卵石	20	29	195	513	488	1195	1：0.95：2.33：0.38
			31.5	29	185	487	502	1230	1：1.03：2.53：0.38
			40	28	175	461	499	1283	1：1.08：2.78：0.38
		碎石	20	32	215	538	514	1093	1：0.96：2.03：0.40
			31.5	31	205	513	514	1143	1：1.00：2.23：0.40
			40	30	195	488	511	1193	1：1.05：2.44：0.40
	47.5（B）	卵石	10	30	215	538	483	1126	1：0.90：2.09：0.40
			20	29	195	488	495	1211	1：1.01：2.48：0.40
			31.5	29	185	463	509	1245	1：1.10：2.69：0.40
			40	28	175	438	504	1297	1：1.15：2.96：0.40
		碎石	16	34	230	548	530	1029	1：0.97：1.88：0.42
			20	33	215	512	538	1092	1：1.05：2.13：0.42
			31.5	32	205	488	537	1141	1：1.10：2.34：0.42
			40	31	195	464	535	1191	1：1.15：2.57：0.42
	50.0（C）	卵石	10	30	215	512	489	1141	1：0.96：2.23：0.42
			20	29	195	464	500	1225	1：1.08：2.64：0.42
			31.5	29	185	440	514	1259	1：1.17：2.86：0.42
			40	28	175	417	509	1310	1：1.22：3.14：0.42
		碎石	16	35	230	511	557	1034	1：1.09：2.02：0.45
			31.5	34	215	478	564	1095	1：1.18：2.29：0.45
			20	33	215	456	563	1143	1：1.23：2.51：0.45
			40	32	195	433	560	1191	1：1.29：2.75：0.45

混凝土强度等级：C40；稠度：75～90mm（坍落度）；砂子种类：中砂；配制强度 49.9MPa

水泥强度等级	水泥实际强度（MPa）	石子种类	石子最大粒径（mm）	砂率（%）	材料用量（kg/m³）				配合比（质量比）
					水 m_{w0}	水泥 m_{c0}	砂 m_{s0}	石子 m_{g0}	水泥：砂：石子：水 $m_{c0}:m_{s0}:m_{g0}:m_{w0}$
52.5	55.0（A）	卵石	10	31	215	478	514	1145	1：1.08：2.40：0.45
			20	30	195	433	526	1227	1：1.21：2.83：0.45
			31.5	30	185	411	540	1259	1：1.31：3.06：0.45
			40	29	175	389	535	1309	1：1.38：3.37：0.45
		碎石	16	36	230	469	586	1041	1：1.25：2.22：0.49
			20	35	215	439	592	1100	1：1.35：2.51：0.49
			31.5	34	206	418	591	1147	1：1.41：2.74：0.49
			40	33	195	398	588	1194	1：1.48：3.00：0.49
	57.5（B）	卵石	10	32	215	457	537	1141	1：1.18：2.50：0.47
			20	31	195	415	548	1220	1：1.32：2.94：0.47
			31.5	31	185	394	562	1251	1：1.43：3.18：0.47
			40	30	175	372	558	1301	1：1.50：3.50：0.47
		碎石	16	37	230	451	608	1035	1：1.35：2.29：0.51
			20	36	215	422	615	1093	1：1.46：2.59：0.51
			31.5	34	205	402	596	1156	1：1.48：2.88：0.51
			40	33	195	382	593	1203	1：1.55：3.15：0.51
	60.0（C）	卵石	10	33	215	439	559	1134	1：1.27：2.58：0.49
			20	32	195	398	570	1212	1：1.43：3.05：0.49
			31.5	32	185	378	584	1242	1：1.54：3.29：0.49
			40	31	175	357	580	1291	1：1.62：3.62：0.49
		碎石	16	38	230	434	629	1027	1：1.45：2.37：0.53
			20	37	215	406	637	1084	1：1.57：2.67：0.53
			31.5	35	205	387	618	1147	1：1.60：2.96：0.53
			40	34	195	368	615	1193	1：1.67：3.24：0.53

混凝土强度等级：C40；稠度：16～20s（维勃稠度）；砂子种类：细砂；配制强度 49.9MPa

水泥强度等级	水泥实际强度（MPa）	石子种类	石子最大粒径（mm）	砂率（%）	材料用量（kg/m³）				配合比（质量比）
					水 m_{w0}	水泥 m_{c0}	砂 m_{s0}	石子 m_{g0}	水泥：砂：石子：水 $m_{c0}:m_{s0}:m_{g0}:m_{w0}$
42.5	45.0（A）	卵石	10	28	182	479	489	1258	1：1.02：2.63：0.38
			20	27	167	439	492	1330	1：1.12：3.03：0.38
			40	26	152	400	493	1403	1：1.23：3.51：0.38
		碎石	16	32	187	468	558	1185	1：1.19：2.53：0.40
			20	31	177	443	555	1236	1：1.25：2.79：0.40
			40	29	162	405	541	1324	1：1.34：3.27：0.40
	47.5（B）	卵石	10	28	182	455	495	1273	1：1.09：2.80：0.40
			20	27	167	418	497	1344	1：1.19：3.22：0.40
			40	26	152	380	498	1416	1：1.31：3.73：0.40
		碎石	16	33	187	445	582	1181	1：1.31：2.65：0.42
			20	32	177	421	579	1231	1：1.38：2.92：0.42
			40	30	162	386	564	1317	1：1.46：3.41：0.42
	50.0（C）	卵石	10	29	182	433	518	1269	1：1.20：2.93：0.42
			20	28	167	398	520	1338	1：1.31：3.36：0.42
			40	27	152	362	521	1408	1：1.44：3.89：0.42
		碎石	16	34	187	416	608	1180	1：1.46：2.84：0.45
			20	33	177	393	605	1229	1：1.54：3.13：0.45
			40	31	162	360	590	1313	1：1.64：3.65：0.45

续表

水泥强度等级	水泥实际强度（MPa）	石子种类	石子最大粒径（mm）	砂率（%）	材料用量（kg/m³） 水 m_{w0}	水泥 m_{c0}	砂 m_{s0}	石子 m_{g0}	配合比（质量比） 水泥：砂：石子：水 $m_{c0}:m_{s0}:m_{g0}:m_{w0}$
52.5	55.0（A）	卵石	10	30	182	404	543	1268	1：1.34：3.14：0.45
			20	29	167	371	545	1335	1：1.47：3.60：0.45
			40	28	152	338	546	1404	1：1.62：4.15：0.45
		碎石	16	35	187	382	636	1181	1：1.66：3.09：0.49
			20	34	177	361	633	1229	1：1.75：3.40：0.49
			40	32	162	331	617	1311	1：1.86：3.96：0.49
	57.5（B）	卵石	10	31	182	387	566	1260	1：1.46：3.26：0.47
			20	30	167	355	568	1326	1：1.60：3.74：0.47
			40	29	152	323	569	1393	1：1.76：4.31：0.47
		碎石	16	36	187	367	659	1171	1：1.80：3.19：0.51
			20	35	177	347	656	1218	1：1.89：3.51：0.51
			40	32	162	318	621	1319	1：1.95：4.15：0.51
	60.0（C）	卵石	10	32	182	371	589	1251	1：1.59：3.37：0.49
			20	31	167	341	591	1315	1：1.73：3.86：0.49
			40	30	152	310	592	1381	1：1.91：4.45：0.49
		碎石	16	37	187	353	681	1160	1：1.93：3.29：0.53
			20	36	177	334	678	1206	1：2.03：3.61：0.53
			40	33	162	306	643	1306	1：2.10：4.27：0.53

混凝土强度等级：C40；稠度：11～15s（维勃稠度）；砂子种类：细砂；配制强度 49.9MPa

水泥强度等级	水泥实际强度（MPa）	石子种类	石子最大粒径（mm）	砂率（%）	材料用量（kg/m³） 水 m_{w0}	水泥 m_{c0}	砂 m_{s0}	石子 m_{g0}	配合比（质量比） 水泥：砂：石子：水 $m_{c0}:m_{s0}:m_{g0}:m_{w0}$
42.5	45.0（A）	卵石	10	28	187	492	483	1241	1：0.98：2.52：0.38
			20	27	172	453	485	1312	1：1.07：2.90：0.38
			40	26	157	413	487	1385	1：1.18：3.35：0.38
		碎石	16	32	192	480	550	1169	1：1.15：2.44：0.40
			20	31	182	455	548	1220	1：1.20：2.68：0.40
			40	29	167	418	534	1307	1：1.28：3.13：0.40
	47.5（B）	卵石	10	28	187	468	488	1256	1：1.04：2.68：0.40
			20	27	172	43.0	490	1326	1：1.14：3.08：0.40
			40	26	157	393	491	1398	1：1.25：3.56：0.40
		碎石	16	33	192	457	574	1165	1：1.26：2.55：0.42
			20	32	182	433	572	1215	1：1.32：2.81：0.42
			40	30	167	398	557	1300	1：1.40：3.27：0.42
	50.0（C）	卵石	10	29	187	445	511	1252	1：1.15：2.81：0.42
			20	28	172	410	513	1320	1：1.25：3.22：0.42
			40	27	157	374	514	1391	1：1.37：3.72：0.42
		碎石	16	34	192	427	600	1165	1：1.41：2.73：0.45
			20	33	182	404	598	1214	1：1.48：3.00：0.45
			40	31	167	371	583	1298	1：1.57：3.50：0.45

续表

水泥强度等级	水泥实际强度（MPa）	石子种类	石子最大粒径（mm）	砂率（%）	材料用量（kg/m^3）				配合比（质量比）
					水 m_{w0}	水泥 m_{c0}	砂 m_{s0}	石子 m_{g0}	水泥：砂：石子：水 $m_{c0}:m_{s0}:m_{g0}:m_{w0}$
52.5	55.0 (A)	卵石	10	30	187	416	537	1252	1：1.29：3.01：0.45
			20	29	172	382	539	1319	1：1.41：3.45：0.45
			40	28	157	349	539	1387	1：1.54：3.97：0.45
		碎石	16	35	192	392	628	1167	1：1.60：2.98：0.49
			20	34	182	371	625	1214	1：1.68：3.27：0.49
			40	32	167	341	610	1296	1：1.79：3.80：0.49
	57.5 (B)	卵石	10	31	187	398	559	1245	1：1.40：3.13：0.47
			20	30	172	366	561	1310	1：1.53：3.58：0.47
			40	29	157	334	562	1377	1：1.68：4.12：0.47
		碎石	16	36	192	376	651	1158	1：1.73：3.08：0.51
			20	35	182	357	648	1204	1：1.82：3.37：0.51
			40	32	167	327	614	1304	1：1.88：3.99：0.51
	60.0 (C)	卵石	10	32	187	382	582	1236	1：1.52：3.24：0.49
			20	31	172	351	584	1300	1：1.66：3.70：0.49
			40	30	157	320	585	1366	1：1.83：4.27：0.49
		碎石	16	37	192	362	674	1147	1：1.86：3.17：0.53
			20	36	182	343	671	1193	1：1.96：3.48：0.53
			40	33	167	315	636	1292	1：2.02：4.10：0.53

混凝土强度等级：C40；稠度：5～10s（维勃稠度）；砂子种类：细砂；配制强度 49.9MPa

水泥强度等级	水泥实际强度（MPa）	石子种类	石子最大粒径（mm）	砂率（%）	材料用量（kg/m³） 水 m_{w0}	水泥 m_{c0}	砂 m_{s0}	石子 m_{g0}	配合比（质量比） 水泥：砂：石子：水 $m_{c0}:m_{s0}:m_{g0}:m_{w0}$
42.5	45.0 (A)	卵石	10	28	192	505	476	1223	1：0.94：2.42：0.38
			20	27	177	466	479	1294	1：1.03：2.78：0.38
			40	26	162	426	480	1367	1：1.13：3.21：0.38
		碎石	16	32	197	493	543	1153	1：1.10：2.34：0.40
			20	31	187	468	540	1203	1：1.15：2.57：0.40
			40	29	172	430	527	1290	1：1.23：3.00：0.40
	47.5 (B)	卵石	10	28	192	480	481	1238	1：1.00：2.58：0.40
			20	27	177	443	484	1308	1：1.09：2.95：0.40
			40	26	162	405	485	1380	1：1.20：3.41：0.40
		碎石	16	33	197	469	566	1149	1：1.21：2.45：0.42
			20	32	187	445	564	1199	1：1.27：2.69：0.42
			40	30	172	410	550	1284	1：1.34：3.13：0.42
	50.0 (C)	卵石	10	29	192	457	504	1235	1：1.10：2.70：0.42
			20	28	177	421	507	1304	1：1.20：3.10：0.42
			40	27	162	386	508	1374	1：1.32：3.56：0.42
		碎石	16	34	197	438	592	1150	1：1.35：2.63：0.45
			20	33	187	416	590	1198	1：1.42：2.88：0.45
			40	31	172	382	576	1282	1：1.51：3.36：0.45

续表

水泥强度等级	水泥实际强度（MPa）	石子种类	石子最大粒径（mm）	砂率（%）	材料用量（kg/m³） 水 m_{w0}	水泥 m_{c0}	砂 m_{s0}	石子 m_{g0}	配合比（质量比） 水泥：砂：石子：水 $m_{c0}:m_{s0}:m_{g0}:m_{w0}$
52.5	55.0（A）	卵石	10	30	192	427	530	1236	1：1.24：2.89：0.45
			20	29	177	393	532	1303	1：1.35：3.32：0.45
			40	28	162	360	533	1371	1：1.48：3.81：0.45
		碎石	16	35	197	402	620	1152	1：1.54：2.87：0.49
			20	34	187	382	618	1199	1：1.62：3.14：0.49
			40	32	172	351	603	1281	1：1.72：3.65：0.49
	57.5（B）	卵石	10	31	192	409	552	1229	1：1.35：3.00：0.47
			20	30	177	377	555	1294	1：1.47：3.43：0.47
			40	29	162	345	556	1361	1：1.61：3.94：0.47
		碎石	16	36	197	386	643	1143	1：1.67：2.96：0.51
			20	35	187	367	640	1189	1：1.74：3.24：0.51
			40	32	172	337	607	1290	1：1.80：3.83：0.51
	60.0（C）	卵石	10	32	192	392	575	1221	1：1.47：3.11：0.49
			20	31	177	361	577	1285	1：1.60：3.56：0.49
			40	30	162	331	579	1350	1：1.75：4.08：0.49
		碎石	16	37	197	372	665	1133	1：1.79：3.05：0.53
			20	36	187	353	663	1179	1：1.88：3.34：0.53
			40	33	172	325	629	1277	1：1.94：3.93：0.53

混凝土强度等级：C40；稠度：10～30mm（坍落度）；砂子种类：细砂；配制强度 49.9MPa

水泥强度等级	水泥实际强度（MPa）	石子种类	石子最大粒径（mm）	砂率（%）	材料用量（kg/m³）				配合比（质量比）
					水 m_{w0}	水泥 m_{c0}	砂 m_{s0}	石子 m_{g0}	水泥：砂：石子：水 $m_{c0}:m_{s0}:m_{g0}:m_{w0}$
42.5	45.0（A）	卵石	10	29	197	518	485	1188	1：0.94：2.29：0.38
			20	28	177	466	496	1276	1：1.06：2.74：0.38
			31.5	28	167	439	510	1312	1：1.16：2.99：0.38
			40	27	157	413	505	1366	1：1.22：3.31：0.38
		碎石	16	32	207	518	527	1120	1：1.02：2.16：0.40
			20	31	192	480	533	1187	1：1.11：2.47：0.40
			31.5	30	182	455	531	1238	1：1.17：2.72：0.40
			40	29	172	430	527	1290	1：1.23：3.00：0.40
	47.5（B）	卵石	10	29	197	493	492	1204	1：1.00：2.44：0.40
			20	28	177	443	502	1290	1：1.13：2.91：0.40
			31.5	28	167	418	515	1325	1：1.23：3.17：0.40
			40	27	157	393	510	1379	1：1.30：3.51：0.40
		碎石	16	33	207	493	551	1118	1：1.12：2.27：0.42
			20	32	192	457	557	1183	1：1.22：2.59：0.42
			31.5	31	182	433	554	1233	1：1.28：2.85：0.42
			40	30	172	410	550	1284	1：1.34：3.13：0.42
	50.0（C）	卵石	10	29	197	469	497	1218	1：1.06：2.60：0.42
			20	28	177	421	507	1304	1：1.20：3.10：0.42
			31.5	28	167	398	520	1338	1：1.31：3.36：0.42
			40	27	157	374	514	1391	1：1.37：3.72：0.42
		碎石	16	34	207	460	577	1120	1：1.25：2.43：0.45
			20	33	192	427	583	1183	1：1.37：2.77：0.45
			31.5	32	182	404	580	1232	1：1.44：3.05：0.45
			40	31	172	382	576	1282	1：1.51：3.36：0.45

续表

水泥强度等级	水泥实际强度（MPa）	石子种类	石子最大粒径（mm）	砂率（%）	材料用量（kg/m³）				配合比（质量比）
					水 m_{w0}	水泥 m_{c0}	砂 m_{s0}	石子 m_{g0}	水泥：砂：石子：水 $m_{c0}:m_{s0}:m_{g0}:m_{w0}$
52.5	55.0（A）	卵石	10	30	197	438	523	1220	1∶1.19∶2.79∶0.45
			20	29	177	393	532	1303	1∶1.35∶3.32∶0.45
			31.5	29	167	371	545	1335	1∶1.47∶3.60∶0.45
			40	28	157	349	539	1387	1∶1.54∶3.97∶0.45
		碎石	16	35	207	422	605	1124	1∶1.43∶2.66∶0.49
			20	34	192	392	610	1185	1∶1.56∶3.02∶0.49
			31.5	33	182	371	607	1233	1∶1.64∶3.32∶0.49
			40	32	172	351	603	1281	1∶1.72∶3.65∶0.49
	57.5（B）	卵石	10	31	197	419	545	1214	1∶1.30∶2.90∶0.47
			20	30	177	377	555	1294	1∶1.47∶3.43∶0.47
			31.5	30	167	35	568	1326	1∶1.60∶3.74∶0.47
			40	29	157	334	562	1377	1∶1.68∶4.12∶0.47
		碎石	16	36	207	406	627	1155	1∶1.54∶2.75∶0.51
			20	35	192	376	633	1176	1∶1.68∶3.13∶0.51
			31.5	33	182	357	611	1241	1∶1.71∶3.48∶0.51
			40	32	172	337	607	1290	1∶1.80∶3.83∶0.51
	60.0（C）	卵石	10	32	197	402	568	1206	1∶1.41∶3.00∶0.49
			20	31	177	361	577	1285	1∶1.60∶3.56∶0.49
			31.5	31	167	341	591	1315	1∶1.73∶3.86∶0.49
			40	30	157	320	585	1366	1∶1.83∶4.27∶0.49
		碎石	16	37	207	391	650	1106	1∶1.66∶2.83∶0.53
			20	36	192	362	655	1165	1∶1.81∶3.22∶0.53
			31.5	34	182	343	634	1230	1∶1.85∶3.59∶0.53
			40	33	172	325	629	1277	1∶1.94∶3.93∶0.53

混凝土强度等级：C40；稠度：35～50mm（坍落度）；砂子种类：细砂；配制强度 49.9MPa

水泥强度等级	水泥实际强度（MPa）	石子种类	石子最大粒径（mm）	砂率（%）	材料用量（kg/m³） 水 m_{w0}	水泥 m_{c0}	砂 m_{s0}	石子 m_{g0}	配合比（质量比） 水泥：砂：石子：水 $m_{c0}:m_{s0}:m_{g0}:m_{w0}$
42.5	45.0 (A)	卵石	10	29	207	545	471	1153	1∶0.86∶2.12∶0.38
			20	28	187	492	483	1241	1∶0.98∶2.52∶0.38
			31.5	28	177	466	496	1276	1∶1.06∶2.74∶0.38
			40	27	167	439	492	1330	1∶1.12∶3.03∶0.38
		碎石	16	32	217	543	512	1087	1∶0.94∶2.00∶0.40
			20	31	202	505	518	1153	1∶1.03∶2.28∶0.40
			31.5	30	192	480	516	1204	1∶1.08∶2.51∶0.40
			40	29	182	455	513	1255	1∶1.13∶2.76∶0.40
	47.5 (B)	卵石	10	29	207	518	477	1169	1∶0.92∶2.26∶0.40
			20	28	187	468	488	1256	1∶1.04∶2.68∶0.40
			31.5	28	177	443	502	1290	1∶1.13∶2.91∶0.40
			40	27	167	418	497	1344	1∶1.19∶3.22∶0.40
		碎石	16	33	217	517	535	1086	1∶1.03∶2.10∶0.42
			20	32	202	481	542	1151	1∶1.13∶2.39∶0.42
			31.5	31	192	457	539	1200	1∶1.18∶2.63∶0.42
			40	30	182	433	536	1251	1∶1.24∶2.89∶0.42
	50.0 (C)	卵石	10	29	207	493	484	1185	1∶0.98∶2.40∶0.42
			20	28	187	445	494	1270	1∶1.11∶2.85∶0.42
			31.5	28	177	421	507	1304	1∶1.20∶3.10∶0.42
			40	27	167	398	502	1356	1∶1.26∶3.41∶0.42
		碎石	16	34	217	482	561	1089	1∶1.16∶2.26∶0.45
			20	33	202	449	567	1152	1∶1.26∶2.57∶0.45
			31.5	32	192	427	565	1200	1∶1.32∶2.81∶0.45
			40	31	182	404	562	1250	1∶1.39∶3.09∶0.45

续表

水泥强度等级	水泥实际强度(MPa)	石子种类	石子最大粒径(mm)	砂率(%)	材料用量(kg/m^3)				配合比(质量比)
					水 m_{w0}	水泥 m_{c0}	砂 m_{s0}	石子 m_{g0}	水泥:砂:石子:水 $m_{c0}:m_{s0}:m_{g0}:m_{w0}$
52.5	55.0 (A)	卵石	10	30	207	460	509	1188	1:1.11:2.58:0.45
			20	29	187	416	519	1270	1:1.25:3.05:0.45
			31.5	29	177	393	532	1303	1:1.35:3.32:0.45
			40	28	167	371	527	1354	1:1.42:3.65:0.45
		碎石	16	35	217	443	590	1095	1:1.33:2.47:0.49
			20	34	202	412	596	1156	1:1.45:2.81:0.49
			31.5	33	192	392	593	1203	1:1.51:3.07:0.49
			40	32	182	371	589	1251	1:1.59:3.37:0.49
	57.5 (B)	卵石	10	31	207	440	531	1183	1:1.21:2.69:0.47
			20	30	187	398	541	1263	1:1.36:3.17:0.47
			31.5	30	177	377	555	1294	1:1.47:3.43:0.47
			40	29	167	355	549	1345	1:1.55:3.79:0.47
		碎石	16	36	217	425	612	1088	1:1.44:2.56:0.51
			20	35	202	396	618	1147	1:1.56:2.90:0.51
			31.5	33	192	376	597	1212	1:1.59:3.22:0.51
			40	32	182	357	593	1260	1:1.66:3.53:0.51
	60.0 (C)	卵石	10	32	207	422	553	1176	1:1.31:2.79:0.49
			20	31	187	382	563	1254	1:1.47:3.28:0.49
			31.5	31	177	361	577	1285	1:1.60:3.56:0.49
			40	30	167	341	572	1335	1:1.68:3.91:0.49
		碎石	16	37	217	409	634	1079	1:1.55:2.64:0.53
			20	36	202	381	640	1138	1:1.68:2.99:0.53
			31.5	34	192	362	619	1202	1:1.71:3.32:0.53
			40	33	182	343	615	1249	1:1.79:3.64:0.53

混凝土强度等级：C40；稠度：55～70mm（坍落度）；砂子种类：细砂；配制强度 49.9MPa

水泥强度等级	水泥实际强度（MPa）	石子种类	石子最大粒径（mm）	砂率（%）	材料用量（kg/m³）水 m_{w0}	水泥 m_{c0}	砂 m_{s0}	石子 m_{g0}	配合比（质量比）水泥：砂：石子：水 $m_{c0}:m_{s0}:m_{g0}:m_{w0}$
42.5	45.0（A）	卵石	20	28	197	518	469	1205	1：0.91：2.33：0.38
			31.5	28	187	492	483	1241	1：0.98：2.52：0.38
			40	27	177	466	479	1294	1：1.03：2.78：0.38
		碎石	20	31	212	530	503	1120	1：0.95：2.11：0.40
			31.5	30	202	505	501	1170	1：0.99：2.32：0.40
			40	29	192	480	499	1221	1：1.04：2.54：0.40
	47.5（B）	卵石	10	29	217	543	464	1135	1：0.85：2.09：0.40
			20	28	197	493	475	1221	1：0.96：2.48：0.40
			31.5	28	187	468	488	1256	1：1.04：2.68：0.40
			40	27	177	443	484	1308	1：1.09：2.95：0.40
		碎石	16	33	227	540	520	1055	1：0.96：1.95：0.42
			20	32	212	505	526	1118	1：1.04：2.21：0.42
			31.5	31	202	481	525	1168	1：1.09：2.43：0.42
			40	30	192	457	522	1218	1：1.14：2.67：0.42
	50.0（C）	卵石	10	29	217	517	470	1151	1：0.91：2.23：0.42
			20	28	197	469	481	1236	1：1.03：2.64：0.42
			31.5	28	187	445	494	1270	1：1.11：2.85：0.42
			40	27	177	421	489	1322	1：1.16：3.14：0.42
		碎石	16	34	227	504	546	1059	1：1.08：2.10：0.45
			20	33	212	471	552	1121	1：1.17：2.38：0.45
			31.5	32	202	449	550	1169	1：1.22：2.60：0.45
			40	31	192	427	547	1218	1：1.28：2.85：0.45

续表

水泥强度等级	水泥实际强度（MPa）	石子种类	石子最大粒径（mm）	砂率（%）	材料用量（kg/m³） 水 m_{w0}	水泥 m_{c0}	砂 m_{s0}	石子 m_{g0}	配合比（质量比） 水泥∶砂∶石子∶水 m_{c0}∶m_{s0}∶m_{g0}∶m_{w0}
52.5	55.0（A）	卵石	10	30	217	482	495	1156	1∶1.03∶2.40∶0.45
			20	29	197	438	505	1237	1∶1.15∶2.82∶0.45
			31.5	29	187	316	519	1270	1∶1.25∶3.05∶0.45
			40	28	177	393	514	1321	1∶1.31∶3.36∶0.45
		碎石	16	35	227	463	574	1066	1∶1.24∶2.30∶0.49
			20	34	212	433	580	1126	1∶1.34∶2.60∶0.49
			31.5	33	202	412	578	1173	1∶1.40∶2.85∶0.49
			40	32	192	392	575	1221	1∶1.47∶3.11∶0.49
	57.5（B）	卵石	10	31	217	462	517	1151	1∶1.12∶2.49∶0.47
			20	30	197	419	528	1231	1∶1.26∶2.94∶0.47
			31.5	30	187	398	541	1263	1∶1.36∶3.17∶0.47
			40	29	177	377	536	1313	1∶1.42∶3.48∶0.47
		碎石	16	36	227	445	596	1060	1∶1.34∶2.38∶0.51
			20	35	212	416	603	1119	1∶1.45∶2.69∶0.51
			31.5	33	202	396	583	1183	1∶1.47∶2.99∶0.51
			40	32	192	376	579	1230	1∶1.54∶3.27∶0.51
	60.0（C）	卵石	10	32	217	443	539	1146	1∶1.22∶2.59∶0.49
			20	31	197	402	550	1224	1∶1.37∶3.04∶0.49
			31.5	31	187	382	563	1254	1∶1.47∶3.28∶0.49
			40	30	177	361	559	1304	1∶1.55∶3.61∶0.49
		碎石	16	37	227	428	618	1052	1∶1.44∶2.46∶0.53
			20	36	212	400	624	1110	1∶1.56∶2.78∶0.53
			31.5	34	202	381	604	1173	1∶1.59∶3.08∶0.53
			40	33	192	362	601	1220	1∶1.66∶3.37∶0.53

混凝土强度等级：C40；稠度：75～90mm（坍落度）；砂子种类：细砂；配制强度 49.9MPa

水泥强度等级	水泥实际强度（MPa）	石子种类	石子最大粒径（mm）	砂率（%）	材料用量（kg/m³）				配合比（质量比）
					水 m_{w0}	水泥 m_{c0}	砂 m_{s0}	石子 m_{g0}	水泥：砂：石子：水 $m_{c0}:m_{s0}:m_{g0}:m_{w0}$
42.5	45.0（A）	卵石	20	29	202	532	478	1170	1：0.90：2.20：0.38
			31.5	29	192	505	493	1206	1：0.98：2.39：0.38
			40	28	182	479	489	1258	1：1.02：2.63：0.38
		碎石	20	32	222	555	504	1071	1：0.91：1.93：0.40
			31.5	31	212	530	503	1120	1：0.95：2.11：0.40
			40	30	202	505	501	1170	1：0.99：2.32：0.40
	47.5（B）	卵石	10	30	222	555	472	1102	1：0.85：1.99：0.40
			20	29	202	505	485	1187	1：0.96：2.35：0.40
			31.5	29	192	480	499	1221	1：1.04：2.54：0.40
			40	28	182	455	495	1273	1：1.09：2.80：0.40
		碎石	16	34	237	564	519	1008	1：0.92：1.79：0.42
			20	33	222	529	527	1070	1：1.00：2.02：0.42
			31.5	32	212	505	526	1118	1：1.04：2.21：0.42
			40	31	202	481	525	1168	1：1.09：2.43：0.42
	50.0（C）	卵石	10	30	222	529	479	1118	1：0.91：2.11：0.42
			20	29	202	481	491	1202	1：1.02：2.50：0.42
			31.5	29	192	457	504	1235	1：1.10：2.70：0.42
			40	28	182	433	501	128.7	1：1.16：2.97：0.42
		碎石	16	35	237	527	545	1013	1：1.03：1.92：0.45
			20	34	222	493	553	1074	1：1.12：2.18：0.45
			31.5	33	212	471	552	1121	1：1.17：2.38：0.45
			40	32	202	449	550	1169	1：1.22：2.60：0.45

续表

水泥强度等级	水泥实际强度（MPa）	石子种类	石子最大粒径（mm）	砂率（%）	材料用量（kg/m³）				配合比（质量比）
					水 m_{w0}	水泥 m_{c0}	砂 m_{s0}	石子 m_{g0}	水泥：砂：石子：水 $m_{c0}:m_{s0}:m_{g0}:m_{w0}$
52.5	55.0（A）	卵石	10	31	222	493	505	1123	1∶1.02∶2.28∶0.45
			20	30	202	449	516	1204	1∶1.15∶2.68∶0.45
			31.5	30	192	427	530	1236	1∶1.24∶2.89∶0.45
			40	29	182	404	526	1287	1∶1.30∶3.19∶0.45
		碎石	16	36	237	484	574	1021	1∶1.19∶2.11∶0.49
			20	35	222	453	582	1080	1∶1.28∶2.38∶0.49
			31.5	34	212	433	580	1126	1∶1.34∶2.60∶0.49
			40	33	202	412	578	1173	1∶1.40∶2.85∶0.49
	57.5（B）	卵石	10	32	222	472	527	1119	1∶1.12∶2.37∶0.47
			20	31	202	430	538	1198	1∶1.25∶2.79∶0.47
			31.5	31	192	409	552	1229	1∶1.35∶3.01∶0.47
			40	30	182	387	548	1279	1∶1.42∶3.30∶0.47
		碎石	16	37	237	465	596	1015	1∶1.28∶2.18∶0.51
			20	36	222	435	604	1074	1∶1.39∶2.47∶0.51
			31.5	34	212	416	585	1136	1∶1.41∶2.73∶0.51
			40	33	202	396	583	1183	1∶1.47∶2.99∶0.51
	60.0（C）	卵石	10	33	222	453	549	1114	1∶1.21∶2.46∶0.49
			20	32	202	412	560	1191	1∶1.36∶2.89∶0.49
			31.5	32	192	392	575	1221	1∶1.47∶3.11∶0.49
			40	31	182	371	571	1270	1∶1.54∶3.42∶0.49
		碎石	16	38	237	447	618	1009	1∶1.38∶2.26∶0.53
			20	37	222	419	626	1066	1∶1.49∶2.54∶0.53
			31.5	35	212	400	607	1128	1∶1.52∶2.82∶0.53
			40	34	202	381	604	1173	1∶1.59∶3.08∶0.53

3.6.5 C45 商品混凝土配合比

混凝土强度等级：C45；稠度：16～20s（维勃稠度）；砂子种类：粗砂；配制强度 54.9MPa

水泥强度等级	水泥实际强度（MPa）	石子种类	石子最大粒径（mm）	砂率（%）	材料用量（kg/m³）				配合比（质量比）
					水 m_{w0}	水泥 m_{c0}	砂 m_{s0}	石子 m_{g0}	水泥：砂：石子：水 $m_{c0}:m_{s0}:m_{g0}:m_{w0}$
52.5	55.0（A）	卵石	10	29	168	400	538	1316	1：1.35：3.29：0.42
			20	28	153	364	539	1386	1：1.48：3.81：0.42
			40	27	138	329	539	1456	1：1.64：4.43：0.42
		碎石	16	34	173	384	630	1223	1：1.64：3.18：0.45
			20	33	163	362	627	1272	1：1.73：3.51：0.45
			40	31	148	329	610	1358	1：1.85：4.13：0.45
	57.5（B）	卵石	10	29	168	391	540	1321	1：1.38：3.38：0.43
			20	28	153	356	541	1391	1：1.52：3.91：0.43
			40	27	138	321	540	1461	1：1.68：4.55：0.43
		碎石	16	34	173	368	635	1232	1：1.73：3.35：0.47
			20	33	163	347	631	1281	1：1.82：3.69：0.47
			40	31	148	315	614	1366	1：1.95：4.34：0.47
	60.0（C）	卵石	10	30	168	373	563	1313	1：1.51：3.52：0.45
			20	29	153	340	564	1381	1：1.66：4.06：0.45
			40	28	138	307	564	1450	1：1.84：4.72：0.45
		碎石	16	35	173	353	658	1222	1：1.86：3.46：0.49
			20	34	163	333	654	1270	1：1.96：3.81：0.49
			40	32	148	302	637	1354	1：2.11：4.48：0.49

续表

水泥强度等级	水泥实际强度（MPa）	石子种类	石子最大粒径（mm）	砂率（%）	材料用量（kg/m³）				配合比（质量比）
					水 m_{w0}	水泥 m_{c0}	砂 m_{s0}	石子 m_{g0}	水泥：砂：石子：水 $m_{c0}:m_{s0}:m_{g0}:m_{w0}$
62.5	65.0（A）	卵石	10	31	168	350	588	1308	1：1.68：3.74：0.48
			20	30	153	319	589	1374	1：1.85：4.31：0.48
			40	29	138	288	589	1441	1：2.05：5.00：0.48
		碎石	16	37	173	333	702	1195	1：2.11：3.59：0.52
			20	36	163	313	699	1242	1：2.23：3.97：0.52
			40	34	148	285	682	1323	1：2.39：4.64：0.52
	67.5（B）	卵石	10	32	168	336	610	1297	1：1.82：3.86：0.50
			20	31	153	306	612	1362	1：2.00：4.45：0.50
			40	30	138	276	612	1428	1：2.22：5.17：0.50
		碎石	16	37	173	320	706	1202	1：2.21：3.76：0.54
			20	36	163	302	702	1248	1：2.32：4.13：0.54
			40	34	148	274	685	1330	1：2.50：4.85：0.54
	70.0（C）	卵石	10	32	168	329	612	1301	1：1.86：3.95：0.51
			20	31	153	300	614	1366	1：2.05：4.55：0.51
			40	30	138	271	613	1431	1：2.26：5.28：0.51
		碎石	16	38	173	309	729	1189	1：2.36：3.85：0.56
			20	37	163	291	725	1234	1：2.49：4.24：0.56
			40	35	148	264	708	1315	1：2.68：4.98：0.56

混凝土强度等级：C45；稠度：11～15s（维勃稠度）；砂子种类：粗砂；配制强度 54.9MPa

水泥强度等级	水泥实际强度（MPa）	石子种类	石子最大粒径（mm）	砂率（%）	材料用量（kg/m^3）				配合比（质量比）
					水 m_{w0}	水泥 m_{c0}	砂 m_{s0}	石子 m_{g0}	水泥：砂：石子：水 $m_{c0}:m_{s0}:m_{g0}:m_{w0}$
52.5	55.0（A）	卵石	10	29	173	412	531	1299	1：2.29：3.15：0.42
			20	28	158	376	532	1369	1：1.41：3.64：0.42
			40	27	143	340	533	1440	1：1.57：4.24：0.42
		碎石	16	34	178	396	622	1207	1：1.57：3.05：0.45
			20	33	168	373	619	1257	1：1.66：3.37：0.45
			40	31	153	340	603	1342	1：1.77：3.95：0.45
	57.5（B）	卵石	10	29	173	402	533	1305	1：1.33：3.25：0.43
			20	28	158	367	534	1374	1：1.46：3.74：0.43
			40	27	143	333	534	1444	1：1.60：4.34：0.43
		碎石	16	34	178	379	627	1217	1：1.65：3.21：0.47
			20	33	168	357	624	1266	1：1.75：3.55：0.47
			40	31	153	326	607	1350	1：1.86：4.14：0.47
	60.0（C）	卵石	10	30	173	384	556	1297	1：1.45：3.38：0.45
			20	29	158	351	558	1365	1：1.59：3.89：0.45
			40	28	143	318	557	1433	1：1.75：4.51：0.45
		碎石	16	35	178	363	650	1207	1：1.79：3.33：0.49
			20	34	168	343	647	1255	1：1.89：3.66：0.49
			40	32	153	312	630	1339	1：2.02：4.29：0.49

续表

水泥强度等级	水泥实际强度（MPa）	石子种类	石子最大粒径（mm）	砂率（%）	材料用量（kg/m³） 水 m_{w0}	水泥 m_{c0}	砂 m_{s0}	石子 m_{g0}	配合比（质量比） 水泥：砂：石子：水 $m_{c0}:m_{s0}:m_{g0}:m_{w0}$
62.5	65.0 (A)	卵石	10	31	173	360	581	1293	1：1.61：3.59：0.48
			20	30	158	329	582	1359	1：1.77：4.13：0.48
			40	29	143	298	582	1426	1：1.95：4.79：0.48
		碎石	16	37	178	342	694	1181	1：2.03：3.45：0.52
			20	36	168	323	691	1228	1：2.14：3.80：0.52
			40	34	153	294	674	1309	1：2.29：4.45：0.52
	67.5 (B)	卵石	10	32	173	346	603	1282	1：1.74：3.71：0.50
			20	31	158	316	605	1347	1：1.91：4.26：0.50
			40	30	143	286	606	1413	1：2.12：4.94：0.50
		碎石	16	37	178	330	698	1188	1：2.12：3.60：0.54
			20	36	168	311	694	1234	1：2.23：3.97：0.54
			40	34	153	283	678	1316	1：2.40：4.65：0.54
	70.0 (C)	卵石	10	32	173	339	606	1287	1：1.79：3.80：0.51
			20	31	158	310	607	1350	1：1.96：4.35：0.51
			40	30	143	280	607	1416	1：2.17：5.06：0.51
		碎石	16	38	178	318	720	1175	1：2.26：3.69：0.56
			20	37	168	300	717	1221	1：2.39：4.07：0.56
			40	35	153	273	701	1301	1：2.57：4.77：0.56

混凝土强度等级：C45；稠度：5～10s（维勃稠度）；砂子种类：粗砂；配制强度 54.9MPa

水泥强度等级	水泥实际强度（MPa）	石子种类	石子最大粒径（mm）	砂率（%）	材料用量（kg/m³）				配合比（质量比）
					水 m_{w0}	水泥 m_{c0}	砂 m_{s0}	石子 m_{g0}	水泥：砂：石子：水 $m_{c0}:m_{s0}:m_{g0}:m_{w0}$
52.5	55.0（A）	卵石	10	29	178	424	524	1282	1：1.24：3.02：0.42
			20	28	163	388	525	1351	1：1.35：3.48：0.42
			40	27	148	352	526	1422	1：1.49：4.04：0.42
		碎石	16	34	183	407	614	1192	1：1.51：2.93：0.45
			20	33	173	384	612	1242	1：1.59：3.23：0.45
			40	31	158	351	596	1326	1：1.70：3.78：0.45
	57.5（B）	卵石	10	29	178	414	526	1288	1：1.27：3.11：0.43
			20	28	163	379	528	1357	1：1.39：3.58：0.43
			40	27	148	344	528	1427	1：1.53：4.15：0.43
		碎石	16	34	183	389	619	1202	1：1.59：3.09：0.47
			20	33	173	368	616	1251	1：1.67：3.40：0.47
			40	31	158	336	600	1335	1：1.79：3.97：0.47
	60.0（C）	卵石	10	30	178	396	549	1281	1：1.39：3.23：0.45
			20	29	163	362	551	1348	1：1.52：3.72：0.45
			40	28	148	329	551	1417	1：1.67：4.31：0.45
		碎石	16	35	183	373	642	1193	1：1.72：3.20：0.49
			20	34	173	353	639	1241	1：1.81：3.52：0.49
			40	32	158	322	623	1324	1：1.93：4.11：0.49

续表

水泥强度等级	水泥实际强度（MPa）	石子种类	石子最大粒径（mm）	砂率（%）	材料用量（kg/m³）				配合比（质量比）
					水 m_{w0}	水泥 m_{c0}	砂 m_{s0}	石子 m_{g0}	水泥：砂：石子：水 $m_{c0}:m_{s0}:m_{g0}:m_{w0}$
62.5	65.0 (A)	卵石	10	31	178	371	574	1277	1：1.55：3.44：0.48
			20	30	163	340	576	1343	1：1.69：3.95：0.48
			40	29	148	308	576	1410	1：1.87：4.58：0.48
		碎石	16	37	183	352	686	1168	1：1.95：3.32：0.52
			20	36	173	333	683	1214	1：2.05：3.65：0.52
			40	34	158	304	667	1295	1：2.19：4.26：0.52
	67.5 (B)	卵石	10	32	178	356	596	1267	1：1.67：3.56：0.50
			20	31	163	326	598	1332	1：1.83：4.09：0.50
			40	30	148	296	599	1397	1：2.02：4.72：0.50
		碎石	16	37	183	339	690	1175	1：2.04：3.47：0.54
			20	36	173	320	687	1221	1：2.15：3.82：0.54
			40	34	158	293	670	1301	1：2.29：4.44：0.54
	70.0 (C)	卵石	10	32	178	349	599	1272	1：1.72：3.64：0.51
			20	31	163	320	600	1335	1：1.88：4.17：0.51
			40	30	148	290	600	1401	1：2.07：4.83：0.51
		碎石	16	38	183	327	712	1162	1：2.18：3.55：0.56
			20	37	173	309	709	1208	1：2.29：3.91：0.56
			40	35	158	282	693	1287	1：2.46：4.56：0.56

混凝土强度等级：C45；稠度：10～30mm（坍落度）；砂子种类：粗砂；配制强度 54.9MPa

水泥强度等级	水泥实际强度（MPa）	石子种类	石子最大粒径（mm）	砂率（%）	材料用量（kg/m³）				配合比（质量比）
					水 m_{w0}	水泥 m_{c0}	砂 m_{s0}	石子 m_{g0}	水泥：砂：石子：水 $m_{c0}:m_{s0}:m_{g0}:m_{w0}$
52.5	55.0（A）	卵石	10	29	183	436	517	1265	1：1.19：2.90：0.42
			20	28	163	388	525	1351	1：1.35：3.48：0.42
			31.5	28	153	364	539	1386	1：1.48：3.81：0.42
			40	27	143	340	533	1440	1：1.57：4.24：0.42
		碎石	16	34	193	429	599	1162	1：1.40：2.71：0.45
			20	33	178	396	604	1226	1：1.53：3.10：0.45
			31.5	32	168	373	600	1276	1：1.61：3.42：0.45
			40	31	158	351	596	1326	1：1.70：3.78：0.45
	57.5（B）	卵石	10	29	183	426	519	1271	1：1.22：2.98：0.43
			20	28	163	379	528	1357	1：1.39：3.58：0.43
			31.5	28	153	356	541	1391	1：1.52：3.91：0.43
			40	27	143	333	534	1444	1：1.60：4.34：0.43
		碎石	16	34	193	411	604	1172	1：1.47：2.85：0.47
			20	33	178	379	608	1235	1：1.60：3.26：0.47
			31.5	32	168	357	605	1285	1：1.69：3.60：0.47
			40	31	158	336	600	1335	1：1.79：3.97：0.47
	60.0（C）	卵石	10	30	183	407	542	1265	1：1.33：3.11：0.45
			20	29	163	362	551	1348	1：1.52：3.72：0.45
			31.5	29	153	340	564	1381	1：1.66：4.06：0.45
			40	28	143	318	557	1433	1：1.75：4.51：0.45
		碎石	16	35	193	394	627	1164	1：1.59：2.95：0.49
			20	34	178	363	632	1226	1：1.74：3.38：0.49
			31.5	33	168	343	627	1274	1：1.83：3.71：0.49
			40	32	158	322	623	1324	1：1.93：4.11：0.49

续表

水泥强度等级	水泥实际强度（MPa）	石子种类	石子最大粒径（mm）	砂率（%）	材料用量（kg/m^3）				配合比（质量比）
					水 m_{w0}	水泥 m_{c0}	砂 m_{s0}	石子 m_{g0}	水泥：砂：石子：水 $m_{c0}:m_{s0}:m_{g0}:m_{w0}$
62.5	65.0（A）	卵石	10	31	183	381	567	1262	1：1.49：3.31：0.48
			20	30	163	340	576	1343	1：1.69：3.95：0.48
			31.5	30	153	319	589	1374	1：1.85：4.31：0.48
			40	29	143	298	582	1426	1：1.95：4.79：0.48
		碎石	16	37	193	371	670	1140	1：1.81：3.07：0.52
			20	36	178	342	675	1200	1：1.97：3.51：0.52
			31.5	35	168	323	671	1247	1：2.08：3.86：0.52
			40	34	158	304	667	1295	1：2.19：4.26：0.52
	67.5（B）	卵石	10	32	183	366	590	1253	1：1.61：3.42：0.50
			20	31	163	326	598	1332	1：1.83：4.09：0.50
			31.5	31	153	306	612	1362	1：2.00：4.45：0.50
			40	30	143	286	606	1413	1：2.12：4.94：0.50
		碎石	16	37	193	357	674	1148	1：1.89：3.22：0.54
			20	36	178	330	679	1207	1：2.06：3.66：0.54
			31.5	35	168	311	675	1254	1：2.17：4.03：0.54
			40	34	158	293	670	1301	1：2.29：4.44：0.54
	70.0（C）	卵石	10	32	183	359	592	1257	1：1.65：3.50：0.51
			20	31	163	320	600	1335	1：1.88：4.17：0.51
			31.5	31	153	300	614	1366	1：2.05：4.55：0.51
			40	30	143	280	607	1416	1：2.17：5.06：0.51
		碎石	16	38	193	345	696	1136	1：2.02：3.29：0.56
			20	37	178	318	701	1194	1：2.20：3.75：0.56
			31.5	36	168	300	698	1241	1：2.33：4.14：0.56
			40	35	158	282	693	1287	1：2.46：4.56：0.56

混凝土强度等级：C45；稠度：35～50mm（坍落度）；砂子种类：粗砂；配制强度 54.9MPa

水泥强度等级	水泥实际强度（MPa）	石子种类	石子最大粒径（mm）	砂率（%）	材料用量（kg/m³）				配合比（质量比）
					水 m_{w0}	水泥 m_{c0}	砂 m_{s0}	石子 m_{g0}	水泥：砂：石子：水 $m_{c0}:m_{s0}:m_{g0}:m_{w0}$
52.5	55.0（A）	卵石	10	29	193	460	503	1231	1：1.09：2.68：0.42
			20	28	173	412	512	1317	1：1.24：3.20：0.42
			31.5	28	163	388	525	1351	1：1.35：3.48：0.42
			40	27	153	364	520	1405	1：1.43：3.86：0.42
		碎石	16	34	203	451	583	1132	1：1.29：2.51：0.45
			20	33	188	418	589	1195	1：1.41：2.86：0.45
			31.5	32	178	396	585	1244	1：1.48：3.14：0.45
			40	31	168	373	582	1295	1：1.56：3.47：0.45
	57.5（B）	卵石	10	29	193	449	506	1238	1：1.13：2.76：0.43
			20	28	173	402	515	1323	1：1.28：3.29：0.43
			31.5	28	163	379	528	1357	1：1.39：3.58：0.43
			40	27	153	356	522	1410	1：1.47：3.96：0.43
		碎石	16	34	203	432	589	1143	1：1.36：2.65：0.47
			20	33	188	400	594	1205	1：1.49：3.01：0.47
			31.5	32	178	379	590	1254	1：1.56：3.31：0.47
			40	31	168	357	586	1304	1：1.64：3.65：0.47
	60.0（C）	卵石	10	30	193	429	528	1233	1：1.23：2.87：0.45
			20	29	173	384	538	1316	1：1.40：3.43：0.45
			31.5	29	163	362	551	1348	1：1.52：3.72：0.45
			40	28	153	340	544	1400	1：1.60：4.12：0.45
		碎石	16	35	203	414	611	1135	1：1.48：2.74：0.49
			20	34	188	384	616	1196	1：1.60：3.11：0.49
			31.5	33	178	363	613	1245	1：1.69：3.43：0.49
			40	32	168	343	608	1293	1：1.77：3.77：0.49

续表

水泥强度等级	水泥实际强度（MPa）	石子种类	石子最大粒径（mm）	砂率（%）	材料用量（kg/m³） 水 m_{w0}	水泥 m_{c0}	砂 m_{s0}	石子 m_{g0}	配合比（质量比） 水泥：砂：石子：水 $m_{c0}:m_{s0}:m_{g0}:m_{w0}$
62.5	65.0 (A)	卵石	10	31	193	402	553	1231	1∶1.38∶3.06∶0.48
			20	30	173	360	562	1312	1∶1.56∶3.64∶0.48
			31.5	30	163	340	576	1343	1∶1.69∶3.95∶0.48
			40	29	153	319	569	1394	1∶1.78∶4.37∶0.48
		碎石	16	37	203	390	654	1113	1∶1.68∶2.85∶0.52
			20	36	188	362	659	1172	1∶1.82∶3.24∶0.52
			31.5	35	178	342	656	1219	1∶1.92∶3.56∶0.52
			40	34	168	323	652	1266	1∶2.02∶3.92∶0.52
	67.5 (B)	卵石	10	32	193	386	576	1223	1∶1.49∶3.17∶0.50
			20	31	173	346	585	1301	1∶1.69∶3.76∶0.50
			31.5	31	163	326	598	1332	1∶1.83∶4.09∶0.50
			40	30	153	306	592	1382	1∶1.93∶4.52∶0.50
		碎石	16	37	203	376	658	1121	1∶1.75∶2.98∶0.54
			20	36	188	348	664	1180	1∶1.91∶3.39∶0.54
			31.5	35	178	330	660	1226	1∶2.00∶3.72∶0.54
			40	34	168	311	656	1273	1∶2.11∶4.09∶0.54
	70.0 (C)	卵石	10	32	193	378	577	1227	1∶1.53∶3.25∶0.51
			20	31	173	339	587	1306	1∶1.73∶3.85∶0.51
			31.5	31	163	320	600	1335	1∶1.88∶4.17∶0.51
			40	30	153	300	594	1386	1∶1.98∶4.62∶0.51
		碎石	16	38	203	362	680	1110	1∶1.88∶3.07∶0.56
			20	37	188	336	686	1168	1∶2.04∶3.48∶0.56
			31.5	36	178	318	683	1214	1∶2.15∶3.82∶0.56
			40	35	168	300	678	1260	1∶2.26∶4.20∶0.56

混凝土强度等级：C45；稠度：55～70mm（坍落度）；砂子种类：粗砂；配制强度 54.9MPa

水泥强度等级	水泥实际强度（MPa）	石子种类	石子最大粒径（mm）	砂率（%）	材料用量（kg/m³）				配合比（质量比）
					水 m_{w0}	水泥 m_{c0}	砂 m_{s0}	石子 m_{g0}	水泥：砂：石子：水 $m_{c0}:m_{s0}:m_{g0}:m_{w0}$
52.5	55.0（A）	卵石	10	29	203	483	489	1198	1：1.01：2.48：0.42
			20	28	183	436	499	1283	1：1.14：2.94：0.42
			31.5	28	173	412	512	1317	1：1.24：3.20：0.42
			40	27	163	388	507	1370	1：1.31：3.53：0.42
		碎石	16	34	213	473	568	1102	1：1.20：2.33：0.45
			20	33	198	440	573	1164	1：1.30：2.65：0.45
			31.5	32	188	418	571	1213	1：1.37：2.90：0.45
			40	31	178	396	567	1262	1：1.43：3.19：0.45
	57.5（B）	卵石	10	29	203	472	492	1205	1：1.04：2.55：0.43
			20	28	183	426	501	1289	1：1.18：3.03：0.43
			31.5	28	173	402	515	1323	1：1.28：3.29：0.43
			40	27	163	379	509	1376	1：1.34：3.63：0.43
		碎石	16	34	213	453	573	1113	1：1.26：2.46：0.47
			20	33	198	421	579	1175	1：1.38：2.79：0.47
			31.5	32	188	400	576	1223	1：1.44：3.06：0.47
			40	31	178	379	572	1273	1：1.51：3.36：0.47
	60.0（C）	卵石	10	30	203	451	515	1201	1：1.14：2.66：0.45
			20	29	183	407	524	1283	1：1.29：3.15：0.45
			31.5	29	173	384	538	1316	1：1.40：3.43：0.45
			40	28	163	362	532	1368	1：1.47：3.78：0.45
		碎石	16	35	213	435	596	1106	1：1.37：2.54：0.49
			20	34	198	404	601	1167	1：1.49：2.89：0.49
			31.5	33	188	384	598	1215	1：1.56：3.16：0.49
			40	32	178	363	594	1263	1：1.64：3.48：0.49

续表

水泥强度等级	水泥实际强度（MPa）	石子种类	石子最大粒径（mm）	砂率（%）	材料用量（kg/m³）				配合比（质量比）
					水 m_{w0}	水泥 m_{c0}	砂 m_{s0}	石子 m_{g0}	水泥：砂：石子：水 $m_{c0}:m_{s0}:m_{g0}:m_{w0}$
62.5	65.0 (A)	卵石	10	31	203	423	539	1200	1：1.27：2.84：0.48
			20	30	183	381	549	1280	1：1.44：3.36：0.48
			31.5	30	173	360	562	1312	1：1.56：3.64：0.48
			40	29	163	340	556	1362	1：1.64：4.01：0.48
		碎石	16	37	213	410	638	1086	1：1.56：2.65：0.52
			20	36	198	381	644	1145	1：1.69：3.01：0.52
			31.5	35	188	362	641	1191	1：1.77：3.29：0.52
			40	34	178	342	638	1238	1：1.87：3.62：0.52
	67.5 (B)	卵石	10	32	203	406	561	1193	1：1.38：2.94：0.50
			20	31	183	366	571	1271	1：1.56：3.47：0.50
			31.5	31	173	346	585	1301	1：1.69：3.76：0.50
			40	30	163	326	579	1351	1：1.78：4.14：0.50
		碎石	16	37	213	394	643	1094	1：1.63：2.78：0.54
			20	36	198	367	648	1152	1：1.77：3.14：0.54
			31.5	35	188	348	645	1198	1：1.85：3.44：0.54
			40	34	178	330	641	1245	1：1.94：3.77：0.54
	70.0 (C)	卵石	10	32	203	398	563	1197	1：1.41：3.01：0.51
			20	31	183	359	573	1275	1：1.60：3.55：0.51
			31.5	31	173	339	587	1306	1：1.73：3.85：0.51
			40	30	163	320	581	1355	1：1.82：4.23：0.51
		碎石	16	38	213	380	664	1084	1：1.75：2.85：0.56
			20	37	198	354	670	1141	1：1.89：3.22：0.56
			31.5	36	188	336	667	1186	1：1.99：3.53：0.56
			40	35	178	318	664	1233	1：2.09：3.88：0.56

混凝土强度等级：C45；稠度：75～90mm（坍落度）；砂子种类：粗砂；配制强度 54.9MPa

水泥强度等级	水泥实际强度（MPa）	石子种类	石子最大粒径（mm）	砂率（%）	材料用量（kg/m³） 水 m_{w0}	水泥 m_{c0}	砂 m_{s0}	石子 m_{g0}	配合比（质量比） 水泥：砂：石子：水 m_{c0}：m_{s0}：m_{g0}：m_{w0}
52.5	55.0（A）	卵石	10	30	208	495	499	1165	1：1.01：2.35：0.42
			20	29	188	448	510	1248	1：1.14：2.79：0.42
			31.5	29	178	424	524	1282	1：1.24：3.02：0.42
			40	28	168	400	519	1334	1：1.30：3.34：0.42
		碎石	16	35	223	496	568	1055	1：1.15：2.13：0.45
			20	34	208	462	575	1117	1：1.24：2.42：0.45
			31.5	33	198	440	573	1164	1：1.30：2.65：0.45
			40	32	188	418	571	1213	1：1.37：2.90：0.45
	57.5（B）	卵石	10	30	208	484	502	1171	1：1.04：2.42：0.43
			20	29	188	437	513	1255	1：1.17：2.87：0.43
			31.5	29	178	414	526	1288	1：1.27：3.11：0.43
			40	28	168	391	521	1340	1：1.33：3.43：0.43
		碎石	16	35	223	474	575	1067	1：1.21：2.25：0.47
			20	34	208	443	581	1128	1：1.31：2.55：0.47
			31.5	33	198	421	579	1175	1：1.38：2.79：0.47
			40	32	188	400	576	1223	1：1.44：3.06：0.47
	60.0（C）	卵石	10	31	208	462	525	1168	1：1.14：2.53：0.45
			20	30	188	418	535	1249	1：1.28：2.99：0.45
			31.5	30	178	396	549	1281	1：1.39：3.23：0.45
			40	29	168	373	544	1332	1：1.46：3.57：0.45
		碎石	16	36	223	455	597	1061	1：1.31：2.33：0.49
			20	35	208	424	604	1121	1：1.42：2.64：0.49
			31.5	34	198	404	601	1167	1：1.49：2.89：0.49
			40	33	188	384	598	1215	1：1.56：3.16：0.49

续表

水泥强度等级	水泥实际强度(MPa)	石子种类	石子最大粒径(mm)	砂率(%)	材料用量(kg/m³) 水 m_{w0}	水泥 m_{c0}	砂 m_{s0}	石子 m_{g0}	配合比(质量比) 水泥：砂：石子：水 $m_{c0}:m_{s0}:m_{g0}:m_{w0}$
62.5	65.0 (A)	卵石	10	32	208	433	550	1168	1：1.27：2.70：0.48
			20	31	188	392	560	1246	1：1.43：3.18：0.48
			31.5	31	178	371	574	1277	1：1.55：3.44：0.48
			40	30	168	350	569	1327	1：1.63：3.79：0.48
		碎石	16	38	223	429	639	1042	1：1.49：2.43：0.52
			20	37	208	400	645	1099	1：1.61：2.75：0.52
			31.5	36	198	381	644	1145	1：1.69：3.01：0.52
			40	35	188	362	641	1191	1：1.77：3.29：0.52
	67.5 (B)	卵石	10	33	208	416	571	1160	1：1.37：2.79：0.50
			20	32	188	376	583	1238	1：1.55：3.29：0.50
			31.5	32	178	356	596	1267	1：1.67：3.56：0.50
			40	31	168	336	592	1317	1：1.76：3.92：0.50
		碎石	16	38	223	413	644	1050	1：1.56：2.54：0.54
			20	37	208	385	651	1108	1：1.69：2.88：0.54
			31.5	36	198	367	648	1152	1：1.77：3.14：0.54
			40	35	188	348	645	1198	1：1.85：3.44：0.54
	70.0 (C)	卵石	10	33	208	408	574	1165	1：1.41：2.86：0.51
			20	32	188	369	584	1242	1：1.58：3.37：0.51
			31.5	32	178	349	599	1272	1：1.72：3.64：0.51
			40	31	168	329	593	1321	1：1.80：4.02：0.51
		碎石	16	39	223	398	666	1041	1：1.67：2.62：0.56
			20	38	208	371	672	1097	1：1.81：2.96：0.56
			31.5	37	198	354	670	1141	1：1.89：3.22：0.56
			40	36	188	336	667	1186	1：1.99：3.53：0.56

混凝土强度等级：C45；稠度：16～20s（维勃稠度）；砂子种类：中砂；配制强度 54.9MPa

水泥强度等级	水泥实际强度（MPa）	石子种类	石子最大粒径（mm）	砂率（%）	材料用量（kg/m³） 水 m_{w0}	水泥 m_{c0}	砂 m_{s0}	石子 m_{g0}	配合比（质量比） 水泥：砂：石子：水 $m_{c0}:m_{s0}:m_{g0}:m_{w0}$
52.5	55.0 (A)	卵石	10	29	175	417	528	1292	1：1.27：3.10：0.42
			20	28	160	381	530	1362	1：1.39：3.57：0.42
			40	27	145	345	530	1433	1：1.54：4.15：0.42
		碎石	16	34	180	400	619	1201	1：1.55：3.00：0.45
			20	33	170	378	616	1250	1：1.63：3.31：0.45
			40	31	155	344	600	1336	1：1.74：3.88：0.45
	57.5 (B)	卵石	10	29	175	407	530	1298	1：1.30：3.19：0.43
			20	28	160	372	532	1367	1：1.43：3.67：0.43
			40	27	145	337	532	1438	1：1.58：4.27：0.43
		碎石	16	34	180	383	624	1211	1：1.63：3.16：0.47
			20	33	170	362	621	1260	1：1.72：3.48：0.47
			40	31	155	330	604	1344	1：1.83：4.07：0.47
	60.0 (C)	卵石	10	30	175	389	553	1291	1：1.42：3.32：0.45
			20	29	160	356	555	1358	1：1.56：3.81：0.45
			40	28	145	322	555	1427	1：1.72：4.43：0.45
		碎石	16	35	180	367	647	1202	1：1.76：3.28：0.49
			20	34	170	347	643	1249	1：1.85：3.60：0.49
			40	32	155	316	627	1333	1：1.98：4.22：0.49

续表

水泥强度等级	水泥实际强度(MPa)	石子种类	石子最大粒径(mm)	砂率(%)	材料用量（kg/m³）				配合比（质量比）
					水 m_{w0}	水泥 m_{c0}	砂 m_{s0}	石子 m_{g0}	水泥：砂：石子：水 $m_{c0}:m_{s0}:m_{g0}:m_{w0}$
62.5	65.0 (A)	卵石	10	31	175	365	578	1286	1∶1.58∶3.52∶0.48
			20	30	160	333	580	1353	1∶1.74∶4.06∶0.48
			40	29	145	302	580	1419	1∶1.92∶4.70∶0.48
		碎石	16	37	180	346	691	1176	1∶2.00∶3.40∶0.52
			20	36	170	327	687	1222	1∶2.10∶3.74∶0.52
			40	34	155	298	672	1304	1∶2.26∶4.38∶0.52
	67.5 (B)	卵石	10	32	175	350	600	1276	1∶1.71∶3.65∶0.50
			20	31	160	320	602	1341	1∶1.88∶4.19∶0.50
			40	30	145	290	603	1407	1∶2.08∶4.85∶0.50
		碎石	16	37	180	333	695	1183	1∶2.09∶3.55∶0.54
			20	36	170	315	691	1229	1∶2.19∶3.90∶0.54
			40	34	155	287	675	1310	1∶2.35∶4.56∶0.54
	70.0 (C)	卵石	10	32	175	343	603	1281	1∶1.76∶3.73∶0.51
			20	31	160	314	604	1344	1∶1.92∶4.28∶0.51
			40	30	145	284	604	1410	1∶2.13∶4.96∶0.51
		碎石	16	38	180	321	717	1170	1∶2.23∶3.64∶0.56
			20	37	170	304	714	1216	1∶2.35∶4.00∶0.56
			40	35	155	277	698	1296	1∶2.52∶4.68∶0.56

混凝土强度等级：C45；稠度：11～15s（维勃稠度）；砂子种类：中砂；配制强度 54.9MPa

水泥强度等级	水泥实际强度（MPa）	石子种类	石子最大粒径（mm）	砂率（%）	材料用量（kg/m³） 水 m_{w0}	水泥 m_{c0}	砂 m_{s0}	石子 m_{g0}	配合比（质量比） 水泥：砂：石子：水 $m_{c0}:m_{s0}:m_{g0}:m_{w0}$
52.5	55.0 (A)	卵石	10	29	180	429	521	1275	1：1.21：2.97：0.42
			20	28	165	393	523	1344	1：1.33：3.42：0.42
			40	27	150	357	523	1415	1：1.46：3.96：0.42
		碎石	16	34	185	411	611	1186	1：1.49：2.89：0.45
			20	33	175	389	608	1235	1：1.56：3.17：0.45
			40	31	160	356	593	1319	1：1.67：3.71：0.45
	57.5 (B)	卵石	10	29	180	419	523	1281	1：1.25：3.06：0.43
			20	28	165	384	525	1350	1：1.37：3.52：0.43
			40	27	150	349	525	1420	1：1.50：4.07：0.43
		碎石	16	34	185	394	616	1196	1：1.56：3.04：0.47
			20	33	175	372	613	1245	1：1.65：3.35：0.47
			40	31	160	340	597	1329	1：1.76：3.91：0.47
	60.0 (C)	卵石	10	30	180	400	546	1275	1：1.37：3.19：0.45
			20	29	165	367	548	1342	1：1.49：3.66：0.45
			40	28	150	333	549	1411	1：1.65：4.24：0.45
		碎石	16	35	185	378	639	1187	1：1.69：3.14：0.49
			20	34	175	357	636	1235	1：1.78：3.46：0.49
			40	32	160	327	620	1317	1：1.90：4.03：0.49

续表

水泥强度等级	水泥实际强度 (MPa)	石子种类	石子最大粒径 (mm)	砂率 (%)	材料用量 (kg/m³) 水 m_{w0}	水泥 m_{c0}	砂 m_{s0}	石子 m_{g0}	配合比 (质量比) 水泥∶砂∶石子∶水 m_{c0}∶m_{s0}∶m_{g0}∶m_{w0}
62.5	65.0 (A)	卵石	10	31	180	375	571	1271	1∶1.52∶3.39∶0.48
			20	30	165	344	573	1337	1∶1.67∶3.89∶0.48
			40	29	150	313	573	1403	1∶1.83∶4.48∶0.48
		碎石	16	37	185	356	682	1162	1∶1.92∶3.26∶0.52
			20	36	175	337	680	1208	1∶2.02∶3.58∶0.52
			40	34	160	308	664	1289	1∶2.16∶4.19∶0.52
	67.5 (B)	卵石	10	32	180	360	593	1261	1∶1.65∶3.50∶0.50
			20	31	165	330	596	1326	1∶1.81∶4.02∶0.50
			40	30	150	300	596	1391	1∶1.99∶4.64∶0.50
		碎石	16	37	185	343	687	1169	1∶2.00∶3.41∶0.54
			20	36	175	324	683	1215	1∶2.11∶3.75∶0.54
			40	34	160	296	668	1296	1∶2.26∶4.38∶0.54
	70.0 (C)	卵石	10	32	180	353	596	1266	1∶1.69∶3.59∶0.51
			20	31	165	324	597	1329	1∶1.84∶4.10∶0.51
			40	30	150	294	598	1395	1∶2.03∶4.74∶0.51
		碎石	16	38	185	330	709	1157	1∶2.15∶3.51∶0.56
			20	37	175	312	707	1203	1∶2.27∶3.86∶0.56
			40	35	160	286	690	1282	1∶2.41∶4.48∶0.56

混凝土强度等级：C45；稠度：5～10s（维勃稠度）；砂子种类：中砂；配制强度 54.9MPa

水泥强度等级	水泥实际强度（MPa）	石子种类	石子最大粒径（mm）	砂率（%）	材料用量（kg/m³）				配合比（质量比）
					水 m_{w0}	水泥 m_{c0}	砂 m_{s0}	石子 m_{g0}	水泥：砂：石子：水 m_{c0}：m_{s0}：m_{g0}：m_{w0}
52.5	55.0（A）	卵石	10	29	185	440	514	1259	1：1.17：2.86：0.42
			20	28	170	405	516	1327	1：1.27：3.28：0.42
			40	27	155	369	517	1398	1：1.40：3.79：0.42
		碎石	16	34	190	422	603	1171	1：1.43：2.77：0.45
			20	33	180	400	601	1220	1：1.50：3.05：0.45
			40	31	165	367	586	1304	1：1.60：3.55：0.45
	57.5（B）	卵石	10	29	185	430	517	1265	1：1.20：2.94：0.43
			20	28	170	395	519	1334	1：1.31：3.38：0.43
			40	27	155	360	519	1404	1：1.44：3.90：0.43
		碎石	16	34	190	404	609	1182	1：1.51：2.93：0.47
			20	33	180	383	606	1230	1：1.58：3.21：0.47
			40	31	165	351	590	1313	1：1.68：3.74：0.47
	60.0（C）	卵石	10	30	185	411	540	1259	1：1.31：3.06：0.45
			20	29	170	378	541	1325	1：1.43：3.51：0.45
			40	28	155	344	542	1394	1：1.58：4.05：0.45
		碎石	16	35	190	388	631	1172	1：1.63：3.02：0.49
			20	34	180	367	628	1220	1：1.71：3.32：0.49
			40	32	165	337	613	1302	1：1.82：3.86：0.49

续表

水泥强度等级	水泥实际强度（MPa）	石子种类	石子最大粒径（mm）	砂率（%）	材料用量（kg/m³）				配合比（质量比）
					水 m_{w0}	水泥 m_{c0}	砂 m_{s0}	石子 m_{g0}	水泥：砂：石子：水 m_{c0} : m_{s0} : m_{g0} : m_{w0}
62.5	65.0 (A)	卵石	10	31	185	385	564	1256	1 : 1.46 : 3.26 : 0.48
			20	30	170	354	566	1321	1 : 1.60 : 3.73 : 0.48
			40	29	155	323	567	1388	1 : 1.76 : 4.30 : 0.48
		碎石	16	37	190	365	675	1149	1 : 1.85 : 3.15 : 0.52
			20	36	180	346	672	1195	1 : 1.94 : 3.45 : 0.52
			40	34	165	317	657	1275	1 : 2.07 : 4.02 : 0.52
	67.5 (B)	卵石	10	32	185	370	587	1247	1 : 1.59 : 3.37 : 0.50
			20	31	170	340	589	1310	1 : 1.73 : 3.85 : 0.50
			40	30	155	310	590	1376	1 : 1.90 : 4.44 : 0.50
		碎石	16	37	190	352	679	1156	1 : 1.93 : 3.28 : 0.54
			20	36	180	333	676	1202	1 : 2.03 : 3.61 : 0.54
			40	34	165	306	660	1281	1 : 2.16 : 4.19 : 0.54
	70.0 (C)	卵石	10	32	185	363	589	1251	1 : 1.62 : 3.45 : 0.51
			20	31	170	333	591	1315	1 : 1.77 : 3.95 : 0.51
			40	30	155	304	591	1379	1 : 1.94 : 4.54 : 0.51
		碎石	16	38	190	339	701	1144	1 : 2.07 : 3.37 : 0.56
			20	37	180	321	698	1189	1 : 2.17 : 3.70 : 0.56
			40	35	165	295	683	1268	1 : 2.32 : 4.30 : 0.56

混凝土强度等级：C45；稠度：10～30mm（坍落度）；砂子种类：中砂；配制强度 54.9MPa

水泥强度等级	水泥实际强度（MPa）	石子种类	石子最大粒径（mm）	砂率（%）	材料用量（kg/m³）				配合比（质量比）
					水 m_{w0}	水泥 m_{c0}	砂 m_{s0}	石子 m_{g0}	水泥：砂：石子：水 $m_{c0}:m_{s0}:m_{g0}:m_{w0}$
52.5	55.0（A）	卵石	10	29	190	452	507	1242	1：1.12：2.75：0.42
			20	28	170	405	516	1327	1：1.27：3.28：0.42
			31.5	28	160	381	530	1362	1：1.39：3.57：0.42
			40	27	150	357	523	1415	1：1.46：3.96：0.42
		碎石	16	34	200	444	588	1141	1：1.32：2.57：0.45
			20	33	185	411	593	1204	1：1.44：2.93：0.45
			31.5	32	175	389	590	1254	1：1.52：3.22：0.45
			40	31	165	367	586	1304	1：1.60：3.55：0.45
	57.5（B）	卵石	10	29	190	442	510	1248	1：1.15：2.82：0.43
			20	28	170	395	519	1334	1：1.31：3.38：0.43
			31.5	28	160	372	532	1367	1：1.43：3.67：0.43
			40	27	150	349	525	1420	1：1.50：4.07：0.43
		碎石	16	34	200	426	593	1151	1：1.39：2.70：0.47
			20	33	185	394	598	1214	1：1.52：3.08：0.47
			31.5	32	175	372	595	1264	1：1.60：3.40：0.47
			40	31	165	351	590	1313	1：1.68：3.74：0.47
	60.0（C）	卵石	10	30	190	422	533	1243	1：1.26：2.95：0.45
			20	29	170	378	541	1325	1：1.43：3.51：0.45
			31.5	29	160	356	555	1358	1：1.56：3.81：0.45
			40	28	150	333	549	1411	1：1.65：4.24：0.45
		碎石	16	35	200	408	616	1144	1：1.51：2.80：0.49
			20	34	185	378	621	1205	1：1.64：3.19：0.49
			31.5	33	175	357	618	1254	1：1.73：3.51：0.49
			40	32	165	337	613	1302	1：1.82：3.86：0.49

续表

水泥强度等级	水泥实际强度（MPa）	石子种类	石子最大粒径（mm）	砂率（%）	材料用量（kg/m³）水 m_{w0}	水泥 m_{c0}	砂 m_{s0}	石子 m_{g0}	配合比（质量比）水泥∶砂∶石子∶水 $m_{c0}:m_{s0}:m_{g0}:m_{w0}$
62.5	65.0（A）	卵石	10	31	190	396	557	1240	1∶1.41∶3.13∶0.48
			20	30	170	354	566	1321	1∶1.60∶3.73∶0.48
			31.5	30	160	333	580	1353	1∶1.74∶4.06∶0.48
			40	29	150	313	573	1403	1∶1.83∶4.48∶0.48
		碎石	16	37	200	385	658	1121	1∶1.71∶2.91∶0.52
			20	36	185	356	664	1181	1∶1.87∶3.32∶0.52
			31.5	35	175	337	661	1227	1∶1.96∶3.64∶0.52
			40	34	165	317	657	1275	1∶2.07∶4.02∶0.52
	67.5（B）	卵石	10	32	190	380	580	1232	1∶1.53∶3.24∶0.50
			20	31	170	340	589	1310	1∶1.73∶3.85∶0.50
			31.5	31	160	320	602	1341	1∶1.88∶4.19∶0.50
			40	30	150	300	596	1391	1∶1.99∶4.64∶0.50
		碎石	16	37	200	370	663	1129	1∶1.79∶3.05∶0.54
			20	36	185	343	668	1188	1∶1.95∶3.46∶0.54
			31.5	35	175	324	664	1234	1∶2.05∶3.81∶0.54
			40	34	165	306	660	1281	1∶2.16∶4.19∶0.54
	70.0（C）	卵石	10	32	190	373	582	1236	1∶1.56∶3.31∶0.51
			20	31	170	333	591	1315	1∶1.77∶3.95∶0.51
			31.5	31	160	314	604	1344	1∶1.92∶4.28∶0.51
			40	30	150	294	598	1395	1∶2.03∶4.74∶0.51
		碎石	16	38	200	357	68	1118	1∶1.92∶3.13∶0.56
			20	37	185	330	691	1176	1∶2.09∶3.56∶0.56
			31.5	36	175	312	687	1222	1∶2.20∶3.92∶0.56
			40	35	165	295	683	1268	1∶2.32∶4.30∶0.56

混凝土强度等级：C45；稠度：35～50mm（坍落度）；砂子种类：中砂；配制强度 54.9MPa

水泥强度等级	水泥实际强度(MPa)	石子种类	石子最大粒径(mm)	砂率(%)	材料用量（kg/m³） 水 m_{w0}	水泥 m_{c0}	砂 m_{s0}	石子 m_{g0}	配合比（质量比） 水泥：砂：石子：水 $m_{c0}:m_{s0}:m_{g0}:m_{w0}$
52.5	55.0 (A)	卵石	10	29	200	476	493	1208	1：1.04：2.54：0.42
			20	28	180	429	503	1293	1：1.17：3.01：0.42
			31.5	28	170	405	516	1327	1：1.27：3.28：0.42
			40	27	160	381	511	1381	1：1.34：3.62：0.42
		碎石	16	34	210	467	572	1110	1：1.22：2.38：0.45
			20	33	195	433	578	1174	1：1.33：2.71：0.45
			31.5	32	185	411	575	1222	1：1.40：2.97：0.45
			40	31	175	389	571	1272	1：1.47：3.27：0.45
	57.5 (B)	卵石	10	29	200	465	496	1215	1：1.07：2.61：0.43
			20	28	180	419	505	1299	1：1.21：3.10：0.43
			31.5	28	170	395	519	1334	1：1.31：3.38：0.43
			40	27	160	372	513	1386	1：1.38：3.73：0.43
		碎石	16	34	210	447	578	1122	1：1.29：2.51：0.47
			20	33	195	415	583	1184	1：1.40：2.85：0.47
			31.5	32	185	394	580	1232	1：1.47：3.13：0.47
			40	31	175	372	576	1282	1：1.55：3.45：0.47
	60.0 (C)	卵石	10	30	200	444	519	1211	1：1.17：2.73：0.45
			20	29	180	400	528	1293	1：1.32：3.23：0.45
			31.5	29	170	378	541	1325	1：1.43：3.51：0.45
			40	28	160	356	536	1377	1：1.51：3.87：0.45
		碎石	16	35	210	429	600	1115	1：1.40：2.60：0.49
			20	34	195	398	606	1176	1：1.52：2.95：0.49
			31.5	33	185	378	602	1223	1：1.59：3.24：0.49
			40	32	175	357	599	1272	1：1.68：3.56：0.49

续表

水泥强度等级	水泥实际强度（MPa）	石子种类	石子最大粒径（mm）	砂率（%）	材料用量（kg/m³）				配合比（质量比）
					水 m_{w0}	水泥 m_{c0}	砂 m_{s0}	石子 m_{g0}	水泥：砂：石子：水 $m_{c0}:m_{s0}:m_{g0}:m_{w0}$
62.5	65.0（A）	卵石	10	31	200	417	543	1209	1：1.30：2.90：0.48
			20	30	180	375	553	1290	1：1.47：3.44：0.48
			31.5	30	170	354	566	1321	1：1.60：3.73：0.48
			40	29	160	333	560	1372	1：1.68：4.12：0.48
		碎石	16	37	210	404	643	1094	1：1.59：2.71：0.52
			20	36	195	375	649	1153	1：1.73：3.07：0.52
			31.5	35	185	356	646	1199	1：1.81：3.37：0.52
			40	34	175	337	642	1246	1：1.91：3.70：0.52
	67.5（B）	卵石	10	32	200	400	566	1202	1：1.42：3.01：0.50
			20	31	180	360	575	1280	1：1.60：3.56：0.50
			31.5	31	170	340	589	1310	1：1.73：3.85：0.50
			40	30	160	320	583	1360	1：1.82：4.25：0.50
		碎石	16	37	210	389	647	1102	1：1.66：2.83：0.54
			20	36	195	361	653	1161	1：1.81：3.22：0.54
			31.5	35	185	343	649	1206	1：1.89：3.52：0.54
			40	34	175	324	645	1253	1：1.99：3.87：0.54
	70.0（C）	卵石	10	32	200	392	568	1206	1：1.45：3.08：0.51
			20	31	180	353	577	1284	1：1.63：3.64：0.51
			31.5	31	170	333	591	1315	1：1.77：3.95：0.51
			40	30	160	314	585	1364	1：1.86：4.34：0.51
		碎石	16	38	210	375	669	1092	1：1.78：2.91：0.56
			20	37	195	348	675	1150	1：1.94：3.30：0.56
			31.5	36	185	330	672	1195	1：2.04：3.62：0.56
			40	35	175	312	668	1241	1：2.14：3.98：0.56

混凝土强度等级：C45；稠度：55～70mm（坍落度）；砂子种类：中砂；配制强度 54.9MPa

水泥强度等级	水泥实际强度（MPa）	石子种类	石子最大粒径（mm）	砂率（%）	材料用量（kg/m³） 水 m_{w0}	水泥 m_{c0}	砂 m_{s0}	石子 m_{g0}	配合比（质量比） 水泥：砂：石子：水 $m_{c0}:m_{s0}:m_{g0}:m_{w0}$
52.5	55.0（A）	卵石	10	29	210	500	480	1175	1：0.96：2.35：0.42
			20	28	190	452	490	1260	1：1.08：2.79：0.42
			31.5	28	180	429	503	1293	1：1.17：3.01：0.42
			40	27	170	405	498	1346	1：1.23：3.32：0.42
		碎石	16	34	220	489	556	1080	1：1.14：2.21：0.45
			20	33	205	456	563	1143	1：1.23：2.51：0.45
			31.5	32	195	433	460	1191	1：1.29：2.75：0.45
			40	31	185	411	558	1241	1：1.36：3.02：0.45
	57.5（B）	卵石	10	29	210	488	483	1182	1：0.99：2.42：0.43
			20	28	190	442	492	1266	1：1.11：2.86：0.43
			31.5	28	180	419	505	1299	1：1.21：3.10：0.43
			40	27	170	395	500	1352	1：1.27：3.42：0.43
		碎石	16	34	220	468	563	1092	1：1.20：2.33：0.47
			20	33	205	436	568	1154	1：1.30：2.65：0.47
			31.5	32	195	415	566	1202	1：1.36：2.90：0.47
			40	31	185	394	562	1251	1：1.43：3.18：0.47
	60.0（C）	卵石	10	30	210	467	505	1178	1：1.08：2.52：0.45
			20	29	190	422	515	1260	1：1.22：2.99：0.45
			31.5	29	180	400	528	1293	1：1.32：3.23：0.45
			40	28	170	378	523	1344	1：1.38：3.56：0.45
		碎石	16	35	220	449	585	1086	1：1.30：2.42：0.49
			20	34	205	418	591	1147	1：1.41：2.74：0.49
			31.5	33	195	398	588	1194	1：1.48：3.00：0.49
			40	32	185	378	584	1242	1：1.54：3.29：0.49

续表

水泥强度等级	水泥实际强度(MPa)	石子种类	石子最大粒径(mm)	砂率(%)	材料用量(kg/m³) 水 m_{w0}	水泥 m_{c0}	砂 m_{s0}	石子 m_{g0}	配合比(质量比) 水泥：砂：石子：水 $m_{c0}:m_{s0}:m_{g0}:m_{w0}$
62.5	65.0 (A)	卵石	10	31	210	438	529	1178	1∶1.21∶2.69∶0.48
			20	30	190	396	539	1258	1∶1.36∶3.18∶0.48
			31.5	30	180	375	553	1290	1∶1.47∶3.44∶0.48
			40	29	170	354	547	1340	1∶1.55∶3.79∶0.48
		碎石	16	37	220	423	627	1067	1∶1.48∶2.52∶0.52
			20	36	205	394	633	1125	1∶1.61∶2.86∶0.52
			31.5	35	195	375	631	1171	1∶1.68∶3.12∶0.52
			40	34	185	356	627	1218	1∶1.76∶3.42∶0.52
	67.5 (B)	卵石	10	32	210	420	552	1172	1∶1.31∶2.79∶0.50
			20	31	190	380	562	1250	1∶1.48∶3.29∶0.50
			31.5	31	180	360	575	1280	1∶1.60∶3.56∶0.50
			40	30	170	340	570	1330	1∶1.68∶3.91∶0.50
		碎石	16	37	220	407	631	1075	1∶1.55∶2.64∶0.54
			20	36	205	380	637	1133	1∶1.68∶2.98∶0.54
			31.5	35	195	361	635	1179	1∶1.76∶3.27∶0.54
			40	34	185	343	631	1225	1∶1.84∶3.57∶0.54
	70.0 (C)	卵石	10	32	210	412	553	1176	1∶1.34∶2.85∶0.51
			20	31	190	373	563	1254	1∶1.51∶3.36∶0.51
			31.5	31	180	353	577	1284	1∶1.63∶3.64∶0.51
			40	30	170	333	572	1334	1∶1.72∶4.01∶0.51
		碎石	16	38	220	393	653	1066	1∶1.66∶2.71∶0.56
			20	37	205	366	660	1123	1∶1.80∶3.07∶0.56
			31.5	36	195	348	657	1168	1∶1.89∶3.36∶0.56
			40	35	185	330	654	1214	1∶1.98∶3.68∶0.56

混凝土强度等级：C45；稠度：75～90mm（坍落度）；砂子种类：中砂；配制强度 54.9/MPa

水泥强度等级	水泥实际强度（MPa）	石子种类	石子最大粒径（mm）	砂率（%）	材料用量（kg/m³） 水 m_{w0}	水泥 m_{c0}	砂 m_{s0}	石子 m_{g0}	配合比（质量比） 水泥：砂：石子：水 $m_{c0}:m_{s0}:m_{g0}:m_{w0}$
52.5	55.0（A）	卵石	10	30	215	512	489	1141	1：0.96：2.23：0.42
			20	29	195	464	500	1225	1：1.08：2.64：0.42
			31.5	29	185	440	514	1259	1：1.17：2.86：0.42
			40	28	175	417	509	1310	1：1.22：3.14：0.42
		碎石	16	35	230	511	557	1034	1：1.09：2.02：0.45
			20	34	215	478	564	1095	1：1.18：2.29：0.45
			31.5	33	205	456	563	1143	1：1.23：2.51：0.45
			40	32	195	433	560	1191	1：1.29：2.75：0.45
	57.5（B）	卵石	10	30	215	500	492	1149	1：0.98：2.30：0.43
			20	29	195	453	503	1232	1：1.11：2.72：0.43
			31.5	29	185	430	517	1265	1：1.20：2.94：0.43
			40	28	175	407	512	1317	1：1.26：3.24：0.43
		碎石	16	35	230	489	563	1046	1：1.15：2.14：0.47
			20	34	215	457	570	1107	1：1.25：2.42：0.47
			31.5	33	205	436	568	1154	1：1.30：2.65：0.47
			40	32	195	415	566	1202	1：1.36：2.90：0.47
	60.0（C）	卵石	10	31	215	478	514	1145	1：1.08：2.40：0.45
			20	30	195	433	526	1227	1：1.21：2.83：0.45
			31.5	30	185	411	540	1259	1：1.31：3.06：0.45
			40	29	175	389	535	1309	1：1.38：3.37：0.45
		碎石	16	36	230	469	586	1041	1：1.25：2.22：0.49
			20	35	215	439	592	1100	1：1.35：2.51：0.49
			31.5	34	205	418	591	1147	1：1.41：2.74：0.49
			40	33	195	398	588	1194	1：1.48：3.00：0.49

续表

水泥强度等级	水泥实际强度（MPa）	石子种类	石子最大粒径（mm）	砂率（%）	材料用量（kg/m³）				配合比（质量比）
					水 m_{w0}	水泥 m_{c0}	砂 m_{s0}	石子 m_{g0}	水泥：砂：石子：水 $m_{c0}:m_{s0}:m_{g0}:m_{w0}$
62.5	65.0 (A)	卵石	10	32	215	448	539	1146	1∶1.20∶2.56∶0.48
			20	31	195	406	550	1225	1∶1.35∶3.02∶0.48
			31.5	31	185	385	564	1256	1∶1.46∶3.26∶0.48
			40	30	175	365	559	1305	1∶1.53∶3.58∶0.48
		碎石	16	38	230	442	627	1023	1∶1.42∶2.31∶0.52
			20	37	215	413	635	1081	1∶1.54∶2.62∶0.52
			31.5	36	205	394	633	1125	1∶1.61∶2.86∶0.52
			40	35	195	375	631	1171	1∶1.68∶3.12∶0.52
	67.5 (B)	卵石	10	33	215	430	561	1140	1∶1.30∶2.65∶0.50
			20	32	195	39	573	1217	1∶1.47∶3.12∶0.50
			31.5	32	185	370	587	1247	1∶1.59∶3.37∶0.50
			40	31	175	350	582	1295	1∶1.66∶3.70∶0.50
		碎石	16	38	230	426	633	1032	1∶1.49∶2.42∶0.54
			20	37	215	398	640	1089	1∶1.61∶2.74∶0.54
			31.5	36	205	380	637	1133	1∶1.68∶2.98∶0.54
			40	35	195	361	635	1179	1∶1.76∶3.27∶0.54
	70.0 (C)	卵石	10	33	215	422	563	1144	1∶1.33∶2.71∶0.51
			20	32	195	382	575	1221	1∶1.51∶3.20∶0.51
			31.5	32	185	363	589	1251	1∶1.62∶3.45∶0.51
			40	31	175	343	584	1299	1∶1.70∶3.79∶0.51
		碎石	16	39	230	411	654	1023	1∶1.59∶2.49∶0.56
			20	38	215	384	661	1079	1∶1.72∶2.81∶0.56
			31.5	37	205	366	660	1123	1∶1.80∶3.07∶0.56
			40	36	195	348	657	1168	1∶1.89∶3.36∶0.56

混凝土强度等级：C45；稠度：16～20s（维勃稠度）；砂子种类：细砂；配制强度 54.9MPa

水泥强度等级	水泥实际强度（MPa）	石子种类	石子最大粒径（mm）	砂率（%）	材料用量（kg/m³）				配合比（质量比）
					水 m_{w0}	水泥 m_{c0}	砂 m_{s0}	石子 m_{g0}	水泥：砂：石子：水 $m_{c0}:m_{s0}:m_{g0}:m_{w0}$
52.5	55.0（A）	卵石	10	29	182	433	518	1269	1：1.20：2.93：0.42
			20	28	167	398	520	1338	1：1.31：3.36：0.42
			40	27	152	362	521	1408	1：1.44：3.89：0.42
		碎石	16	34	187	416	608	1180	1：1.46：2.84：0.45
			20	33	177	393	605	1229	1：1.54：3.13：0.45
			40	31	162	360	590	1313	1：1.64：3.65：0.45
	57.5（B）	卵石	10	29	182	423	521	1275	1：1.23：3.01：0.43
			20	28	167	388	523	1344	1：1.35：3.46：0.43
			40	27	152	353	523	1414	1：1.48：4.01：0.43
		碎石	16	34	187	398	613	1190	1：1.54：2.99：0.47
			20	33	177	377	610	1238	1：1.62：3.28：0.47
			40	31	162	345	594	1322	1：1.72：3.83：0.47
	60.0（C）	卵石	10	30	182	404	543	1268	1：1.34：3.14：0.45
			20	29	167	371	545	1335	1：1.47：3.60：0.45
			40	28	152	338	546	1404	1：1.62：4.15：0.45
		碎石	16	35	187	382	636	1181	1：1.66：3.09：0.49
			20	34	177	361	633	1229	1：1.75：3.40：0.49
			40	32	162	331	617	1311	1：1.86：3.96：0.49

续表

水泥强度等级	水泥实际强度（MPa）	石子种类	石子最大粒径（mm）	砂率（%）	材料用量（kg/m³） 水 m_{w0}	水泥 m_{c0}	砂 m_{s0}	石子 m_{g0}	配合比（质量比） 水泥：砂：石子：水 $m_{c0}:m_{s0}:m_{g0}:m_{w0}$
62.5	65.0 (A)	卵石	10	31	182	379	568	1265	1：1.50：3.34：0.48
			20	30	167	348	570	1330	1：1.64：3.82：0.48
			40	29	152	317	571	1397	1：1.80：4.41：0.48
		碎石	16	37	187	360	679	1156	1：1.89：3.21：0.52
			20	38	177	340	677	1203	1：1.99：3.54：0.52
			40	34	162	312	661	1283	1：2.12：4.11：0.52
	67.5 (B)	卵石	10	32	182	364	591	1255	1：1.62：3.45：0.50
			20	31	167	334	593	1320	1：1.78：3.95：0.50
			40	30	152	304	594	1385	1：1.95：4.56：0.50
		碎石	16	37	187	346	684	1164	1：1.98：3.36：0.54
			20	36	177	328	681	1210	1：2.08：3.69：0.54
			40	34	162	300	665	1290	1：2.22：4.30：0.54
	70.0 (C)	卵石	10	32	182	357	593	1260	1：1.66：3.53：0.51
			20	31	167	327	595	1324	1：1.82：4.05：0.51
			40	30	152	298	595	1389	1：2.00：4.66：0.51
		碎石	16	38	187	334	706	1152	1：2.11：3.45：0.56
			20	37	177	316	703	1197	1：2.22：3.79：0.56
			40	35	162	289	688	1277	1：2.38：4.42：0.56

混凝土强度等级：C45；稠度：11～15s（维勃稠度）；砂子种类：细砂；配制强度 54.9MPa

水泥强度等级	水泥实际强度（MPa）	石子种类	石子最大粒径（mm）	砂率（%）	材料用量（kg/m³）				配合比（质量比）
					水 m_{w0}	水泥 m_{c0}	砂 m_{s0}	石子 m_{g0}	水泥：砂：石子：水 $m_{c0}:m_{s0}:m_{g0}:m_{w0}$
52.5	55.0 (A)	卵石	10	29	187	445	511	1252	1：1.15：2.81：0.42
			20	28	172	410	513	1320	1：1.25：3.22：0.42
			40	27	157	374	514	1391	1：1.37：3.72：0.42
		碎石	16	34	192	427	600	1165	1：1.41：2.73：0.45
			20	33	182	404	598	1214	1：1.48：3.00：0.45
			40	31	167	371	583	1298	1：1.57：3.50：0.45
	57.5 (B)	卵石	10	29	187	435	514	1258	1：1.18：2.89：0.43
			20	28	172	400	516	1327	1：1.29：3.32：0.43
			40	27	157	365	516	1396	1：1.41：3.82：0.43
		碎石	16	34	192	409	605	1175	1：1.48：2.87：0.47
			20	33	182	387	603	1224	1：1.56：3.16：0.47
			40	31	167	355	587	1307	1：1.65：3.68：0.47
	60.0 (C)	卵石	10	30	187	416	537	1252	1：1.29：3.01：0.45
			20	29	172	382	539	1319	1：1.41：3.45：0.45
			40	28	157	349	539	1387	1：1.54：3.97：0.45
		碎石	16	35	192	392	628	1167	1：1.60：2.98：0.49
			20	34	182	371	625	1214	1：1.68：3.27：0.49
			40	32	167	341	610	1296	1：1.79：3.80：0.49

续表

水泥强度等级	水泥实际强度（MPa）	石子种类	石子最大粒径（mm）	砂率（%）	材料用量（kg/m³）				配合比（质量比）
					水 m_{w0}	水泥 m_{c0}	砂 m_{s0}	石子 m_{g0}	水泥：砂：石子：水 $m_{c0}:m_{s0}:m_{g0}:m_{w0}$
62.5	65.0（A）	卵石	10	31	187	390	561	1249	1：1.44：3.20：0.48
			20	30	172	358	564	1315	1：1.58：3.67：0.48
			40	29	157	327	564	1381	1：1.72：4.22：0.48
		碎石	16	37	192	369	671	1143	1：1.82：3.10：0.52
			20	36	182	350	669	1189	1：1.91：3.40：0.52
			40	34	167	321	654	1269	1：2.04：3.95：0.52
	67.5（B）	卵石	10	32	187	374	584	1341	1：1.56：3.32：0.50
			20	31	172	344	586	1304	1：1.70：3.79：0.50
			40	30	157	314	587	1370	1：1.87：4.36：0.50
		碎石	16	37	192	356	675	1150	1：1.90：3.23：0.54
			20	36	182	337	673	1196	1：2.00：3.55：0.54
			40	34	167	309	657	1276	1：2.13：4.13：0.54
	70.0（C）	卵石	10	32	187	367	586	1245	1：1.60：3.39：0.51
			20	31	172	337	588	1309	1：1.74：3.88：0.51
			40	30	157	308	588	1373	1：1.91：4.46：0.51
		碎石	16	38	192	343	698	1139	1：2.03：3.32：0.56
			20	37	182	325	695	1184	1：2.14：3.64：0.56
			40	35	167	298	680	1263	1：2.28：4.24：0.56

混凝土强度等级：C45；稠度：5～10s（维勃稠度）；砂子种类：细砂；配制强度 54.9MPa

水泥强度等级	水泥实际强度（MPa）	石子种类	石子最大粒径（mm）	砂率（%）	材料用量（kg/m³） 水 m_{w0}	水泥 m_{c0}	砂 m_{s0}	石子 m_{g0}	配合比（质量比） 水泥：砂：石子：水 $m_{c0}:m_{s0}:m_{g0}:m_{w0}$
52.5	55.0 (A)	卵石	10	29	192	457	504	1235	1：1.10：2.70：0.42
			20	28	177	421	507	1304	1：1.20：3.10：0.42
			40	27	162	386	508	1374	1：1.32：3.56：0.42
		碎石	16	34	197	438	592	1150	1：1.35：2.63：0.45
			20	33	187	416	590	1198	1：1.42：2.88：0.45
			40	31	172	382	576	1282	1：1.51：3.36：0.45
	57.5 (B)	卵石	10	29	192	447	507	1241	1：1.13：2.78：0.43
			20	28	177	412	509	1310	1：1.24：3.18：0.43
			40	27	162	377	510	1379	1：1.35：3.66：0.43
		碎石	16	34	197	419	598	1161	1：1.43：2.77：0.47
			20	33	187	398	595	1208	1：1.49：3.04：0.47
			40	31	172	366	580	1291	1：1.58：3.53：0.47
	60.0 (C)	卵石	10	30	192	427	530	1236	1：1.24：2.89：0.45
			20	29	177	393	532	1303	1：1.35：3.32：0.45
			40	28	162	360	533	1371	1：1.48：3.81：0.45
		碎石	16	35	197	402	620	1152	1：1.54：2.87：0.49
			20	34	187	382	618	1199	1：1.62：3.14：0.49
			40	32	172	351	603	1281	1：1.72：3.65：0.49

续表

水泥强度等级	水泥实际强度（MPa）	石子种类	石子最大粒径（mm）	砂率（%）	材料用量（kg/m³）				配合比（质量比）
					水 m_{w0}	水泥 m_{c0}	砂 m_{s0}	石子 m_{g0}	水泥：砂：石子：水 m_{c0}：m_{s0}：m_{g0}：m_{w0}
62.5	65.0 (A)	卵石	10	31	192	400	554	1234	1：1.39：3.09：0.48
			20	30	177	369	557	1299	1：1.51：3.52：0.48
			40	29	162	338	558	1365	1：1.65：4.04：0.48
		碎石	16	37	197	379	663	1129	1：1.75：2.98：0.52
			20	36	187	360	661	1175	1：1.84：3.26：0.52
			40	34	172	331	647	1255	1：1.95：3.79：0.52
	67.5 (B)	卵石	10	32	192	384	577	1226	1：1.50：3.19：0.50
			20	31	177	354	579	1289	1：1.64：3.64：0.50
			40	30	162	324	580	1354	1：1.79：4.18：0.50
		碎石	16	37	197	365	668	1137	1：1.83：3.12：0.54
			20	36	187	346	665	1183	1：1.92：3.42：0.54
			40	34	172	319	650	1262	1：2.04：3.96：0.54
	70.0 (C)	卵石	10	32	192	376	579	1230	1：1.54：3.27：0.51
			20	31	177	347	581	1293	1：1.67：3.73：0.51
			40	30	162	318	582	1358	1：1.83：4.27：0.51
		碎石	16	38	197	352	690	1126	1：1.96：3.20：0.56
			20	37	187	334	688	1171	1：2.06：3.51：0.56
			40	35	172	307	673	1249	1：2.19：4.07：0.56

混凝土强度等级：C45；稠度：10～30mm（坍落度）；砂子种类：细砂；配制强度 54.9MPa

水泥强度等级	水泥实际强度（MPa）	石子种类	石子最大粒径（mm）	砂率（%）	材料用量（kg/m³） 水 m_{w0}	水泥 m_{c0}	砂 m_{s0}	石子 m_{g0}	配合比（质量比） 水泥：砂：石子：水 m_{c0}：m_{s0}：m_{g0}：m_{w0}
52.5	55.0（A）	卵石	10	29	197	469	497	1218	1：1.06：2.60：0.42
			20	28	177	421	507	1304	1：1.20：3.10：0.42
			31.5	28	167	398	520	1338	1：1.31：3.36：0.42
			40	27	157	374	514	1391	1：1.37：3.72：0.42
		碎石	16	34	207	460	577	1120	1：1.25：2.43：0.45
			20	33	192	427	583	1183	1：1.37：2.77：0.45
			31.5	32	182	404	580	1232	1：1.44：3.05：0.45
			40	31	172	382	576	1282	1：1.51：3.36：0.45
	57.5（B）	卵石	10	29	197	458	500	1225	1：1.09：2.67：0.43
			20	28	177	412	509	1310	1：1.24：3.18：0.43
			31.5	28	167	388	523	1344	1：1.35：3.46：0.43
			40	27	157	365	516	1396	1：1.41：3.82：0.43
		碎石	16	34	207	440	583	1131	1：1.33：2.57：0.47
			20	33	192	409	588	1193	1：1.44：2.92：0.47
			31.5	32	182	387	584	1242	1：1.51：3.21：0.47
			40	31	172	366	580	1291	1：1.58：3.53：0.47
	60.0（C）	卵石	10	30	197	438	523	1220	1：1.19：2.79：0.45
			20	29	177	393	532	1303	1：1.35：3.32：0.45
			31.5	29	167	371	545	1335	1：1.47：3.60：0.45
			40	28	157	349	539	1387	1：1.54：3.97：0.45
		碎石	16	35	207	422	605	1124	1：1.43：2.66：0.49
			20	34	192	392	610	1185	1：1.56：3.02：0.49
			31.5	33	182	371	607	1233	1：1.64：3.32：0.49
			40	32	172	351	603	1281	1：1.72：3.65：0.49

续表

水泥强度等级	水泥实际强度(MPa)	石子种类	石子最大粒径(mm)	砂率(%)	材料用量(kg/m³) 水 m_{w0}	水泥 m_{c0}	砂 m_{s0}	石子 m_{g0}	配合比(质量比) 水泥:砂:石子:水 $m_{c0}:m_{s0}:m_{g0}:m_{w0}$
62.5	65.0 (A)	卵石	10	31	197	410	548	1219	1:1.34:2.97:0.48
			20	30	177	369	557	1299	1:1.51:3.52:0.48
			31.5	30	167	348	570	1330	1:1.64:3.82:0.48
			40	29	157	327	564	1381	1:1.72:4.22:0.48
		碎石	16	37	207	398	647	1102	1:1.63:2.77:0.52
			20	36	192	369	653	1161	1:1.77:3.15:0.52
			31.5	35	182	350	650	1208	1:1.86:3.45:0.52
			40	34	172	331	647	1255	1:1.95:3.79:0.52
	67.5 (B)	卵石	10	32	197	394	570	1211	1:1.45:3.07:0.50
			20	31	177	354	579	1289	1:1.64:3.64:0.50
			31.5	31	167	334	593	1320	1:1.78:3.95:0.50
			40	30	157	314	587	1370	1:1.87:4.36:0.50
		碎石	16	37	207	383	652	1110	1:1.70:2.90:0.54
			20	36	192	356	658	1169	1:1.85:3.28:0.54
			31.5	35	182	337	654	1215	1:1.94:3.61:0.54
			40	34	172	319	650	1262	1:2.04:3.96:0.54
	70.0 (C)	卵石	10	32	197	386	572	1215	1:1.48:3.15:0.51
			20	31	177	347	581	1293	1:1.67:3.73:0.51
			31.5	31	167	327	595	1324	1:1.82:4.05:0.51
			40	30	157	308	588	1373	1:1.91:4.46:0.51
		碎石	16	38	207	370	674	1100	1:1.82:2.97:0.56
			20	37	192	343	680	1157	1:1.98:3.37:0.56
			31.5	36	182	325	677	1203	1:2.08:3.70:0.56
			40	35	172	307	673	1249	1:2.19:4.07:0.56

混凝土强度等级：C45；稠度：35～50mm（坍落度）；砂子种类：细砂；配制强度 54.9MPa

水泥强度等级	水泥实际强度（MPa）	石子种类	石子最大粒径（mm）	砂率（%）	材料用量（kg/m³） 水 m_{w0}	水泥 m_{c0}	砂 m_{s0}	石子 m_{g0}	配合比（质量比） 水泥：砂：石子：水 $m_{c0}:m_{s0}:m_{g0}:m_{w0}$
52.5	55.0（A）	卵石	10	29	207	493	484	1185	1∶0.98∶2.40∶0.42
			20	28	187	445	494	1270	1∶1.11∶2.85∶0.42
			31.5	28	177	421	507	1304	1∶1.20∶3.10∶0.42
			40	27	167	398	502	1356	1∶1.26∶3.41∶0.42
		碎石	16	34	217	482	561	1089	1∶1.16∶2.26∶0.45
			20	33	202	449	567	1152	1∶1.26∶2.57∶0.45
			31.5	32	192	427	565	1200	1∶1.32∶2.81∶0.45
			40	31	182	404	562	1250	1∶1.39∶3.09∶0.45
	57.5（B）	卵石	10	29	207	481	487	1192	1∶1.01∶2.48∶0.43
			20	28	187	435	496	1276	1∶1.14∶2.93∶0.43
			31.5	28	177	412	509	1310	1∶1.24∶3.18∶0.43
			40	27	167	388	504	1362	1∶1.30∶3.51∶0.43
		碎石	16	34	217	462	567	1101	1∶1.23∶2.38∶0.47
			20	33	202	430	573	1163	1∶1.33∶2.70∶0.47
			31.5	32	192	409	570	1211	1∶1.39∶2.96∶0.47
			40	31	182	387	566	1260	1∶1.46∶3.26∶0.47
	60.0（C）	卵石	10	30	207	460	509	1188	1∶1.11∶2.58∶0.45
			20	29	187	416	519	1270	1∶1.25∶3.05∶0.45
			31.5	29	177	393	532	1303	1∶1.35∶3.32∶0.45
			40	28	167	371	527	1354	1∶1.42∶3.65∶0.45
		碎石	16	35	217	443	590	1095	1∶1.33∶2.47∶0.49
			20	34	202	412	596	1156	1∶1.45∶2.81∶0.49
			31.5	33	192	392	593	1203	1∶1.51∶3.07∶0.49
			40	32	182	371	589	1251	1∶1.59∶3.37∶0.49

续表

水泥强度等级	水泥实际强度（MPa）	石子种类	石子最大粒径（mm）	砂率（%）	材料用量（kg/m³）				配合比（质量比）
					水 m_{w0}	水泥 m_{c0}	砂 m_{s0}	石子 m_{g0}	水泥：砂：石子：水 $m_{c0}:m_{s0}:m_{g0}:m_{w0}$
62.5	65.0（A）	卵石	10	31	207	431	534	1188	1∶1.24∶2.76∶0.48
			20	30	187	390	543	1268	1∶1.39∶3.25∶0.48
			31.5	30	177	369	557	1299	1∶1.51∶3.52∶0.48
			40	29	167	348	551	1349	1∶1.58∶3.88∶0.48
		碎石	16	37	217	417	631	1075	1∶1.51∶2.58∶0.52
			20	36	202	388	638	1134	1∶1.64∶2.92∶0.52
			31.5	35	192	369	635	1180	1∶1.72∶3.20∶0.52
			40	34	182	350	632	1226	1∶1.81∶3.50∶0.52
	67.5（B）	卵石	10	32	207	414	556	1181	1∶1.34∶2.85∶0.50
			20	31	187	374	566	1259	1∶1.51∶3.37∶0.50
			31.5	31	177	354	579	1289	1∶1.64∶3.64∶0.50
			40	30	167	334	574	1339	1∶1.72∶4.01∶0.50
		碎石	16	37	217	402	636	1083	1∶1.58∶2.69∶0.54
			20	36	202	374	642	1142	1∶1.72∶3.05∶0.54
			31.5	35	192	356	639	1187	1∶1.79∶3.33∶0.54
			40	34	182	337	636	1234	1∶1.89∶3.66∶0.54
	70.0（C）	卵石	10	32	207	406	558	1185	1∶1.37∶2.92∶0.51
			20	31	187	367	567	1263	1∶1.54∶3.44∶0.51
			31.5	31	177	347	581	1293	1∶1.67∶3.73∶0.51
			40	30	167	327	576	1343	1∶1.76∶4.11∶0.51
		碎石	16	38	217	387	658	1074	1∶1.70∶2.78∶0.56
			20	37	202	361	664	1131	1∶1.84∶3.13∶0.56
			31.5	36	192	343	662	1176	1∶1.93∶3.43∶0.56
			40	35	182	325	658	1222	1∶2.02∶3.76∶0.56

混凝土强度等级：C45；稠度：55～70mm（坍落度）；砂子种类：细砂；配制强度 54.9MPa

水泥强度等级	水泥实际强度（MPa）	石子种类	石子最大粒径（mm）	砂率（%）	材料用量（kg/m^3） 水 m_{w0}	水泥 m_{c0}	砂 m_{s0}	石子 m_{g0}	配合比（质量比） 水泥：砂：石子：水 m_{c0}：m_{s0}：m_{g0}：m_{w0}
52.5	55.0 (A)	卵石	10	29	217	517	470	1151	1：0.91：2.23：0.42
			20	28	197	469	481	1236	1：1.03：2.64：0.42
			31.5	28	187	445	494	1270	1：1.11：2.85：0.42
			40	27	177	421	489	1322	1：1.16：3.14：0.42
		碎石	16	34	227	504	546	1059	1：1.08：2.10：0.45
			20	33	212	471	552	1121	1：1.17：2.38：0.45
			31.5	32	202	449	550	1169	1：1.22：2.60：0.45
			40	31	192	427	547	1218	1：1.28：2.85：0.45
	57.5 (B)	卵石	10	29	217	505	473	1158	1：0.94：2.29：0.43
			20	28	197	458	483	1242	1：1.05：2.71：0.43
			31.5	28	187	435	496	1276	1：1.14：2.93：0.43
			40	27	177	412	491	1328	1：1.19：3.22：0.43
		碎石	16	34	227	483	552	1071	1：1.14：2.22：0.47
			20	33	212	451	558	1133	1：1.24：2.51：0.47
			31.5	32	202	430	555	1180	1：1.29：2.74：0.47
			40	31	192	409	552	1229	1：1.35：3.00：0.47
	60.0 (C)	卵石	10	30	217	482	495	1156	1：1.03：2.40：0.45
			20	29	197	438	505	1237	1：1.15：2.82：0.45
			31.5	29	187	416	519	1270	1：1.25：3.05：0.45
			40	28	177	393	514	1321	1：1.31：3.36：0.45
		碎石	16	35	227	463	574	1066	1：1.24：2.30：0.49
			20	34	212	433	580	1126	1：1.34：2.60：0.49
			31.5	33	202	412	578	1173	1：1.40：2.85：0.49
			40	32	192	392	575	1221	1：1.47：3.11：0.49

续表

水泥强度等级	水泥实际强度（MPa）	石子种类	石子最大粒径（mm）	砂率（%）	材料用量（kg/m³）				配合比（质量比）
					水 m_{w0}	水泥 m_{c0}	砂 m_{s0}	石子 m_{g0}	水泥：砂：石子：水 m_{c0}：m_{s0}：m_{g0}：m_{w0}
62.5	65.0 (A)	卵石	10	31	217	452	520	1157	1：1.15：2.56：0.48
			20	30	197	410	530	1237	1：1.29：3.02：0.48
			31.5	30	187	390	543	1268	1：1.39：3.25：0.48
			40	29	177	369	538	1318	1：1.46：3.57：0.48
		碎石	16	37	227	437	615	1047	1：1.41：2.40：0.52
			20	36	212	408	622	1106	1：1.52：2.71：0.52
			31.5	35	202	388	620	1152	1：1.60：2.97：0.52
			40	34	192	369	617	1198	1：1.67：3.25：0.52
	67.5 (B)	卵石	10	32	217	434	542	1151	1：1.25：2.65：0.50
			20	31	197	394	552	1229	1：1.40：3.12：0.50
			31.5	31	187	374	566	1259	1：1.51：3.37：0.50
			40	30	177	354	561	1308	1：1.58：3.69：0.50
		碎石	16	37	227	420	621	1057	1：1.48：2.52：0.54
			20	36	212	393	627	1114	1：1.60：2.83：0.54
			31.5	35	202	374	624	1159	1：1.67：3.10：0.54
			40	34	192	356	621	1205	1：1.74：3.38：0.54
	70.0 (C)	卵石	10	32	217	425	544	1156	1：1.28：2.72：0.51
			20	31	197	386	554	1233	1：1.44：3.19：0.51
			31.5	31	187	367	567	1263	1：1.54：3.44：0.51
			40	30	177	347	562	1312	1：1.62：3.78：0.51
		碎石	16	38	227	405	642	1048	1：1.59：2.59：0.56
			20	37	212	379	648	1104	1：1.71：2.91：0.56
			31.5	36	202	361	646	1149	1：1.79：3.18：0.56
			40	35	192	343	643	1194	1：1.87：3.48：0.56

混凝土强度等级：C45；稠度：75～90mm（坍落度）；砂子种类：细砂；配制强度54.9MPa

水泥强度等级	水泥实际强度（MPa）	石子种类	石子最大粒径（mm）	砂率（%）	材料用量（kg/m³）				配合比（质量比）
					水 m_{w0}	水泥 m_{c0}	砂 m_{s0}	石子 m_{g0}	水泥：砂：石子：水 $m_{c0}:m_{s0}:m_{g0}:m_{w0}$
52.5	55.0（A）	卵石	10	30	222	529	479	1118	1：0.91：2.11：0.42
			20	29	202	481	491	1202	1：1.02：2.50：0.42
			31.5	29	192	457	504	1235	1：1.10：2.70：0.42
			40	28	182	433	501	1287	1：1.16：2.97：0.42
		碎石	16	35	237	527	545	1013	1：1.03：1.92：0.45
			20	34	222	493	553	1074	1：1.12：2.18：0.45
			31.5	33	212	471	552	1121	1：1.17：2.38：0.45
			40	32	202	449	550	1169	1：1.22：2.60：0.45
	57.5（B）	卵石	10	30	222	516	483	1126	1：0.94：2.18：0.43
			20	29	202	470	493	1208	1：1.05：2.57：0.43
			31.5	29	192	447	507	1241	1：1.13：2.78：0.43
			40	28	182	423	503	1293	1：1.19：3.06：0.43
		碎石	16	35	237	504	552	1026	1：1.10：2.04：0.47
			20	34	222	472	559	1086	1：1.18：2.30：0.47
			31.5	33	212	451	558	1133	1：1.24：2.51：0.47
			40	32	202	430	555	1180	1：1.29：2.74：0.47
	60.0（C）	卵石	10	31	222	493	505	1123	1：1.02：2.28：0.45
			20	30	202	449	516	1204	1：1.15：2.68：0.45
			31.5	30	192	427	530	1236	1：1.24：2.89：0.45
			40	29	182	404	526	1287	1：1.30：3.19：0.45
		碎石	16	36	237	484	574	1021	1：1.19：2.11：0.49
			20	35	222	453	582	1080	1：1.28：2.38：0.49
			31.5	34	212	433	580	1126	1：1.34：2.60：0.49
			40	33	202	412	578	1173	1：1.40：2.85：0.49

续表

水泥强度等级	水泥实际强度（MPa）	石子种类	石子最大粒径（mm）	砂率（%）	材料用量（kg/m³）				配合比（质量比）
					水 m_{w0}	水泥 m_{c0}	砂 m_{s0}	石子 m_{g0}	水泥：砂：石子：水 $m_{c0}:m_{s0}:m_{g0}:m_{w0}$
62.5	65.0 (A)	卵石	10	32	222	463	529	1125	1：1.14：2.43：0.48
			20	31	202	421	540	1203	1：1.28：2.86：0.48
			31.5	31	192	400	554	1234	1：1.39：3.09：0.48
			40	30	182	379	550	1284	1：1.45：3.39：0.48
		碎石	16	38	237	456	615	1004	1：1.35：2.20：0.52
			20	37	222	427	623	1061	1：1.46：2.48：0.52
			31.5	36	212	408	622	1106	1：1.52：2.71：0.52
			40	35	202	388	620	1152	1：1.60：2.97：0.52
	67.5 (B)	卵石	10	33	222	444	551	1119	1：1.24：2.52：0.50
			20	32	202	404	563	1196	1：1.39：2.96：0.50
			31.5	32	192	384	577	1226	1：1.50：3.19：0.50
			40	31	182	364	572	1274	1：1.57：3.50：0.50
		碎石	16	38	237	439	621	1013	1：1.41：2.31：0.54
			20	37	222	411	628	1070	1：1.53：2.60：0.54
			31.5	36	212	393	627	1114	1：1.60：2.83：0.54
			40	35	202	374	624	1159	1：1.67：3.10：0.54
	70.0 (C)	卵石	10	33	222	435	554	1124	1：1.27：2.58：0.51
			20	32	202	396	565	1200	1：1.43：3.03：0.51
			31.5	32	192	376	579	1230	1：1.54：3.27：0.51
			40	31	182	357	574	1278	1：1.61：3.58：0.51
		碎石	16	39	237	423	643	1005	1：1.52：2.38：0.56
			20	38	222	396	650	1061	1：1.64：2.68：0.56
			31.5	37	212	379	648	1104	1：1.71：2.91：0.56
			40	36	202	361	646	1149	1：1.79：3.18：0.56

3.6.6 C50 商品混凝土配合比

混凝土强度等级：C50；稠度：16～20s（维勃稠度）；砂子种类：粗砂；配制强度：59.9MPa

水泥强度等级	水泥实际强度（MPa）	石子种类	石子最大粒径（mm）	砂率（%）	材料用量（kg/m³） 水 m_{w0}	水泥 m_{c0}	砂 m_{s0}	石子 m_{g0}	配合比（质量比） 水泥：砂：石子：水 $m_{c0}:m_{s0}:m_{g0}:m_{w0}$
52.5	55.0 (A)	卵石	10	28	168	431	511	1315	1：1.19：3.05：0.39
			20	27	153	392	513	1387	1：1.31：3.54：0.39
			40	26	138	354	513	1460	1：1.45：4.12：0.39
		碎石	16	32	173	422	583	1238	1：1.38：2.93：0.41
			20	31	163	398	579	1289	1：1.45：3.24：0.41
			40	29	148	361	563	1378	1：1.56：3.82：0.41
	57.5 (B)	卵石	10	28	168	420	514	1322	1：1.22：3.15：0.40
			20	27	153	383	515	1393	1：1.34：3.64：0.40
			40	26	138	345	515	1466	1：1.49：4.25：0.40
		碎石	16	33	173	402	606	1231	1：1.51：3.06：0.43
			20	32	163	379	603	1281	1：1.59：3.38：0.43
			40	30	148	344	586	1368	1：1.70：3.98：0.43
	60.0 (C)	卵石	10	29	168	400	538	1316	1：1.35：3.29：0.42
			20	28	153	364	539	1386	1：1.48：3.81：0.42
			40	27	138	329	539	1456	1：1.64：4.43：0.42
		碎石	16	34	173	384	630	1223	1：1.64：3.18：0.45
			20	33	163	362	627	1272	1：1.73：3.51：0.45
			40	31	148	329	610	1358	1：1.85：4.13：0.45

续表

水泥强度等级	水泥实际强度（MPa）	石子种类	石子最大粒径（mm）	砂率（%）	材料用量（kg/m^3）				配合比（质量比）
					水 m_{w0}	水泥 m_{c0}	砂 m_{s0}	石子 m_{g0}	水泥：砂：石子：水 m_{c0} ：m_{s0} ：m_{g0} ：m_{w0}
62.5	65.0（A）	卵石	10	30	168	373	563	1313	1：1.51：3.52：0.45
			20	29	153	340	564	1381	1：1.66：4.06：0.45
			40	28	138	307	564	1450	1：1.84：4.72：0.45
		碎石	16	34	173	360	637	1237	1：1.77：3.44：0.48
			20	33	163	340	633	1285	1：1.86：3.78：0.48
			40	31	148	308	616	1370	1：2.00：4.45：0.48
	67.5（B）	卵石	10	30	168	365	565	1318	1：1.55：3.61：0.46
			20	29	153	333	566	1385	1：1.70：4.16：0.46
			40	28	138	300	565	1454	1：1.88：4.85：0.46
		碎石	16	35	173	346	660	1226	1：1.91：3.54：0.50
			20	34	163	326	656	1274	1：2.01：3.91：0.50
			40	32	148	296	639	1357	1：2.16：4.58：0.50
	70.0（C）	卵石	10	31	168	350	588	1308	1：1.68：3.74：0.48
			20	30	153	319	589	1374	1：1.85：4.31：0.48
			40	29	138	288	589	1441	1：2.05：5.00：0.48
		碎石	16	37	173	333	702	1195	1：2.11：3.59：0.52
			20	36	163	313	699	1242	1：2.23：3.97：0.52
			40	34	148	285	682	1323	1：2.39：4.64：0.52

混凝土强度等级：C50；稠度：11～15s（维勃稠度）；砂子种类：粗砂；配制强度：59.9MPa

水泥强度等级	水泥实际强度（MPa）	石子种类	石子最大粒径（mm）	砂率（%）	材料用量（kg/m^3）				配合比（质量比）
					水 m_{w0}	水泥 m_{c0}	砂 m_{s0}	石子 m_{g0}	水泥：砂：石子：水 $m_{c0}:m_{s0}:m_{g0}:m_{w0}$
52.5	55.0（A）	卵石	10	28	173	444	504	1297	1：1.14：2.92：0.39
			20	27	158	405	506	1369	1：1.25：3.38：0.39
			40	26	143	367	507	1442	1：1.38：3.93：0.39
		碎石	16	32	178	434	575	1222	1：1.32：2.82：0.41
			20	31	168	410	572	1273	1：1.40：3.10：0.41
			40	29	153	373	556	1361	1：1.49：3.65：0.41
	57.5（B）	卵石	10	28	173	433	507	1304	1：1.17：3.01：0.40
			20	27	158	395	509	1376	1：1.29：3.48：0.40
			40	26	143	358	509	1448	1：1.42：4.04：0.40
		碎石	16	33	178	414	598	1215	1：1.44：2.93：0.43
			20	32	168	391	595	1265	1：1.52：3.24：0.43
			40	30	153	356	579	1352	1：1.63：3.80：0.43
	60.0（C）	卵石	10	29	173	412	531	1299	1：1.29：3.15：0.42
			20	28	158	376	532	1369	1：1.41：3.64：0.42
			40	27	143	340	533	1440	1：1.57：4.24：0.42
		碎石	16	34	178	396	622	1207	1：1.57：3.05：0.45
			20	33	168	373	619	1257	1：1.66：3.37：0.45
			40	31	153	340	603	1342	1：1.77：3.95：0.45

续表

水泥强度等级	水泥实际强度（MPa）	石子种类	石子最大粒径（mm）	砂率（%）	材料用量（kg/m³） 水 m_{w0}	水泥 m_{c0}	砂 m_{s0}	石子 m_{g0}	配合比（质量比） 水泥：砂：石子：水 $m_{c0}:m_{s0}:m_{g0}:m_{w0}$
62.5	65.0 (A)	卵石	10	30	173	384	556	1297	1：1.45：3.38：0.45
			20	29	158	351	558	1365	1：1.59：3.89：0.45
			40	28	143	318	557	1433	1：1.75：4.51：0.45
		碎石	16	34	178	371	629	1221	1：1.70：3.29：0.48
			20	33	168	350	626	1270	1：1.79：3.63：0.48
			40	31	153	319	608	1354	1：1.91：4.24：0.48
	67.5 (B)	卵石	10	30	173	376	558	1302	1：1.48：3.46：0.46
			20	29	158	343	560	1370	1：1.63：3.99：0.46
			40	28	143	311	559	1438	1：1.80：4.62：0.46
		碎石	16	35	178	356	652	1211	1：1.83：3.40：0.50
			20	34	168	336	649	1259	1：1.93：3.75：0.50
			40	32	153	306	632	1342	1：2.07：4.39：0.50
	70.0 (C)	卵石	10	31	173	360	581	1293	1：1.61：3.59：0.48
			20	30	158	329	582	1359	1：1.77：4.13：0.48
			40	29	143	298	582	1426	1：1.95：4.79：0.48
		碎石	16	37	178	342	694	1181	1：2.03：3.45：0.52
			20	36	168	323	691	1228	1：2.14：3.80：0.52
			40	34	153	294	674	1309	1：2.29：4.45：0.52

混凝土强度等级：C50；稠度：5～10s（维勃稠度）；砂子种类：粗砂；配制强度 59.9MPa

水泥强度等级	水泥实际强度（MPa）	石子种类	石子最大粒径（mm）	砂率（%）	材料用量（kg/m³）				配合比（质量比）
					水 m_{w0}	水泥 m_{c0}	砂 m_{s0}	石子 m_{g0}	水泥：砂：石子：水 m_{c0}：m_{s0}：m_{g0}：m_{w0}
52.5	55.0（A）	卵石	10	28	178	456	498	1280	1：1.09：2.81：0.39
			20	27	163	418	500	1351	1：1.20：3.23：0.39
			40	26	148	379	501	1425	1：1.32：3.76：0.39
		碎石	16	32	183	446	568	1206	1：1.27：2.70：0.41
			20	31	173	422	564	1256	1：1.34：2.98：0.41
			40	29	158	385	549	1344	1：1.43：3.49：0.41
	57.5（B）	卵石	10	28	178	445	501	1287	1：1.13：2.89：0.40
			20	27	163	408	502	1358	1：1.23：3.33：0.40
			40	26	148	370	502	1430	1：1.36：3.86：0.40
		碎石	16	33	183	426	591	1199	1：1.39：2.81：0.43
			20	32	173	402	588	1250	1：1.46：3.11：0.43
			40	30	158	367	573	1336	1：1.56：3.64：0.43
	60.0（C）	卵石	10	29	178	424	524	1282	1：1.24：3.02：0.42
			20	28	163	388	525	1351	1：1.35：3.48：0.42
			40	27	148	352	526	1422	1：1.49：4.04：0.42
		碎石	16	34	183	407	614	1192	1：1.51：2.93：0.45
			20	33	173	384	612	1242	1：1.59：3.23：0.45
			40	31	158	351	596	1326	1：1.70：3.78：0.45

续表

水泥强度等级	水泥实际强度（MPa）	石子种类	石子最大粒径（mm）	砂率（%）	材料用量（kg/m³）				配合比（质量比）
					水 m_{w0}	水泥 m_{c0}	砂 m_{s0}	石子 m_{g0}	水泥：砂：石子：水 $m_{c0}:m_{s0}:m_{g0}:m_{w0}$
62.5	65.0（A）	卵石	10	30	178	396	549	1281	1：1.39：3.23：0.45
			20	29	163	362	551	1348	1：1.52：3.72：0.45
			40	28	148	329	551	1417	1：1.67：4.31：0.45
		碎石	16	34	183	381	622	1207	1：1.63：3.17：0.48
			20	33	173	360	618	1255	1：1.72：3.49：0.48
			40	31	158	329	602	1339	1：1.83：4.07：0.48
	67.5（B）	卵石	10	30	178	387	551	1286	1：1.42：3.32：0.46
			20	29	163	354	553	1353	1：1.56：3.82：0.46
			40	28	148	322	553	1421	1：1.72：4.41：0.46
		碎石	16	35	183	366	645	1197	1：1.76：3.27：0.50
			20	34	173	346	641	1245	1：1.85：3.60：0.50
			40	32	158	316	624	1327	1：1.97：4.20：0.50
	70.0（C）	卵石	10	31	178	371	574	1277	1：1.55：3.44：0.48
			20	30	163	340	576	1343	1：1.69：3.95：0.48
			40	29	148	308	576	1410	1：1.87：4.58：0.48
		碎石	16	37	183	352	686	1168	1：1.95：3.32：0.52
			20	36	173	333	683	1214	1：2.05：3.65：0.52
			40	34	158	304	667	1295	1：2.19：4.26：0.52

混凝土强度等级：C50；稠度：10～30mm（坍落度）；砂子种类：粗砂；配制强度 59.9MPa

水泥强度等级	水泥实际强度（MPa）	石子种类	石子最大粒径（mm）	砂率（%）	材料用量（kg/m^3） 水 m_{w0}	水泥 m_{c0}	砂 m_{s0}	石子 m_{g0}	配合比（质量比） 水泥：砂：石子：水 $m_{c0}:m_{s0}:m_{g0}:m_{w0}$
52.5	55.0（A）	卵石	10	29	183	469	509	1245	1：1.09：2.65：0.39
			20	28	163	418	518	1333	1：1.24：3.19：0.39
			31.5	28	153	392	532	1368	1：1.36：3.49：0.39
			40	27	143	367	526	1423	1：1.43：3.88：0.39
		碎石	16	32	193	471	552	1173	1：1.17：2.49：0.41
			20	31	178	434	557	1240	1：1.28：2.86：0.41
			31.5	30	168	410	553	1291	1：1.35：3.15：0.41
			40	29	158	385	549	1344	1：1.43：3.49：0.41
	57.5（B）	卵石	10	29	183	458	511	1252	1：1.12：2.73：0.40
			20	28	163	408	521	1339	1：1.28：3.28：0.40
			31.5	28	153	383	534	1374	1：1.39：3.59：0.40
			40	27	143	358	528	1428	1：1.47：3.99：0.40
		碎石	16	33	193	449	575	1168	1：1.28：2.60：0.43
			20	32	178	414	580	1233	1：1.40：2.98：0.43
			31.5	31	168	391	577	1284	1：1.48：3.28：0.43
			40	30	158	367	573	1336	1：1.56：3.64：0.43
	60.0（C）	卵石	10	29	183	436	517	1265	1：1.19：2.90：0.42
			20	28	163	388	525	1351	1：1.35：3.48：0.42
			31.5	28	153	364	539	1386	1：1.48：3.81：0.42
			40	27	143	340	533	1440	1：1.57：4.24：0.42
		碎石	16	34	193	429	599	1162	1：1.40：2.71：0.45
			20	33	178	396	604	1226	1：1.53：3.10：0.45
			31.5	32	168	373	600	1276	1：1.61：3.42：0.45
			40	31	158	351	596	1326	1：1.70：3.78：0.45

续表

水泥强度等级	水泥实际强度（MPa）	石子种类	石子最大粒径（mm）	砂率（%）	材料用量（kg/m³）				配合比（质量比）
					水 m_{w0}	水泥 m_{c0}	砂 m_{s0}	石子 m_{g0}	水泥：砂：石子：水 $m_{c0}:m_{s0}:m_{g0}:m_{w0}$
62.5	65.0 (A)	卵石	10	30	183	407	542	1265	1：1.33：3.11：0.45
			20	29	163	362	551	1348	1：1.52：3.72：0.45
			31.5	29	153	340	564	1381	1：1.66：4.06：0.45
			40	28	143	318	557	1433	1：1.75：4.51：0.45
		碎石	16	34	193	402	606	1177	1：1.51：2.93：0.48
			20	33	178	371	611	1240	1：1.65：3.34：0.48
			31.5	32	168	350	607	1289	1：1.73：3.68：0.48
			40	31	158	329	602	1339	1：1.83：4.07：0.48
	67.5 (B)	卵石	10	30	183	398	544	1270	1：1.37：3.19：0.46
			20	29	163	354	553	1353	1：1.56：3.82：0.46
			31.5	29	153	333	566	1385	1：1.70：4.16：0.46
			40	28	143	311	559	1438	1：1.80：4.62：0.46
		碎石	16	35	193	386	629	1168	1：1.63：3.03：0.50
			20	34	178	356	634	1230	1：1.78：3.46：0.50
			31.5	33	168	336	629	1278	1：1.87：3.80：0.50
			40	32	158	316	624	1327	1：1.97：4.20：0.50
	70.0 (C)	卵石	10	31	183	381	567	1262	1：1.49：3.31：0.48
			20	30	163	340	576	1343	1：1.69：3.95：0.48
			31.5	30	153	319	589	1374	1：1.85：4.31：0.48
			40	29	143	298	582	1426	1：1.95：4.79：0.48
		碎石	16	37	193	371	670	1140	1：1.81：3.07：0.52
			20	36	178	342	675	1200	1：1.97：3.51：0.52
			31.5	35	168	323	671	1247	1：2.08：3.86：0.52
			40	34	158	304	667	1295	1：2.19：4.26：0.52

混凝土强度等级：C50；稠度：35～50mm（坍落度）；砂子种类：粗砂；配制强度 59.9MPa

水泥强度等级	水泥实际强度（MPa）	石子种类	石子最大粒径（mm）	砂率（%）	材料用量（kg/m³） 水 m_{w0}	水泥 m_{c0}	砂 m_{s0}	石子 m_{g0}	配合比（质量比） 水泥：砂：石子：水 $m_{c0}:m_{s0}:m_{g0}:m_{w0}$
52.5	55.0 (A)	卵石	10	29	193	495	494	1210	1：1.00：2.44：0.39
			20	28	173	444	504	1297	1：1.14：2.92：0.39
			31.5	28	163	418	518	1333	1：1.24：3.19：0.39
			40	27	153	392	513	1387	1：1.31：3.54：0.39
		碎石	16	32	203	495	536	1140	1：1.08：2.30：0.41
			20	31	188	459	542	1206	1：1.18：2.63：0.41
			31.5	30	178	434	539	1258	1：1.24：2.90：0.41
			40	29	168	410	535	1310	1：1.30：3.20：0.41
	57.5 (B)	卵石	10	29	193	483	497	1217	1：1.03：2.52：0.40
			20	28	173	433	507	1304	1：1.17：3.01：0.40
			31.5	28	163	408	521	1339	1：1.28：3.28：0.40
			40	27	153	383	515	1393	1：1.34：3.64：0.40
		碎石	16	33	203	472	560	1137	1：1.19：2.41：0.43
			20	32	188	437	566	1202	1：1.30：2.75：0.43
			31.5	31	178	414	562	1252	1：1.36：3.02：0.43
			40	30	168	391	558	1303	1：1.43：3.33：0.43
	60.0 (C)	卵石	10	29	193	460	503	1231	1：1.09：2.68：0.42
			20	28	173	412	512	1317	1：1.24：3.20：0.42
			31.5	28	163	388	525	1351	1：1.35：3.48：0.42
			40	27	153	364	520	1405	1：1.43：3.86：0.42
		碎石	16	34	203	451	583	1132	1：1.29：2.51：0.45
			20	33	188	418	589	1195	1：1.41：2.86：0.45
			31.5	32	178	396	585	1244	1：1.48：3.14：0.45
			40	31	168	373	582	1295	1：1.56：3.47：0.45

续表

水泥强度等级	水泥实际强度（MPa）	石子种类	石子最大粒径（mm）	砂率（%）	材料用量（kg/m³）				配合比（质量比）
					水 m_{w0}	水泥 m_{c0}	砂 m_{s0}	石子 m_{g0}	水泥：砂：石子：水 $m_{c0}:m_{s0}:m_{g0}:m_{w0}$
62.5	65.0 (A)	卵石	10	30	193	429	528	1233	1：1.23：2.87：0.45
			20	29	173	384	538	1316	1：1.40：3.43：0.45
			31.5	29	163	362	551	1348	1：1.52：3.72：0.45
			40	28	153	340	544	1400	1：1.60：4.12：0.45
		碎石	16	34	203	423	591	1148	1：1.40：2.71：0.48
			20	33	188	392	596	1210	1：1.52：3.09：0.48
			31.5	32	178	371	592	1259	1：1.60：3.39：0.48
			40	31	168	350	588	1308	1：1.68：3.74：0.48
	67.5 (B)	卵石	10	30	193	420	531	1238	1：1.26：2.95：0.46
			20	29	173	376	540	1321	1：1.44：3.51：0.46
			31.5	29	163	354	553	1353	1：1.56：3.82：0.46
			40	28	153	333	546	1405	1：1.64：4.22：0.46
		碎石	16	35	203	406	614	1140	1：1.51：2.81：0.50
			20	34	188	376	619	1201	1：1.65：3.19：0.50
			31.5	33	178	356	615	1249	1：1.73：3.51：0.50
			40	32	168	336	610	1297	1：1.82：3.86：0.50
	70.0 (C)	卵石	10	31	193	402	553	1231	1：1.38：3.06：0.48
			20	30	173	360	562	1312	1：1.56：3.64：0.48
			31.5	30	163	340	576	1343	1：1.69：3.95：0.48
			40	29	153	319	569	1394	1：1.78：4.37：0.48
		碎石	16	37	203	390	654	1113	1：1.68：2.85：0.52
			20	36	188	362	659	1172	1：1.82：3.24：0.52
			31.5	35	178	342	656	1219	1：1.92：3.56：0.52
			40	34	168	323	652	1266	1：2.02：3.92：0.52

混凝土强度等级：C50；稠度：55～70mm（坍落度）；砂子种类：粗砂；配制强度 59.9MPa

水泥强度等级	水泥实际强度（MPa）	石子种类	石子最大粒径（mm）	砂率（%）	材料用量（kg/m³） 水 m_{w0}	水泥 m_{c0}	砂 m_{s0}	石子 m_{g0}	配合比（质量比） 水泥：砂：石子：水 $m_{c0}:m_{s0}:m_{g0}:m_{w0}$
52.5	55.0 (A)	卵石	10	29	203	521	480	1175	1：0.92：2.26：0.39
			20	28	183	469	491	1263	1：1.05：2.69：0.39
			31.5	28	173	444	504	1297	1：1.14：2.92：0.39
			40	27	163	418	500	1351	1：1.20：3.23：0.39
		碎石	16	32	213	520	521	1108	1：1.00：2.13：0.41
			20	31	198	483	527	1174	1：1.09：2.43：0.41
			31.5	30	188	459	525	1224	1：1.14：2.67：0.41
			40	29	178	434	521	1276	1：1.20：2.94：0.41
	57.5 (B)	卵石	10	29	203	508	483	1183	1：0.95：2.33：0.40
			20	28	183	458	494	1269	1：1.08：2.77：0.40
			31.5	28	173	433	507	1304	1：1.17：3.01：0.40
			40	27	163	408	502	1358	1：1.23：3.33：0.40
		碎石	16	33	213	495	545	1106	1：1.10：2.23：0.43
			20	32	198	460	551	1170	1：1.20：2.54：0.43
			31.5	31	188	437	548	1220	1：1.25：2.79：0.43
			40	30	178	414	544	1270	1：1.31：3.07：0.43
	60.0 (C)	卵石	10	29	203	483	489	1198	1：1.01：2.48：0.42
			20	28	183	436	499	1283	1：1.14：2.94：0.42
			31.5	28	173	412	512	1317	1：1.24：3.20：0.42
			40	27	163	388	507	1370	1：1.31：3.53：0.42
		碎石	16	34	213	473	568	1102	1：1.20：2.33：0.45
			20	33	198	440	573	1164	1：1.30：2.65：0.45
			31.5	32	188	418	571	1213	1：1.37：2.90：0.45
			40	31	178	396	567	1262	1：1.43：3.19：0.45

续表

水泥强度等级	水泥实际强度（MPa）	石子种类	石子最大粒径（mm）	砂率（%）	材料用量（kg/m³）				配合比（质量比）
					水 m_{w0}	水泥 m_{c0}	砂 m_{s0}	石子 m_{g0}	水泥：砂：石子：水 $m_{c0}:m_{s0}:m_{g0}:m_{w0}$
62.5	65.0 (A)	卵石	10	30	203	451	515	1201	1：1.14：2.66：0.45
			20	29	183	407	524	1283	1：1.29：3.15：0.45
			31.5	29	173	384	538	1316	1：1.40：3.43：0.45
			40	28	163	362	532	1368	1：1.47：3.78：0.45
		碎石	16	34	213	444	576	1118	1：1.30：2.52：0.48
			20	33	198	413	581	1180	1：1.41：2.86：0.48
			31.5	32	188	392	578	1228	1：1.47：3.13：0.48
			40	31	178	371	574	1277	1：1.55：3.44：0.48
	67.5 (B)	卵石	10	30	203	441	517	1207	1：1.17：2.74：0.46
			20	29	183	398	526	1288	1：1.32：3.24：0.46
			31.5	29	173	376	540	1321	1：1.44：3.51：0.46
			40	28	163	354	534	1373	1：1.51：3.88：0.46
		碎石	16	35	213	426	598	1111	1：1.40：2.61：0.50
			20	34	198	396	604	1172	1：1.53：2.96：0.50
			31.5	33	188	376	600	1219	1：1.60：3.24：0.50
			40	32	178	356	596	1267	1：1.67：3.56：0.50
	70.0 (C)	卵石	10	31	203	423	539	1200	1：1.27：2.84：0.48
			20	30	183	381	549	1280	1：1.44：3.36：0.48
			31.5	30	173	360	562	1312	1：1.56：3.64：0.48
			40	29	163	340	556	1362	1：1.64：4.01：0.48
		碎石	16	37	213	410	638	1086	1：1.56：2.65：0.52
			20	36	198	381	644	1145	1：1.69：3.01：0.52
			31.5	35	188	362	641	1191	1：1.77：3.29：0.52
			40	34	178	342	638	1238	1：1.87：3.62：0.52

混凝土强度等级：C50；稠度：75～90mm（坍落度）；砂子种类：粗砂；配制强度 59.9MPa

水泥强度等级	水泥实际强度（MPa）	石子种类	石子最大粒径（mm）	砂率（%）	材料用量（kg/m³） 水 m_{w0}	水泥 m_{c0}	砂 m_{s0}	石子 m_{g0}	配合比（质量比） 水泥：砂：石子：水 $m_{c0}:m_{s0}:m_{g0}:m_{w0}$
52.5	55.0 (A)	卵石	10	30	208	533	489	1142	1：0.92：2.14：0.39
			20	29	188	482	502	1228	1：1.04：2.55：0.39
			31.5	29	178	456	515	1262	1：1.13：2.77：0.39
			40	28	168	431	511	1315	1：1.19：3.05：0.39
		碎石	16	33	223	54.4	522	1059	1：0.96：1.95：0.41
			20	32	208	507	529	1124	1：1.04：2.22：0.41
			31.5	31	198	483	527	1174	1：1.09：2.43：0.41
			40	30	188	459	525	1224	1：1.14：2.67：0.41
	57.5 (B)	卵石	10	30	208	520	493	1150	1：0.95：2.21：0.40
			20	29	188	470	504	1235	1：1.07：2.63：0.40
			31.5	29	178	445	518	1269	1：1.16：2.85：0.40
			40	28	168	420	514	1322	1：1.22：3.15：0.40
		碎石	16	34	223	519	545	1058	1：1.05：2.04：0.43
			20	33	208	484	552	1121	1：1.14：2.32：0.43
			31.5	32	198	460	551	1170	1：1.20：2.54：0.43
			40	31	188	437	548	1220	1：1.25：2.79：0.43
	60.0 (C)	卵石	10	30	208	495	499	1165	1：1.01：2.35：0.42
			20	29	188	448	510	1248	1：1.14：2.79：0.42
			31.5	29	178	424	524	1282	1：1.24：3.02：0.42
			40	28	168	400	519	1334	1：1.30：3.34：0.42
		碎石	16	35	223	496	568	1055	1：1.15：2.13：0.45
			20	34	208	462	575	1117	1：1.24：2.42：0.45
			31.5	33	198	440	573	1164	1：1.30：2.65：0.45
			40	32	188	418	571	1213	1：1.37：2.90：0.45

续表

水泥强度等级	水泥实际强度（MPa）	石子种类	石子最大粒径（mm）	砂率（%）	材料用量（kg/m³）				配合比（质量比）
					水 m_{w0}	水泥 m_{c0}	砂 m_{s0}	石子 m_{g0}	水泥：砂：石子：水 $m_{c0}:m_{s0}:m_{g0}:m_{w0}$
62.5	65.0（A）	卵石	10	31	208	462	525	1168	1：1.14：2.53：0.45
			20	30	188	418	535	1249	1：1.28：2.99：0.45
			31.5	30	178	396	549	1281	1：1.39：3.23：0.45
			40	29	168	373	544	1332	1：1.46：3.57：0.45
		碎石	16	35	223	465	577	1072	1：1.24：2.31：0.48
			20	34	208	433	584	1133	1：1.35：2.62：0.48
			31.5	33	198	413	581	1180	1：1.41：2.86：0.48
			40	32	188	392	578	1228	1：1.47：3.13：0.48
	67.5（B）	卵石	10	31	208	452	527	1174	1：1.17：2.60：0.46
			20	30	188	409	537	1254	1：1.31：3.07：0.46
			31.5	30	178	387	551	1286	1：1.42：3.32：0.46
			40	29	168	365	546	1337	1：1.50：3.66：0.46
		碎石	16	36	223	446	600	1066	1：1.35：2.39：0.50
			20	35	208	416	606	1126	1：1.46：2.71：0.50
			31.5	34	198	396	604	1172	1：1.53：2.96：0.50
			40	33	188	376	600	1219	1：1.60：3.24：0.50
	70.0（C）	卵石	10	32	208	433	550	1168	1：1.27：2.70：0.48
			20	31	188	392	560	1246	1：1.43：3.18：0.48
			31.5	31	178	371	574	1277	1：1.55：3.44：0.48
			40	30	168	350	569	1327	1：1.63：3.79：0.48
		碎石	16	38	223	429	639	1042	1：1.49：2.43：0.52
			20	37	208	400	645	1099	1：1.61：2.75：0.52
			31.5	36	198	381	644	1145	1：1.69：3.01：0.52
			40	35	188	362	641	1191	1：1.77：3.29：0.52

混凝土强度等级：C50；稠度：16～20s（维勃稠度）；砂子种类：中砂；配制强度 59.9MPa

水泥强度等级	水泥实际强度（MPa）	石子种类	石子最大粒径（mm）	砂率（%）	材料用量（kg/m³） 水 m_{w0}	水泥 m_{c0}	砂 m_{s0}	石子 m_{g0}	配合比（质量比） 水泥：砂：石子：水 $m_{c0}:m_{s0}:m_{g0}:m_{w0}$
52.5	55.0（A）	卵石	10	28	175	449	502	1290	1：1.12：2.87：0.39
			20	27	160	410	504	1362	1：1.23：3.32：0.39
			40	26	145	372	504	1435	1：1.35：3.86：0.39
		碎石	16	32	180	439	572	1215	1：1.30：2.77：0.41
			20	31	170	415	569	1266	1：1.37：3.05：0.41
			40	29	155	378	553	1354	1：1.46：3.58：0.41
	57.5（B）	卵石	10	28	175	438	504	1297	1：1.15：2.96：0.40
			20	27	160	400	506	1369	1：1.26：3.42：0.40
			40	26	145	363	506	1441	1：1.39：3.97：0.40
		碎石	16	33	180	419	595	1209	1：1.42：2.89：0.43
			20	32	170	395	592	1259	1：1.50：3.19：0.43
			40	30	155	360	577	1346	1：1.60：3.74：0.43
	60.0（C）	卵石	10	29	175	417	528	1292	1：1.27：3.10：0.42
			20	28	160	381	530	1362	1：1.39：3.57：0.42
			40	27	145	345	530	1433	1：1.54：4.15：0.42
		碎石	16	34	180	400	619	1201	1：1.55：3.00：0.45
			20	33	170	378	616	1250	1：1.63：3.31：0.45
			40	31	155	344	600	1336	1：1.74：3.88：0.45

续表

水泥强度等级	水泥实际强度（MPa）	石子种类	石子最大粒径（mm）	砂率（%）	材料用量（kg/m³）				配合比（质量比）
					水 m_{w0}	水泥 m_{c0}	砂 m_{s0}	石子 m_{g0}	水泥：砂：石子：水 $m_{c0}:m_{s0}:m_{g0}:m_{w0}$
62.5	65.0 (A)	卵石	10	30	175	389	553	1291	1：1.42：3.32：0.45
			20	29	160	356	555	1358	1：1.56：3.81：0.45
			40	28	145	322	555	1427	1：1.72：4.43：0.45
		碎石	16	34	180	375	626	1216	1：1.67：3.24：0.48
			20	33	170	354	623	1264	1：1.76：3.57：0.48
			40	31	155	323	606	1348	1：1.88：4.17：0.48
	67.5 (B)	卵石	10	30	175	380	555	1296	1：1.46：3.41：0.46
			20	29	160	348	557	1363	1：1.60：3.92：0.46
			40	28	145	315	557	1431	1：1.77：4.54：0.46
		碎石	16	35	180	360	649	1206	1：1.80：3.35：0.50
			20	34	170	340	645	1253	1：1.90：3.69：0.50
			40	32	155	310	629	1336	1：2.03：4.31：0.50
	70.0 (C)	卵石	10	31	175	365	578	1286	1：1.58：3.52：0.48
			20	30	160	333	580	1353	1：1.74：4.06：0.48
			40	29	145	302	.580	1419	1：1.92：4.70：0.48
		碎石	16	37	180	346	691	1176	1：2.00：3.40：0.52
			20	36	170	327	687	1222	1：2.10：3.74：0.52
			40	34	155	298	672	1304	1：2.26：4.38：0.52

混凝土强度等级：C50；稠度：11～15s（维勃稠度）；砂子种类：中砂；配制强度 59.9MPa

水泥强度等级	水泥实际强度 (MPa)	石子种类	石子最大粒径 (mm)	砂率 (%)	材料用量（kg/m³） 水 m_{w0}	水泥 m_{c0}	砂 m_{s0}	石子 m_{g0}	配合比（质量比） 水泥：砂：石子：水 m_{c0} : m_{s0} : m_{g0} : m_{w0}
52.5	55.0 (A)	卵石	10	28	180	452	495	1273	1：1.07：2.76：0.39
			20	27	165	423	497	1344	1：1.17：3.18：0.39
			40	26	150	385	498	1417	1：1.29：3.68：0.39
		碎石	16	32	185	451	564	1199	1：1.25：2.66：0.41
			20	31	175	427	561	1249	1：1.31：2.93：0.41
			40	29	160	390	546	1337	1：1.40：3.43：0.41
	57.5 (B)	卵石	10	28	180	450	498	1280	1：1.11：2.84：0.40
			20	27	165	413	500	1351	1：1.21：3.27：0.40
			40	26	150	375	500	1423	1：1.33：3.79：0.40
		碎石	16	33	185	430	588	1193	1：1.37：2.77：0.43
			20	32	175	407	585	1243	1：1.44：3.05：0.43
			40	30	160	372	570	1329	1：1.53：3.57：0.43
	60.0 (C)	卵石	10	29	180	429	521	1275	1：1.21：2.97：0.42
			20	28	165	393	523	1344	1：1.33：3.42：0.42
			40	27	150	357	523	1415	1：1.46：3.96：0.42
		碎石	16	34	185	411	611	1186	1：1.49：2.89：0.45
			20	33	175	389	608	1235	1：1.56：3.17：0.45
			40	31	160	356	593	1319	1：1.67：3.71：0.45

续表

水泥强度等级	水泥实际强度（MPa）	石子种类	石子最大粒径（mm）	砂率（%）	材料用量（kg/m³）				配合比（质量比）
					水 m_{w0}	水泥 m_{c0}	砂 m_{s0}	石子 m_{g0}	水泥：砂：石子：水 $m_{c0}:m_{s0}:m_{g0}:m_{w0}$
62.5	65.0（A）	卵石	10	30	180	400	546	1275	1：1.37：3.19：0.45
			20	29	165	367	548	1342	1：1.49：3.66：0.45
			40	28	150	333	549	1411	1：1.65：4.24：0.45
		碎石	16	34	185	385	619	1201	1：1.61：3.12：0.48
			20	33	175	365	615	1249	1：1.68：3.42：0.48
			40	31	160	333	599	1333	1：1.80：4.00：0.48
	67.5（B）	卵石	10	30	180	391	549	1280	1：1.40：3.27：0.46
			20	29	165	359	550	1347	1：1.53：3.75：0.46
			40	28	150	326	550	1415	1：1.69：4.34：0.46
		碎石	16	35	185	370	641	1191	1：1.73：3.22：0.50
			20	34	175	350	638	1239	1：1.82：3.54：0.50
			40	32	160	320	622	1321	1：1.94：4.13：0.50
	70.0（C）	卵石	10	31	180	375	571	1271	1：1.52：3.39：0.48
			20	30	165	344	573	1337	1：1.67：3.89：0.48
			40	29	150	313	573	1403	1：1.83：4.48：0.48
		碎石	16	37	185	356	682	1162	1：1.92：3.26：0.52
			20	36	175	337	680	1208	1：2.02：3.58：0.52
			40	34	160	308	664	1289	1：2.16：4.19：0.52

混凝土强度等级：C50；稠度：5～10s（维勃稠度）；砂子种类：中砂；配制强度 59.9MPa

水泥强度等级	水泥实际强度（MPa）	石子种类	石子最大粒径（mm）	砂率（%）	材料用量（kg/m³） 水 m_{w0}	水泥 m_{c0}	砂 m_{s0}	石子 m_{g0}	配合比（质量比） 水泥：砂：石子：水 $m_{c0}:m_{s0}:m_{g0}:m_{w0}$
52.5	55.0（A）	卵石	10	28	185	474	488	1256	1：1.03：2.65：0.39
			20	27	170	436	490	1326	1：1.12：3.04：0.39
			40	26	155	397	492	1399	1：1.24：3.52：0.39
		碎石	16	32	190	463	557	1183	1：1.20：2.56：0.41
			20	31	180	439	554	1233	1：1.26：2.81：0.41
			40	29	165	402	539	1320	1：1.34：3.28：0.41
	57.5（B）	卵石	10	28	185	463	491	1262	1：1.06：2.73：0.40
			20	27	170	425	493	1333	1：1.16：3.14：0.40
			40	26	155	388	494	1405	1：1.27：3.62：0.40
		碎石	16	33	190	442	580	1178	1：1.31：2.67：0.43
			20	32	180	419	577	1227	1：1.38：2.93：0.43
			40	30	165	384	562	1312	1：1.46：3.42：0.43
	60.0（C）	卵石	10	29	185	440	514	1259	1：1.17：2.86：0.42
			20	28	170	405	516	1327	1：1.27：3.28：0.42
			40	27	155	369	517	1398	1：1.40：3.79：0.42
		碎石	16	34	190	422	603	1171	1：1.43：2.77：0.45
			20	33	180	400	601	1220	1：1.50：3.05：0.45
			40	31	165	367	586	1304	1：1.60：3.55：0.45

续表

水泥强度等级	水泥实际强度（MPa）	石子种类	石子最大粒径（mm）	砂率（%）	材料用量（kg/m^3）				配合比（质量比）
					水 m_{w0}	水泥 m_{c0}	砂 m_{s0}	石子 m_{g0}	水泥：砂：石子：水 m_{c0} : m_{s0} : m_{g0} : m_{w0}
62.5	65.0 (A)	卵石	10	30	185	411	540	1259	1：1.31：3.06：0.45
			20	29	170	378	541	1325	1：1.43：3.51：0.45
			40	28	155	344	542	1394	1：1.58：4.05：0.45
		碎石	16	34	190	396	611	1186	1：1.54：2.99：0.48
			20	33	180	375	608	1234	1：1.62：3.29：0.48
			40	31	165	344	592	1317	1：1.72：3.83：0.48
	67.5 (B)	卵石	10	30	185	402	542	1264	1：1.35：3.14：0.46
			20	29	170	370	543	1330	1：1.47：3.59：0.46
			40	28	155	337	544	1399	1：1.61：4.15：0.46
		碎石	16	35	190	380	634	1177	1：1.67：3.10：0.50
			20	34	180	360	631	1224	1：1.75：3.40：0.50
			40	32	165	330	615	1306	1：1.86：3.96：0.50
	70.0 (C)	卵石	10	31	185	385	564	1256	1：1.46：3.26：0.48
			20	30	170	354	566	1321	1：1.60：3.73：0.48
			40	29	155	323	567	1388	1：1.76：4.30：0.48
		碎石	16	37	190	365	675	1149	1：1.85：3.15：0.52
			20	36	180	346	672	1195	1：1.94：3.45：0.52
			40	34	165	317	657	1275	1：2.07：4.02：0.52

混凝土强度等级：C50；稠度：10～30mm（坍落度）；砂子种类：中砂；配制强度 59.9MPa

水泥强度等级	水泥实际强度（MPa）	石子种类	石子最大粒径（mm）	砂率（%）	材料用量（kg/m³）				配合比（质量比）
					水 m_{w0}	水泥 m_{c0}	砂 m_{s0}	石子 m_{g0}	水泥：砂：石子：水 $m_{c0}:m_{s0}:m_{g0}:m_{w0}$
52.5	55.0（A）	卵石	10	29	190	487	499	1221	1：1.02：2.51：0.39
			20	28	170	436	509	1308	1：1.17：3.00：0.39
			31.5	28	160	410	523	1344	1：1.28：3.28：0.39
			40	27	150	385	517	1398	1：1.34：3.63：0.39
		碎石	16	32	200	488	541	1150	1：1.11：2.36：0.41
			20	31	185	451	547	1217	1：1.21：2.70：0.41
			31.5	30	175	427	543	1268	1：1.27：2.97：0.41
			40	29	165	402	539	1320	1：1.34：3.28：0.41
	57.5（B）	卵石	10	29	190	475	502	1228	1：1.06：2.59：0.40
			20	28	170	425	511	1315	1：1.20：3.09：0.40
			31.5	28	160	400	525	1350	1：1.31：3.38：0.40
			40	27	150	375	519	1404	1：1.38：3.74：0.40
		碎石	16	33	200	465	564	1146	1：1.21：2.46：0.43
			20	32	185	430	570	1211	1：1.33：2.82：0.43
			31.5	31	175	407	567	1261	1：1.39：3.10：0.43
			40	30	165	384	562	1312	1：1.46：3.42：0.43
	60.0（C）	卵石	10	29	190	452	507	1242	1：1.12：2.75：0.42
			20	28	170	405	516	1327	1：1.27：3.28：0.42
			31.5	28	160	381	530	1362	1：1.39：3.57：0.42
			40	27	150	357	523	1415	1：1.46：3.96：0.42
		碎石	16	34	200	444	588	1141	1：1.32：2.57：0.45
			20	33	185	411	593	1204	1：1.44：2.93：0.45
			31.5	32	175	389	590	1254	1：1.52：3.22：0.45
			40	31	165	367	586	1304	1：1.60：3.55：0.45

续表

水泥强度等级	水泥实际强度（MPa）	石子种类	石子最大粒径（mm）	砂率（%）	材料用量（kg/m³）				配合比（质量比）
					水 m_{w0}	水泥 m_{c0}	砂 m_{s0}	石子 m_{g0}	水泥：砂：石子：水 m_{c0}：m_{s0}：m_{g0}：m_{w0}
62.5	65.0（A）	卵石	10	30	190	422	533	1243	1：1.26：2.95：0.45
			20	29	170	378	541	1325	1：1.43：3.51：0.45
			31.5	29	160	356	555	1358	1：1.56：3.81：0.45
			40	28	150	333	549	1411	1：1.65：4.24：0.45
		碎石	16	34	200	417	596	1156	1：1.43：2.77：0.48
			20	33	185	385	600	1219	1：1.56：3.17：0.48
			31.5	32	175	365	597	1268	1：1.64：3.47：0.48
			40	31	165	344	592	1317	1：1.72：3.83：0.48
	67.5（B）	卵石	10	30	190	413	535	1248	1：1.30：3.02：0.46
			20	29	170	370	543	1330	1：1.47：3.59：0.46
			31.5	29	160	348	557	1363	1：1.60：3.92：0.46
			40	28	150	326	550	1415	1：1.69：4.34：0.46
		碎石	16	35	200	400	618	1148	1：1.55：2.87：0.50
			20	34	185	370	623	1210	1：1.68：3.21：0.50
			31.5	33	175	350	620	1258	1：1.77：3.59：0.50
			40	32	165	330	615	1306	1：1.86：3.96：0.50
	70.0（C）	卵石	10	31	190	396	557	1240	1：1.41：3.13：0.48
			20	30	170	354	566	1321	1：1.60：3.73：0.48
			31.5	30	160	333	580	1353	1：1.74：4.06：0.48
			40	29	150	313	573	1403	1：1.83：4.48：0.48
		碎石	16	37	200	385	658	1121	1：1.71：2.91：0.52
			20	36	185	356	664	1181	1：1.87：3.32：0.52
			31.5	35	175	337	661	1227	1：1.96：3.64：0.52
			40	34	165	317	657	1275	1：2.07：4.02：0.52

混凝土强度等级：C50；稠度：35～50mm（坍落度）；砂子种类：中砂；配制强度 59.9MPa

水泥强度等级	水泥实际强度（MPa）	石子种类	石子最大粒径（mm）	砂率（%）	材料用量（kg/m³） 水 m_{w0}	水泥 m_{c0}	砂 m_{s0}	石子 m_{g0}	配合比（质量比） 水泥：砂：石子：水 $m_{c0}:m_{s0}:m_{g0}:m_{w0}$
52.5	55.0（A）	卵石	10	29	200	513	484	1186	1：0.94：2.31：0.39
			20	28	180	462	495	1273	1：1.07：2.76：0.39
			31.5	28	170	436	509	1308	1：1.17：3.00：0.39
			40	27	160	410	504	1362	1：1.23：3.32：0.39
		碎石	16	32	210	512	526	1118	1：1.03：2.18：0.41
			20	31	195	476	531	1183	1：1.12：2.49：0.41
			31.5	30	185	451	529	1234	1：1.17：2.74：0.41
			40	29	175	427	525	1286	1：1.23：3.01：0.41
	57.5（B）	卵石	10	29	200	500	488	1194	1：0.98：2.39：0.40
			20	28	180	450	498	1280	1：1.11：2.84：0.40
			31.5	28	170	425	511	1315	1：1.20：3.09：0.40
			40	27	160	400	506	1369	1：1.26：3.42：0.40
		碎石	16	33	210	488	549	1115	1：1.13：2.28：0.43
			20	32	195	453	555	1180	1：1.23：2.60：0.43
			31.5	31	185	430	552	1229	1：1.28：2.86：0.43
			40	30	175	407	549	1280	1：1.35：3.14：0.43
	60.0（C）	卵石	10	29	200	476	493	1208	1：1.04：2.54：0.42
			20	28	180	429	503	1293	1：1.17：3.01：0.42
			31.5	28	170	405	516	1327	1：1.27：3.28：0.42
			40	27	160	381	511	1381	1：1.34：3.62：0.42
		碎石	16	34	210	467	572	1110	1：1.22：2.38：0.45
			20	33	195	433	578	1174	1：1.33：2.71：0.45
			31.5	32	185	411	575	1222	1：1.40：2.97：0.45
			40	31	175	389	571	1272	1：1.47：3.27：0.45

续表

水泥强度等级	水泥实际强度（MPa）	石子种类	石子最大粒径（mm）	砂率（%）	材料用量（kg/m³） 水 m_{w0}	水泥 m_{c0}	砂 m_{s0}	石子 m_{g0}	配合比（质量比） 水泥：砂：石子：水 $m_{c0}:m_{s0}:m_{g0}:m_{w0}$
62.5	65.0（A）	卵石	10	30	200	444	519	1211	1∶1.17∶2.73∶0.45
			20	29	180	400	528	1293	1∶1.32∶3.23∶0.45
			31.5	29	170	378	541	1325	1∶1.43∶3.51∶0.45
			40	28	160	356	536	1377	1∶1.51∶3.87∶0.45
		碎石	16	34	210	438	581	1127	1∶1.33∶2.57∶0.48
			20	33	195	406	586	1189	1∶1.44∶2.93∶0.48
			31.5	32	185	385	583	1238	1∶1.51∶3.22∶0.48
			40	31	175	365	578	1286	1∶1.58∶3.52∶0.48
	67.5（B）	卵石	10	30	200	435	521	1216	1∶1.20∶2.80∶0.46
			20	29	180	391	530	1298	1∶1.36∶3.32∶0.46
			31.5	29	170	370	543	1330	1∶1.47∶3.59∶0.46
			40	28	160	348	537	1382	1∶1.54∶3.97∶0.46
		碎石	16	35	210	420	603	1120	1∶1.44∶2.67∶0.50
			20	34	195	390	608	1181	1∶1.56∶3.03∶0.50
			31.5	33	185	370	605	1228	1∶1.64∶3.32∶0.50
			40	32	175	350	600	1276	1∶1.71∶3.65∶0.50
	70.0（C）	卵石	10	31	200	417	543	1209	1∶1.30∶2.90∶0.48
			20	30	180	375	553	1290	1∶1.47∶3.44∶0.48
			31.5	30	170	354	566	1321	1∶1.60∶3.73∶0.48
			40	29	160	333	560	1372	1∶1.68∶4.12∶0.48
		碎石	16	37	210	404	643	1094	1∶1.59∶2.71∶0.52
			20	36	195	375	649	1153	1∶1.73∶3.07∶0.52
			31.5	35	185	356	646	1199	1∶1.81∶3.37∶0.52
			40	34	175	337	642	1246	1∶1.91∶3.70∶0.52

混凝土强度等级：C50；稠度：55～70mm（坍落度）；砂子种类：中砂；配制强度 59.9MPa

水泥强度等级	水泥实际强度（MPa）	石子种类	石子最大粒径（mm）	砂率（%）	材料用量（kg/m³） 水 m_{w0}	水泥 m_{c0}	砂 m_{s0}	石子 m_{g0}	配合比（质量比） 水泥：砂：石子：水 $m_{c0}:m_{s0}:m_{g0}:m_{w0}$
52.5	55.0（A）	卵石	10	29	210	538	470	1151	1：0.87：2.14：0.39
			20	28	190	487	481	1238	1：0.99：2.54：0.39
			31.5	28	180	462	495	1273	1：1.07：2.76：0.39
			40	27	170	436	490	1326	1：1.12：3.04：0.39
		碎石	16	32	220	537	511	1085	1：0.95：2.02：0.41
			20	31	205	500	517	1151	1：1.03：2.30：0.41
			31.5	30	195	476	515	1201	1：1.08：2.52：0.41
			40	29	185	451	511	1252	1：1.13：2.78：0.41
	57.5（B）	卵石	10	29	210	525	473	1159	1：0.90：2.21：0.40
			20	28	190	475	484	1245	1：1.02：2.62：0.40
			31.5	28	180	450	498	1280	1：1.11：2.84：0.40
			40	27	170	425	493	1333	1：1.16：3.14：0.40
		碎石	16	33	220	512	533	1083	1：1.04：2.12：0.43
			20	32	205	477	540	1147	1：1.13：2.40：0.43
			31.5	31	195	453	538	1197	1：1.19：2.64：0.43
			40	30	185	430	534	1247	1：1.24：2.90：0.43
	60.0（C）	卵石	10	29	210	500	480	1175	1：0.96：2.35：0.42
			20	28	190	452	490	1260	1：1.08：2.79：0.42
			31.5	28	180	429	503	1293	1：1.17：3.01：0.42
			40	27	170	405	498	1346	1：1.23：3.32：0.42
		碎石	16	34	220	489	556	1080	1：1.14：2.21：0.45
			20	33	205	456	563	1143	1：1.23：2.51：0.45
			31.5	32	195	433	560	1191	1：1.29：2.75：0.45
			40	31	185	411	558	1241	1：1.36：3.02：0.45

续表

水泥强度等级	水泥实际强度（MPa）	石子种类	石子最大粒径（mm）	砂率（%）	材料用量（kg/m³）				配合比（质量比）
					水 m_{w0}	水泥 m_{c0}	砂 m_{s0}	石子 m_{g0}	水泥∶砂∶石子∶水 $m_{c0}:m_{s0}:m_{g0}:m_{w0}$
62.5	65.0（A）	卵石	10	30	210	467	505	1178	1∶1.08∶2.52∶0.45
			31.5	29	190	422	515	1260	1∶1.22∶2.99∶0.45
			20	29	180	400	528	1293	1∶1.32∶3.23∶0.45
			40	28	170	378	523	1344	1∶1.38∶3.56∶0.45
		碎石	16	34	220	458	566	1098	1∶1.24∶2.40∶0.48
			20	33	205	427	571	1159	1∶1.34∶2.71∶0.48
			31.5	32	195	406	568	1207	1∶1.40∶2.97∶0.48
			40	31	185	385	564	1256	1∶1.46∶3.26∶0.48
	67.5（B）	卵石	10	30	210	457	507	1184	1∶1.11∶2.59∶0.46
			20	29	190	413	517	1266	1∶1.25∶3.07∶0.46
			31.5	29	180	391	530	1298	1∶1.36∶3.32∶0.46
			40	28	170	370	525	1349	1∶1.42∶3.65∶0.46
		碎石	16	35	220	440	587	1091	1∶1.33∶2.48∶0.50
			20	34	205	410	593	1152	1∶1.45∶2.81∶0.50
			31.5	33	195	390	591	1199	1∶1.52∶3.07∶0.50
			40	32	185	370	587	1247	1∶1.59∶3.37∶0.50
	70.0（C）	卵石	10	31	210	438	529	1178	1∶1.21∶2.69∶0.48
			20	30	190	396	539	1258	1∶1.36∶3.18∶0.48
			31.5	30	180	375	553	1290	1∶1.47∶3.44∶0.48
			40	29	170	354	547	1340	1∶1.55∶3.79∶0.48
		碎石	16	37	220	423	627	1067	1∶1.48∶2.52∶0.52
			20	36	205	394	633	1125	1∶1.61∶2.86∶0.52
			31.5	35	195	375	631	1171	1∶1.68∶3.12∶0.52
			40	34	185	356	627	1218	1∶1.76∶3.42∶0.52

混凝土强度等级：C50；稠度：75～90mm（坍落稠度）；砂子种类：中砂；配制强度 59.9MPa

水泥强度等级	水泥实际强度（MPa）	石子种类	石子最大粒径（mm）	砂率（%）	材料用量（kg/m^3）水 m_{w0}	水泥 m_{c0}	砂 m_{s0}	石子 m_{g0}	配合比（质量比）水泥：砂：石子：水 $m_{c0}:m_{s0}:m_{g0}:m_{w0}$
52.5	55.0（A）	卵石	10	30	215	551	479	1118	1：0.87：2.03：0.39
			20	29	195	500	491	1203	1：0.98：2.41：0.39
			31.5	29	185	474	506	1238	1：1.07：2.61：0.39
			40	28	175	449	502	1290	1：1.12：2.87：0.39
		碎石	16	33	230	561	511	1037	1：0.91：1.85：0.41
			20	32	215	524	519	1102	1：0.99：2.10：0.41
			31.5	31	205	500	517	1151	1：1.03：2.30：0.41
			40	30	195	476	515	1201	1：1.08：2.52：0.41
	57.5（B）	卵石	10	30	215	538	483	1126	1：0.90：2.09：0.40
			20	29	195	488	495	1211	1：1.01：2.48：0.40
			31.5	29	185	463	509	1245	1：1.10：2.69：0.40
			40	28	175	438	504	1297	1：1.15：2.96：0.40
		碎石	16	34	230	535	534	1036	1：1.00：1.94：0.43
			20	33	215	500	541	1099	1：1.08：2.20：0.43
			31.5	32	205	477	540	1147	1：1.13：2.40：0.43
			40	31	195	453	538	1197	1：1.19：2.64：0.43
	60.0（C）	卵石	10	30	215	512	489	1141	1：0.96：2.23：0.42
			20	29	195	464	500	1225	1：1.08：2.64：0.42
			31.5	29	185	440	514	1259	1：1.17：2.86：0.42
			40	28	175	417	509	1310	1：1.22：3.14：0.42
		碎石	16	35	230	511	557	1034	1：1.09：2.02：0.45
			20	34	215	478	564	1095	1：1.18：2.29：0.45
			31.5	33	205	456	563	1143	1：1.23：2.51：0.45
			40	32	195	433	560	1191	1：1.29：2.75：0.45

续表

水泥强度等级	水泥实际强度（MPa）	石子种类	石子最大粒径（mm）	砂率（%）	材料用量（kg/m³） 水 m_{w0}	水泥 m_{c0}	砂 m_{s0}	石子 m_{g0}	配合比（质量比） 水泥：砂：石子：水 $m_{c0}:m_{s0}:m_{g0}:m_{w0}$
62.5	65.0（A）	卵石	10	31	215	478	514	1145	1：1.08：2.40：0.45
			20	30	195	433	526	1227	1：1.21：2.83：0.45
			31.5	30	185	411	540	1259	1：1.31：3.06：0.45
			40	29	175	389	535	1309	1：1.38：3.37：0.45
		碎石	16	35	230	479	566	1052	1：1.18：2.20：0.48
			20	34	215	448	573	1112	1：1.28：2.48：0.48
			31.5	33	205	427	571	1159	1：1.34：2.71：0.48
			40	32	195	406	568	1207	1：1.40：2.97：0.48
	67.5（B）	卵石	10	31	215	467	518	1152	1：1.11：2.47：0.46
			20	30	195	424	528	1232	1：1.25：2.91：0.46
			31.5	30	185	402	542	1264	1：1.35：3.14：0.46
			40	29	175	380	537	1315	1：1.41：3.46：0.46
		碎石	16	36	230	460	588	1046	1：1.28：2.27：0.50
			20	35	215	430	596	1106	1：1.39：2.57：0.50
			31.5	34	205	410	593	1152	1：1.45：2.81：0.50
			40	33	195	390	591	1199	1：1.52：3.07：0.50
	70.0（C）	卵石	10	32	215	448	539	1146	1：1.20：2.56：0.48
			20	31	195	406	550	1225	1：1.35：3.02：0.48
			31.5	31	185	385	564	1256	1：1.46：3.26：0.48
			40	30	175	365	559	1305	1：1.53：3.58：0.48
		碎石	16	38	230	442	627	102	1：1.42：2.31：0.52
			20	37	215	413	635	1081	1：1.54：2.62：0.52
			31.5	36	205	394	633	1125	1：1.61：2.86：0.52
			40	35	195	375	631	1171	1：1.68：3.12：0.52

混凝土强度等级：C50；稠度：16～20s（维勃稠度）；砂子种类：细砂；配制强度 59.9MPa

水泥强度等级	水泥实际强度（MPa）	石子种类	石子最大粒径（mm）	砂率（%）	材料用量（kg/m³）				配合比（质量比）
					水 m_{w0}	水泥 m_{c0}	砂 m_{s0}	石子 m_{g0}	水泥：砂：石子：水 $m_{c0}:m_{s0}:m_{g0}:m_{w0}$
52.5	55.0 (A)	卵石	10	28	182	467	492	1266	1：1.05：2.71：0.39
			20	27	167	428	495	1337	1：1.16：3.12：0.39
			40	26	152	390	495	1410	1：1.27：3.62：0.39
		碎石	16	32	187	456	561	1192	1：1.23：2.61：0.41
			20	31	177	432	558	1243	1：1.29：2.88：0.41
			40	29	162	395	543	1330	1：1.37：3.37：0.41
	57.5 (B)	卵石	10	28	182	455	495	1273	1：1.09：2.80：0.40
			20	27	167	418	497	1344	1：1.19：3.22：0.40
			40	26	152	380	498	1416	1：1.31：3.73：0.40
		碎石	16	33	187	435	585	1187	1：1.34：2.73：0.43
			20	32	177	412	582	1236	1：1.41：3.00：0.43
			40	30	162	377	567	1322	1：1.50：3.51：0.43
	60.0 (C)	卵石	10	29	182	433	518	1269	1：1.20：2.93：0.42
			20	28	167	398	520	1338	1：1.31：3.36：0.42
			40	27	152	362	521	1408	1：1.44：3.89：0.42
		碎石	16	34	187	416	608	1180	1：1.46：2.84：0.45
			20	33	177	393	605	1229	1：1.54：3.13：0.45
			40	31	162	360	590	1313	1：1.64：3.65：0.45

续表

水泥强度等级	水泥实际强度（MPa）	石子种类	石子最大粒径（mm）	砂率（%）	材料用量（kg/m³）				配合比（质量比）
					水 m_{w0}	水泥 m_{c0}	砂 m_{s0}	石子 m_{g0}	水泥：砂：石子：水 $m_{c0}:m_{s0}:m_{g0}:m_{w0}$
62.5	65.0 (A)	卵石	10	30	182	404	543	1268	1：1.34：3.14：0.45
			20	29	167	371	545	1335	1：1.47：3.60：0.45
			40	28	152	338	546	1404	1：1.62：4.15：0.45
		碎石	16	34	187	390	616	1195	1：1.58：3.06：0.48
			20	33	177	369	612	1243	1：1.66：3.37：0.48
			40	31	162	338	596	1326	1：1.76：3.92：0.48
	67.5 (B)	卵石	10	30	182	396	546	1273	1：1.38：3.21：0.46
			20	29	167	363	547	1340	1：1.51：3.69：0.46
			40	28	152	330	548	1409	1：1.66：4.27：0.46
		碎石	16	35	187	374	639	1186	1：1.71：3.17：0.50
			20	34	177	354	635	1233	1：1.79：3.48：0.50
			40	32	162	324	619	1315	1：1.91：4.06：0.50
	70.0 (C)	卵石	10	31	182	379	568	1265	1：1.50：3.34：0.48
			20	30	167	348	570	1330	1：1.64：3.82：0.48
			40	29	152	317	571	1397	1：1.80：4.41：0.48
		碎石	16	37	187	360	679	1156	1：1.89：3.21：0.52
			20	36	177	340	677	1203	1：1.99：3.54：0.52
			40	34	162	312	661	1283	1：2.12：4.11：0.52

混凝土强度等级：C50；稠度：11～15s（维勃稠度）；砂子种类：细砂；配制强度 59.9MPa

水泥强度等级	水泥实际强度（MPa）	石子种类	石子最大粒径（mm）	砂率（%）	材料用量（kg/m³）水 m_{w0}	水泥 m_{c0}	砂 m_{s0}	石子 m_{g0}	配合比（质量比）水泥：砂：石子：水 $m_{c0}:m_{s0}:m_{g0}:m_{w0}$
52.5	55.0（A）	卵石	10	28	187	479	486	1249	1：1.01：2.61：0.39
			20	27	172	441	488	1319	1：1.11：2.99：0.39
			40	26	157	403	489	1391	1：1.21：3.45：0.39
		碎石	16	32	192	468	553	1176	1：1.18：2.51：0.41
			20	31	182	444	551	1226	1：1.24：2.76：0.41
			40	29	167	407	536	1313	1：1.32：3.23：0.41
	57.5（B）	卵石	10	28	187	468	488	1256	1：1.04：2.68：0.40
			20	27	172	430	490	1326	1：1.14：3.08：0.40
			40	26	157	393	491	1398	1：1.25：3.56：0.40
		碎石	16	33	192	447	577	1171	1：1.29：2.62：0.43
			20	32	182	423	575	1221	1：1.36：2.89：0.43
			40	30	167	388	560	1306	1：1.44：3.37：0.43
	60.0（C）	卵石	10	29	187	445	511	1252	1：1.15：2.81：0.42
			20	28	172	410	513	1320	1：1.25：3.22：0.42
			40	27	157	374	514	1391	1：1.37：3.72：0.42
		碎石	16	34	192	427	600	1165	1：1.41：2.73：0.45
			20	33	182	404	598	1214	1：1.48：3.00：0.45
			40	31	167	371	583	1298	1：1.57：3.50：0.45

续表

水泥强度等级	水泥实际强度（MPa）	石子种类	石子最大粒径（mm）	砂率（%）	材料用量（kg/m³） 水 m_{w0}	水泥 m_{c0}	砂 m_{s0}	石子 m_{g0}	配合比（质量比） 水泥∶砂∶石子∶水 $m_{c0}:m_{s0}:m_{g0}:m_{w0}$
62.5	65.0（A）	卵石	10	30	187	416	537	1252	1∶1.29∶3.01∶0.45
			20	29	172	382	539	1319	1∶1.41∶3.45∶0.45
			40	28	157	349	539	1387	1∶1.54∶3.97∶0.45
		碎石	16	34	192	400	608	1180	1∶1.52∶2.95∶0.48
			20	33	182	379	605	1228	1∶1.60∶3.24∶0.48
			40	31	167	348	589	1311	1∶1.69∶3.77∶0.48
	67.5（B）	卵石	10	30	187	407	539	1257	1∶1.32∶3.09∶0.46
			20	29	172	374	541	1324	1∶1.45∶3.54∶0.46
			40	28	157	341	541	1392	1∶1.59∶4.08∶0.46
		碎石	16	35	192	384	631	1171	1∶1.64∶3.05∶0.50
			20	34	182	364	627	1218	1∶1.72∶3.35∶0.50
			40	32	167	334	612	1300	1∶1.83∶3.89∶0.50
	70.0（C）	卵石	10	31	187	390	561	1249	1∶1.44∶3.20∶0.48
			20	30	172	358	564	1315	1∶1.58∶3.67∶0.48
			40	29	157	327	564	1381	1∶1.72∶4.22∶0.48
		碎石	16	37	192	369	671	1143	1∶1.82∶3.10∶0.52
			20	36	182	350	669	1189	1∶1.91∶3.40∶0.52
			40	34	167	321	654	1269	1∶2.04∶3.95∶0.52

混凝土强度等级：C50；稠度：5～10s（维勃稠度）；砂子种类：细砂；配制强度 59.9MPa

水泥强度等级	水泥实际强度（MPa）	石子种类	石子最大粒径（mm）	砂率（%）	材料用量（kg/m³） 水 m_{w0}	水泥 m_{c0}	砂 m_{s0}	石子 m_{g0}	配合比（质量比） 水泥：砂：石子：水 $m_{c0}:m_{s0}:m_{g0}:m_{w0}$
52.5	55.0 (A)	卵石	10	28	192	492	479	1231	1：0.97：2.50：0.39
			20	27	177	454	481	1301	1：1.06：2.87：0.39
			40	26	162	415	483	1374	1：1.16：3.31：0.39
		碎石	16	32	197	480	546	1160	1：1.14：2.42：0.41
			20	31	187	456	544	1210	1：1.19：2.65：0.41
			40	29	172	420	529	1296	1：1.26：3.09：0.41
	57.5 (B)	卵石	10	28	192	480	481	1238	1：1.00：2.58：0.40
			20	27	177	443	484	1308	1：1.09：2.95：0.40
			40	26	162	405	485	1380	1：1.20：3.41：0.40
		碎石	16	33	197	458	569	1156	1：1.24：2.52：0.43
			20	32	187	435	567	1205	1：1.30：2.77：0.43
			40	30	172	400	553	1290	1：1.38：3.23：0.43
	60.0 (C)	卵石	10	29	192	457	504	1235	1：1.10：2.70：0.42
			20	28	177	421	507	1304	1：1.20：3.10：0.42
			40	27	162	386	508	1374	1：1.32：3.56：0.42
		碎石	16	34	197	438	592	1150	1：1.35：2.63：0.45
			20	33	187	416	590	1198	1：1.42：2.88：0.45
			40	31	172	382	576	1282	1：1.51：3.36：0.45

续表

水泥强度等级	水泥实际强度 (MPa)	石子种类	石子最大粒径 (mm)	砂率 (%)	材料用量 (kg/m³)				配合比（质量比）
					水 m_{w0}	水泥 m_{c0}	砂 m_{s0}	石子 m_{g0}	水泥：砂：石子：水 $m_{c0}:m_{s0}:m_{g0}:m_{w0}$
62.5	65.0 (A)	卵石	10	30	192	427	530	1236	1∶1.24∶2.89∶0.45
			20	29	177	393	532	1303	1∶1.35∶3.32∶0.45
			40	28	162	360	533	1371	1∶1.48∶3.81∶0.45
		碎石	16	34	197	410	601	1166	1∶1.47∶2.84∶0.48
			20	33	187	390	597	1213	1∶1.53∶3.11∶0.48
			40	31	172	358	582	1296	1∶1.63∶3.62∶0.48
	67.5 (B)	卵石	10	30	192	417	532	1242	1∶1.28∶2.98∶0.46
			20	29	177	385	534	1308	1∶1.39∶3.40∶0.46
			40	28	162	352	535	1376	1∶1.52∶3.91∶0.46
		碎石	16	35	197	394	623	1157	1∶1.58∶2.94∶0.50
			20	34	187	374	620	1204	1∶1.66∶3.22∶0.50
			40	32	172	344	605	1285	1∶1.76∶3.74∶0.50
	70.0 (C)	卵石	10	31	192	400	554	1234	1∶1.39∶3.09∶0.48
			20	30	177	369	557	1299	1∶1.51∶3.52∶0.48
			40	29	162	338	558	1365	1∶1.65∶4.04∶0.48
		碎石	16	37	197	379	663	1129	1∶1.75∶2.98∶0.52
			20	36	187	360	661	1175	1∶1.84∶3.26∶0.52
			40	34	172	331	647	1255	1∶1.95∶3.79∶0.52

混凝土强度等级：C50；稠度：10～30mm（坍落度）；砂子种类：细砂；配制强度 59.9MPa

水泥强度等级	水泥实际强度（MPa）	石子种类	石子最大粒径（mm）	砂率（%）	材料用量（kg/m³）				配合比（质量比）
					水 m_{w0}	水泥 m_{c0}	砂 m_{s0}	石子 m_{g0}	水泥：砂：石子：水 $m_{c0}:m_{s0}:m_{g0}:m_{w0}$
52.5	55.0（A）	卵石	10	29	197	505	489	1196	1：0.97：2.37：0.39
			20	28	177	454	499	1283	1：1.10：2.83：0.39
			31.5	28	167	428	513	1319	1：1.20：3.08：0.39
			40	27	157	403	508	1373	1：1.26：3.41：0.39
		碎石	16	32	207	505	530	1127	1：1.05：2.23：0.41
			20	31	192	468	536	1194	1：1.15：2.55：0.41
			31.5	30	182	444	533	1244	1：1.20：2.80：0.41
			40	29	172	420	529	1296	1：1.26：3.09：0.41
	57.5（B）	卵石	10	29	197	493	492	1204	1：1.00：2.44：0.40
			20	28	177	443	502	1290	1：1.13：2.91：0.40
			31.5	28	167	418	515	1325	1：1.23：3.17：0.40
			40	27	157	393	510	1379	1：1.30：3.51：0.40
		碎石	16	33	207	481	554	1125	1：1.15：2.34：0.43
			20	32	192	447	560	1189	1：1.25：2.66：0.43
			31.5	31	182	423	557	1239	1：1.32：2.93：0.43
			40	30	172	400	553	1290	1：1.38：3.23：0.43
	60.0（C）	卵石	10	29	197	469	497	1218	1：1.06：2.60：0.42
			20	28	177	421	507	1304	1：1.20：3.10：0.42
			31.5	28	167	398	520	1338	1：1.31：3.36：0.42
			40	27	157	374	514	1391	1：1.37：3.72：0.42
		碎石	16	34	207	460	577	1120	1：1.25：2.43：0.45
			20	33	192	427	583	1183	1：1.37：2.77：0.45
			31.5	32	182	404	580	1232	1：1.44：3.05：0.45
			40	31	172	382	576	1282	1：1.51：3.36：0.45

续表

水泥强度等级	水泥实际强度（MPa）	石子种类	石子最大粒径（mm）	砂率（%）	材料用量（kg/m³） 水 m_{w0}	水泥 m_{c0}	砂 m_{s0}	石子 m_{g0}	配合比（质量比） 水泥：砂：石子：水 $m_{c0}:m_{s0}:m_{g0}:m_{w0}$
62.5	65.0 (A)	卵石	10	30	197	438	523	1220	1∶1.19∶2.79∶0.45
			20	29	177	393	532	1303	1∶1.35∶3.32∶0.45
			31.5	29	167	371	545	1335	1∶1.47∶3.60∶0.45
			40	28	157	349	539	1387	1∶1.54∶3.97∶0.45
		碎石	16	34	207	431	585	1136	1∶1.36∶2.64∶0.48
			20	33	192	400	590	1198	1∶1.48∶3.00∶0.48
			31.5	32	182	379	587	1247	1∶1.55∶3.29∶0.48
			40	31	172	358	582	1296	1∶1.63∶3.62∶0.48
	67.5 (B)	卵石	10	30	197	428	525	1226	1∶1.23∶2.86∶0.46
			20	29	177	385	534	1308	1∶1.39∶3.40∶0.46
			31.5	29	167	363	547	1340	1∶1.51∶3.69∶0.46
			40	28	157	341	541	1392	1∶1.59∶4.08∶0.46
		碎石	16	35	207	414	607	1128	1∶1.47∶2.72∶0.50
			20	34	192	384	613	1189	1∶1.60∶3.10∶0.50
			31.5	33	182	364	609	1237	1∶1.67∶3.40∶0.50
			40	32	172	344	605	1285	1∶1.76∶3.74∶0.50
	70.0 (C)	卵石	10	31	197	410	548	1219	1∶1.34∶2.97∶0.48
			20	30	177	369	557	1299	1∶1.51∶3.52∶0.48
			31.5	30	167	348	570	1330	1∶1.64∶3.82∶0.48
			40	29	157	327	564	1381	1∶1.72∶4.22∶0.48
		碎石	16	37	207	398	647	1102	1∶1.63∶2.77∶0.52
			20	36	192	369	653	1161	1∶1.77∶3.15∶0.52
			31.5	35	182	350	650	1208	1∶1.86∶3.45∶0.52
			40	34	172	331	647	1255	1∶1.95∶3.79∶0.52

混凝土强度等级：C50；稠度：35～50mm（坍落度）；砂子种类：细砂；配制强度 59.9MPa

水泥强度等级	水泥实际强度（MPa）	石子种类	石子最大粒径（mm）	砂率（%）	材料用量（kg/m³）				配合比（质量比）
					水 m_{w0}	水泥 m_{c0}	砂 m_{s0}	石子 m_{g0}	水泥：砂：石子：水 $m_{c0}:m_{s0}:m_{g0}:m_{w0}$
52.5	55.0（A）	卵石	10	29	207	531	474	1161	1：0.89：2.19：0.39
			20	28	187	479	486	1249	1：1.01：2.61：0.39
			31.5	28	177	454	499	1283	1：1.10：2.83：0.39
			40	27	167	428	495	1337	1：1.16：3.12：0.39
		碎石	16	32	217	529	515	1095	1：0.97：2.07：0.41
			20	31	202	493	521	1160	1：1.06：2.35：0.41
			31.5	30	192	468	519	1211	1：1.11：2.59：0.41
			40	29	182	444	515	1262	1：1.16：2.84：0.41
	57.5（B）	卵石	10	29	207	518	477	1169	1：0.92：2.26：0.40
			20	28	187	468	488	1256	1：1.04：2.68：0.40
			31.5	28	177	443	502	1290	1：1.13：2.91：0.40
			40	27	167	418	497	1344	1：1.19：3.22：0.40
		碎石	16	33	217	505	538	1093	1：1.07：2.16：0.43
			20	32	202	470	544	1157	1：1.16：2.46：0.43
			31.5	31	192	447	542	1206	1：1.21：2.70：0.43
			40	30	182	423	539	1257	1：1.27：2.97：0.43
	60.0（C）	卵石	10	29	207	493	484	1185	1：0.98：2.40：0.42
			20	28	187	445	494	1270	1：1.11：2.85：0.42
			31.5	28	177	421	507	1304	1：1.20：3.10：0.42
			40	27	167	398	502	1356	1：1.26：3.41：0.42
		碎石	16	34	217	482	561	1089	1：1.16：2.26：0.45
			20	33	202	449	567	1152	1：1.26：2.57：0.45
			31.5	32	192	427	565	1200	1：1.32：2.81：0.45
			40	31	182	404	562	1250	1：1.39：3.09：0.45

续表

水泥强度等级	水泥实际强度（MPa）	石子种类	石子最大粒径（mm）	砂率（%）	材料用量（kg/m³）				配合比（质量比）
					水 m_{w0}	水泥 m_{c0}	砂 m_{s0}	石子 m_{g0}	水泥：砂：石子：水 $m_{c0}:m_{s0}:m_{g0}:m_{w0}$
62.5	65.0（A）	卵石	10	30	207	460	509	1188	1：1.11：2.58：0.45
			20	29	187	416	519	1270	1：1.25：3.05：0.45
			31.5	29	177	393	532	1303	1：1.35：3.32：0.45
			40	28	167	371	527	1354	1：1.42：3.65：0.45
		碎石	16	34	217	452	570	1107	1：1.26：2.45：0.48
			20	33	202	421	575	1168	1：1.37：2.77：0.48
			31.5	32	192	400	572	1216	1：1.43：3.04：0.48
			40	31	182	379	568	1265	1：1.50：3.34：0.48
	67.5（B）	卵石	10	30	207	450	512	1194	1：1.14：2.65：0.46
			20	29	187	407	521	1275	1：1.28：3.13：0.46
			31.5	29	177	385	534	1308	1：1.39：3.40：0.46
			40	28	167	363	529	1359	1：1.46：3.74：0.46
		碎石	16	35	217	434	592	1100	1：1.36：2.53：0.50
			20	34	202	404	598	1160	1：1.48：2.87：0.50
			31.5	33	192	384	594	1207	1：1.55：3.14：0.50
			40	32	182	364	591	1255	1：1.62：3.45：0.50
	70.0（C）	卵石	10	31	207	431	534	1188	1：1.24：2.76：0.48
			20	30	187	390	543	1268	1：1.39：3.25：0.48
			31.5	30	177	369	557	1299	1：1.51：3.52：0.48
			40	29	167	348	551	1349	1：1.58：3.88：0.48
		碎石	16	37	217	417	631	1075	1：1.51：2.58：0.52
			20	36	202	388	638	1134	1：1.64：2.92：0.52
			31.5	35	192	369	635	1180	1：1.72：3.20：0.52
			40	34	182	350	632	1226	1：1.81：3.50：0.52

混凝土强度等级：C50；稠度：55～70mm（坍落度）；砂子种类：细砂；配制强度 59.9MPa

水泥强度等级	水泥实际强度（MPa）	石子种类	石子最大粒径（mm）	砂率（%）	材料用量（kg/m³）				配合比（质量比）
					水 m_{w0}	水泥 m_{c0}	砂 m_{s0}	石子 m_{g0}	水泥：砂：石子：水 $m_{c0}:m_{s0}:m_{g0}:m_{w0}$
52.5	55.0（A）	卵石	10	29	217	556	460	1127	1：0.83：2.03：0.39
			20	28	197	505	472	1213	1：0.93：2.40：0.39
			31.5	28	187	479	486	1249	1：1.01：2.61：0.39
			40	27	177	454	481	1301	1：1.06：2.87：0.39
		碎石	16	32	227	554	500	1062	1：0.90：1.92：0.41
			20	31	212	517	507	1128	1：0.98：2.18：0.41
			31.5	30	202	493	504	1177	1：1.02：2.39：0.41
			40	29	192	468	502	1228	1：1.07：2.62：0.41
	57.5（B）	卵石	10	29	217	543	464	1135	1：0.85：2.09：0.40
			20	28	197	493	475	1221	1：0.96：2.48：0.40
			31.5	28	187	468	488	1256	1：1.04：2.68：0.40
			40	27	177	443	484	1308	1：1.09：2.95：0.40
		碎石	16	33	227	528	523	1062	1：0.99：2.01：0.43
			20	32	212	493	529	1125	1：1.07：2.28：0.43
			31.5	31	202	470	527	1174	1：1.12：2.50：0.43
			40	30	192	447	525	1224	1：1.17：2.74：0.43
	60.0（C）	卵石	10	29	217	517	470	1151	1：0.91：2.23：0.42
			20	28	197	469	481	1236	1：1.03：2.64：0.42
			31.5	28	187	445	494	1270	1：1.11：2.85：0.42
			40	27	177	421	489	1322	1：1.16：3.14：0.42
		碎石	16	34	227	504	546	1059	1：1.08：2.10：0.45
			20	33	212	471	552	1121	1：1.17：2.38：0.45
			31.5	32	202	449	550	1169	1：1.22：2.60：0.45
			40	31	192	427	547	1218	1：1.28：2.85：0.45

续表

水泥强度等级	水泥实际强度（MPa）	石子种类	石子最大粒径（mm）	砂率（%）	材料用量（kg/m³） 水 m_{w0}	水泥 m_{c0}	砂 m_{s0}	石子 m_{g0}	配合比（质量比） 水泥：砂：石子：水 $m_{c0}:m_{s0}:m_{g0}:m_{w0}$
62.5	65.0（A）	卵石	10	30	217	482	495	1156	1：1.03：2.40：0.45
			31.5	29	197	438	505	1237	1：1.15：2.82：0.45
			20	29	187	416	519	1270	1：1.25：3.05：0.45
			40	28	177	393	514	1321	1：1.31：3.36：0.45
		碎石	16	34	227	473	555	1077	1：1.17：2.28：0.48
			20	33	212	442	561	1138	1：1.27：2.57：0.48
			31.5	32	202	421	558	1186	1：1.33：2.82：0.48
			40	31	192	400	554	1234	1：1.39：3.09：0.48
	67.5（B）	卵石	10	30	217	472	498	1162	1：1.06：2.46：0.46
			20	29	197	428	508	1243	1：1.19：2.90：0.46
			31.5	29	187	407	521	1275	1：1.28：3.13：0.46
			40	28	177	385	516	1326	1：1.34：3.44：0.46
		碎石	16	35	227	454	577	1071	1：1.27：2.36：0.50
			20	34	212	424	583	1131	1：1.38：2.67：0.50
			31.5	33	202	404	580	1178	1：1.44：2.92：0.50
			40	32	192	384	577	1226	1：1.50：3.19：0.50
	70.0（C）	卵石	10	31	217	452	520	1157	1：1.15：2.56：0.48
			20	30	197	410	530	1237	1：1.29：3.02：0.48
			31.5	30	187	390	543	1268	1：1.39：3.25：0.48
			40	29	177	369	538	1318	1：1.46：3.57：0.48
		碎石	16	37	227	437	615	1047	1：1.41：2.40：0.52
			20	36	212	408	622	1106	1：1.52：2.71：0.52
			31.5	35	202	388	620	1152	1：1.60：2.97：0.52
			40	34	192	369	617	1198	1：1.67：3.25：0.52

混凝土强度等级：C50；稠度：75～90mm（坍落度）；砂子种类：细砂；配制强度 59.9MPa

水泥强度等级	水泥实际强度（MPa）	石子种类	石子最大粒径（mm）	砂率（%）	材料用量（kg/m³）				配合比（质量比）
					水 m_{w0}	水泥 m_{c0}	砂 m_{s0}	石子 m_{g0}	水泥：砂：石子：水 $m_{c0}:m_{s0}:m_{g0}:m_{w0}$
52.5	55.0 (A)	卵石	20	29	202	518	482	1179	1：0.93：2.28：0.39
			31.5	29	192	492	496	1214	1：1.01：2.47：0.39
			40	28	182	467	492	1266	1：1.05：2.71：0.39
		碎石	20	32	222	541	508	1079	1：0.94：1.99：0.41
			31.5	31	212	517	507	1128	1：0.98：2.18：0.41
			40	30	202	493	504	1177	1：1.02：2.39：0.41
	57.5 (B)	卵石	10	30	222	555	472	1102	1：0.85：1.99：0.40
			20	29	202	505	485	1187	1：0.96：2.35：0.40
			31.5	29	192	480	499	1221	1：1.04：2.54：0.40
			40	28	182	455	495	1273	1：1.09：2.80：0.40
		碎石	16	34	237	551	523	1015	1：0.95：1.84：0.43
			20	33	222	516	530	1077	1：1.03：2.09：0.43
			31.5	32	212	493	529	1125	1：1.07：2.28：0.43
			40	31	202	470	527	1174	1：1.12：2.50：0.43
	60.0 (C)	卵石	10	30	222	529	479	1118	1：0.91：2.11：0.42
			20	29	202	481	491	1202	1：1.02：2.50：0.42
			31.5	29	192	457	504	1235	1：1.10：2.70：0.42
			40	28	182	433	501	1287	1：1.16：2.97：0.42
		碎石	16	35	237	527	545	1013	1：1.03：1.92：0.45
			20	34	222	493	553	1074	1：1.12：2.18：0.45
			31.5	33	212	471	552	1121	1：1.17：2.38：0.45
			40	32	202	449	550	1169	1：1.22：2.60：0.45

续表

水泥强度等级	水泥实际强度（MPa）	石子种类	石子最大粒径（mm）	砂率（%）	材料用量（kg/m³）				配合比（质量比）
					水 m_{w0}	水泥 m_{c0}	砂 m_{s0}	石子 m_{g0}	水泥：砂：石子：水 $m_{c0}:m_{s0}:m_{g0}:m_{w0}$
62.5	65.0 (A)	卵石	10	31	222	493	505	1123	1：1.02：2.28：0.45
			20	30	202	449	516	1204	1：1.15：2.68：0.45
			31.5	30	192	427	530	1236	1：1.24：2.89：0.45
			40	29	182	404	526	1287	1：1.30：3.19：0.45
		碎石	16	35	237	494	555	1031	1：1.12：2.09：0.48
			20	34	222	463	562	1091	1：1.21：2.36：0.48
			31.5	33	212	442	561	1138	1：1.27：2.57：0.48
			40	32	202	421	558	1186	1：1.33：2.82：0.48
	67.5 (B)	卵石	10	31	222	483	507	1129	1：1.05：2.34：0.46
			20	30	202	439	519	1210	1：1.18：2.76：0.46
			31.5	30	192	417	532	1242	1：1.28：2.98：0.46
			40	29	182	396	528	1292	1：1.33：3.26：0.46
		碎石	16	36	237	474	578	1027	1：1.22：2.17：0.50
			20	35	222	444	585	1086	1：1.32：2.45：0.50
			31.5	34	212	424	583	1131	1：1.38：2.67：0.50
			40	33	202	404	580	1178	1：1.44：2.92：0.50
	70.0 (C)	卵石	10	32	222	463	529	1125	1：1.14：2.43：0.48
			20	31	202	421	540	1203	1：1.28：2.86：0.48
			31.5	31	192	400	554	1234	1：1.39：3.09：0.48
			40	30	182	379	550	1284	1：1.45：3.39：0.48
		碎石	16	38	237	456	615	1004	1：1.35：2.20：0.52
			20	37	222	427	623	1061	1：1.46：2.48：0.52
			31.5	36	212	408	622	1106	1：1.52：2.71：0.52
			40	35	202	388	620	1152	1：1.60：2.97：0.52

第4章 特种商品混凝土的配合比设计

4.1 泵送混凝土

4.1.1 泵送混凝土配合比设计

序号	项目		内容
1	泵送混凝土的定义		指混凝土拌合物的坍落度不低于100mm并用泵送施工的混凝土。泵送混凝土已逐渐成为混凝土施工中一个常用的品种，适用于大体积混凝土、高层建筑、大型桥梁等工程。它既可以作水平及垂直运输，又可直接用布料杆浇筑。但泵送混凝土对材料要求较严格，对配合比及其称量要求较准确，对施工组织设计要求较严密。
2	泵送混凝土对原材料的要求	水泥	要求采用具有保水性好、泌水性小的水泥。通常优先选用硅酸盐水泥、普通硅酸盐水泥、矿渣硅酸盐水泥和粉煤灰硅酸盐水泥，不宜选用火山灰质硅酸盐水泥。 泵送混凝土施工中，混凝土的可泵性与水泥用量有很大关系，水泥用量除满足混凝土的强度要求外，还要满足管道的输送要求。因混凝土拌合物中石子本身无流动性，它必须均匀地分散在水泥浆体中才能流动（相对位移），而且石子产生相对移动的阻力和水泥浆体的厚度有关。在混凝土拌合物中，水泥浆填充集料颗粒间的空隙并包裹着集料，在集料表面形成浆层，而这种浆层的厚度加大，则集料产生相对移动的阻力就会减小。若水泥用量不足，水泥浆不能包裹集料全部表面，会造成管道输送时摩擦阻力增大，并且这种混凝土保水性差，容易产生泌水和离析，易发生混凝土堵管现象。如果水泥用量过大，混凝土拌合物黏度增高，泵送阻力增大，会使凝结硬化的混凝土增大干缩和开裂，在大体积混凝土施工中还会引起较大的温度应力而产生温度裂缝。所以选择合适的水泥用量是提高泵送混凝土的可泵性，降低工程成本，确保工程质量的关键。表4-1为泵送混凝土最小水泥用量。由表4-1可得，输送管道大小与水泥用量的多少成反比，水平距离的长短与水泥用量的多少成正比。

续表

<table>
<tr><th>序号</th><th>项目</th><th colspan="2">内容</th></tr>
<tr><td rowspan="3">2</td><td rowspan="3">泵送混凝土对原材料的要求</td><td>水泥</td><td>

表 4-1 泵送混凝土最小水泥用量

<table>
<tr><td rowspan="2">泵送条件</td><td colspan="3">输送管道内径尺寸（mm）</td><td colspan="3">输送管水平换算距离（m）</td></tr>
<tr><td>ϕ100</td><td>ϕ125</td><td>ϕ150</td><td><60</td><td>60～150</td><td>>150</td></tr>
<tr><td>水泥用量（kg/m^3）</td><td>300</td><td>290</td><td>280</td><td>280</td><td>290</td><td>300</td></tr>
</table>

泵送混凝土的水泥用量最好控制在 320kg/m^3，最大不超过 350kg/m^3，胶凝材料总量不宜小于 300kg/m^3。
</td></tr>
<tr><td>集料</td><td>

细集料应采用中砂。其中能通过 0.315mm 筛孔的颗粒应不少于 15%；

粗集料宜采用连续级配，其针片状颗粒含量不宜大于 10%；粗集料的最大粒径与输送管径之比宜符合表 4-2 的规定。

表 4-2 粗集料的最大粒径与输送管径之比

<table>
<tr><th>石子品种</th><th>泵送高度（m）</th><th>粗集料最大粒径与输送管径比</th></tr>
<tr><td rowspan="3">碎石</td><td><50</td><td>≤1∶3.0</td></tr>
<tr><td>50～100</td><td>≤1∶4.0</td></tr>
<tr><td>>100</td><td>≤1∶5.0</td></tr>
<tr><td rowspan="3">卵石</td><td><50</td><td>≤1∶2.5</td></tr>
<tr><td>50～100</td><td>≤1∶3.0</td></tr>
<tr><td>>100</td><td>≤1∶4.0</td></tr>
</table>
</td></tr>
<tr><td>外加剂</td><td>泵送混凝土常掺用泵送剂或减水剂。对于泵送剂，其性能应满足《混凝土泵送剂》（JC 473—2001）中的有关规定，如匀质性指标应满足表 4-3 的要求。</td></tr>
</table>

续表

<table>
<tr><th>序号</th><th>项目</th><th colspan="2">内　　容</th></tr>
<tr><td>2</td><td>泵送混凝土对原材料的要求</td><td>外加剂</td><td>

表 4-3　泵送剂匀质性指标

试验项目	指　　标
含固量	液体泵送剂：应在生产厂控制值相对量的 6%之内。
含水量	固体泵送剂：应在生产厂控制值相对量的 10%之内。
密　度	液体泵送剂：应在生产厂控制值的±0.02g/cm³ 之内。
细　度	固体泵送剂：0.315mm 筛筛余应小于 15%。
氯离子含量	应在生产厂控制值相对量的 5%之内。
总碱量（Na_2O+0.658K_2O）	应不小于生产厂控制值的 5%。
水泥净浆流动度	应不小于生产厂控制值的 95%。

</td></tr>
<tr><td>3</td><td>泵送混凝土配合比设计</td><td colspan="2">

泵送混凝土配合比设计应按照普通混凝土配合比的基本原则和方法进行，但应同时满足以下一些规定：

1）坍落度

泵送混凝土在试配时的坍落度值，应按下式计算

$$T_t = T_p + \Delta T \tag{4-1}$$

式中　T_t——试配时要求的坍落度值；
T_p——入泵时要求的坍落度值；
ΔT——试验测得在预计时间内的坍落度损失值。

表 4-4 为《混凝土泵送施工技术规程》（JGJ/T 10—2011）规定的不同泵送高度入泵时混凝土坍落度选用值。

表 4-4　不同泵送高度入泵时混凝土坍落度选用值

最大泵送高度（m）	30	60	100	400	400 以上
入泵坍落度（cm）	14	14～16	16～18	18～20	20～22

</td></tr>
</table>

续表

序号	项目	内容		
3	泵送混凝土配合比设计	2）水灰比 泵送混凝土的水灰比不宜大于0.6。过大在泵送时容易引起离析，硬化后容易引起混凝土收缩。 3）砂率 泵送混凝土的输送管道形式很多，既有直管又有锥形管、弯管和软管。当通过锥形管和弯管时，混凝土颗粒间的相对位置就会发生变化，此时，如果混凝土中的砂浆量不足，很容易发生堵管现象。所以，在混凝土配合比设计时，可适当提高砂率；但若砂率过大，将对混凝土的强度产生不利影响。因此，在满足混凝土可泵性的前提下，应尽可能选用较小的砂率。泵送混凝土的砂率一般宜为35%～45%。 4）引气剂 掺用引气型外加剂时，混凝土的含气量不宜大于4%。		
4	泵送混凝土配合比设计例题	设计要求	某高层商品住宅楼，主体为钢筋剪力墙混凝土结构，设计混凝土强度等级为C30。泵送施工要求混凝土拌合物入泵时坍落度为（150±10）mm。	
		材料要求	水泥：P·O 42.5级，密度 $\rho_C=3100kg/m^3$，28d强度为 $f_{ce}=45.0MPa$，根据资料查强度标准差 $\sigma=3.7MPa$。 河砂：中砂（细度模数 $\mu_f=2.9$），表观密度 $\rho_s=2630kg/m^3$。 碎石：连续粒级，5～20mm，表观密度 $\rho_g=2690kg/m^3$。 粉煤灰：磨细II级干排灰，表观密度 $\rho_f=2690kg/m^3$。 泵送剂：FDN高效减水剂，当掺量为水泥用量的0.8%，减水率为16%。	
		设计步骤	1）确定混凝土配制强度（$f_{cu,0}$）	按题意已知：设计要求混凝土强度 $f_{cu,k}=30MPa$。强度标准差 $\sigma=3.7MPa$。计算混凝土配制强度： $f_{cu,0}=f_{cu,k}+1.645\sigma=30+1.645\times3.7=41.1MPa$

续表

序号	项目			内容
4	泵送混凝土配合比设计例题	设计步骤	2）确定水灰比（W/C）	已知混凝土配制强度 $f_{cu,0}=41.1MPa$，水泥 28d 的实际强度为 $f_b=45.0MPa$，无混凝土强度回归系数统计资料，采用经验值 $\alpha_a=0.53$，$\alpha_b=0.20$，计算水灰比： $W/C=\frac{\alpha_a \cdot f_b}{f_{cu,0}+\alpha_a \cdot \alpha_b \cdot f_b}=\frac{0.53\times 45.0}{41.1+0.53\times 0.20\times 45.0}=0.52$
			3）计算水泥用量（m_{c0}）	已知 $1m^3$ 混凝土用水量 $m_{w0}=195kg/m^3$，水灰比 $W/C=0.52$，粉煤灰掺入量采用等量取代法，取代水泥百分率 $f=15\%$，得 $m_{c0}=\frac{m_{w0}}{W/C}(1-f)=\frac{195}{0.52}(1-0.15)=319kg/m^3$
			4）计算粉煤灰取代水泥量（m_f）	$m_f=\frac{m_{w0}}{W/C}-m_{c0}=\frac{195}{0.52}-319=56kg/m^3$
			5）计算泵送剂用量（m_b）	已知：高效泵送剂掺量为水泥用量的 0.8%，而胶凝材料的总用量为 $375kg/m^3$，计算泵送剂用量 $m_b=375\times 0.008=3.0kg/m^3$

续表

序号	项目		内容
4	泵送混凝土配合比设计例题	设计步骤	6）选择砂率（β_s）	初步选取砂率 $\beta_s=41\%$
			7）计算砂石用量	采用体积法计算： 已知水泥密度 $\rho_c=3100kg/m^3$，砂表观密度 $\rho_s=2630kg/m^3$，碎石表观密度 $\rho_g=2690kg/m^3$，粉煤灰的表观密度 $\rho_f=2200kg/m^3$。采用体积法计算，现将数据带入(3-9)，得 $\frac{m_{c0}}{\rho_c}+\frac{m_{g0}}{\rho_g}+\frac{m_{s0}}{\rho_s}+\frac{m_{w0}}{\rho_w}+0.01\alpha=1$ 或 $\frac{m_{c0}}{\rho_c}+\frac{m_{ma0}}{\rho_{ma}}+\frac{m_{g0}}{\rho_g}+\frac{m_{s0}}{\rho_s}+\frac{m_{w0}}{\rho_w}+0.01\alpha=1$ 式中 ρ_{ma}——矿物掺合料的密度（kg/m³）； m_{ma0}——矿物掺合料的质量（kg/m³）。 $41\%=\frac{m_{s0}}{m_{g0}+m_{s0}}\times100\%$ 解得：$m_{s0}=729kg/m^3, m_{g0}=1049kg/m^3$ 由此，理论配合比如下 水泥：水：砂：石子：粉煤灰：泵送剂=319：195：729：1049：56：3 然后试配、检验、调整（略）。

4.1.2 泵送混凝土配合比实例（表 4-5）

表 4-5 泵送混凝土配合比实例

序号	工程名称	泵送高度（m）	混凝土强度（MPa）	入泵坍落度（mm）	水胶比	砂率（%）	水泥 品种	水泥 标号	水泥 用量（kg）	粉煤灰 等级	粉煤灰 用量（kg）	水（kg）	砂（kg）	碎石（kg）	减水剂 品牌	减水剂 掺量（kg）
1	广东国际大厦顶层	200	C60	190	0.35	36	普硅	525	498	粉煤灰	75	198	590	1031	南浦Ⅱ	1.0
2	上海东方实业大厦	150	C60	140	0.37		普硅	725	440		50	181			南浦Ⅱ	
3	上海南浦大桥	154	C40	180	0.42	33	普硅	525	400		40	185	648	1100	南浦Ⅱ	6.8（L）
4	上海电视塔基础（大体积）	水平	C40	120	0.41		普硅	525	360		70	176			木钙	
5	南京金陵饭店	30 层	C30	180	0.55	40	普硅	525	390		0	215	732	1100	DP440	1.95
6	联谊大厦	12 层	C30	160	0.47	38	矿硅	425	420		40	215	632	1020	木钙	0.88
7	上海八区引水工程	水平	C20	120	0.62	42	矿硅	425	364		46	192	762	1061	木钙	0.78
8	上海宝钢设备基础	水平	263	120	0.548	43			369		0	202	786	1043	木钙	0.922
9	上海宝钢设备基础	水平	263	120	0.625	41			341	原状	60	210	733	1056	木钙	1.003
10	北京地铁西直门车站	水平	300	180	0.476	44			306		51	170	823	1050	木钙	0.765
11	北京地铁西直门车站	水平	200	180	0.53	41			280		62	180	778	1100	木钙	0.765

注：1. 序号 8～11，混凝土强度为旧标准的标号；

2. 各成分用量均为每立方米混凝土中的用量；

3. 序号 1～7 因为是过去使用的水泥，故采用以前的表达方式。

4.2 抗渗混凝土

序号	项目	内容	
1	抗渗混凝土的定义	抗渗混凝土又称防水混凝土。其考核指标是抗渗等级，以P表示。普通混凝土的抗渗能力一般可以满足P6级以下。当混凝土的抗渗等级≥P6时，就应按抗渗混凝土考虑其配合比。	
2	抗渗混凝土的分类	抗渗混凝土的分类以其所用的材料划分，分为普通抗渗混凝土、外加剂抗渗混凝土、膨胀水泥抗渗混凝土等。本书主要介绍普通抗渗混凝土。	
3	抗渗混凝土对原材料的要求	水　　泥	1）可选用普通硅酸盐水泥，如同时有抗冻要求时，可优先选用硅酸盐水泥； 2）掺有混合材较多的水泥，需水量大，对抗渗混凝土不利，不宜使用。如采用泌水率较高的水泥，应掺用外加剂以降低泌水率。
		矿物掺合料	为填充混凝土中的微细孔隙，普通抗渗混凝土宜加入矿物掺合料，如粉煤灰和磨细矿渣等
		集　　料	1）砂、石子的质量应符合《普通混凝土用砂、石质量及检验方法标准》（JGJ 52—2006）的要求； 2）细集料用中砂或中粗砂，含泥量不应大于3.0%，泥块含量不应大于1.0%； 3）粗集料粒径不宜大于40mm，含泥量不得大于1.0%，泥块含量不得大于0.5%。
		外加剂	外加剂宜采用防水剂、膨胀剂、引气剂、减水剂或引气减水剂。
4	抗渗混凝土配合比设计	普通抗渗混凝土配合比设计方法、步骤、计算均与普通混凝土配合比相同。但其参数要求有所不同：	
		水泥用量	每立方米混凝土胶凝材料用量不宜小于320kg。
		砂率	砂率一般为35%～45%。

续表

<table>
<tr><th>序号</th><th>项目</th><th colspan="2">内　容</th></tr>
<tr><td rowspan="3">4</td><td rowspan="3">抗渗混凝土配合比设计</td><td>水灰比</td><td>供试配用的混凝土的最大水灰比如表 4-6 所示。
表 4-6　抗渗混凝土最大水灰比
<table><tr><th rowspan="2">抗渗等级</th><th colspan="2">最大水灰比</th></tr><tr><th>C20～C30 混凝土</th><th>C30 以上混凝土</th></tr><tr><td>P6</td><td>0.60</td><td>0.55</td></tr><tr><td>P8～P12</td><td>0.55</td><td>0.50</td></tr><tr><td>>P12</td><td>0.50</td><td>0.45</td></tr></table></td></tr>
<tr><td>含气量</td><td>掺用引气剂时，抗渗混凝土的含气量宜控制在 3%～5%。</td></tr>
<tr><td>抗渗试验</td><td>进行抗渗混凝土配合比设计时，尚应增加抗渗性能试验，并应符合下列规定
1）试配要求的抗渗水压值应比设计值提高 0.2MPa；
2）试配时宜采用水灰比最大的配合比做抗渗试验，其试验结果应符合下式要求：
$$P_t \geq \frac{P}{10} + 0.2 \tag{4-2}$$
式中　P_t——试验中 6 个试件中 4 个未出现渗水时的最大水压值，MPa；
P——设计要求的抗渗等级值。</td></tr>
<tr><td>5</td><td>抗渗混凝土配合比设计例题</td><td>设计要求</td><td>某商品楼房地下室，地下室壁厚 0.5m，埋置深度为 9.5m，抗渗等级要求为 P12，抗压强度为 C30，坍落度要求为 30～50mm。已掌握资料有：水泥为 P·O 42.5；实际强度为 42.5MPa，根据资料得强度标准差 σ=3.7MPa；密度为 3100kg/m^3；砂的平均粒径＝0.45mm；密度为 2600kg/m^3；碎石级配为 5～31.5mm，密度为 2.7kg/m^3。试设计混凝土的配合比。</td></tr>
</table>

续表

序号	项目	内容	
5	抗渗混凝土配合比设计例题	设计步骤	
		1）确定混凝土配制强度（$f_{cu,0}$）	按题意已知：设计要求混凝土强度 $f_{cu,k}=30MPa$。强度标准差 $\sigma=3.7MPa$。计算混凝土配制强度： $f_{cu,0}=f_{cu,k}+1.645\sigma=30+1.645\times3.7=41.1MPa$
		2）确定水灰比（W/B）	水胶比按式（3-4）计算： $W/B=\dfrac{\alpha_a\cdot f_b}{f_{cu,0}+\alpha_a\cdot\alpha_b\cdot f_b}=\dfrac{0.53\times45.0}{41.1+0.53\times0.20\times45.0}=0.52$
		3）计算用水量（m_{w0}）	查表 3-7，碎石最大粒径 31.5mm（按 20～40 的平均值），坍落度为 30～50mm 时，每立方米混凝土用水量应为 $m_{w0}=185kg$
		4）计算水泥用量（m_{c0}）	每立方米混凝土水泥用量按下式计算： $m_{c0}\dfrac{m_{w0}}{W/C}=\dfrac{185}{0.52}=356kg$
		5）选择砂率（β_s）	按照表 3-8 的提示，砂子平均粒径为 0.45mm 时，初步选取砂率 $\beta_s=38\%$
		6）计算砂石用量	每立方米混凝土砂、石子用量按体积法计算，不考虑采用引气剂，取 $\alpha=0$，按式（3-12）和式（3-14）计算砂石总量，则： $\dfrac{m_{s0}}{m_{g0}+m_{s0}}=38\%$ $\dfrac{m_{g0}}{\rho_g}+\dfrac{m_{s0}}{\rho_s}=1-\dfrac{356}{3100}-\dfrac{185}{1000}=0.7m^3$ 解得：$m_{s0}=708kg$； $m_{g0}=1154kg$

续表

序号	项目	内容		
5	抗渗混凝土配合比设计例题	设计步骤	7）初步配合比	$m_{w0}:m_{c0}:m_{s0}:m_{g0}=185:443:693:1174=0.418:1:1.564:2.650$
			8）试配及调整	按 3.2.2 节进行，并送检测部门进行抗渗等级测试。
6	抗渗混凝土配合比实例	见表 4-7		

表 4-7 抗渗混凝土配合比实例

工程名称	抗渗等级	每立方米混凝土材料用量（kg）						减水剂掺量（%）	坍落度（mm）	抗压强度（MPa）	
		水泥	粉煤灰	膨胀剂	水	砂	石子			设计	实测
吉林冶金污水处理池	P8	345	—	—	153	725	1207	木钙 1.55	30	—	34.2
国家技术监督局大楼基础	P6	298	60	24	186	586	1250	木钙 0.7	—	23.0	31.7
苏州市五交化大楼基础	P8	380	61	—	182	699	1049	AT1.9	150～180	38.0	44.0
青岛酒精厂地下室	P12	340	—	47	185	670	1150	AF1.5	70	28.0	38.5
大连水下世界外墙	P8	410	—	U 型 65	200	638	1061	中联 2.46	190	30.0	—

注：U 型 65 为 U 型膨胀剂，用量为 65kg。

4.3 高强混凝土

4.3.1 高强混凝土的定义

高强混凝土是使用水泥、砂、石子等传统原材料，通过添加一定数量的高效减水剂（或同时添加一定数量的活性矿物材料)，采用普通成型工艺制成的具有高强性能的一类水泥混凝土。

强度到底达到多高才称为高强混凝土，目前虽无定论，但在我国，通常将强度等级等于或超过 C50 级的混凝土称为高强混凝土。

4.3.2 高强混凝土对原材料的要求

序号	项目		内容
1	水泥	水泥的品种与强度等级	水泥是高强混凝土中的主要胶凝材料，也是决定混凝土强度高低的首要因素。因此，在选择水泥的时候，必须根据高强混凝土的使用要求，主要考虑如下技术条件：水泥品种和水泥的强度等级；在正常养护条件下，水泥早期和后期强度的发展规律；在混凝土的使用环境中，水泥的稳定性；水泥的其他特殊要求，如水化热的限制、凝结时间、耐久性等。 水泥应选用硅酸盐水泥或普通硅酸盐水泥。
		水泥熟料的矿物成分	水泥熟料的矿物成分和细度是影响高强混凝土早期强度和后期强度的主要因素。对硅酸盐系水泥来讲，其熟料中的主要矿物成分为 C_3S、C_2S、C_3A 和 C_4AF。硅酸盐水泥中 C_3S 的含量高，有利于混凝土 28d 内强度的快速增长；C_2S 的水化速度较慢，但对后期强度起相当大的作用；C_3A 的水化速度最快，主要影响混凝土 1～3d 和稍长时间的强度；C_4AF 的水化速度大致与 C_2S 相当，但对混凝土强度的贡献较低。 由以上可以看出，如果早期强度要求较高，应使用 C_3S 含量高的水泥；如果对早期强度无特殊要求，应使用 C_2S 含量高的水泥。由于 C_3A 和 C_4AF 的早期和后期强度比较低，所以用于高强混凝土的水泥中，C_3A 和 C_4AF 含量不宜过高，尤其是应严格控制 C_3A 含量，因为其水化放热量大。高细度的水泥能获得早强效果，但其后期强度很少增加，加上水化放热快，利用单纯增加水泥细度提高早期强度的方法，也是不可取的。水泥的比表面积一般为 350～400m^2/kg 比较适宜。

续表

序号	项目		内容
1	水泥	水泥的掺量	生产高强混凝土，水泥的掺量是至关重要的，它直接影响到水泥石与界面的粘结力。从便于施工的角度来要求，也应具有一定的工作性。从理论上讲，为了提高混凝土的强度和工作度，国外水泥用量一般控制在 500～600kg/m^3 范围内。 配制高强度混凝土主要考虑水泥与外加剂的适应性。并不是水泥的单方用量越大，混凝土强度就越高。当水泥用量大于 600kg/m^3 后，用量增大而强度不再增加，甚至降低，这时混凝土中心呈灰白色，结构较为疏松，这是因为高强混凝土单方用水量低，不足以满足水泥水化需要造成的。 根据国内外大量的试验表明：如果混凝土中掺加水泥过多，不仅会产生大量的水化热和较大的温度应力，而且还会使混凝土产生较大的收缩等质量问题。工程试验证明：在配制高强混凝土时，如果高强混凝土的强度等级较低（C50～C80），水泥用量宜控制在 400～500kg/m^3；如果混凝土的强度等级大于 C80，水泥用量宜控制在 500～550kg/m^3，另外可通过掺加硅粉、粉煤灰等矿物来提高混凝土强度，同时改善混凝土的其他性能。
2	粗集料	《混凝土质量控制标准》（GB 50164—2011）中规定，对于高强混凝土，粗集料的岩石抗压强度至少应比混凝土设计强度高 30%，粗集料宜采用连续级配，其最大公称粒径不宜大于 25.0mm，针片状颗粒含量不宜大于 5.0%，含泥量不应大于 0.5%，泥块含量不应大于 0.2%；其他质量指标符合现行行业标准《普通混凝土用碎石或卵石质量标准及检验方法》（JGJ 53）	

续表

序号	项目	内容
3	细集料	高强混凝土对细集料的要求与普通混凝土基本相同，在某些方面稍高于普通混凝土对细集料的要求。在高强混凝土组成中，细集料所占比例同样要比普通强度混凝土所用的量少些。 在高强混凝土中宜采用洁净的中砂，最好是圆球形颗粒、质地坚硬、级配良好的河砂。 细集料的细度模数宜为2.6～3.0，含泥量不应大于2.0%，泥块含量不应大于0.5%。
4	矿物掺合料	《高强高性能混凝土用矿物外加剂》（GB/T 18736—2002）中规定列出常用的矿物掺合料主要有磨细粉煤灰、磨细矿渣、磨细天然沸石和硅灰。其主要的技术要求如表4-8所示。

表4-8　矿物掺合料的技术要求

试验项目			指标							
			磨细矿渣			磨细粉煤灰		磨细天然沸石		硅灰
			Ⅰ	Ⅱ	Ⅲ	Ⅰ	Ⅱ	Ⅰ	Ⅱ	
化学性能	MgO(%)		≤14			—	—	—	—	—
	SO_3(%)		≤4			≤3		—	—	—
	烧失量（%）		≤3			≤5	≤8	—	—	≤6
	Cl(%)		≤0.02			≤0.02		≤0.02		≤0.02
	SiO_2(%)		—	—	—	—	—	—	—	≥85
	吸铵值（mmol/100g）		—	—	—	—	—	≥130	≥100	—
物理性能	比表面积（m^2/kg）		≥750	≥550	≥350	≥600	≥400	≥700	≥500	≥15000
	含水率（%）		≤1.0			≤1.0		—	—	≤3.0
胶砂性能	需水量比（%）		≤100			≤95	≤105	≤110	≤115	≤125
	活性指数	3d（%）	≥85	≥70	≥55	—	—	—	—	—
		7d（%）	≥100	≥85	≥75	≥80	≥75	—	—	—
		28d（%）	≥115	≥105	≥100	≥90	≥85	≥90	≥85	≥85

续表

序号	项目		内容
4	矿物掺合料	粉煤灰	用于配制高强混凝土的粉煤灰，一般应该尽可能选用Ⅰ级灰，掺入量一般为水泥质量的15%～30%。对于强度等级要求较低的混凝土，可以选用Ⅱ级灰，但其质量要求至少应满足《用于水泥和混凝土中的粉煤灰》（GB/T 1596—2005）中Ⅱ级灰的技术要求。
		磨细矿渣	在高强混凝土中加入磨细矿渣后，使得混凝土的流动性提高，泌水量降低，早期强度可与硅酸盐水泥混凝土相当，但后期强度高，耐久性好。 在高强混凝土的配制中，磨细矿渣的掺量一般在20%～50%之间，而且经常与其他掺合料，如粉煤灰或硅灰复掺。
		硅　灰	硅灰在高强混凝土中的加入量，一般为胶凝材料的8%～10%。掺硅灰的高强混凝土的水胶比在0.22～0.25之间，利用高效减水剂后坍落度可达20cm左右，混凝土强度可达到120MPa以上。配制C80以下的混凝土，硅灰的用量一般为胶凝材料总量的5%～10%。 硅灰还是目前为止价格最高的矿物掺合料，其成本是硅酸盐水泥的几倍。因此，硅灰取代部分水泥后将使胶凝材料的成本提高较多。但如果要配制C80以上的高强混凝土，掺用硅灰仍是目前国内外常用的简便有效的技术途径。
		沸石粉	一般天然沸石粉的掺量不宜超过胶凝材料总量的10%。每掺入10%的沸石粉，需要增加3kg的用水量，否则会引起混凝土坍落度的下降。 用来配制高强混凝土的沸石粉，细度要求是通过0.08mm的标准方孔筛，其筛余率不超过10%，离子交换量≥110meg/100g（斜发沸石）或120meg/100g（丝光沸石）。
		复合掺合料	在高强混凝土中，目前常用的复合矿物掺合料种类主要有“磨细矿渣＋粉煤灰”，“粉煤灰＋硅灰”，“磨细矿渣＋粉煤灰＋硅灰”等几种多元复合方法。其中“磨细矿渣＋粉煤灰”二元复合是最常用的复合矿物掺合料，由于磨细矿渣的价格比粉煤灰的价格昂贵得多，因此磨细矿渣的掺量过大对混凝土成本不利，掺粉煤灰虽可以大幅度降低成本，但掺量受较大限制，所以综合经济性和可靠性上较理想的是S95级磨细矿渣和II级粉煤灰的组合，其中，复合矿物掺合料的总取代水泥用量不宜超过50%，粉煤灰的取代量宜控制在15%以内，磨细矿渣宜控制在30%以内，粉煤灰和磨细矿渣的复合比例应通过试验确定。

续表

序号	项目		内容
5	外加剂	高效减水剂的类型	配制高强混凝土，必须掺加高效减水剂。目前常用的高效减水剂依其化学官能基组成可分为两大类，分别为磺酸系和羧酸系。前者主要包括以磺酸化萘甲醛缩合物为主要成分的磺化煤焦油系减水剂和以三聚氰胺磺酸盐甲醛缩聚物为主要成分的树脂系减水剂等，如 MF、NNO、FDN、NF、SM 等。这些减水剂的减水率一般都在 12%以上。这类减水剂发展较早，在国内应用较为广泛。 后一类聚羧酸系减水剂，如聚丙烯酸盐及其共聚物等，其发展时间较迟，比前者有较佳的工作性维持效果。聚羧酸系高效减水剂的减水率一般在 20%～30%左右。
		高效减水剂的选择	在配制强度等级不太高的高强混凝土中，同时混凝土有较高的抗冻性或较好的可泵性要求时，可选用引气型高效减水剂，或采用高效减水剂与引气剂复合的方式。但需要控制引气剂的性能，以防引入粗大气泡，并注意引气剂的种类和用量。 在配制强度等级较高的高强混凝土时，应首先选用非引气型的高效减水剂，如 NF、FDN、UNF、SN 等，用量一般为胶凝材料的 0.5%～1.5%。 高效减水剂不但要具有高的减水效率，而且要能与水泥相容。因此必须事先进行高效减水剂的试掺工作，包括选择不同的常用水泥品种与减水剂的相容性试验、减水剂的掺量和掺加方法等。减水剂对坍落度损失的控制特性将决定它是否能够适合用于混凝土搅拌站或建筑工地的现场浇筑。 在搅拌中混凝土配好料时应该加入一份外加剂以帮助最初的拌合，剩余外加剂通常在现场加入。高强混凝土总的外加剂掺量通常超过厂家的“建议掺量”。初始的拌合中使用减水剂或高效减水剂是必要的，以确保低水胶比情况下充分拌合。在现场加入高效减水剂不仅帮助获得浇筑需要的工作性，而且会使所需外加剂用量减少，因为高效减水剂在水泥湿润后加入更为有效。混凝土性能对水泥-外加剂混合体系的敏感性要求利用试拌来确定最合适的掺量。如果在浇筑过程中混凝土工作性损失的话，可以添加高效减水剂来重新获得损失的工作性。这样的添加通常导致强度的增长。 高效减水剂能大幅提高混凝土的强度，对减少徐变、提高混凝土的耐久性也十分有利。但是，在选择高效减水剂时，既要考虑到工程特点、施工条件和耐久性等要求，也要考虑到高效减水剂的种类、用量、水泥品种等因素。对于高效减水剂的选择必须通过现场试验来确定。《普通混凝土配合比设计规程》(JGJ 55—2011) 规定，宜采用减水剂不小于 25%的高效减水剂

续表

序号	项目		内容
6	拌合水	普通拌合水	一般来说，普通自来水就能够满足高强混凝土的要求。但是要求水中不能含有影响水泥正常凝结与硬化的有害杂质，pH 值应该大于 4。
		磁化拌合水	普通水经过磁场得以磁化，可以提高水的“活性”。在用磁化水拌制混凝土时，水与水泥进行水解水化作用，就会使水分子比较容易地由水泥颗粒表面进入颗粒内部，加快水泥的水化作用，从而提高混凝土的强度。 用磁化水拌制的混凝土强度一般可以提高 10%～20%，而且拌合物的工作性可能得到改善。在达到同样的坍落度时用水量可减少 5%～10%，尤其是抗冻性改善较大。

4.3.3 高强混凝土配合比设计应参考的原则

高强混凝土配合比配制技术是根据工程对混凝土提出的强度要求，各种材料的技术性能及施工现场的条件，合理选择原材料和确定高强混凝土各组成材料用量之间的比例关系。相比于普通混凝土，高强混凝土的配合比设计显得尤为重要。高强混凝土有比普通混凝土低得多的水胶比和用水量，通常还有高得多的坍落度。在最终确定最优配合比之前，必须进行大量的试配试验。

序号	项目	内容
1	高强混凝土配制强度的确定	《高强混凝土结构技术规程》（CECS 104—99）中明确规定：混凝土的配制强度必须大于设计要求的强度标准值以满足强度保证率的要求。超出的数值应根据混凝土强度标准差确定。当缺乏可靠的强度统计数据时，C50 和 C60 混凝土的配制强度应不低于强度等级值的 1.15 倍；C70 和 C80 混凝土的配制强度应不低于强度等级值的 1.12 倍。

续表

序号	项目	内容
2	水胶比	较高的水泥用量和较低的用水量是制备高强度混凝土的前提条件。然而，水泥用量超过临界值并非一定有利于提高抗压强度，相反，有时还会导致强度倒缩。0.25～0.40的水胶比是高强混凝土通常的取值范围。具体情况要视强度等级、外加剂的减水效率、混凝土坍落度要求等因素而定。需要指出的是，当使用液体外加剂时，高效减水剂中的水应考虑在水胶比中。
3	单位胶凝材料用量	《高强混凝土结构技术规程》（CECS 104—99）中规定：配制C50和C60高强混凝土所用的水泥量不宜大于450kg/m^3，水泥与掺合料的胶结材料总量不宜大于550kg/m^3。配制C70和C80高强混凝土所用的水泥量不宜大于500kg/m^3，水泥与掺合料的胶结材料总量不宜大于600kg/m^3。粉煤灰掺量不宜大于胶结材料总量的30%，磨细矿渣不宜大于胶凝材料总量的50%，天然沸石岩粉不宜大于胶凝材料总量的10%，硅粉不宜大于胶凝材料总量的10%。宜使用复合掺合料，其掺量不宜大于胶结材料总量的50%。
4	集料体积含量	对于高强混凝土，集料显得非常重要，因为比起其他任何组分，它都占有最大的体积分数。在混凝土配合比中，细集料的堆积比粗集料更为密实。在相同质量的情况下，细集料比粗集料含有较大的比表面积。由于所有集料颗粒的表面都必须被水泥浆覆盖，因此细/粗集料之比将直接影响浆体的需求量。而且有的细集料颗粒的形状可能是圆的，也可能带有少量棱角或有很多棱角，细集料的这种特性在净体积保持相同的前提下能够直接影响浆体的需求量。 《高强混凝土结构技术规程》（CECS 104—99）中规定：高强混凝土的砂率宜为28%～34%，当采用泵送工艺时，可为34%～44%。 当细集料的用量确定后，粗集料的最佳用量和粒径大小很大程度上取决于砂的特性。最主要的是它取决于砂的细度模数。如果砂的颗粒有太多的棱角，则粗集料的用量可适当地减少。

4.3.4 高强混凝土配合比设计的步骤

<table>
<tr><th>序号</th><th>项目</th><th colspan="2">内　容</th></tr>
<tr><td rowspan="2">1</td><td rowspan="2">确定水灰比</td><td>计算法</td><td>由于原材料的性质不同，其关系式也不相同。同济大学提出的关系式为：
1）对于用卵石配制的高强混凝土：
$$f_{28} = 0.296 f_{\mathrm{k}}(C/W + 0.71) \tag{4-3}$$
2）对于用碎石配制的高强混凝土：
$$f_{28} = 0.304 f_{\mathrm{k}}(C/W + 0.62) \tag{4-4}$$
式中 f_{28}——高强混凝土的设计强度，MPa；
f_{k}——水泥的强度等级，MPa；
C/W——混凝土的灰水比。</td></tr>
<tr><td>查表法</td><td>水胶比、胶凝材料用量和砂率可按表 4-9 选取，并应该经试配确定。
表 4-9　水胶比、胶凝材料用量和砂率
<table><tr><th>强度等级</th><th>水胶比</th><th>胶凝材料用量（kg/m³）</th><th>砂率（%）</th></tr><tr><td>≥C60，<C80</td><td>0.28～0.34</td><td>480～560</td><td rowspan="3">35～42</td></tr><tr><td>≥C80，<C100</td><td>0.26～0.28</td><td>520～580</td></tr><tr><td>C100</td><td>0.24～0.26</td><td>550～600</td></tr></table></td></tr>
</table>

续表

<table>
<tr><th>序号</th><th>项目</th><th>内　　容</th></tr>
<tr><td>2</td><td>选择单位用水量</td><td>根据选用的集料种类、最大粒径和混凝土拌合料设计的工作度，可查表 4-10 选择单位用水量。

表 4-10　高强混凝土用水量参考值
<table>
<tr><th colspan="2">粗集料</th><th colspan="6">混凝土拌合料在下列工作度（s）时的用水量（kg/m^3）</th></tr>
<tr><th>种　类</th><th>最大粒径</th><th>30～50</th><th>60～80</th><th>90～120</th><th>150～200</th><th>250～300</th><th>400～600</th></tr>
<tr><td rowspan="2">卵石</td><td>D=31.5mm</td><td>164</td><td>154</td><td>148</td><td>138</td><td>130</td><td>128</td></tr>
<tr><td>D=20.0mm</td><td>170</td><td>160</td><td>155</td><td>145</td><td>140</td><td>135</td></tr>
<tr><td rowspan="2">碎石</td><td>D=31.5mm</td><td>174</td><td>164</td><td>154</td><td>144</td><td>138</td><td>134</td></tr>
<tr><td>D=20.0mm</td><td>180</td><td>170</td><td>160</td><td>150</td><td>145</td><td>140</td></tr>
</table></td></tr>
<tr><td>3</td><td>计算水泥用量</td><td>水泥用量可按下式计算：
$$C = W \times \frac{C}{W} \tag{4-5}$$</td></tr>
<tr><td>4</td><td>计算砂石用量</td><td>$$V_{s|g} = 1000 - [(W/\rho_w + C/\rho_c) + 10 \times \alpha] \tag{4-6}$$
式中　$V_{s|g}$——砂石集料的总体积；
W、C——分别为混凝土中水和水泥的质量；
ρ_w、ρ_c——分别为水和水泥的密度；
α——混凝土中含气量百分数，在不使用引气型外加剂时，α 取 1。
砂子用量可按下式计算：</td></tr>
</table>

续表

序号	项目	内容
4	计算砂石用量	$S=V_{s+g}\times S_p\times\rho_s$ (4-7) 式中 S——$1m^3$ 混凝土砂子用量； S_p——砂率，$S_p=[S/(S+G)]\times100\%$； ρ_s——砂子的表观密度。 石子用量可按式（4-8）计算： $G=V_{s+g}\times(1-S_p)\times\rho_g$ 或 $G=(S-S\times S_p)/S_p$ (4-8) 式中 ρ_g——石子的表观密度。
5	高强混凝土设计配合比确定后，尚应采用该配合比进行不少于三盘混凝土的重复试验，每盘混凝土应至少成型一组试件，每组混凝土的抗压强度不应低于配制强度。	
6	试配和调整，在试配过程中，应采用三个不同的配合比进行混凝土强度试验，其中一个可为依据表 4-9 计算后调整拌合物的试拌配合比，另外两个配合比的水胶比，宜较试拌配合比分别增加和减少 0.02。 高强混凝土的抗压强度测定宜采用标准尺寸试件，使用非标准尺寸试件时，尺寸折算系数应经试验确定。	

4.3.5 高强商品混凝土配合比例题

序号	项目	内容
1	工程情况	某高层建筑工程主体 1～3 层为剪力墙、柱混凝土设计强度等级为 C60 级高强混凝土，该结构最小断面长为 240mm，钢筋间最小净距为 38mm，要求混凝土拌合物坍落度为 55～70mm。已知搅拌站生产水平的强度标准差为 $\sigma=4.0$MPa。
2	组成材料	水泥：P·O 52.5 级，密度 $\rho_c=3100kg/m^3$，28d 强度为 $f_{c0}=55.0$MPa。 河砂：中砂（细度模数 $\mu_f=2.9$），表观密度 $\rho_s=2660kg/m^3$。 碎石：连续粒级，最大粒径为 25mm，表观密度 $\rho_g=2700kg/m^3$。 减水剂：FDN 高效减水剂，当掺量为水泥用量的 0.8%时减水率为 17%。

续表

序号	项目		内容
3	设计步骤	1) 确定混凝土配制强度（$f_{cu,0}$）	按题意已知：设计要求混凝土强度 $f_{cu,k}=60MPa$。强度标准差 $\sigma=4.0MPa$。计算混凝土配制强度： $f_{cu,0}=f_{cu,k}+1.645\sigma=60+1.645\times4.0=66.6MPa$
		2) 确定水灰比（W/C）	初步取 W/C 为 0.34
		3) 计算用水量（m_{w0}）	已知混凝土拌合物要求坍落度为 55～70mm，碎石最大粒径为 25mm，查表 3-7 选用混凝土用水量 $m_{w0}=201kg/m^3$。又知 FDN 高效减水剂的减水率为 17%，计算混凝土用水量： $m_{w0}=201\times(1-0.17)=167kg/m^3$
		4) 计算水泥用量（m_{c0}）	已知 $1m^3$ 混凝土用水量 $m_{w0}=167kg/m^3$，水灰比 $W/C=0.34$，$1m^3$ 混凝土水泥用量为： $m_{c0}=\frac{m_{w0}}{W/C}=\frac{167}{0.34}=491kg/m^3$
		5) 计算减水剂用量（m_{a0}）	已知 $1m^3$ 水泥用量 $m_{c0}=491kg/m^3$，FDN 高效减水剂掺量为水泥用量的 0.8%，减水剂用量为 $m_{a0}=491\times0.008=3.93kg/m^3$
		6) 选择砂率（β_s）	初步选取砂率 $\beta_s=35\%$

续表

<table>
<tr><th>序号</th><th>项目</th><th colspan="2">内　容</th></tr>
<tr><td rowspan="2">3</td><td rowspan="2">设计步骤</td><td>7）计算砂石用量</td><td>采用体积法计算
已知水泥密度 $\rho_c=3100kg/m^3$，砂表观密度 $\rho_s=2660kg/m^3$，碎石表观密度 $\rho_g=2700kg/m^3$。现将数据带入式（3-7）和式（3-9），得
$\frac{491}{3100}+\frac{m_{g0}}{2700}+\frac{m_{s0}}{2660}+\frac{167}{1000}+0.01\times1=1$
$35\%=\frac{m_{s0}}{m_{g0}+m_{s0}}\times100\%$
$\frac{m_{g0}}{2700}+\frac{m_{s0}}{2660}=0.665$
$35\%=\frac{m_{s0}}{m_{g0}+m_{s0}}$
解得：$m_{s0}=625kg/m^3$，$m_{g0}=1161kg/m^3$</td></tr>
<tr><td>8）初步配合比</td><td>由此，理论配合比如下
水泥：水：砂：石子：FDN减水剂＝491：167：625：1161：3.93
＝1：0.34：1.27：2.36：0.08
然后试配、检验、调整（略）。</td></tr>
</table>

4.3.6 高强商品混凝土配合比应用实例

表 4-11　国内部分高强混凝土配合比

序号	工程名称	强度等级	水泥品种	砂率（%）	坍落度（mm）	外加剂	材料用量（kg/m³）				
							水	水泥	砂	石子	粉煤灰
1	上海杨浦大桥	C50	42.5	34 37	160±20 180±20	南浦2号	190 190	440 440	576 626	1100 1050	44 44
2	广东国际大厦	C60	42.5	37 36	220～200	DP	226 198	498 498	609 590	1014 1031	75 75
3	丹东商场	C60	42.5	32	175	UNF	170	553	563	1188	—
4	上海恒丰路高层建筑	C60	42.5	37	160±30	FTN-2A	185	460	616	1050	35
5	广东中堂公路大桥	C60	42.5	37	—	FDN	170	500	685	1165	—
6	北京新世纪饭店	C70	42.5	35	180	FDN、木钙	195	水泥：467 硅粉：33	612	1139	—
7	辽宁省工业技术交流馆	C60	42.5	30.5	140	UNF-2	155	500	544	1241	—
8	京津塘高速公路凉水河大桥	C60	42.5	34	160	NF-2	185	550	579	1125	—
9	辽宁省农业银行	C60	42.5	30	60	UNF-2	150	500	534	1246	—

4.4 纤维增强混凝土

4.4.1 纤维增强混凝土的定义与分类

序号	项目	内容
1	纤维增强混凝土的定义	纤维增强混凝土（Fiber Reinforced Concrete，FRC）或简称纤维混凝土是以水泥浆、砂浆或混凝土为基材，以非连续的短纤维或连续的长纤维作为增强材料，均匀地掺合在混凝土中而组成的一种新型水泥基复合材料的总称，是兴起于 20 世纪后半叶的一种新型建筑材料。 在水泥石、砂浆或混凝土中掺入抗拉强度高、极限延伸率大、抗酸碱性好的纤维后，从微观机制上改良了基体的力学性能，弥补了砂浆或混凝土抗拉强度低、极限延伸率小、韧性差的缺点，使之具有一系列优越的物理和力学性能，从而使纤维混凝土成为一种重要的新型建筑材料，被广泛应用于航空、航天、电子、电气、机械、建筑、水利、交通、能源等各个领域的土建工程中。
2	纤维的分类	纤维混凝土中常用的纤维按其材料性质可分为：金属纤维（如钢纤维、不锈钢纤维）、无机纤维（如石棉等天然矿物纤维、抗碱玻璃纤维、抗碱矿棉、碳纤维等人造纤维）、有机纤维（如聚丙烯、聚乙烯、尼龙、芳族聚酰亚胺等合成纤维和西沙尔麻（剑麻）等天然植物纤维）。 按其弹性模量可分为高弹性模量纤维（如钢纤维、碳纤维、玻璃纤维等）和低弹性模量纤维（如聚丙烯纤维、某些植物纤维等）。 按其长度可分为非连续的短纤维和连续的长纤维（如玻璃纤维无捻粗纱）。制造纤维混凝土主要使用短纤维，但有时也使用长纤维或纤维制品（如玻璃纤维网格布和玻璃纤维毡等）。
3	纤维增强混凝土的分类	对用于混凝土中的纤维，其基本要求是： 1）高抗拉强度　与水泥基材料相比，至少要高两个数量级。 2）高弹性模量　纤维与水泥基材的弹性模量的比值越大，受荷时纤维所分担的应力也越大； 3）高变形能力　与水泥基材的极限延伸率相比，至少要高一个数量级； 4）低泊松比　一般不大于 0.40； 5）高耐碱性　不受水泥水化物的侵蚀； 6）高粘结强度　纤维与水泥基材的粘结强度一般不应低于 1MPa； 7）一定的长径比　此比值大于临界值时才对水泥基材有明显的增强效应。 此外，还应该对人体无害；资源丰富，价格较为低廉。表 4-12 为部分纤维的性能指标值。

续表

序号	项目	内容
3	纤维增强混凝土的分类	表 4-12 部分类型纤维的性能（见下表）

表 4-12 部分类型纤维的性能

纤维种类	相对密度	直径（μm）	拉伸强度（MPa）	弹性模量（MPa）	断裂应变（%）
钢纤维	7.80	100～1000	500～2600	210000	0.5～3.5
玻璃纤维					
硼硅酸盐玻璃纤维	2.54	8～15	2000～4000	72000	3.0～4.8
抗碱玻璃纤维	2.7	12～20	1500～3700	80000	2.5～3.6
合成纤维					
丙烯酸纤维	1.18	5～17	200～1000	17000～19000	28～50
芳族聚酰胺纤维	1.44	10～12	2000～3100	62000～120000	2～3.5
尼龙纤维	1.14	23	1000	5200	20
聚酯纤维	1.38	10～80	280～1200	10000～18000	10～50
聚乙烯纤维	0.96	25～1000	80～600	5000	12～100
聚丙烯纤维	0.90	20～200	450～700	3500～5200	6～15
碳纤维	1.90	8～10	1800～2600	23000～38000	0.5～1.5
天然纤维					
木纤维	1.5	25～125	350～2000	10000～40000	
剑麻纤维			280～600	13000～25000	3.5
椰树纤维	1.12～1.15	100～400	120～200	19000～25000	10～25

续表

<table>
<tr><th>序号</th><th>项目</th><th>内　　容</th></tr>
<tr><td>3</td><td>纤维增强混凝土的分类</td><td>
续表
<table>
<tr><th>纤维种类</th><th>相对密度</th><th>直径（μm）</th><th>拉伸强度（MPa）</th><th>弹性模量（MPa）</th><th>断裂应变（%）</th></tr>
<tr><td>竹纤维</td><td>1.5</td><td>50～400</td><td>350～500</td><td>33000～40000</td><td></td></tr>
<tr><td>黄麻纤维</td><td>1.02～1.04</td><td>100～200</td><td>250～350</td><td>25000～32000</td><td>1.5～1.9</td></tr>
<tr><td>象草纤维</td><td></td><td>425</td><td>180</td><td>4900</td><td>3.6</td></tr>
</table>
注：节选自 PCA（1991）和 ACI 544.1R－96。
土木工程中应用最广的纤维混凝土包括四种：钢纤维混凝土（SFRC）、玻璃纤维混凝土（GFRC）、碳纤维混凝土（CFRC）以及合成纤维混凝土（SNFRC）。前三种都属于高弹性模量纤维混凝土，纤维能显著提高混凝土的（抗拉、抗压、抗弯）强度，提高韧性、延性、抗冲击疲劳性能和变形模量。其中碳纤维的增强增韧效果最好，但它的价格也最高。合成纤维一般都是低弹性模量纤维，它对混凝土只能起阻裂增韧、抗磨抗渗的作用，增强效果不明显，但它价格低廉，施工方便，因此在各种面板工程中获得了日益广泛的应用。
</td></tr>
</table>

4.4.2 纤维在混凝土中的作用

在混凝土中掺入短而细且均匀分布的纤维后，明显具有阻裂、增强和增韧的效果。

纤维与水泥基材料复合的主要目的在于克服后者的弱点，以延长其使用寿命，扩大其应用领域。纤维在混凝土中主要起着以下几方面的作用：

序号	项目	内容
1	阻裂作用	纤维可阻碍混凝土中微裂缝的产生与扩展，这种阻裂作用既存在于混凝土未硬化的塑性阶段，也存在于混凝土的硬化阶段。水泥基体在浇筑后的24h内抗拉强度低，若处于约束状态，当其所含水分急剧蒸发时，极易生成大量裂缝，此时，均匀分布于混凝土中的纤维可承受因塑性收缩引起的拉应力，从而阻止或减少裂缝的生成。混凝土硬化后，若仍处于约束状态，因周围环境温度与湿度的变化而使干缩引起的拉应力超过其抗拉强度时，也极易生成大量裂缝，在此情况下纤维仍可阻止或减少裂缝的生成。
2	增强作用	混凝土不仅抗拉强度低，而且因存在内部缺陷而往往使工程质量难以保证。当混凝土中加入适量的纤维后，可使混凝土的抗拉强度、弯拉强度、抗剪强度及疲劳强度等有一定的提高。
3	增韧作用	纤维混凝土在荷载作用下，即使混凝土发生开裂，纤维还可横跨裂缝承受拉应力并可使混凝土具有良好的韧性。韧性是表征材料抵抗变形性能的重要指标，一般用混凝土的荷载-挠度曲线或拉应力-应变曲线下的面积来表示。
4	其他	另外，还可提高和改善混凝土的抗冻性、抗渗性以及耐久性等性能。 在此，应该强调的是纤维混凝土中纤维的作用，并非所有纤维都能同时起到以上三方面的作用，有时只起到其中两方面或单一方面的作用，这与纤维品种、纤维性能、纤维与混凝土界面间的粘结状况以及基体混凝土的类别和强度等级等因素密切相关。

4.4.3 钢纤维混凝土配合比设计

钢纤维混凝土适用于对抗拉、抗剪、抗折强度和抗裂、抗冲击、抗疲劳、抗震、抗爆、耐磨等性能要求较高的结构工程或局部部位。如码头、抗震建筑、船壳、设备基础、隧道护壁、山岩护坡，以及承受冷热骤变的炉窑工程等。

钢纤维混凝土的强度等级以CF表示。CF20表示抗压强度为20MPa的钢纤维混凝土。钢纤维混凝土的最小强度为CF20级。

<table>
<tr><th>序号</th><th>项目</th><th colspan="2">内容</th></tr>
<tr><td rowspan="4">1</td><td rowspan="4">钢纤维混凝土对原材料的要求</td><td>水泥</td><td>1）一般选用硅酸盐水泥；
2）水泥强度等级不宜低于 42.5；
3）每立方米混凝土水泥用量宜在 360～400kg 之间；如钢纤维体积率较大，可适当增加水泥用量，但不应大于 500kg。</td></tr>
<tr><td>粗集料</td><td>石子粒径不宜大于 20mm，亦不大于钢纤维长度的 2/3。用于喷射钢纤维混凝土的，按设备条件选用，不宜大于 10mm。</td></tr>
<tr><td>细集料</td><td>1）砂可选用中砂或中粗砂；
2）不得使用海砂；
3）砂率可比普通混凝土稍大，可参考表 4-13 选用。
表 4-13　钢纤维混凝土砂率选用值　　%
<table>
<tr><th>拌合料条件</th><th>最大粒径 20mm 的碎石</th><th>最大粒径 20mm 的卵石</th></tr>
<tr><td>$l_f/d_f = 50$；$\rho_f = 1.0\%$；
W/C=0.50；砂细度模数=3.0；</td><td>50</td><td>45</td></tr>
<tr><td>l_f/d_f 增减 10；
ρ_f 增减 0.5%；
W/C 增减 0.1；
砂细度模数增减 0.1</td><td>±5
±3
±2
±1</td><td>±3
±3
±2
±1</td></tr>
</table></td></tr>
<tr><td>钢纤维</td><td>1）钢纤维的类型见表 4-14：
表 4-14　钢纤维类型
<table>
<tr><th>类型号</th><th>类型名称</th><th>截面形状</th><th>长度方向形状</th></tr>
<tr><td>Ⅰ</td><td>圆直型</td><td>圆　形</td><td>直</td></tr>
<tr><td>Ⅱ</td><td>熔抽型</td><td>月牙形</td><td>直</td></tr>
<tr><td>Ⅲ</td><td>剪切型</td><td>矩　形</td><td>直、扭曲或两端带钩</td></tr>
</table></td></tr>
</table>

续表

<table>
<tr><th>序号</th><th>项目</th><th colspan="2">内　容</th></tr>
<tr><td rowspan="2">1</td><td rowspan="2">钢纤维混凝土对原材料的要求</td><td>钢纤维</td><td>
2）钢纤维的规格及其使用范围见表 4-15：
表 4-15　钢纤维几何参数采用范围
<table>
<tr><th>钢纤维混凝土结构类别</th><th>长度（mm）</th><th>直径（等效直径）（mm）</th><th>长径比</th></tr>
<tr><td>一般浇筑成型的结构</td><td>25～50</td><td>0.3～0.8</td><td>40～100</td></tr>
<tr><td>抗震框架节点</td><td>40～50</td><td>0.4～0.8</td><td>50～100</td></tr>
<tr><td>铁路轨枕</td><td>20～30</td><td>0.3～0.6</td><td>50～70</td></tr>
<tr><td>喷射钢纤维混凝土</td><td>20～25</td><td>0.3～0.5</td><td>40～60</td></tr>
</table>
注：1. 钢纤维的等效直径是指非圆形截面按面积相等的原则换算成圆形截面的直径；
2. 钢纤维的长径比是指长度对直径（或等效直径）的比值，计算精确到个位数。
3）钢纤维体积率采用范围见表 4-16：
表 4-16　钢纤维体积率采用范围
<table>
<tr><th>钢纤维混凝土结构类别</th><th>钢纤维体积率（%）</th></tr>
<tr><td>一般浇筑成型的结构</td><td>0.5～2.0</td></tr>
<tr><td>局部受压构件、桥面、预制桩桩顶桩尖</td><td>1.0～1.5</td></tr>
<tr><td>铁路轨枕、刚性防水屋面</td><td>0.8～1.2</td></tr>
<tr><td>喷射钢纤维混凝土</td><td>1.0～1.5</td></tr>
</table>
注：1. 钢纤维体积率系指 $1m^3$ 钢纤维混凝土中钢纤维所占体积百分数；
2. 钢纤维体积转换为质量时，按密度为 $7.854\times103kg/m^3$ 换算。
</td></tr>
<tr><td>外加剂</td><td>1）宜选用优质减水剂，用于喷射钢纤维混凝土则选用速凝剂；
2）对抗冻有要求的钢纤维混凝土宜选用引气型减水剂；
3）不得使用含氯盐的外加剂。</td></tr>
</table>

续表

<table>
<tr><th>序号</th><th>项目</th><th colspan="2">内　容</th></tr>
<tr><td rowspan="2">1</td><td rowspan="2">钢纤维混凝土对原材料的要求</td><td>掺合料</td><td>采用纯硅酸盐水泥拌制的钢纤维混凝土，可以掺用粉煤灰。其质量及掺量应经试验后确定。</td></tr>
<tr><td>水</td><td>
如已有经验资料，可按经验资料；如无经验资料，可按表 4-17 或表 4-18 试配，以稠度符合要求为准。
表 4-17 及表 4-18 中符号：
ρ_f——钢纤维体积率；
l_f/d_f——钢纤维长度与钢纤维直径（等效直径）之比，简称长径比。
表 4-17　半干硬性钢纤维混凝土单位体积用水量选用表
<table>
<tr><th>拌合料条件</th><th>维勃稠度（s）</th><th>单位体积用水量（kg）</th></tr>
<tr><td rowspan="5">ρ_f=1.0%
碎石最大粒径 10～15mm
W/C=0.4～0.5
中砂</td><td>10</td><td>195</td></tr>
<tr><td>15</td><td>182</td></tr>
<tr><td>20</td><td>175</td></tr>
<tr><td>25</td><td>170</td></tr>
<tr><td>30</td><td>166</td></tr>
</table>
注：1. 碎石最大粒径为 20mm 时，单位体积用水量相应减少 5kg；
2. 粗集料为卵石时，单位体积用水量相应减少 10kg；
3. 钢纤维体积率每增减 0.5%，单位体积用水量相应增减 8kg。
表 4-18　塑性钢纤维混凝土单位体积用水量选用表
<table>
<tr><th>拌合料条件</th><th>粗集料品种</th><th>粗集料最大粒径（mm）</th><th>单位体积用水量（kg）</th></tr>
<tr><td rowspan="4">l_f/d_f=50；
ρ_f=0.5%
坍落度=20mm；
W/C=0.50～0.60
中砂</td><td rowspan="2">碎石</td><td>10～15</td><td>235</td></tr>
<tr><td>20</td><td>220</td></tr>
<tr><td rowspan="2">卵石</td><td>10～15</td><td>225</td></tr>
<tr><td>20</td><td>205</td></tr>
</table>
注：1. 坍落度变化范围为 10～50mm 时，每增减 10mm，单位用水量相应增减 7kg；
2. 钢纤维体积率每增减 0.5%，单位体积用水量相应增减 8kg；
3. 钢纤维长径比每增减 10，单位体积用水量相应增减 10kg。
</td></tr>
</table>

续表

<table>
<tr><th>序号</th><th>项目</th><th>内　　容</th></tr>
<tr><td>2</td><td>钢纤维配合比设计方法</td><td>1）根据式（3-1）或根据抗压强度设计值及强度提高系数确定配制抗压强度，同时根据其用途提出抗拉强度或抗折强度或其他要求；
2）根据抗压强度按式（3-4）计算水胶比，宜控制在 0.45～0.50 之间；如有耐久性要求的，不得大于 0.50；
3）按结构设计要求的抗拉强度或抗折强度，定出所需的钢纤维体积率；
4）根据施工要求的稠度选用用水量；
5）确定合理砂率；
6）按质量法或体积法计算试配的配合比；
7）按 3.2.1 节的介绍进行稠度、强度试验，确定抗压强度的基准配合比；
8）用基准配合比进行抗拉或抗折强度试验（或其他特殊试验），用调整钢纤维体积的实验法校正其强度，定出施工配合比。</td></tr>
<tr><td>3</td><td>钢纤维混凝土配合比设计实例</td><td>表 4-19　钢纤维混凝土配合比实例</td></tr>
</table>

表 4-19　钢纤维混凝土配合比实例

序号	工程名称	水灰比	水 (kg)	水泥 (kg)	砂 砂率 (%)	砂 用量 (kg)	石子 (kg)	钢纤维 体积率 (%)	钢纤维 (kg)	强度 (MPa) 抗压	强度 (MPa) 抗拉	强度 (MPa) 抗折
1	浙江省百丈祭水电厂引水隧洞	0.45	225	500	50	800	800	1	78.5			
2	南京五台山体育馆屋面	0.45	176	391	41	751	1079	0.95	75.0	·	4.64	15.47

续表

序号	项目	内容
3	钢纤维混凝土配合比设计实例	续表

序号	工程名称	水灰比	水 (kg)	水泥 (kg)	砂 砂率 (%)	砂 用量 (kg)	石子 (kg)	钢纤维 体积率 (%)	钢纤维 (kg)	强度 (MPa) 抗压	强度 (MPa) 抗拉	强度 (MPa) 抗折
3	南京五台山体育馆屋面	0.435	182	420	43	773	1025	1.9	150		4.81	19.35
4	杭州德胜坝抽水站闸门	0.45	232	516	50	826	826	1	78.5			
5	美国加州尤里卡防波堤双头锚构件	0.41	132	323	37.5	748	1246	0.60	47	50.0	5.0	

注：1. 序号 2、3、5 均掺用减水剂。

2. 双头锚构件每件高度 4570mm，最小截面边长为 910mm。每件质量 38～39t，粗集料最大粒径为 380mm。

4.5 大体积混凝土

序号	项目	内容
1	大体积混凝土定义	大体积混凝土工程在现代工程建设中，如各种形式的混凝土大坝、港口建筑物、建筑物地下室底板以及大型设备的基础等有着广泛的应用。但是对于大体积混凝土的概念，一直存在着多种说法。

续表

<table>
<tr><th>序号</th><th>项目</th><th colspan="3">内　容</th></tr>
<tr><td>1</td><td>大体积混凝土定义</td><td colspan="3">我国《混凝土结构工程施工及验收规范》认为，建筑物的基础最小边尺寸在1～3m范围内就属于大体积混凝土。
日本建筑物学会JASSS标准的定义为：结构断面最小尺寸在80cm以上，同时水化热引起的混凝土内最高温度与外界气温之差预计超过25℃的混凝土，称之为大体积混凝土。
国际预应力混凝土协会（FIP）规定，凡是混凝土一次浇筑的最小尺寸大于0.6m，特别是水泥用量大于400kg/m³时，应考虑采用水泥水化热低的水泥或采取其他降温措施。
自20世纪80年代以后，大体积混凝土有了新的定义："任意体量的混凝土，其尺寸大到足以必须采取措施减小由于体积变形而引起的裂缝，统称为大体积混凝土"，这是美国混凝土协会的定义。由此可见，在近代泵送商品混凝土获得了广泛应用的条件下，即便是很薄的结构，虽然水化热很低，但是其收缩很大，控制收缩裂缝的要求比过去任何时候都显得重要。因此，泵送混凝土的薄壁结构也应当按照大体积混凝土的要求采取措施控制混凝土的收缩裂缝，特别是环境气温变化与收缩共同作用时，对于薄壁结构尤为不利。</td></tr>
<tr><td rowspan="2">2</td><td rowspan="2">大体积混凝土对原材料的要求</td><td rowspan="2">水泥</td><td>水泥品种</td><td>混凝土温升的热源主要是水泥在水化反应中产生的水化热，因此选用中热或低热的水泥品种，是控制混凝土温升的最根本方法。
《普通混凝土配合比设计规程》（JGJ 55—2011）规定，水泥宜采用中低热硅酸盐水泥或低热矿渣硅酸盐水泥，水泥的3d和7d水化热应符合现行国家标准《中热硅酸盐水泥、低热硅酸盐水泥或普通硅酸盐水泥》GB 200规定。
对大体积混凝土所用的水泥，应进行水化热测定，水泥水化热的测定按现行国家标准《水泥水化热试验方法（直接法）》进行，配制混凝土所用水泥7d的水化热不宜大于250kJ/kg。
根据国内外经验主要有以下几条：内部混凝土，主要考虑抗裂性能好、兼顾低热和高强两方面的要求，一般采用低热矿渣水泥、中热硅酸盐水泥掺入一定量的粉煤灰。外部混凝土，除抗裂性能外，还要求抗冻融性、耐磨性、抗蚀性、强度较高及干缩较小，因此一般采用较高强度等级的中热硅酸盐水泥。当环境水具有硫酸盐侵蚀时，应采用抗硫酸盐水泥。</td></tr>
<tr><td>水泥用量</td><td>根据大量的试验资料表明，每立方米混凝土中的水泥用量，每增减10kg其水化热将使混凝土的温度相应升降1℃。因此，为控制混凝土温升，降低温度应力，避免温度裂缝，在满足混凝土强度和耐久性的前提下，尽量减少水泥的用量。</td></tr>
</table>

续表

序号	项目	内容		
2	大体积混凝土对原材料的要求	细集料		细集料宜采用中砂，含泥量不应大于3.0%。
		粗集料		大体积混凝土宜优先选择以自然连续级配的粗集料配置，这种连续级配粗集料的混凝土，具有较好的和易性、较少的用水量、节约水泥用量、较高的抗压强度等优点。石子选用卵石、碎石均可，但要求片状较少、颗料级配符合筛分曲线要求。这样可避免堵泵，减少砂率、水泥用量，提高混凝土强度。 在选择粗集料粒径时，可根据施工条件选用粒径较大、级配良好的石子。当石子的最大粒径较大时，混凝土的密实性较好，并可以节约水泥。选用较大集料粒径，确实有很大优越性。但是，集料粒径增大后，容易引起混凝土的离析，影响混凝土的质量，因此必须调整好级配设计，施工时加强振捣作业。
		矿物掺合料		当采用硅酸盐水泥或普通硅酸盐水泥时，应掺加矿物掺合料，胶凝材料的3d和7d水化热分别不宜大于240kJ/kg和270kJ/kg，水化热试验方法应当按照现行国家标准《水泥水化热测定方法》GB/T 12959执行。
		减水剂	缓凝减水剂	大体积混凝土施工过程中，为降低混凝土的水化热和推迟水化热的峰值，一般在大体积混凝土施工中加入缓凝剂，但目前在实际应用中，在大体积混凝土中单纯采用缓凝剂已经比较少见，一般常用缓凝减水剂。 在基础大体积混凝土施工中常用缓凝减水剂的掺量为：木质素磺酸盐类为0.3%～0.5%；糖蜜类减水剂为0.1%～0.3%；羟基羧酸及其盐类为0.01%～0.10%，无机缓凝剂为0.1%～0.2%。其中糖蜜类减水剂掺量高于0.5%时，可能会导致混凝土促凝。
			高效减水剂	基础大体积混凝土使用的高效减水剂主要有：FDN、JM-II、UNF、AF、MF等品种。 FDN掺量范围为0.2%～0.5%，常用掺量为0.4%。常温情况下，掺用FDN的混凝土，其初凝时间可延长0.5～2h，适于炎热气候下使用。此外，掺用FDN外加剂可使混凝土的内部温升有所降低而延缓温峰的出现。 萘磺酸盐高效减水剂（JM）减水率均在20%以上，最大的可达23.6%。对于大流动性混凝土，其减水效果更加明显，最大减水率可达31.8%，28d强度较普通混凝土一般可提高35%～60%。掺JM的混凝土，其初凝时间可延缓10h左右，这一特性为避免或减少施工冷缝提供了保证；掺JM的水泥基材的水化热峰值明显降低，且峰值出现的时间向后推迟达24h，有效降低了早期水化热，其1d水化热仅为纯水泥浆体的1/7，从而有效地减少或避免了温度裂缝的出现；JM抗泌水、抗离析性能好，且泵送摩阻力小，便于泵送。

续表

序号	项目	内容			
2	大体积混凝土对原材料的要求	减水剂	膨胀剂	膨胀剂类型	大体积混凝土常用的膨胀剂主要有明矾石膨胀剂（EA-L）、铝酸钙膨胀剂（AEA）、U型膨胀剂（UEA）、硫铝酸钙膨胀剂（CSA）及复合膨胀剂（CEA）等。
				膨胀剂掺量	UEA的掺量可经试验确定，一般来说，配制补偿收缩混凝土，UEA的掺量为8%～10%，填充性混凝土其UEA掺量为12%～14%，配制自应力混凝土UEA掺量为20%～25%，对于配筋率较高的钢筋混凝土结构可用上述掺量的上限。
3	大体积混凝土配合比设计原则	大体积混凝土工程“温控”施工的核心是从大体积混凝土施工的各个环节控制混凝土浇筑块体内部温度及其变化，以达到控制混凝土浇筑块体温度裂缝的目的。大体积混凝土配合比的选择，在保证基础工程设计所规定的强度、耐久性等要求和满足施工工艺特性的前提下，应按照合理使用材料、减少水泥用量和降低混凝土的绝热温升的原则进行选择。这样就可以使混凝土浇筑后的内外温差和降温速度控制的难度降低，也可以降低养护的费用。 大体积混凝土配合比的确定应符合下列规定： 1）混凝土配合比应通过计算和试配确定，对泵送混凝土还应进行泵送试验； 2）混凝土配合比设计方法应按现行的《普通混凝土配合比设计技术规程》执行； 3）混凝土的强度应符合国家现行的《混凝土强度检验评定标准》的有关规定： 4）在确定混凝土配合比时，还应根据混凝土的绝热温升值、温度及裂缝控制的要求，提出必要的砂、石料和拌合用水的降温、入模温度控制的技术措施。 《普通混凝土配合比设计规程》（JGJ 55—2011）规定，大体积混凝土配合比应符合下列规定： 1. 水胶比不宜大于0.55，用水量不宜大于175kg/m³， 2. 在保证混凝土性能要求的前提下，宜提高每立方米混凝土中的粗集料用量；砂率宜为38%～42%； 3. 在保证混凝土性能要求的前提下，应减少胶凝材料中的水泥用量，提高矿物掺合料掺量。 4. 在配合比试配和调整时，控制混凝土绝热温升不宜大于50℃。 5. 大体积混凝土配合比应满足施工对混凝土凝结时间的要求。			

续表

<table>
<tr><th>序号</th><th>项目</th><th colspan="2">内　　容</th></tr>
<tr><td rowspan="2">4</td><td rowspan="2">大体积混凝土热工计算</td><td>水泥水化热</td><td>水泥水化热绝热温升值的计算如式（4-9）。计算结果如超出要求时，应考虑改用水化热较低的水泥品种，或掺加减水剂或粉煤灰以降低水泥用量。
混凝土的水化热绝热温度升值一般按下式计算：
$$T_{(t)}=\frac{m_cQ}{C\times\rho}(1-e^{-mt}) \tag{4-9}$$
式中　$T_{(t)}$——浇完一段时间 t，混凝土的绝热温升值，℃；
m_c——每立方米混凝土水泥用量，kg/m^3；
Q——每千克水泥水化热量，kJ/kg，可查表 4-20 求得；
C——混凝土的比热容，J/(kg·K)，一般取 0.92～1.00，取 0.96；
ρ——混凝土密度，kg/m^3，取 2400；
e——常数，为 2.718；
m——与水泥品种、浇捣时温度有关的经验系数，一般为 0.2～0.4；
i——龄期，d。
表 4-20　每千克水泥的水化热量 Q　　kJ
<table><tr><th rowspan="2">水泥品种</th><th colspan="2">水泥强度等级（MPa）</th></tr><tr><th>42.5</th><th>52.5</th></tr><tr><td>普通水泥</td><td>377</td><td>461</td></tr><tr><td>矿渣水泥</td><td>355</td><td>—</td></tr></table></td></tr>
<tr><td>水泥水化热算例</td><td>用 42.5 的矿渣硅酸盐水泥配制商品混凝土，$m_c=275kg$，$Q=335J$，$C=0.96J/(kg\cdot K)$，$\rho=2400$ kg/m^3。求该商品混凝土最高水化热绝热温度及 1d、3d、7d 的水化热绝热温度。
解：(1) 商品混凝土的最高水化绝热温度：
$$T_{max}=\frac{275\times 335}{0.96\times 2400}(1-e^{-\infty})=39.98℃$$</td></tr>
</table>

续表

序号	项目		内容
4	大体积混凝土热工计算	水泥水化热算例	(2) 商品混凝土 1d、3d、7d 水化绝热温度： $$T_{(t)}=39.98\times(1-2.718^{-0.3t})$$ 当 $t=1$ 时，$T=39.98\times(1-2.718^{-0.3\times1})=10.35$℃，$\Delta T_1=10.35-0=10.35$℃； 当 $t=3$ 时，$T=39.98\times(1-2.718^{-0.3\times3})=23.72$℃，$\Delta T_3=23.72-10.35=13.37$℃； 当 $t=7$ 时，$T=39.98\times(1-2.718^{-0.3\times7})=35.08$℃，$\Delta T_7=35.08-23.72=11.36$℃。
		拌合物温度	混凝土的原材料在投入搅拌前，各有各的温度。通过搅拌便调和成一个温度，称为拌合物温度。拌合物浇筑成型后，其温度受运输工具和模具的影响，会有变化，此时的温度称为混凝土温度。 $$T_0=\frac{[0.9(m_{ce}T_{ce}+m_{sa}T_{sa}+m_gT_g)+4.2T_w\times(m_w-w_{sa}m_{sa}-w_gm_g)+c_1(w_{sa}m_{sa}T_{sa}+w_gm_gT_g)-c_2(w_{sa}m_{sa}+w\,m_{sa}m_g)]}{[4.2m_w+0.9\times(m_{ce}+m_{sa}+m_g)]}\quad(4\text{-}10)$$ 式中　T_0——混凝土拌合物的温度，℃； m_w、m_{ce}、m_{sa}、m_g——每立方米混凝土水、水泥、砂、石子的用量，kg； T_w、T_{ce}、T_{sa}、T_g——水、水泥、砂、石子的温度，℃； w_{sa}、w_g——砂、石子的含水率，% c_1、c_2——水的比热容 kJ/(kg·K) 及溶解热，kJ/kg。 当集料温度＞0℃时，$c_1=4.2$，$c_2=0$； ≤0℃时，$c_1=21$，$c_2=335$。 大体积混凝土温度，《混凝土结构工程施工质量验收规范》（GB 50204—2002）规定不宜超过 28℃；《钢筋混凝土高层建筑结构设计与施工规程》（JGJ 3—2002）规定，浇筑后混凝土内外温差不应超过 25℃。因此，大体积混凝土的拌合物温度，在夏季施工或某些特定情况下要采取降温措施。其措施由施工部门因地制宜。

续表

序号	项目		内容
4	大体积混凝土热工计算	拌合物温度算例	某大型基础工程，大体积混凝土设计强度为 C15 级，坍落度为 80mm，配合比用料如下；每立方米混凝土含 42.5 级矿渣硅酸盐水泥 275kg、水 173kg、中砂 703kg、40mm 碎石 1249kg，即配合比为 0.63∶1∶2.556∶4.542。外界气温为 30℃，要求拌合物温度小于 20℃。经采取降温措施后，阴棚内砂、石子温度为 20℃，砂子含水率为 2%，石子含水率为 1%，采用加冰水搅拌，使水温降为 15℃，水泥在库温度为 27℃。请计算拌合物的温度。 解：按式（4-10）计算。为简化计算，4 种材料的用量按以水泥为 1 的配合比代入计算式。各值如下： $m_{ce}=1;T_{ce}=27$ $m_{sa}=2.556;T_{sa}=20$ $m_{g}=4.542;T_{g}=20$ $T_{w}=15;m_{w}=0.63$ $w_{sa}=0.02;w_{g}=0.01$ $c_{2}=0;c_{1}=4.2$ 代入式（4-10）运算： $T_0=19.5℃$ 计算结果，拌合物温度为 19.5℃，符合要求。
5	大体积混凝土配合比实例		表 4-21　大体积混凝土配合比实例（见下表）

表 4-21　大体积混凝土配合比实例

序号	工程名称	强度等级	水泥品种	砂率（%）	坍落度（mm）	水胶比	材料用量（kg/m³）						
							水泥	水	砂	石子	掺合料	减水剂	其他
1	国家体育场基础承台	C40P8	P·O 42.5	41	200	0.40	262	170	731	1051	矿粉与粉煤灰复合 163	缓凝高效 11.9	膨胀剂 31
2	中国国际贸易中心三期主塔楼底板	C45 R60	P·O 42.5	43	—	0.39	230	165	770	1020	Ⅰ级粉煤灰 190	高效泵送 9.7	—

续表

序号	项目	内容
5	大体积混凝土配合比实例	见下表

续表

序号	工程名称	强度等级	水泥品种	砂率（%）	坍落度（mm）	水胶比	材料用量（kg/m³）						
							水泥	水	砂	石子	掺合料	减水剂	其他
3	国家游泳中心预应力大梁	C40	P·O 42.5	43	160±20	0.39	300	156	793	1051	Ⅰ级粉煤灰 190	聚羧酸 4.8	—
4	上海环球金融中心主楼基础底板	C40P8	P·O 42.5	43	150±30	0.41	270	170	780	1040	矿粉与粉煤灰 1∶1 复合 140	聚羧酸 2.72	—
5	苏通大桥主墩承台	C35	P·O 42.5	38	180～200	0.38	242	150	710	1180	Ⅱ级粉煤灰 148	聚羧酸 3.705	—
6	南水北调中线总干渠漕河渡槽段	C28 50F 200W6	P·O 42.5	41	180～220	0.30	373	140	718	1056	Ⅰ级粉煤灰 93	聚羧酸 5.6	引气剂 0.117
7	润扬大桥悬索桥南锚碇锚体	C30	P·O 32.5	30.5	—	0.38	240	152	785	1085	Ⅱ级粉煤灰 160	缓凝高效 4.4	—

4.6 道路水泥混凝土

4.6.1 定义与分类

<table>
<tr><th>序号</th><th>项目</th><th>内　　容</th></tr>
<tr><td>1</td><td>道路水泥混凝土的定义</td><td>道路水泥混凝土是指以硅酸盐水泥或其他特种水泥为胶结材料，以砂石为集料，可加入矿物掺合料或其他少量外加剂拌合而成的混合料，经过浇筑或碾压成型，通过水泥的水化、硬化从而形成具有一定强度，用于铺筑道路的混凝土。</td></tr>
<tr><td>2</td><td>道路水泥混凝土的分类</td><td>水泥混凝土路面，按照材料不同，可分为素混凝土路面、钢筋混凝土路面、预制混凝土路面、预应力混凝土路面和钢纤维混凝土路面。
水泥混凝土路面所承受的轴载作用，按设计基准期内设计车道所承受的标准轴载累计作用次数分为 4 级，分级范围如表 4-22 所示。
表 4-22　交　通　分　级
<table><tr><th>交通等级</th><th>特重</th><th>重</th><th>中等</th><th>轻</th></tr><tr><td>设计车道标准轴载累计作用次数 N_e（10^4）</td><td>>2000</td><td>100～2000</td><td>3～100</td><td><3</td></tr></table></td></tr>
</table>

4.6.2 原材料选用

<table>
<tr><th>序号</th><th colspan="2">项目</th><th>内　　容</th></tr>
<tr><td>1</td><td>水泥</td><td>水泥的品种</td><td>水泥作为混凝土最重要的胶凝材料，其质量的好坏在很大程度上决定了混凝土性能的优劣。为提高道路利用率，增强混凝土耐久性，应选用早期强度高、耐磨性强、抗冻性好的水泥。
特重、重交通路面宜采用旋窑道路硅酸盐水泥，也可采用旋窑硅酸盐水泥或普通硅酸盐水泥；中、轻交通路面可采用矿渣硅酸盐水泥；低温天气施工或有快通要求的路段可采用 R 型水泥，此外宜采用普通型水泥。《公路水泥混凝土路面施工技术规范》（JTG F30—2003）中规定各交通等级路面水泥抗折强度、抗压强度应符合表 4-23 的规定。</td></tr>
</table>

<table>
<tr><th>序号</th><th>项目</th><th colspan="2">内　　容</th></tr>
<tr><td>1</td><td>水泥</td><td>水泥的品种</td><td>

表 4-23　各交通等级路面水泥各龄期的抗折强度、抗压强度　MPa

<table>
<tr><td>交通等级</td><td colspan="2">特重交通</td><td colspan="2">重交通</td><td colspan="2">中、轻交通</td></tr>
<tr><td>龄期（d）</td><td>3</td><td>28</td><td>3</td><td>28</td><td>3</td><td>28</td></tr>
<tr><td>抗压强度（MPa）≥42.5</td><td>25.5</td><td>57.5</td><td>22.0</td><td>52.5</td><td>16.0</td><td>42.5</td></tr>
<tr><td>抗折强度（MPa）≥6.5</td><td>4.5</td><td>7.5</td><td>4.0</td><td>7.0</td><td>3.5</td><td>6.5</td></tr>
</table>

各交通等级路面所使用水泥的化学成分、物理性能等品质要求应符合表 4-24 的规定。

表 4-24　各交通等级路面用水泥的化学成分和物理性能指标

<table>
<tr><td>水泥性能</td><td>特重、重交通路面</td><td>中、轻交通路面</td></tr>
<tr><td>铝酸三钙</td><td>不宜>7.0%</td><td>不宜>9.0%</td></tr>
<tr><td>铁铝酸四钙</td><td>不宜<15.0%</td><td>不宜<12.0%</td></tr>
<tr><td>游离氧化钙</td><td>不得>1.0%</td><td>不得>1.5%</td></tr>
<tr><td>氧化镁</td><td>不得>5.0%</td><td>不得>6.0%</td></tr>
<tr><td>三氧化硫</td><td>不得>3.5%</td><td>不得>4.0%</td></tr>
<tr><td>碱含量</td><td>$Na_2O+0.658K_2O\leqslant0.6\%$</td><td>怀疑有碱活性集料时，≤0.6%；
无碱活性集料时，≤1.0%</td></tr>
<tr><td>混合材种类</td><td>不得掺窑灰、煤矸石、火山灰和黏土，有抗盐冻要求时不得掺石灰、石粉</td><td>不得掺窑灰、煤矸石、火山灰和黏土，有抗盐冻要求时不得掺石灰、石粉</td></tr>
</table>

</td></tr>
</table>

续表

<table>
<tr><th>序号</th><th>项目</th><th colspan="2">内　　容</th></tr>
<tr><td rowspan="2">1</td><td rowspan="2">水泥</td><td>水泥的品种</td><td>续表
<table>
<tr><th>水泥性能</th><th>特重、重交通路面</th><th>中、轻交通路面</th></tr>
<tr><td>出磨时安定性</td><td>雷氏夹或蒸煮法检验必须合格</td><td>蒸煮法检验必须合格</td></tr>
<tr><td>标准稠度需水量</td><td>不宜>28%</td><td>不宜>30%</td></tr>
<tr><td>烧失量</td><td>不得>3.0%</td><td>不得>5.0%</td></tr>
<tr><td>比表面积</td><td>宜在 300～450m²/kg</td><td>宜在 300～450m²/kg</td></tr>
<tr><td>细度（80μm）</td><td>筛余量不得>10%</td><td>筛余量不得>10%</td></tr>
<tr><td>初凝时间</td><td>不早于 1.5h</td><td>不早于 1.5h</td></tr>
<tr><td>终凝时间</td><td>不迟于 10h</td><td>不迟于 10h</td></tr>
<tr><td>28d 干缩率</td><td>不得>0.09%</td><td>不得>0.10%</td></tr>
<tr><td>耐磨性</td><td>不得>3.6kg/m²</td><td>不得>3.6kg/m²</td></tr>
</table></td></tr>
<tr><td>水泥强度等级</td><td>水泥强度等级的选用，应从混凝土试配强度、和易性、耐久性及经济性等方面考虑。不宜用低强度等级水泥配制高强度等级混凝土，否则水泥用量大，混凝土收缩大，耐久性差；也不宜用高强度等级水泥配制低强度等级混凝土，否则水泥用量少，混凝土和易性和耐久性差，而要求增加水泥用量，会造成水泥浪费，成本提高。按照路面交通等级，道路混凝土设计的抗折强度一般在 4.0～5.5MPa之间。根据经验，抗折强度设计等级为 4.0～4.5MPa 时，应选用 32.5 级水泥；设计等级为 5.0～5.5MPa 时，应选用 42.5 级水泥。表 4-25 为道路水泥混凝土各龄期控制强度值。</td></tr>
</table>

续表

<table>
<tr><th>序号</th><th>项目</th><th colspan="2">内　容</th></tr>
<tr><td rowspan="2">1</td><td rowspan="2">水泥</td><td>水泥强度等级</td><td>表 4-25　道路水泥混凝土各龄期控制强度值/MPa
<table>
<tr><th rowspan="2">水泥强度等级</th><th colspan="3">抗　折　强　度</th><th colspan="3">抗压强度</th></tr>
<tr><th>3d</th><th>7d</th><th>28d</th><th>3d</th><th>7d</th><th>28d</th></tr>
<tr><td>42.5</td><td>5.1</td><td>6.3</td><td>7.8</td><td>27.5</td><td>35.3</td><td>51.5</td></tr>
<tr><td>32.5</td><td>4.3</td><td>5.5</td><td>7.1</td><td>22.0</td><td>27.5</td><td>41.7</td></tr>
</table></td></tr>
<tr><td>水泥温度</td><td>采用机械化铺筑时，宜选用散装水泥。散装水泥的夏季出厂温度：南方不宜高于 65℃，北方不宜高于 55℃；混凝土搅拌时的水泥温度：南方不宜高于 60℃，北方不宜高于 50℃，且不宜低于 10℃。</td></tr>
<tr><td>2</td><td>粗集料</td><td>粗集料品种</td><td>与普通混凝土相同，道路混凝土所用粗集料通常为卵石或碎石。卵石混凝土拌合物的和易性比碎石好，在相同的水灰比条件下，单位用水量和水泥用量较少，但抗折强度低。资料表明，碎石混凝土抗折强度要比卵石混凝土高 30%左右。这是因为卵石表面光滑，与胶砂粘结面的粘结力低于表面粗糙的碎石与胶砂的粘结力，形成了混凝土中最为薄弱的抗拉粘结面。从混凝土折断面也可看出，卵石从砂浆中被“干净”地剥离出来，表面几乎没有粘结砂浆。所以，不宜用卵石配制高抗折强度等级（≥5.0MPa）的道路混凝土，否则，强度保证率不高。
《公路水泥混凝土路面施工技术规范》（JTG F30—2003）中规定：高速公路、一级公路、二级公路及有抗（盐）冻要求的三、四级公路混凝土路面使用的粗集料级别应不低于 II 级，无抗（盐）冻要求的三、四级公路混凝土路面、碾压混凝土及贫混凝土基层可使用 III 级粗集料。有抗（盐）冻要求时，Ⅰ级集料吸水率不应大于 1.0%；Ⅱ级集料吸水率不应大于 2.0%。具体如表 4-26 所示。</td></tr>
</table>

续表

<table>
<tr><th>序号</th><th>项目</th><th colspan="2">内　容</th></tr>
<tr><td>2</td><td>粗集料</td><td>粗集料品种</td><td>

表 4-26　碎石、碎卵石和卵石技术指标

<table>
<tr><th rowspan="2">项　目</th><th colspan="3">技　术　要　求</th></tr>
<tr><th>Ⅰ级</th><th>Ⅱ级</th><th>Ⅲ级</th></tr>
<tr><td>碎石压碎指标（%）</td><td>＜10</td><td>＜15</td><td>＜20①</td></tr>
<tr><td>卵石压碎指标（%）</td><td>＜12</td><td>＜14</td><td>＜16</td></tr>
<tr><td>坚固性（按质量损失计%）</td><td>＜5</td><td>＜8</td><td>＜12</td></tr>
<tr><td>针片状颗粒含量（按质量计%）</td><td>＜5</td><td>＜15</td><td>＜20②</td></tr>
<tr><td>含泥量（按质量计%）</td><td>＜0.5</td><td>＜1.0</td><td>＜1.5</td></tr>
<tr><td>泥块含量（按质量计%）</td><td>＜0</td><td>＜0.2</td><td>＜0.5</td></tr>
<tr><td>有机物含量（比色法）</td><td>合格</td><td>合格</td><td>合格</td></tr>
<tr><td>硫化物及硫酸盐（按 SO_3 质量计%）</td><td>＜0.5</td><td>＜1.0</td><td>＜1.0</td></tr>
<tr><td>岩石抗压强度</td><td colspan="3">火成岩不应小于 100MPa；变质岩不应小于 80MPa；水成岩不应小于 60MPa</td></tr>
<tr><td>表观密度</td><td colspan="3">＞2500kg/m³</td></tr>
<tr><td>松散堆积密度</td><td colspan="3">＞1350kg/m³</td></tr>
<tr><td>空隙率</td><td colspan="3">＜47%</td></tr>
<tr><td>碱-集料反应</td><td colspan="3">经碱-集料反应试验后，试件无裂缝、酥裂、胶体外溢等现象，在规定试验龄期的膨胀率应小于 0.10%。</td></tr>
</table>

注：①Ⅲ级碎石的压碎指标，用做路面时，应小于 20%；用做下面层或基层时，可小于 25%；
②Ⅲ级粗集料的针片状颗粒含量，用做路面时，应小于 20%；用做下面层或基层时，可小于 25%。

</td></tr>
</table>

续表

序号	项目		内容
2	粗集料	粗集料最大粒径	粗集料最大粒径直接影响着混凝土拌合物的和易性。粒径增大，拌合物易离析泌水，与砂浆界面的粘结强度下降，抗折强度降低。一般卵石最大公称粒径不宜大于 19.0mm；碎卵石最大公称粒径不宜大于 26.5mm。碎石最大公称粒径不应大于 31.5mm。贫混凝土基层粗集料最大公称粒径不应大于 31.5mm；钢纤维混凝土与碾压混凝土粗集料最大公称粒径不宜大于 19.0mm。碎卵石或碎石中粒径小于 75μm 的石粉含量不宜大于 1%。
		粗集料级配	用做路面和桥面混凝土的粗集料不得使用不分级的“统料”，应按最大公称粒径的不同采用 2～4 个粒级的集料进行掺配，具体如表 4-27 所示。 粗集料级配对混凝土抗折强度的影响主要体现在两个方面： ①良好的级配可使粗集料获得较大的堆积密度，集料空隙少，需要填充空隙的浆体少，在相同的水泥浆用量下，能使混凝土拌合物获得更好的工作性和更大的密实度，进而提高混凝土的抗折强度。 ②良好的级配能使粗集料通过砂浆的粘结作用，相互之间保持较好的机械咬合状态，有利于提高混凝土的抗折强度。在相同的水灰比下，单粒级碎石混凝土的抗折强度比连续级配碎石混凝土的低。不宜用单粒级粗集料配制道路混凝土，无连续级配粗集料，也可用多种单粒级按适当比例混合使用。

表 4-27　粗集料级配范围

类型 \ 级配 \ 粒径		方筛孔尺寸（mm） 2.36	4.75	9.50	16.0	19.0	26.5	31.5	37.5
		累计筛余（以质量计%）							
合成级配	4.75～16	95～100	85～100	40～60	0～10	—	—	—	—
	4.75～19	95～100	85～95	60～75	30～45	0～5	0	—	—
	4.75～26.5	95～100	90～100	70～90	50～70	25～40	0～5	0	—
	4.75～31.5	95～100	90～100	75～90	60～75	40～60	20～35	0～5	0

续表

序号	项目		内容
2	粗集料	粗集料级配	续表（见下表）
3	细集料	细集料品种	细集料应采用质地坚硬、耐久、洁净的天然砂、机制砂或混合砂。《公路水泥混凝土路面施工技术规范》（JTG F30—2003）中规定：高速公路、一级公路、二级公路及有抗（盐）冻要求的三、四级公路混凝土路面使用的砂应不低于 II 级，无抗（盐）冻要求的三、四级公路混凝土路面、碾压混凝土及贫混凝土基层可使用 III 级砂。特重、重交通混凝土路面宜使用河砂，砂的硅质含量不应低于 25%。其余指标详细见表 4-28。

续表

类型 \ 级配 \ 粒径		方筛孔尺寸（mm）							
		2.36	4.75	9.50	16.0	19.0	26.5	31.5	37.5
		累计筛余（以质量计%）							
粒级	4.75～9.5	95～100	80～100	0～15	0	—	—	—	—
粒级	9.5～16	—	95～100	80～100	0～15	0	—	—	—
粒级	9.5～19	—	95～100	85～100	40～60	0～15	0	—	—
粒级	16～26.5	—	—	95～100	55～70	25～40	0～10	0	—
粒级	16～31.5	—	—	95～100	85～100	55～70	25～40	0～10	0

表 4-28 细集料技术指标

项目	技术要求		
	Ⅰ级	Ⅱ级	Ⅲ级
机制砂单粒级最大压碎指标（%）	＜20	＜25	＜30
氯化物（氯离子质量计%）	＜0.01	＜0.02	＜0.06

续表

序号	项目	内容				
			续表			
			项目	技术要求		
				Ⅰ级	Ⅱ级	Ⅲ级
3	细集料	细集料品种	坚固性（按质量损失计%）	<6	<8	<10
			云母（按质量计%）	<1.0	<2.0	<2.0
			天然砂、机制砂含泥量（按质量计%）	<1.0	<2.0	<3.0*
			天然砂、机制砂泥块含量（按质量计%）	0	<1.0	<2.0
			机制砂 MB 值<1.4 或合格石粉含量（按质量计%）	<3.0	<5.0	<7.0
			机制砂 MB 值≥1.4 或不合格石粉含量（按质量计%）	<1.0	<3.0	<5.0
			有机物含量（比色法）	合格	合格	合格
			硫化物及硫酸盐（按 SO_3 质量计%）	<0.5	<0.5	<0.5
			轻物质（按质量计%）	<1.0	<1.0	<1.0
			机制砂母岩抗压强度	火成岩不应小于 100MPa；变质岩不应小于 80MPa；水成岩不应小于 60MPa。		
			表观密度	>2500kg/m^3		
			松散堆积密度	>1350kg/m^3		

续表

<table>
<tr><th>序号</th><th>项目</th><th colspan="2">内　　容</th></tr>
<tr><td rowspan="2">3</td><td rowspan="2">细集料</td><td>细集料品种</td><td>续表
<table>
<tr><th rowspan="2">项　　目</th><th colspan="3">技　术　要　求</th></tr>
<tr><th>Ⅰ级</th><th>Ⅱ级</th><th>Ⅲ级</th></tr>
<tr><td>空隙率</td><td colspan="3"><47%</td></tr>
<tr><td>碱-集料反应</td><td colspan="3">经碱-集料反应试验后，由砂配制的试件无裂缝、酥裂、胶体外溢等现象，在规定试验龄期的膨胀率应小于 0.10%</td></tr>
</table>
* 天然Ⅲ级砂用做路面时，含泥量应小于 3%；用做贫混凝土基层时，可小于 5%</td></tr>
<tr><td>细集料级配</td><td>路面和桥面用天然砂宜为中砂，也可使用细度模数在 2.0～3.5 之间的砂。同一配合比用砂的细度模数变化范围不应超过 0.3，否则，应分别堆放，并调整配合比中的砂率后使用。如表 4-29 所示。
表 4-29　细集料级配范围
<table>
<tr><th rowspan="2">砂分级</th><th colspan="6">方筛孔尺寸（mm）</th></tr>
<tr><th>0.15</th><th>0.30</th><th>0.60</th><th>1.18</th><th>2.36</th><th>4.75</th></tr>
<tr><td></td><td colspan="6">累计筛余（以质量计%）</td></tr>
<tr><td>粗　砂</td><td>90～100</td><td>80～95</td><td>71～85</td><td>35～65</td><td>5～35</td><td>0～10</td></tr>
<tr><td>中　砂</td><td>90～100</td><td>70～92</td><td>41～70</td><td>10～50</td><td>0～25</td><td>0～10</td></tr>
<tr><td>细　砂</td><td>90～100</td><td>55～85</td><td>16～40</td><td>0～25</td><td>0～15</td><td>0～10</td></tr>
</table></td></tr>
</table>

续表

序号	项目		内容
3	细集料	机制砂	路面和桥面混凝土所使用的机制砂除应符合表 4-28 和表 4-29 规定外，还应检验砂浆磨光值，其值宜大于 35，不宜使用抗磨性较差的泥岩、页岩、板岩等水成岩类母岩品种生产机制砂。配制机制砂混凝土应同时掺引气型高效减水剂。
		淡化海砂	在河砂资源紧缺的沿海地区，二级及二级以下公路混凝土路面和基层可使用淡化海砂，伸缩缝设传力杆的混凝土路面不宜使用淡化海砂；钢筋混凝土及钢纤维混凝土路面和桥面不得使用淡化海砂。淡化海砂除应符合表 4-28 和表 4-29 的要求外，尚应符合下述规定： 1）淡化海砂带入每 $1m^3$ 混凝土中的含盐量不应大于 1.0kg。 2）淡化海砂中碎贝壳等甲壳类动物残留物含量不应大于 1.0%。 3）与河砂对比试验，淡化海砂应对砂浆磨光值、混凝土凝结时间、耐磨性、弯拉强度等无不利影响。
4	掺合料		混凝土路面在掺用粉煤灰时，应掺用质量指标符合表 2-7 规定的电收尘Ⅰ、Ⅱ级干排或磨细粉煤灰，不得使用Ⅲ级粉煤灰。贫混凝土、碾压混凝土基层或复合式路面下面层应掺用符合表 2-7 规定的Ⅲ级或Ⅲ级以上粉煤灰，不得使用等级外粉煤灰。
5	外加剂	引气剂	使用引气剂可以有效提高水泥混凝土的弯拉强度及抗拉强度，减少干缩和温度收缩变形量，改善结构抗裂性，同时提高了水泥混凝土的抗渗性。因此规定：淡水、海水、盐碱水位变动区，严寒和寒冷地区处在淡水、地下水冻区内，地处海水、海风环境（离海岸线 10km 范围内）、盐碱水水位变动区，冬期需洒除冰盐、有高抗（盐）冻性要求的公路工程的水泥混凝土结构，应在水泥混凝土中掺用引气型复合高效减水剂。其掺量应根据水泥混凝土的含气量要求、通过试验确定。引气剂的掺量通过搅拌机口含气量检测结果反向控制。含气量及其允许误差，应满足表 4-30 的规定。

续表

<table>
<tr><th>序号</th><th>项目</th><th colspan="2">内　容</th></tr>
<tr><td rowspan="2">5</td><td rowspan="2">外加剂</td><td>引气剂</td><td>

表 4-30　掺引气剂、引气型减水剂、引气型高效减水剂和引气型缓凝高效减水剂水泥混凝土的含气量

<table>
<tr><td>最大粒径（mm）</td><td>16</td><td>19</td><td>26.5</td><td>31.5</td><td>37.5</td><td>45</td><td>63</td></tr>
<tr><td>抗冰冻要求的含气量（%）</td><td>6.0±0.5</td><td>5.5±0.5</td><td>5.0±0.5</td><td>4.5±0.5</td><td>4.5±0.5</td><td>4.0±0.5</td><td>3.5±0.5</td></tr>
<tr><td>抗盐冻、抗海水冻含气量（%）</td><td>7.0±0.5</td><td>6.5±0.5</td><td>6.0±0.5</td><td>5.5±0.5</td><td>5.0±0.5</td><td>4.5±0.5</td><td>4.0±0.5</td></tr>
</table>

引气剂应选用表面张力降低值大、水泥稀浆中起泡容量多而细密、泡沫稳定时间长、不溶残渣少的产品。有抗冰（盐）冻要求的地区，各交通等级路面、桥面、路缘石、路肩及贫混凝土基层必须使用引气剂；无抗冰（盐）冻要求地区，二级及二级以上公路路面混凝土中应使用引气剂。

</td></tr>
<tr><td>减水剂</td><td>

减水剂主要用于改善新拌道路水泥混凝土流变性能，并都较好地改善了混凝土的抗弯曲性能，提高了混凝土的抗折强度。

《公路水泥混凝土路面施工技术规范》（JTG F30—2003）要求各交通等级路面、桥面混凝土宜选用减水率大、坍落度损失小、可调控凝结时间的复合型减水剂。高温施工宜使用引气型缓凝（保塑）（高效）减水剂；低温施工宜使用引气型早强（高效）减水剂。选定减水剂品种前，必须与所用的水泥进行适应性检验。

养生环节是保证水泥混凝土结构不产生开裂和微裂缝的关键环节，因此，掺普通减水剂、高效减水剂的公路工程水泥混凝土结构，应加强并尽早进行保温、保湿养生。不同气温养生时间应符合表4-31的规定。

</td></tr>
</table>

续表

<table>
<tr><th>序号</th><th>项目</th><th colspan="2">内　　容</th></tr>
<tr><td rowspan="3">5</td><td rowspan="3">外加剂</td><td>减水剂</td><td>表 4-31　掺普通减水剂、高效减水剂的公路工程水泥混凝土结构不同气温的养生天数
<table><tr><td>气温（℃）</td><td>0～10</td><td>10～15</td><td>15～20</td><td>20～25</td><td>25 以上</td></tr><tr><td>养生天数（d）</td><td>28</td><td>21</td><td>14</td><td>10</td><td>7</td></tr></table></td></tr>
<tr><td>调凝剂</td><td>在道路水泥混凝土工程中，缓凝剂主要用于水泥混凝土结构工程在热天施工时控制坍落度损失，解决水泥混凝土结构连续浇筑、降低水泥混凝土水化热、泵送、滑模等特殊机械工艺下的施工质量难题。
使用缓凝型外加剂施工时，应根据现场气温或水泥混凝土拌合物温度、凝结时间、运距、停放时间、强度等选择适宜的品种，并确定最佳掺量。最佳掺量为通过各项性能试验优选出的满足具体工程全部使用要求的掺量，一般不大于该外加剂的饱和掺量。最佳掺量是在厂家推荐掺量的范围内，按照本工程结构的具体要求，通过不同掺量的对比试验得出的适合本工程施工环境、工艺、原材料、配合比和结构类型等条件的掺量。当条件改变时，最佳掺量应另行试验优选。常用的缓凝剂和缓凝型减水剂的掺量（按水泥质量的百分数计）：蜜糖类掺量为 0.1%～0.3%；木质素磺酸盐类为 0.2%～0.3%；羟基羧酸及其盐类为 0.03%～0.1%；无机缓凝剂为 0.1%～0.2%。</td></tr>
<tr><td>养生剂</td><td>用于混凝土路面养护的养生剂性能应符合《公路水泥混凝土路面施工技术规范》（JTG F30—2003）中的规定，具体如表 4-32 所示。
表 4-32　混凝土路面施工用养生剂的技术指标
<table><tr><th colspan="2">检验项目</th><th>一级品</th><th>合格品</th></tr><tr><td colspan="2">有效保水率①，不小于（%）</td><td>90</td><td>75</td></tr><tr><td rowspan="2">抗压强度比②，不小于（%）</td><td>7d</td><td>95</td><td>90</td></tr><tr><td>28d</td><td>95</td><td>90</td></tr></table></td></tr>
</table>

续表

<table>
<tr><th>序号</th><th>项目</th><th colspan="2">内　　容</th></tr>
<tr><td>5</td><td>外加剂</td><td>养生剂</td><td>续表
<table><tr><th>检验项目</th><th>一级品</th><th>合格品</th></tr><tr><td>磨损量③（kg/m²）</td><td>≯3.0</td><td>≯3.5</td></tr><tr><td>含固量（%）</td><td colspan="2">≮20</td></tr><tr><td>干燥时间（h）</td><td colspan="2">≮4</td></tr><tr><td>成膜后浸水溶解性④</td><td colspan="2">应注明不溶或可溶</td></tr><tr><td>成膜耐热性</td><td colspan="2">合格</td></tr></table>注：①有效保水率试验条件：温度（38±2）℃；相对湿度 32%±3%；风速 0.5±0.2m/s；失水时间 72h；
②抗压强度比也可为弯拉强度比，指标要求相同，可根据工程需要和用户要求选测；
③在对有耐磨性要求的表面上使用养生剂时为必检项目；
④露天养生的永久性表面，必须为不溶；在要求继续浇筑的混凝土结构上使用，应使用可溶，该指标由供需双方协商。</td></tr>
<tr><td rowspan="2">6</td><td rowspan="2">接缝材料</td><td colspan="2">道路混凝土板体的接缝，是路面结构的重要组成部分，也是薄弱、易坏、影响路面使用寿命的极其重要的部位。用于道路混凝土接缝的材料，按使用性能分为接缝板和填缝料两类。</td></tr>
<tr><td>接缝板材料</td><td>可作为接缝板的材料主要有木材、泡沫橡胶及泡沫塑料类、沥青纤维类和沥青类。接缝板应该具有一定的压缩性和弹性。当混凝土碰撞时不被挤出，收缩时能与混凝土板缝连接不产生间隙；在混凝土路面施工时不变形且耐腐蚀。</td></tr>
</table>

续表

序号	项目		内容
6	接缝材料	填缝材料	填缝材料按施工温度分为加热施工式和常温施工式两种，即现灌液体填缝料和预制嵌缝条。加热施工式填缝料目前主要有沥青橡胶类、聚氯乙烯胶泥类和沥青玛𤧛脂类。常温施工式填缝料主要有聚氨酯焦油类、氯丁橡胶类、乳化沥青橡胶类，如表4-33所示。

表 4-33　常温式填缝料技术要求

试验项目		技术指标
灌入稠度（s）		＜20
失黏时间（h）		6～24
弹性（球针法）	复原率（%）	＞75
	贯入量（mm）	3～5
流动度（mm）		＜0
拉伸量（mm）（−10℃）		＞15

研究表明，接缝板中的软木板、加热式施工填缝料的聚氯乙烯胶泥和常温施工中的建筑密封胶以及聚酯改性沥青等材料性能优异，可供水泥混凝土路面工程使用。

4.6.3　道路水泥混凝土配合比设计

水泥混凝土路面板厚度的计算是以抗折强度为依据的。因此，道路混凝土的配合比设计应该根据设计抗折强度、耐久性、耐磨性、工作性等要求和经济合理的原则选用原材料，通过计算、试验和必要的调整，确定混凝土单位体积各种组成材料的用量。

混凝土配合比设计的主要任务是选好水灰比、单位水泥用量、砂率等设计参数。其一般步骤为：根据已有的配合比经验参数，初步计算、设计配合比；根据初步设计的配合比进行试拌，检验拌合物的和易性，按要求进行必要的调整；然后进行强度和耐久性试验，再进行必要的调整；根据混凝土的现场实际浇筑条件、集料供应情况（级配、含水量等）、摊铺机具和气候条件等，再进行一定的调整，提出施工配合比。由此可见，道路水泥混凝土配合比设计与普通混凝土基本相同。

序号	项目		内容
1	道路混凝土配合比应满足的技术要求	弯拉强度	混凝土配合比设计时的混凝土试配弯拉强度的均值应按式（4-11）确定。 $$f_c=\frac{f_r}{1-1.04c_v}+ts \quad (4\text{-}11)$$ 式中 f_c——混凝土试配弯拉强度的均值，MPa； f_r——混凝土弯拉强度标准值，MPa； t——保证率系数，按样本数 n 和判别概率 p 参照表 4-34 确定。 c_v——混凝土弯拉强度的变异系数，按表 4-35 取用； s——混凝土弯拉强度试验样本的标准差； 弯拉强度变异系数 c_v，应按统计数据在表 4-35 的规定范围内取值；在无统计数据时，弯拉强度变异系数应按设计取值；如果施工配制弯拉强度超出设计给定的弯拉强度变异系数上限时，则必须改进机械装备和提高施工控制水平。

表 4-34　保证率系数

公路等级	判别概率 p	样本数 n				
		3	6	9	15	20
高速公路	0.05	1.36	0.79	0.61	0.45	0.39
一级公路	0.10	0.95	0.59	0.46	0.35	0.30
二级公路	0.15	0.72	0.46	0.37	0.28	0.24
三、四级公路	0.20	0.56	0.37	0.29	0.22	0.19

续表

<table>
<tr><th>序号</th><th>项目</th><th colspan="2">内容</th></tr>
<tr><td rowspan="2">1</td><td rowspan="2">道路混凝土配合比应满足的技术要求</td><td>弯拉强度</td><td>

表 4-35　各级公路混凝土路面弯拉强度变异系数

<table>
<tr><td>公路技术等级</td><td>高速公路</td><td colspan="2">一级公路</td><td>二级公路</td><td colspan="2">三、四级公路</td></tr>
<tr><td>混凝土弯拉强度变异水平等级</td><td>低</td><td>低</td><td>中</td><td>中</td><td>中</td><td>高</td></tr>
<tr><td>弯拉强度变异系数 c_v 允许变化范围</td><td>0.05～0.10</td><td>0.05～0.10</td><td>0.10～0.15</td><td>0.10～0.15</td><td>0.10～0.15</td><td>0.15～0.20</td></tr>
</table>

</td></tr>
<tr><td>工作性</td><td>

1）滑模摊铺机施工前拌合物最佳工作性及允许范围应符合表 4-36 的规定。

表 4-36　混凝土路面滑模摊铺最佳工作性及允许范围

<table>
<tr><td rowspan="2">指　标
界　限</td><td colspan="2">坍落度 S_L（mm）</td><td rowspan="2">振动黏度系数
η（N·s/m²）</td></tr>
<tr><td>卵石混凝土</td><td>碎石混凝土</td></tr>
<tr><td>最佳工作性</td><td>20～40</td><td>25～50</td><td>200～500</td></tr>
<tr><td>允许波动范围</td><td>5～55</td><td>10～65</td><td>100～600</td></tr>
</table>

注：1. 滑模摊铺机适宜的摊铺速度应控制在 0.5～2.0m/min 之间；
2. 本表适用于设超铺角的滑模摊铺机；对不设超铺角的滑模摊铺机，最佳振动黏度系数为 250～600N·s/m²；最佳坍落度卵石为 10～40mm；碎石为 10～30mm；
3. 滑模摊铺时的最大单位用水量，卵石混凝土不宜大于 155kg/m³，碎石混凝土不宜大于 160kg/m³。

2）轨道摊铺机、三辊轴机组、小型机具摊铺的路面混凝土的坍落度及最大单位用水量，应满足表 4-37 的规定。

</td></tr>
</table>

续表

<table>
<tr><th>序号</th><th>项目</th><th colspan="2">内　　容</th></tr>
<tr><td rowspan="2">1</td><td rowspan="2">道路混凝土配合比应满足的技术要求</td><td>工作性</td><td>

表 4-37　不同路面施工方式混凝土坍落度及最大单位用水量

<table>
<tr><td>摊铺方式</td><td colspan="2">轨道摊铺机摊铺</td><td colspan="2">二辊轴机组摊铺</td><td colspan="2">小型机具摊铺</td></tr>
<tr><td>出机坍落度（mm）</td><td colspan="2">40～60</td><td colspan="2">30～50</td><td colspan="2">10～40</td></tr>
<tr><td>摊铺坍落度（mm）</td><td colspan="2">20～40</td><td colspan="2">10～30</td><td colspan="2">0～20</td></tr>
<tr><td rowspan="2">最大单位用水量（kg/m³）</td><td>碎石</td><td>卵石</td><td>碎石</td><td>卵石</td><td>碎石</td><td>卵石</td></tr>
<tr><td>156</td><td>153</td><td>153</td><td>148</td><td>150</td><td>145</td></tr>
</table>

注：1. 表中的最大单位用水量是采用中砂、粗细集料为风干状态的取值，采用细砂时，应用减水率较大的（高效）减水剂；
2. 使用碎卵石时，最大单位用水量可取碎石与卵石中值。

</td></tr>
<tr><td>耐久性</td><td>

路面、桥面引气水泥混凝土含气量及其允许误差，根据粗集料最大粒径、有无抗冻性要求、有无抗盐冻性要求等情况，应满足表 4-38 的推荐值。

表 4-38　路面和桥面水泥混凝土适宜含气量推荐值　　%

<table>
<tr><td>最大粒径</td><td>水泥混凝土路面</td><td>水泥混凝土路面</td><td>水泥混凝土路面</td></tr>
<tr><td>mm</td><td>有抗冰冻性要求</td><td>无抗冻性要求</td><td>有抗盐冻性要求</td></tr>
<tr><td>16</td><td>5.0±1</td><td>6.0±0.5</td><td>7.0±0.5</td></tr>
<tr><td>19</td><td>4.5±1</td><td>5.5±0.5</td><td>6.5±0.5</td></tr>
<tr><td>26.5</td><td>4.0±1</td><td>5.0±0.5</td><td>6.0±0.5</td></tr>
<tr><td>31.5</td><td>3.5±1</td><td>4.5±0.5</td><td>5.5±0.5</td></tr>
</table>

各交通等级路面混凝土满足耐久性要求的最大水灰（胶）比和最小单位水泥用量应符合表 4-39 所示。最大单位水泥用量不宜大于 400kg/m³；掺加粉煤灰时，最大胶凝材料用量不宜大于 420kg/m³。

</td></tr>
</table>

续表

序号	项目	内容
1	道路混凝土配合比应满足的技术要求	耐久性

表 4-39 混凝土满足耐久性要求的最大水灰（胶）比和最小单位水泥用量

公路技术等级		高级公路、一级公路	二级公路	三、四级公路
最大水灰（胶）比		0.44	0.46	0.48
抗冰冻最大水灰（胶）比		0.42	0.44	0.46
抗盐冻最大水灰（胶）比		0.40	0.42	0.44
最小单位水泥用量（kg/m^3）	42.5 级	300	300	290
	32.5 级	310	310	305
抗冰（盐）冻最小单位水泥用量（kg/m^3）	42.5 级	320	320	315
	32.5 级	330	330	325
掺粉煤灰最小单位水泥用量（kg/m^3）	42.5 级	260	260	255
	32.5 级	280	270	265
抗冰（盐）冻粉煤灰最小单位水泥用量（kg/m^3）		280	270	265

注：1. 掺粉煤灰、并有抗冰（盐）冻性要求时，不得使用 32.5 级水泥；

2. 水灰（胶）比计算以砂石料的自然风干状态计（砂含水量≤1.0%；石子含水量≤0.5%）；

3. 处在除冰盐、海风、酸雨或硫酸盐等腐蚀性环境中，或在大纵坡等加速车道上的混凝土，最大水灰（胶）比可比表中数值降低 0.01～0.02。

续表

<table>
<tr><th>序号</th><th>项目</th><th>内　　容</th></tr>
<tr><td>2</td><td>道路混凝土配合比设计步骤</td><td>
道路混凝土配合比设计通常可按下述步骤进行，表 4-40 所列配合比可供配合比设计时参考。

表 4-40　道路混凝土配合比参考表

<table>
<tr><td rowspan="2">粗集料最大尺寸（mm）</td><td colspan="2">砾石混凝土</td><td colspan="2">碎石混凝土</td></tr>
<tr><td>单位粗集料体积</td><td>单位用水量（kg）</td><td>单位粗集料体积</td><td>单位用水量（kg）</td></tr>
<tr><td>40</td><td rowspan="3">0.76</td><td>115</td><td rowspan="3">0.73</td><td>130</td></tr>
<tr><td>30</td><td>120</td><td>135</td></tr>
<tr><td>20</td><td>125</td><td>140</td></tr>
<tr><td colspan="5">与上述条件不同时的修正</td></tr>
<tr><td>对于细集料的细度模数 FM 增减</td><td colspan="3">单位粗集料体积＝上述单位粗集料体积 $\times(1.37-0.133FM)$</td><td>不修正</td></tr>
<tr><td>对于工作度增减 10s</td><td colspan="3" rowspan="2">不修正</td><td>±2.5kg</td></tr>
<tr><td>对于含气量增减 1%</td><td>±2.5kg</td></tr>
</table>

注：1. 在砾石中掺加碎石时的单位用水量及单位粗集料体积，可按上表中数值按直线变化求得。
2. 因单位用水量与固结系数的关系呈直线关系，每 10s 固结系数单位用水量的变化是：固结系数 30s（坍落度 2.5cm）时，为 2.5kg；固结系数 50s 时，为 11.5kg；固结系数 80s 时，为 1.0kg。
3. 坍落度 8cm 时的单位用水量将上表中的数值增加 10kg。
4. 单位用水量与坍落度有关，每 1cm 坍落度的单位用水量的变化是：坍落度 8cm 是 1.5kg；坍落度 5cm 时是 2kg；坍落度 2.5cm 时是 4kg；坍落度 1cm 时是 7kg。
5. 随着细集料的 FM 增减，单位粗集料体积的修正用细集料的 FM 在 2.2～2.3 范围时适用的公式表示。
</td></tr>
</table>

续表

序号	项目		内容
2	道路混凝土配合比设计步骤	1）确定混凝土拌合物的和易性	道路混凝土拌合物应具有与铺路机械相适应的和易性，以保证顺利施工和工程质量的要求。道路施工中混凝土拌合物的稠度标准，以坍落度为 2.5cm、或工作度为 30s 为宜。在搅拌设备离浇筑现场较远时，或在夏季施工时，坍落度会产生一定的损失，应适当加以调整。
		2）确定混凝土单位粗集料体积	单位粗集料体积，应当在所要求的拌合物和易性及易修整性的允许范围内，并达到最小单位用水量。 过去用细集料率的配合比参考表中，如果粗集料的最大尺寸、单位水泥用量、单位用水量、含气量及稠度等有变化，必须对细集料率进行修正，而用单位粗集料体积表示混凝土配合比时则无此必要。
		3）确定混凝土的单位用水量	单位用水量的大小，与粗集料的最大尺寸、集料级配及其形状、单位粗集料体积、砂率、拌合物稠度、外加剂的种类、施工环境温度、施工条件、混凝土设计强度等因素有关。在工程施工中，必须以所用材料进行试验而确定。在一般情况下，单位用水量不宜超过 150kg，因为单位用水量过大，不仅会影响混凝土的可修整性，而且使混凝土的收缩增大而产生早期裂缝。 表 4-40 适用于细度模数 $FM=2.8$ 的细集料，坍落度为 2.5cm，用优质减水剂，含气量为 4%，刚由搅拌机卸出时的混凝土。
		4）确定混凝土单位水泥用量	混凝土单位水泥用量，应根据混凝土设计抗弯拉强度确定，一般情况下在 280～350kg 范围内。按强度决定单位水泥用量时，必须通过试验进行检验。如果根据耐久性确定单位水泥用量时，其水灰比应控制在 0.45～0.50 之间。 单位水泥用量过多，不仅工程造价较高，而且容易产生塑性裂缝和温度裂缝，所以在满足强度和耐久性等质量要求的前提下，应尽量减少水泥的用量。
		5）确定混凝土单位外加剂用量	混凝土单位外加剂用量，应根据混凝土的具体要求确定。

续表

序号	项目	内容	
3	道路混凝土配合比设计方法	1）确定混凝土的配合比强度 f_c	具体参见公式（4-11）。
		2）计算混凝土的水灰（胶）比	对于碎石或碎卵石混凝土 $$\frac{W}{C}=\frac{1.5684}{f_c+1.0097-0.3595f_s} \quad (4\text{-}12)$$ 对于卵石混凝土 $$\frac{W}{C}=\frac{1.2618}{f_c+1.5492-0.4709f_s} \quad (4\text{-}13)$$ 式中 f_s——水泥实测抗折强度，MPa。 在满足抗弯拉强度的计算值和耐久性两者要求时取水灰（胶）比中的最小值。
		3）确定混凝土的单位用水量	在水灰比已定的条件下，确定单位用水量，应考虑粗集料的最大粒径、级配和形状，外掺料的种类，外加剂品种及掺量，施工温度，拌合物要求的流动性等因素。工程经验数值为：采用最大粒径为 40mm 的粗集料时，卵石不大于 160kg/m³，碎石不大于 170kg/m³。也可以按下述经验关系式确定： 对于碎石混凝土 $$W_o=104.97+0.309S_L+11.27\frac{C}{W}+0.61S_p \quad (4\text{-}14)$$ 对于卵石混凝土 $$W_o=86.89+0.370S_L+11.24\frac{C}{W}+1.00S_p \quad (4\text{-}15)$$

续表

序号	项目		内容
3	道路混凝土配合比设计方法	3）确定混凝土的单位用水量	式中 W_o——不掺外加剂与掺合料混凝土的单位用水量，kg/m³； S_L——混凝土拌合物的坍落度，mm； S_p——砂率，%。砂率应根据砂的细度模数和粗集料种类，查表 4-41 取值。 **表 4-41 砂的细度模数与最优砂率的关系** <table><tr><td colspan="2">砂细度模数</td><td>2.2～2.5</td><td>2.5～2.8</td><td>2.8～3.1</td><td>3.1～3.4</td><td>3.4～3.7</td></tr><tr><td rowspan="2">砂率 S_p（%）</td><td>碎　石</td><td>30～34</td><td>32～36</td><td>34～38</td><td>36～40</td><td>38～42</td></tr><tr><td>卵　石</td><td>28～32</td><td>30～34</td><td>32～36</td><td>34～38</td><td>36～40</td></tr></table>注：碎卵石可在碎石与卵石之间取值。 掺外加剂混凝土的单位用水量可按照下式计算： $$W_{ow}=W_o\left(1-\frac{\beta}{100}\right) \quad (4\text{-}16)$$ W_{ow}——掺外加剂混凝土的单位用水量，kg/m³； β——所用外加剂剂量的实测减水率。 单位用水量应该取计算值和表 4-37 中规定值两者中的最小值。若实际单位用水量仅掺引气剂不满足所取数值，则应掺用引气（高效）减水剂，三、四级公路也可以采用真空脱水工艺。
		4）计算水泥用量	$$m_{co}=\left(\frac{C}{W}\right)m_{wo} \quad (4\text{-}17)$$ m_{co}——混凝土的单位水泥用量，kg/m³； m_{wo}——混凝土的单位用水量。 单位水泥用量应该取计算值与表 4-39 中规定值中的最大值。

续表

序号	项目		内容
3	道路混凝土配合比设计方法	5）确定外加剂的用量	根据工程实际需要选择适宜的外加剂，参考有关工程经验，初步确定外加剂的掺加量，通过试拌与试验，最后确定在工程中实际采用的外加剂用量。
		6）配合比的调整	通过上述计算得到的配合比，是根据经验公式和经验参数确定的材料初步用量，它同材料的实际情况存在着一定的差异。为此，必须通过试验进行配合比调整。 1）试拌调整 按上述初步定出的配合比，选取一定比例进行试拌，测定其工作性（坍落度等指标）。如果测得的工作性低于设计要求，则可保持水灰比不变，适当增加水泥浆用量；如果测得的工作性超过设计要求，则可以减少水泥浆用量，或者保持砂率不变，适当增加砂石用量。当砂浆过多时，可酌量增加石子；当砂浆过少时，可酌量增加砂浆。每次调整加入少量材料，重复试验（时间不超过20min），直到符合要求为止。 2）强度试验 按符合工作性要求的配合比，适当增减水泥用量，配制三组配合比的新拌混凝土试件，并测定其实际表观密度，经标准条件下养护到规定的龄期，测定各组的强度。如果实测强度未能达到要求配制的强度时，可采取提高水泥强度等级、降低水灰比或改善集料级配等措施。 3）试验室配合比计算 通过调整、试验得到符合工作性和强度要求的配合比后，还应按混凝土的实测密度校正其计算密度。混凝土的计算密度为经试拌调整后每立方米混凝土各种材料用量之和，校正系数 K 为实测密度同计算密度之比值。各种材料用量均乘以校正系数 K，即为定出的试验室的配合比。 4）换算施工配合比 试验室配合比是在集料处于标准含水状态（饱和面干）下计算出来的。施工现场的集料含水量经常变化，因而必须根据拌合时集料的实际含水量对试验室的配合比进行调整。集料中的水分应从用水量中扣除，由此得到施工配合比。

续表

序号	项目	内容		
4	道路混凝土配合比设计例题	设计要求	某一级公路路面为水泥混凝土，设计混凝土抗折强度为5MPa，配置时不考虑抗折强度的保证系数，且混凝土抗折强度等级的变异系数中，施工要求混凝土拌合物坍落度为10～25mm，所用原材料如下： 水泥：P·O 42.5级。表观密度 $\rho_c=3100kg/m^3$，28d抗折强度为 $f_{cu,f}=7.2MPa$。 河砂：中砂，表观密度 $\rho_s=2650kg/m^3$。 碎石：符合连续颗粒级配。最大粒径31.5mm，表观密度 $\rho_g=2680kg/m^3$。 水：自来水、饮用水 外加剂：FDN高效减水剂。掺量1%，减水率15%。	
		设计步骤	1）确定混凝土的配制抗折强度（$f_{cf,0}$）	查表4-35取 $c_v=0.125$，按式（4-11）计算： $f_{cf,0}=\frac{5}{1-1.04\times0.125}=5.75MPa$
			2）确定水灰比（W/C）	初步取 W/C 为0.34 已知混凝土抗折配制强度 $f_{cf,0}=5.75MPa$、水泥实测28d抗折强度 $f_{cu,f}=7.2MPa$，施工采用碎石，由式（4-12），得 $\frac{W}{C}=\frac{1.5684}{5.75+1.0097-0.3595\times7.2}$ $W/C=0.39$ 查表（4-39），$W/C=0.39$ 符合耐久性要求，可用。
			3）确定用水量（m_{w0}）	已知：施工要求混凝土拌合物坍落度为10～25mm，碎石最大粒径为31.5mm。 查表3-7选用混凝土用水量 $m_{w0}=175kg/m^3$。由于使用高效减水利，减水率为15%，故计算用水量为 $m_{w0}=175\times(1-15\%)=149kg/m^3$。

续表

序号	项目	内容		
	道路混凝土配合比设计例题	设计步骤	4）计算水泥用量（m_{c0}）	已知混凝土 1m³ 用水量 $m_{w0}=149kg/m^3$，水灰比＝0.39，按式（4-17）得 $m_{c0}=149\times\frac{1}{0.39}=382kg/m^3$
			5）计算外加剂用量（m_{a0}）	已知混凝土中水泥用量 $m_{c0}=382kg/m^3$，FDN 高效减水剂掺量为 1%。得： $m_a=382\times1\%=3.82kg/m^3$
			6）确定砂率（β_s）	已知粗集料采用碎石，最大粒径为 31.5mm，水灰比 $W/C=0.39$。查表 3-8 取砂率 $\rho_s=30\%$。
			7）计算砂、石子用量	采用体积法计算 已知水泥密度 $\rho_c=3100kg/m^3$，砂表观密度 $\rho_s=2650kg/m^3$，碎石表观密度 $\rho_g=2680kg/m^3$。现将数据带入（3-9），得 $\frac{382}{3100}+\frac{m_{g0}}{2650}+\frac{m_{s0}}{2680}+\frac{149}{1000}+0.01\times1=1$ $30\%=\frac{m_{s0}}{m_{g0}+m_{s0}}\times100\%$ 解得：$m_{s0}=576kg/m^3$，$m_{g0}=134kg/m^3$ 由此，理论配合比如下 水泥：水：砂：石子：FDN 减水剂＝382：149：576：1342：3.82

4.7 水工混凝土

4.7.1 定义与分类

<table>
<tr><th>序号</th><th>项目</th><th colspan="2">内容</th></tr>
<tr><td>1</td><td>水工混凝土的定义</td><td colspan="2">为了达到防洪、灌溉、发电、供水、航运等目的，通常需要修建不同类型的建筑物，用来挡水、泄洪、输水、排砂等。这些建筑物称为水工建筑物。这些建筑物所用的混凝土，称为水工混凝土。
水工建筑物一般体积较大，相应的混凝土块体尺寸也较大，通常称为水工大体积混凝土。由于使用条件比较严酷，因此需要按照工程的使用条件和设计要求，注意混凝土的原材料选择和配合比设计，使其具有较好的物理力学性能和耐久性能。</td></tr>
<tr><td rowspan="7">2</td><td rowspan="7">水工混凝土的分类</td><td colspan="2">水工混凝土一般可分为以下几种：经常处于水中的水下构筑物；处于水位变化区的构筑物；偶然承受水冲刷的水上构筑物。除此之外，还区分为大体积混凝土及非大体积混凝土；有压头及无压头结构等。水工混凝土的分类方法见表 4-42。
表 4-42　水工混凝土分类</td></tr>
<tr><td>分类原则</td><td>水工混凝土名称</td></tr>
<tr><td>按水工混凝土与水位的关系</td><td>(1) 经常处于水中的水下混凝土
(2) 水位变动区域的混凝土
(3) 水位变动区域以上的水上混凝土</td></tr>
<tr><td>按建筑物建成结构的体积大小</td><td>(1) 大体积混凝土（外部或内部）
(2) 非大体积混凝土</td></tr>
<tr><td>接受水压的情况</td><td>(1) 受水压力作用的结构或建筑物的混凝土
(2) 不受水压力作用的结构或建筑物的混凝土</td></tr>
<tr><td>接受水流冲刷的情况</td><td>(1) 受冲刷部分的混凝土
(2) 不受冲刷部分的混凝土</td></tr>
<tr><td>按大体积建筑物的位置</td><td>(1) 外部区域混凝土
(2) 内部区域混凝土</td></tr>
</table>

4.7.2 原材料选用

序号	项目	内容
1	水泥	水工混凝土常用水泥的主要性能及适用范围见表 4-43。

表 4-43 水工混凝土常用水泥主要性能及适用范围

水泥品种 / 性能及应用	硅酸盐水泥	普通硅酸盐水泥	矿渣硅酸盐水泥	火山灰质硅酸盐水泥	粉煤灰硅酸盐水泥	中热水泥	低热矿渣硅酸盐水泥
水化热	高		低			中等	低
凝结时间	较快		较慢			较快	较慢
表观密度（g/cm³）	3.1～3.2	3.1～3.2	2.9～3.1	2.7～3.1	2.8～3.1	3.1～3.2	2.9～3.1
强度	早期强度较高		早期强度较低，后期强度增长率较高			早期强度较高	早期强度较低，后期强度增长率较高
抗硫酸盐侵蚀性	差		较强	当 SiO_2 多时较强，当 Al_2O_3 多时较差	较强	强	较强
抗溶出性侵蚀	差		强			差	强
抗冻性	好		较差			好	较差
干缩	小		较大	大	较小	小	较小
保水性	较好		差	好	好	较好	差
需水性	小		较大	大	较小	小	较大

续表

<table>
<tr><th>序号</th><th>项目</th><th colspan="8">内　　容</th></tr>
<tr><td rowspan="5">1</td><td rowspan="5">水泥</td><td colspan="8">续表</td></tr>
<tr><td>水泥品种
性能及应用</td><td>硅酸盐水泥</td><td>普通硅酸盐水泥</td><td>矿渣硅酸盐水泥</td><td>火山灰质硅酸盐水泥</td><td>粉煤灰硅酸盐水泥</td><td>中热水泥</td><td>低热矿渣硅酸盐水泥</td></tr>
<tr><td rowspan="2">适用范围</td><td colspan="2" rowspan="2">一般混凝土、钢筋混凝土及预应力钢筋混凝土，地下和水中结构（包括受反复冻融作用的结构），抗冲耐磨的混凝土工程</td><td colspan="3">大体积混凝土，一般地上、地下、水中混凝土和钢筋混凝土，蒸汽养护的混凝土构件</td><td rowspan="2">大坝抗冲耐磨部位混凝土及水位变化区外部混凝土</td><td rowspan="2">大坝内部混凝土、水下和地下混凝土</td></tr>
<tr><td>适用于有耐热要求的混凝土结构</td><td>宜用于水工大体积内部混凝土，有抗溶出性侵蚀的水下外部混凝土</td><td>宜用于水工大体积混凝土和泵送混凝土</td></tr>
<tr><td>不适用范围</td><td colspan="2">大体积内部混凝土、环境水有溶出性侵蚀和硫酸盐侵蚀的外部混凝土</td><td colspan="3">抗冲、耐磨部位混凝土以及不采取措施使用于有抗冻要求的混凝土</td><td>大体积内部混凝土及环境水有溶出性侵蚀的外部混凝土</td><td>严寒地区水位变化区外部混凝土慎用</td></tr>
</table>

续表

序号	项目		内容
2	粗集料		水工混凝土所用的粗集料一般分为特大石（150～80mm 或 120～80mm）、大石（80～40mm）、中石（40～20mm）、小石（20～5mm）四级。 水工混凝土用粗集料质量要求见表 4-44。
		一般质量要求	表 4-44 水工混凝土用粗集料质量要求（见下表）
		粗集料的级配	表 4-45 水工混凝土用粗集料级配参考范围（见下表）

表 4-44 水工混凝土用粗集料质量要求

项目	指标	备注
含泥量	D_{20}、D_{40}粒径级≤1% D_{80}、D_{150}（或 D_{120}）粒径级≤0.5%	各粒径级均不含有黏土团粒
坚固性	≤5% ≤12%	有抗冻要求的混凝土 无抗冻要求的混凝土
硫化物及硫酸盐含量	≤0.5%	按质量折算成 SO_3
有机质含量	浅于标准色	如深于标准色，应进行混凝土强度对比试验
表观密度（kg/m^3）	≥2550	—
吸水率	≤2.5%	—
针片状颗粒含量	≤15%	经试验论证，可以放宽至 25%

表 4-45 水工混凝土用粗集料级配参考范围

集料最大粒径（mm）	分级（mm）				总计
	5～20	20～40	40～80	80～150 或 80～120	
	各级石子质量比例				
40	45%～60%	40%～55%	—	—	100%
80	25%～35%	25%～35%	35%～50%	—	100%
150（120）	15%～25%	15%～25%	20%～35%	25%～40%	100%

续表

<table>
<tr><th>序号</th><th>项目</th><th colspan="2">内　　容</th></tr>
<tr><td>3</td><td>细集料</td><td colspan="2">水工混凝土用细集料应满足《水工混凝土施工规范》（DL/T 5144—2001）中的要求，细集料的细度模数一般应在 2.2～3.0 之间，施工时宜控制在 2.6±0.2，质量要求如表 4-46 所示。

表 4-46　水工混凝土用细集料质量要求

<table>
<tr><th>项　目</th><th>指　标</th><th>备　注</th></tr>
<tr><td>天然砂中含泥量</td><td>≤3%</td><td>—</td></tr>
<tr><td>人工砂中石粉含量</td><td>6%～18%*</td><td>—</td></tr>
<tr><td rowspan="2">坚固性</td><td>≤8%</td><td>有抗冻要求的混凝土</td></tr>
<tr><td>≤10%</td><td>无抗冻要求的混凝土</td></tr>
<tr><td>云母含量</td><td>≤2%</td><td>—</td></tr>
<tr><td>表观密度（kg/m³）</td><td>≥2500</td><td>—</td></tr>
<tr><td>轻物质含量</td><td>≤1%</td><td>视密度小于 2.0g/cm³</td></tr>
<tr><td>硫化物及硫酸盐含量</td><td>≤1%</td><td>按质量折算成 SO₃</td></tr>
<tr><td>有机质含量</td><td>浅于标准色</td><td>如深于标准色，应配成砂浆进行对比试验</td></tr>
<tr><td>含水率</td><td>≤6%</td><td>—</td></tr>
</table>
* 当用于碾压混凝土时，人工砂中的石粉含量可以放宽到 22%</td></tr>
<tr><td>4</td><td>掺合料</td><td>粉煤灰</td><td>《水工混凝土掺用粉煤灰技术规范》（DL/T 5055—2007）中对粉煤灰的技术要求与国际《用于水泥和混凝土中的粉煤灰》（GB/T 1596—2005）中的规定基本相同，唯一的不同处在于前者在安定性上仅对 C 类粉煤灰作出了“合格”的要求。
《水工混凝土掺用粉煤灰技术规范》（DL/T 5055—2007）中规定了水工混凝土掺用粉煤灰的技术要求。
1）掺粉煤灰混凝土的设计强度等级、强度保证率和标准差等指标，应与不掺粉煤灰的混凝土相同，按有关规定取值。
2）掺粉煤灰混凝土的强度、抗渗、抗冻等设计龄期，应根据建筑物类型和承载时间确定，宜采用较长的设计龄期。</td></tr>
</table>

续表

序号	项目		内　　容
4	掺合料	粉煤灰	3）永久建筑物水工混凝土宜采用Ⅰ级粉煤灰或Ⅱ级粉煤灰，坝体内部混凝土、小型工程和临时建筑物的混凝土，经试验验证后也可采用Ⅲ级粉煤灰。 4）永久建筑物水工混凝土F类粉煤灰的最大掺量应符合表4-47中的规定。其他混凝土可以参照执行。 5）水工混凝土掺C类粉煤灰时，掺量应通过试验论证确定。 6）掺粉煤灰混凝土的拌合物应搅拌均匀，搅拌时间应通过试验确定。 7）掺粉煤灰混凝土浇筑时不应漏振或过振，振捣后的混凝土表面不得出现明显的粉煤灰浮浆层。 8）掺粉煤灰混凝土的暴露面应潮湿养护，应适当延长养护时间。 9）掺粉煤灰混凝土在低温施工时应采取表面保温措施，拆模时间应适当延长。

表 4-47　F类粉煤灰的最大掺量

混凝土种类		硅酸盐水泥	普通硅酸盐水泥	矿渣硅酸盐水泥（P·S·A）
碾压混凝土	内部	70	65	40
	外部	65	60	30
重力坝常态混凝土	内部	55	50	30
	外部	45	40	20
拱坝碾压混凝土		65	60	30
拱坝常态混凝土		40	35	—
结构混凝土		35	30	—
面板混凝土		35	30	—

续表

<table>
<tr><th>序号</th><th>项目</th><th colspan="2">内　　容</th></tr>
<tr><td rowspan="2">4</td><td rowspan="2">掺合料</td><td>粉煤灰</td><td>续表
<table><tr><th>混凝土种类</th><th>硅酸盐水泥</th><th>普通硅酸盐水泥</th><th>矿渣硅酸盐水泥（P·S·A）</th></tr><tr><td>抗磨蚀混凝土</td><td>25</td><td>20</td><td>—</td></tr><tr><td>预应力混凝土</td><td>20</td><td>15</td><td>—</td></tr></table>注 1. 本表适用于F类Ⅰ、Ⅱ级粉煤灰，F类Ⅲ级粉煤灰的最大掺量应适当降低，降低幅度应通过试验论证确定。
2. 中热硅酸盐水泥、低热硅酸盐水泥混凝土的粉煤灰最大掺量与硅酸盐水泥混凝土相同，低热矿渣硅酸盐水泥、火山灰质硅酸盐水泥、粉煤灰硅酸盐水泥混凝土的粉煤灰最大掺量与矿渣硅酸盐水泥（P·S·A）混凝土相同。
3. 本表所列出的粉煤灰最大掺量不包含代砂的粉煤灰。</td></tr>
<tr><td>磨细矿渣</td><td>矿渣粉混凝土可用作一般建筑工程的钢筋混凝土、预应力混凝土和素混凝土。大掺量矿渣粉混凝土适用于大体积、地下、水下和海水中等混凝土工程。矿渣粉可配制高强度、高性能和道路桥梁混凝土，以及泵送、塑性和干硬性等各种用途的混凝土。
矿渣粉活性比粉煤灰高，掺量可以比粉煤灰混凝土高些。一般掺量在30%～70%之间。具体掺量可以通过试验确定。
矿渣粉混凝土拌合浇筑工艺与普通混凝土相同，拌合时间可适当延长10～20s，以保证拌合均匀。
矿渣粉混凝土浇筑后应加强养护，湿养护时间不少于7d，低温施工时还应做好保温、保湿养护，养护时间不少于21d。</td></tr>
</table>

续表

<table>
<tr><th>序号</th><th>项目</th><th colspan="2">内　　容</th></tr>
<tr><td rowspan="2">4</td><td rowspan="2">掺合料</td><td>硅灰</td><td>水工混凝土所用硅粉应满足表 4-48 品质指标要求。
表 4-48　水工混凝土用硅粉品质指标
<table>
<tr><th>项　目</th><th>指　标</th><th colspan="2">项　目</th><th>指　标</th></tr>
<tr><td>二氧化硅含量</td><td>≥85%</td><td rowspan="2">细度</td><td>45μm 筛余量</td><td>≤10%</td></tr>
<tr><td>含水量</td><td>≤3%</td><td>比表面积（cm^2/g）</td><td>≥15</td></tr>
<tr><td>烧失量</td><td>≤6%</td><td rowspan="2">均匀性</td><td>表观密度（与均值的偏差）</td><td>≤5%</td></tr>
<tr><td>火山灰活性指数</td><td>≥90%</td><td>细度（与均值的偏差）</td><td>≤5%</td></tr>
</table>
水工混凝土硅粉掺量一般在 5%～10%之间。硅粉混凝土塑性收缩和早期干缩大，为了防止裂缝的出现，应加强早期保湿和延长养护时间。早期保湿可用塑料薄膜或用喷雾减少水分蒸发的方法来减少塑性开裂。拌合混凝土时可先将硅粉配制成浆液再加入混凝土中拌合，可减少干缩，也可用膨胀剂补偿早期收缩。但实践经验表明，硅粉混凝土很难避免裂缝的产生，如果掺用，应尽可能降低掺量，并加强养护。有条件时，最好采用蓄水养护。</td></tr>
<tr><td>火山灰掺合料</td><td>用于混凝土掺合料的技术要求可参照《用于水泥中的火山灰质混合材料》（GB/T 2847—2005）的规定执行。具体技术要求为：
（1）烧失量：人工火山灰质掺合料的烧失量不得超过 10%；
（2）三氧化硫含量：不大于 3.5%；
（3）火山灰性能试验：必须合格；
（4）水泥胶砂 28d 抗压强度比：不小于 65%。</td></tr>
</table>

续表

序号	项目		内容
4	掺合料	非活性掺合料	凡是不具有活性或活性甚低的人工或天然矿物材料，称为非活性掺合料。非活性掺合料包括石英岩、石灰石、砂岩、黏土以及不符合技术要求的粒化高炉矿渣和火山灰质掺合料。对非活性掺合料的品质要求，主要是材料的细度以及不得含有对水泥和混凝土有害的成分。 非活性掺合料可用作水工碾压混凝土的填充料，以增加混凝土中 0.08mm 以下的细颗粒，改善混凝土的和易性和可碾性。
5	外加剂	水工混凝土用外加剂应满足《水工混凝土外加剂技术规程》（DL/T 5100—1999）中有关规定，主要内容可参看本书相关章节。	

4.7.3 水工混凝土配合比设计

序号	项目		内容
1	水工混凝土配合比设计方法	1）选择水胶比	①根据混凝土的设计强度等级计算配制强度： $$f_{cu,0} \geqslant f_{cu,k} + t\sigma \quad (4\text{-}18)$$ 式中 $f_{cu,0}$——混凝土配制强度，MPa； $f_{cu,k}$——混凝土设计强度标准值，MPa； t——保证率系数； σ——混凝土强度标准差，MPa。 保证率系数 t 根据混凝土强度保证率确定，见表 4-49。一般国内大坝混凝土的设计强度保证率为 80%，电站厂房等结构混凝土设计强度保证率为 90%，可参照《混凝土重力坝设计规范》（SL 319—2005）和《水工混凝土结构设计规范》（SL 191—2008）有关规定和设计要求来确定。对于 90d、180d 或其他设计龄期的混凝土，其设计强度标准值采用相应设计龄期的混凝土强度等级。

续表

序号	项目		内容
1	水工混凝土配合比设计方法	1）选择水胶比	（见下）

表 4-49　*P-t* 关系

P	80%	85%	90%	95%
t	0.84	1.04	1.28	1.65

混凝土强度标准差随混凝土生产系统和生产质量控制水平而变化，可根据近期混凝土生产过程中随机抽样的强度值，按式（4-19）统计计算。在无试验资料时，不同强度等级混凝土相应的参考值可参照表 4-50 选定。混凝土强度标准差计算式为：

$$\sigma=\sqrt{\frac{\sum_{i=1}^{N} f_{cu,i}^{2}-Nu_{f_{cu}}^{2}}{N-1}} \tag{4-19}$$

式中　$f_{cu,i}$——统计时段内第 i 组混凝土强度值，MPa；

N——统计时段内同强度等级混凝土强度组数，不得少于 25 组；

$u_{f_{cu}}$——统计时段内Ⅳ组混凝土强度平均值，MPa。

表 4-50　混凝土强度等级相应标准差参考值

混凝土强度等级	≤C15	C20～C25	C30～C35	≥C40
σ	4.0	5.0	5.5	6.0

②根据配制强度选择水胶比

根据混凝土设计强度等级和配制强度，在适当范围内选择 3～5 个水胶比，采用工程所用的原材料进行混凝土水胶比、掺合料掺量与强度关系试验，确定水胶比、掺合料掺量与强度关系，选择满足混凝土配制强度的水胶比。

在没有试验资料时，对于不掺外加剂及掺合料的混凝土，可参考下式选择水灰比：

续表

序号	项目		内容
1	水工混凝土配合比设计方法	1) 选择水胶比	$$\frac{W}{C}=\frac{Af_{ce}}{f_{cu,0}+ABf_{ce}} \tag{4-20}$$ 式中 $f_{cu,0}$——混凝土配制强度，MPa； f_{ce}——水泥 28d 实测强度（ISO 法），MPa； A、B——系数，通过试验成果计算确定，在无试验资料时可参考表 4-51 选择； W/C——水灰比。

表 4-51　系数 A、B 与粗集料品种关系

混凝土类别	A	B	混凝土类别	A	B
碎石混凝土	0.46	0.07	卵石混凝土	0.48	0.33

③根据设计要求的抗渗、抗冻等级选择水胶比

混凝土抗渗、抗冻性能与水泥品种、水胶比、外加剂及掺合量的种类和掺量等因素有关，应通过混凝土试验确定。在没有试验资料时，可参考表 4-52（混凝土中未掺外加剂及掺合料）和表 4-53 选定。

表 4-52　混凝土抗渗等级与水胶比关系

混凝土抗渗等级	W2	W4	W6	W8	W10
估计可达到要求的水胶比	＜0.75	0.60～0.65	0.55～0.60	0.50～0.55	0.45～0.50

表 4-53　混凝土抗冻等级与最大允许水胶比

混凝土抗冻等级	F50	F100	F150	F200	F300
掺引气剂混凝土	0.60	0.55	0.50	0.50	0.45

④确定水胶比

续表

序号	项目	内容	
1	水工混凝土配合比设计方法	1）选择水胶比	最后确定的水胶比，应使混凝土既能满足强度等级和保证率的要求，同时满足抗渗、抗冻等级等耐久性要求，并不得超过表4-54的规定。

表4-54　水胶比最大允许值

气候分区	大坝混凝土分区					
	Ⅰ	Ⅱ	Ⅲ	Ⅳ	Ⅴ	Ⅵ
	上、下游水位以上	上、下游水位变化区	上、下游最低水位以下	基础	内部	受水流冲刷部位
严寒地区	0.50	0.45	0.50	0.50	0.60	0.45
寒冷地区	0.55	0.50	0.55	0.55	0.65	0.50
温和地区	0.60	0.55	0.60	0.60	0.65	0.50

序号	项目	内容	
1	水工混凝土配合比设计方法	2）确定用水量	用水量与集料最大粒径、砂率、外加剂的品种及掺量、是否掺用掺合料、施工要求的坍落度及和易性等因素有关，可参照表4-55和表4-56选用，最后通过试验确定。

表4-55　混凝土单位用水量和砂率参考值

最大石子粒径	未掺外加剂的混凝土			掺普通减水剂或引气剂的混凝土		
(mm)	含气量近似值	砂率	用水量 (kg/m^3)	含气量	砂率	用水量 (kg/m^3)
20	2.0%	38%	172	4.5%	35%	155
40	1.2%	32%	150	4.0%	29%	135
80	0.5%	28%	129	3.5%	25%	116
120	0.4%	25%	117	3.0%	22%	105
150	0.3%	24%	110	3.0%	21%	99

注：表中砂率、用水量适用于卵石混凝土，水胶比0.55，砂细度模数2.60，坍落度6cm。

续表

序号	项目	内容	
1	水工混凝土配合比设计方法	2）确定用水量	**表 4-56 原材料或其他条件变化后的用水量和砂率调整参考值**

变化条件	调整值		变化条件	调整值	
	砂率	用水量（kg/m^3）		砂率	用水量（kg/m^3）
1. 改用碎石	+3%～+5%	+9～+15	5. 砂的细度模数每±0.1	±0.5%	
2. 采用需水量大的胶凝材料	—	+10～+20	6. 水胶比每±0.05	±1.0%	
3. 坍落度每（1～4）cm	—	±(2～3)	7. 含气量每±1%	±(0.5%～1.0%)	±(2～3)
4. 砂率每±1%		±1.5	8. 采用优质外加剂	—	用水量酌减

注：混凝土用水量及调整值的采用，以水胶比为 0.55、卵石细度模数为 2.60 左右的天然砂、坍落度 5～7cm 为基准。

3）确定胶凝材料用量

胶凝材料用量按下式确定：

$$(C+F)=\frac{W}{W/(C+F)} \tag{4-21}$$

式中 $(C+F)$——单位体积胶凝材料质量，kg；

W——单位体积用水量，kg；

$W/(C+F)$——水胶比。

续表

序号	项目	内容	
		4）砂率的选择	试拌时，一般先按选定的水胶比选用几种砂率，每种相差1%～2%，从最大的砂率开始，逐次递减，进行试拌，并建立砂率、水胶比（或胶凝材料用量）的关系曲线或图表。无资料时，可参照表4-55选用。
1	水工混凝土配合比设计方法	5）粗、细集料用量计算	按已经确定的用水量、水泥用量和砂率，用“绝对体积法”或“密度法”（容重法）计算每立方米混凝土中粗、细集料用量。粗、细集料用量均以“饱和面干”为准。 ①绝对体积法 假设新拌混凝土的体积等于各组成材料的绝对密实体积与所含空气体积之和。在确定水胶比及其用水量等参数的情况下，计算步骤如下： a. 集料的绝对体积计算： $$V_n = 1 - \left(\frac{W}{\rho_w} + \frac{C}{\rho_c} + \frac{F}{\rho_f} + a\right) \quad (4\text{-}22)$$ 式中 V_n——单位体积混凝土中粗、细集料的绝对体积，m^3； W——单位体积混凝土用水量，kg； C——单位体积混凝土水泥质量，kg； F——单位体积混凝土粉煤灰质量，kg； ρ_w——水的密度，kg/m^3； ρ_c——水泥密度，kg/m^3； ρ_f——粉煤灰密度，kg/m^3； a——混凝土含气量，%，以百分数表示。 b. 细集料用量计算： $$S = V_n \gamma \rho_s \quad (4\text{-}23)$$

续表

<table>
<tr><th>序号</th><th>项目</th><th colspan="2">内容</th></tr>
<tr><td>1</td><td>水工混凝土配合比设计方法</td><td>5）粗、细集料用量计算</td><td>式中 S——单位体积混凝土细集料质量，kg；
γ——砂率，%，以百分数表示；
ρ_s——细集料饱和面干表观密度，kg/m³。
c. 粗集料用量计算：
$$G = V_n(1-\gamma)\rho_g \quad (4\text{-}24)$$
式中 G——单位体积混凝土粗集料质量，kg；
ρ_g——粗集料饱和面干表观密度，kg/m³。
d. 各级石子用量：按级配比例计算。
e. 求出混凝土配合比：
$$胶凝材料：水：砂：石=1：\frac{W}{C+F}：\frac{S}{C+F}：\frac{G}{C+F}$$
②密度法（容重法）
混凝土密度通过试验求得，在确定水胶比及用水量后，试拌时可参考表 4-57 假定密度，计算步骤如下：

表 4-57 新拌混凝土密度参考值
<table><tr><th rowspan="2">混凝土种类</th><th colspan="5">粗集料最大粒径（mm）</th></tr><tr><th>20</th><th>40</th><th>80</th><th>120</th><th>150</th></tr><tr><td>普通混凝土密度（kg/m³）</td><td>2420</td><td>2460</td><td>2500</td><td>2520</td><td>2530</td></tr><tr><td>引气混凝土密度（kg/m³）</td><td>2350</td><td>2400</td><td>2440</td><td>2470</td><td>2480</td></tr><tr><td>引气混凝土含气量</td><td>5.5%</td><td>4.5%</td><td>3.5%</td><td>3.0%</td><td>3.0%</td></tr></table></td></tr>
</table>

续表

序号	项目		内容
1	水工混凝土配合比设计方法	5）粗、细集料用量计算	a. 粗、细集料总用量计算： $$N=\mu-(W+C+F) \quad (4\text{-}25)$$ 式中 N——单位体积混凝土的集料总用量，kg/m^3； W——单位体积混凝土用水量，kg/m^3； C——单位体积混凝土水泥用量，kg/m^3； F——单位体积混凝土粉煤灰用量，kg/m^3； μ——混凝土假定密度，kg/m^3。 b. 细集料用量计算： $$S=\frac{N}{\rho_n}\gamma\rho_s \quad (4\text{-}26)$$ 式中 ρ_n——粗、细集料的饱和面干表观密度加权平均表观密度，kg/m^3； S——单位体积细集料用量，kg/m^3。 $$\rho_n=\gamma\rho_s+(1-\gamma)\rho_g \quad (4\text{-}27)$$ 其余符号的代表意义同式（4-23）和式（4-24）。 c. 粗集料用量计算： $$G=N-S \quad (4\text{-}28)$$ 式中 G——单位体积混凝土粗集料用量，kg/m^3。 d. 材料用量的调整： 如果混凝土假定的密度为2420kg/m³，而实测密度为2450kg/m³，则水、水泥、粉煤灰、砂和石子的用量分别乘以2450/2420＝1.012的系数，即得出单位体积混凝土材料用量。 e. 求出混凝土配合比： 胶凝材料：水：砂：石$=1:\frac{W}{C+F}:\frac{S}{C+F}:\frac{G}{C+F}$

续表

序号	项目	内容	
1	水工混凝土配合比设计方法	6）混凝土配合比的确定	①混凝土配合比试拌校正和性能测试 a. 混凝土出机性能。计算出的混凝土配合比需要经过试拌，根据混凝土的坍落度、含气量、含砂量和析水等情况，对混凝土配合比参数进行适当调整，使混凝土出机性能满足设计和施工的需要。 b. 混凝土的强度指标。由于水利水电工程的原材料种类较多，性能差异较大，一般的水利水电工程在有条件的情况下，均采用工程所用的原材料进行有关试验，确定本工程的混凝土水胶比、掺合料掺量与强度关系；在选择确定实际使用配合比后，仍需要对混凝土的抗压、劈拉等强度进行验证试验，根据试验结果确定最终配合比。 c. 混凝土耐久性。按照限制最大水胶比确定的混凝土配合比，需要进行耐久性试验，以确定选定配合比的耐久性。 ②混凝土配合比的确定 根据试拌调整后混凝土拌合物性能的试验结果、混凝土强度和耐久性能试验结果，最终确定出满足设计和施工要求的混凝土配合比。
2	水工混凝土配合比设计例题	设计要求	已知：某水利工程结构混凝土强度等级为90d龄期 $C_{90}25F250W10$，保证率 P：80%；采用中热硅酸盐 52.5 水泥，水泥密度为 3200kg/m^3；Ⅱ级粉煤灰，密度为 2200kg/m^3；掺用高效减水剂 0.5%和引气剂（含气量 3%）；坍落度为 5～7cm；采用人工砂石料，粗集料饱和面干表观密度为 2720kg/m^3，砂细度模数 2.60，饱和面干表观密度 2700kg/m^3；特大石及大石为饱和面干状态，中石表面含水率 0.3%，小石表面含水率 0.8%，砂表面含水率 5.0%，试计算拌合量为 1m^3 的施工配料单。
		有关参数的选择	查表 4-49，当保证率 $P=80\%$时，相应保证率系数 $t=0.84$；查表 4-50，$C_{90}25$ 混凝土的标准差为 5.0MPa，按式（4-18）求得混凝土配制强度： $f_{cu,0}=f_{cu,k}+t\sigma=25+0.84\times5.0=29.2\text{MPa}$

续表

序号	项目		内容
2	水工混凝土配合比设计例题	有关参数的选择	由表 4-47 可得，使用硅酸盐水泥的结构混凝土粉煤灰取代水泥的最大限量为 35%，为留有余地，粉煤灰掺量选用 30%。据统计资料，在 30%粉煤灰掺量条件下，混凝土 90d 龄期抗压强度与水胶比关系为 $R_{90}=22.9[(C+F)/W]-12.9$。由此计算出 $C_{90}25$ 混凝土配置强度为 29.2MPa，所需水胶比为 0.54。对照表 4-52，水胶比为 0.50 可满足抗渗要求，且对照表 4-54，上、下游水位变化区的水胶比不应超过 0.50。因此，水胶比取 0.50。 根据粗集料级配试验结果选用集料级配为：特大石：大石：中石：小石＝30：30：20：20，最大集料粒径 150mm。根据配合比试拌资料，坍落度 5～7cm、含气量 3%、砂率 25%时，四级配混凝土用水量 $W=95\text{kg/m}^3$，引气剂掺量 0.005%，满足施工和易性要求。
		配合比计算	胶凝材料用量 $C+F=95/0.50=190$kg 水泥用量 $C=70\%\times(C+F)=133$kg 粉煤灰用量 $F=(C+F)-C=190-133=57$kg 减水剂用量 $=0.5\%\times(C+F)=190\times0.5\%=0.95$kg 引气剂用量 $=0.005\%\times(C+F)=190\times0.005\%=0.0095$kg 1）绝对体积法计算砂石集料用量： 粗、细集料绝对体积 $V_n=1-\left(\frac{95}{1000}+\frac{133}{3200}+\frac{57}{2200}+0.03\right)=0.806\text{m}^3$ 细集料用量 $S=0.806\times0.25\times2700=544$kg 粗集料用量 $G=0.806\times(1-0.25)\times2720=1644$kg 其中：特大石和大石各 493kg，中石和小石各 329kg。 混凝土配合比： 胶凝材料：水：砂：石子＝1：0.50：2.86：8.65 2）密度法计算砂石集料用量：

续表

<table>
<tr><th>序号</th><th>项目</th><th colspan="2">内　容</th></tr>
<tr><td>2</td><td>水工混凝土配合比设计例题</td><td>配合比计算</td><td>
假定混凝土密度为 2470kg/m³，则：
粗、细集料总用量 $N=2470-(95+190)=2185kg/m^3$
粗、细集料平均密度 $\rho_n=2700\times0.25+2720\times(1-0.25)=2715kg/m^3$
细集料用量　$S=\frac{2185}{2715}\times0.25\times2700=543kg$
粗集料用量　$G=2185-543=1642kg$
其中：特大石和大石各 492kg，中石和小石各 329kg。
经试拌测定，混凝土密度与原假定密度基本相符。
混凝土配合比：
胶凝材料：水：砂：石子＝1：0.5：2.86：8.64
3）混凝土实际材料用量计算
按体积法计算每 1m³ 混凝土实际材料用量，见表 4-58：
表 4-58　水工混凝土配料单
<table>
<tr><th rowspan="2">项　目</th><th>水泥</th><th>粉煤灰</th><th rowspan="2">水</th><th rowspan="2">砂</th><th colspan="4">集　料</th><th colspan="2">外加剂</th></tr>
<tr><th></th><th></th><th>特大石</th><th>大石</th><th>中石</th><th>小石</th><th>减水剂</th><th>引气剂</th></tr>
<tr><td></td><td>80%</td><td>20%</td><td></td><td></td><td>30%</td><td>30%</td><td>20%</td><td>20%</td><td>0.50%</td><td>0.003%</td></tr>
<tr><td>理论用量</td><td>133</td><td>57</td><td>95</td><td>544</td><td>493</td><td>493</td><td>329</td><td>329</td><td>0.95</td><td>0.0095</td></tr>
<tr><td>表面含水率或浓度</td><td>—</td><td>—</td><td></td><td>5.0%</td><td>—</td><td>—</td><td>0.3%</td><td>0.8%</td><td>浓度 10%</td><td>浓度 1%</td></tr>
<tr><td>校正值</td><td>—</td><td>—</td><td>40.5</td><td>27</td><td>—</td><td>—</td><td>1</td><td>3</td><td>8.6</td><td>0.9</td></tr>
<tr><td>实际用量</td><td>133</td><td>57</td><td>54.5</td><td>571</td><td>493</td><td>493</td><td>330</td><td>332</td><td>9.5</td><td>0.95</td></tr>
</table>
注：理论用量中砂、石子集料的用量均以饱和面干状态为准。
</td></tr>
</table>

4.7.4 水工混凝土配合比设计实例

国内部分工程大坝混凝土的配合比参见表 4-59

表 4-59 国内部分混凝土坝工程混凝土施工配合比

序号	混凝土坝工程	水泥		掺合料	减水剂		引气剂		集料		混凝土应用部位	混凝土设计指标	配合比主要参数			(kg/m³)				
		品种	标号		品种	掺量	品种	掺量	种类	最大粒径(mm)			水胶比	砂率	要求陷度(cm)	用水量	水泥	掺合料	砂	石子
1	紧水滩			粉煤灰	糖蜜				天然	150	内部		0.55	19%	5~8	102	148	37	406	1731
2	漫湾	普硅	525	粉煤灰	DH_4-A	0.50%			人工	150	内部		0.65	26%		106	106	57	569	1619
3	安康	大坝水泥	525	粉煤灰	木钙	0.15%	松脂皂	0.005	天然	150	外部	R_{28}150 W8F50	0.60	20%	5~7	90	105	59	445	1781
4		大坝水泥	525	粉煤灰	木钙	0.15%	松脂皂	0.006%	天然	150	内部	R_{28} 100W4	0.65	21%	5~7	90	83	72	447	1788
5	龙羊峡	大坝水泥	525	粉煤灰	DH_3	0.50%			人工	150	内部		0.53	20%	3~5	85	112	48	443	1772
6	东江	大坝水泥	525	粉煤灰	木钙		松脂皂		人工	150			0.50			91	155	27		
7	铜街子	大坝水泥	525	粉煤灰	木钙	0.25%			天然	150	外部	R_{28} 200W6	0.60	19%	5~7	93	155	0	441	1881
8		大坝水泥	525	粉煤灰	木钙	0.25%			天然	150	内部	R_{28}250 W10 F250	0.68	21%	5~7	94	97	41	491	1847

续表

序号	混凝土坝工程	水泥		掺合料	减水剂		引气剂		集料		混凝土应用部位	混凝土设计指标	配合比主要参数			(kg/m³)				
		品种	标号		品种	掺量	品种	掺量	种类	最大粒径(mm)			水胶比	砂率	要求陷度(cm)	用水量	水泥	掺合料	砂	石子
9	故县	矿渣大坝	425	粉煤灰	木钙		松脂皂		天然	150	内部		0.62	20%		104	120	30		1759
10	东风	硅酸盐	525	粉煤灰	复合剂				人工	150			0.50			82	115	49		
11	东西关	普硅	425	粉煤灰	CN-Ⅰ	0.50%			天然	150	内部	C15 (90d)	0.59	14.5%	2~4	104	88	88	318	1877
12	大河口	硅酸盐	525	粉煤灰	ZB-1	0.50%			人工	150	内部		0.66	29%	6~8	113	68	113		1582
13	二滩	大坝水泥	525	Ⅱ级粉煤灰	ZB-1A	0.70%	AEA202	0.014%	人工	152	A区	R_{180}350	0.447	25%	1~3	85	131	59	571	1711
14		大坝水泥	525	Ⅱ级粉煤灰	ZB-1A	0.70%	AEA202	0.014%	人工	152	B区	R_{180}300	0.467	26%	1~3	85	127	55	593	1688
15		大坝水泥	525	Ⅱ级粉煤灰	ZB-1A	0.70%	AEA202	0.014%	人工	152	C区	R_{180}250	0.486	27%	1~3	85	123	52	618	1670
16	万家寨	大坝水泥	525	无	DH_3	0.50%	SW_1		人工	80	外部	R_{90}300 W8F200	0.45	28%	5~7	115	256		587	1510
17		大坝水泥	525	无	JM-Ⅱ	0.80%	AEA	0.0025%	天然	80	外部	R_{90}300 W8F200	0.48	28%	5~7	105	219		595	1530
18		大坝水泥	525	粉煤灰	DH_3	0.50%	SW_1		人工	150	内部	R_{90}250 W4F50	0.63	25%	3~5	90	93	50	562	1684

续表

序号	混凝土坝工程	水泥		掺合料	减水剂		引气剂		集料		混凝土应用部位	混凝土设计指标	配合比主要参数			(kg/m³)				
		品种	标号		品种	掺量	品种	掺量	种类	最大粒径(mm)			水胶比	砂率	要求陷度(cm)	用水量	水泥	掺合料	砂	石子
19	小浪底	普硅	525R	粉煤灰，硅粉	复合剂					38	导流洞	C70 抗冲磨	0.26	36.5%	14～17	114	365	75	649	1129
20	小浪底	普硅	425R	粉煤灰	VRA	0.60%	SIKA	0.0022%		63	导流洞	C25	0.41	34.5%	4～7	109	200	68	689	1306
21	三峡	中热水泥	525	Ⅰ级粉煤灰	ZB-1A	0.60%	DH_9	0.007%	人工	80	外部	$R_{90}250$ W10F250	0.50	33%	3～5	110	176	44	704	1416
22	三峡	中热水泥	525	Ⅰ级粉煤灰	ZB-1A	0.60%	DH_9	0.008%	人工	150	内部	$R_{90}150$ W8F100	0.55	27%	3～5	88	96	64	607	1620
23	三峡	中热水泥	525	Ⅰ级粉煤灰	ZB-1A	0.60%	DH_9	0.007%	人工	80	厂房	$R_{28}250$ W10F250	0.45	29%	3～5	94	167	42	614	1559
24	三峡	中热水泥	525	Ⅰ级粉煤灰	JM-Ⅱ	0.60%	DH_9	0.006%	人工	80	永久船闸	$R_{90}200$ W8F150	0.50	31%	5～7	108	150	65	644	1426

注：1. 表中水泥品种一栏的大坝水泥、矿渣大坝水泥是 GB 200—1989 中的中热水泥、低热矿渣水泥的旧称。

2. 表中混凝土设计指标一栏中的符号 W 为抗渗标号（等级），F 为抗冻标号，C 为强度等级，R 为强度标号，水泥等级采用过去的表达方法。

4.8 轻集料混凝土

4.8.1 轻集料混凝土的定义和分类

<table>
<tr><th>序号</th><th>项目</th><th colspan="2">内　　容</th></tr>
<tr><td>1</td><td>轻集料混凝土定义</td><td colspan="2">轻集料混凝土是指用轻粗集料、轻砂（普通砂）、水泥和水配制而成的干表观密度不大于 1950kg/m³ 的混凝土。轻集料混凝土主要用作保温隔热材料，也可以作为结构材料使用。一般情况下，密度较小的轻集料混凝土的强度也较低，但保温隔热性能较好；密度较大的轻混凝土强度也较高，可以用作结构材料。</td></tr>
<tr><td rowspan="2">2</td><td rowspan="2">轻集料混凝土分类</td><td colspan="2">轻集料混凝土的种类很多，一般包括按用途不同分类、按细集料种类不同分类和按粗集料种类不同分类三种方法。</td></tr>
<tr><td>按用途不同</td><td>按用途不同分类，轻集料混凝土主要分为保温轻集料混凝土、结构保温轻集料混凝土和结构轻集料混凝土三种。如表 4-60 所示。

表 4-60　轻集料混凝土按用途分类

<table>
<tr><th>类　别</th><th>混凝土强度等级合理范围</th><th>混凝土密度等级合理范围/(kg/m³)</th><th>用　　途</th></tr>
<tr><td>保温轻集料混凝土</td><td>LC5.0</td><td>≤800</td><td>主要用于围护结构或热工构筑物保温</td></tr>
<tr><td>结构保温轻集料混凝土</td><td>LC5.0
LC7.5
LC10
LC15</td><td>800～1400</td><td>主要用于既承重又需保温的围护结构</td></tr>
</table></td></tr>
</table>

续表

<table>
<tr><th>序号</th><th>项目</th><th colspan="2">内　　容</th></tr>
<tr><td rowspan="2">2</td><td rowspan="2">轻集料混凝土分类</td><td>按用途不同</td><td>续表
<table><tr><th>类　别</th><th>混凝土强度等级合理范围</th><th>混凝土密度等级合理范围/(kg/m³)</th><th>用　　途</th></tr><tr><td>结构轻集料混凝土</td><td>LC15
LC20
LC25
LC30
LC35
LC40
LC45
LC50
LC55
LC60</td><td>1400～1900</td><td>主要用于承重构件或构筑物</td></tr></table>注：“LC”为轻集料混凝土强度等级代号。</td></tr>
<tr><td>按照表干密度不同</td><td>按照表干密度不同，轻集料混凝土可分为十四个等级，如表 4-61 所示。某一密度等级轻集料混凝土的密度标准值，可取该密度等级干表观密度变化范围的上限值。
表 4-61　轻集料混凝土的密度等级
<table><tr><th>密度等级</th><th>干表观密度的变化范围（kg/m³）</th><th>密度等级</th><th>干表观密度的变化范围（kg/m³）</th></tr><tr><td>600</td><td>560～650</td><td>1300</td><td>1260～1350</td></tr><tr><td>700</td><td>660～750</td><td>1400</td><td>1360～1450</td></tr><tr><td>800</td><td>760～850</td><td>1500</td><td>1460～1550</td></tr><tr><td>900</td><td>860～950</td><td>1600</td><td>1560～1650</td></tr><tr><td>1000</td><td>960～1050</td><td>1700</td><td>1660～1750</td></tr><tr><td>1100</td><td>1060～1150</td><td>1800</td><td>1760～1850</td></tr><tr><td>1200</td><td>1160～1250</td><td>1900</td><td>1860～1950</td></tr></table></td></tr>
</table>

续表

序号	项目	内容	
2	轻集料混凝土分类	按照粗集料的种类不同	按照粗集料不同，又可以把轻集料混凝土分成以下几种。 1）天然废料轻集料混凝土，如粉煤灰陶粒混凝土，自然煤矸石混凝土等； 2）天然轻集料混凝土，如浮石混凝土，火山渣混凝土等； 3）人造轻集料混凝土，如黏土陶粒混凝土，页岩陶粒混凝土等。
		按照轻集料混凝土中的细集料是否用轻集料	按照轻集料混凝土中的细集料是否用轻集料还可以分为以下几种。 1）全轻集料混凝土，即粗细集料都用轻集料； 2）砂轻集料混凝土，即粗集料用轻集料，而细集料为普通砂； 3）无砂轻集料混凝土，只含粗集料不含轻细集料的轻集料混凝土。

4.8.2 轻集料的主要技术性能

我国轻集料混凝土技术规程将轻集料分为圆球型、碎石型和普通型三种。轻集料的颗粒形状、表面特征、级配以及强度等性能对混凝土的和易性、强度、容重等各种性能都有重要影响。

评价轻集料品质的常用指标有堆积密度、颗粒表观密度、筒压强度、强度等级、吸水率、级配、最大粒径、粒型系数、浮粒率、抗冻性等。

序号	项目	内容
1	筒压强度	轻集料是一种多孔材料，内部结构疏松多孔，其颗粒强度和弹性模量较低。颗粒强度一般用筒压强度表示，筒压强度的测试，是将10～20mm粒级的粗集料，装入截面积为100cm^{2}的圆筒内做抗压试验，取压入深度为2cm时的抗压强度为该轻集料的筒压强度。由于轻集料在筒内为点接触，因此其抗压强度不是轻集料的极限抗压强度，只是反映集料颗粒强度的相对强度。

续表

<table>
<tr><th>序号</th><th>项目</th><th>内　　容</th></tr>
<tr><td>1</td><td>筒压强度</td><td>根据筒压强度的大小可将轻集料划分为普通轻集料和高强轻集料。高强轻集料是指筒压强度大于 6.0MPa、强度等级大于 25MPa 的轻集料，它是配制高强轻集料混凝土的重要原材料。轻集料的筒压强度与堆积密度等级有密切关系，如表 4-62 所示。

表 4-62　轻集料筒压强度与堆积密度等级的关系
<table>
<tr><th>序　号</th><th>堆积密度等级</th><th>粉煤灰
陶粒和陶砂</th><th>黏土
陶粒和陶砂</th><th>页岩
陶粒和陶砂</th><th>天然
陶粒和陶砂</th></tr>
<tr><td>1</td><td>300</td><td>—</td><td>—</td><td>—</td><td>0.2</td></tr>
<tr><td>2</td><td>400</td><td>—</td><td>0.5</td><td>0.8</td><td>0.4</td></tr>
<tr><td>3</td><td>500</td><td>—</td><td>1.0</td><td>1.0</td><td>0.6</td></tr>
<tr><td>4</td><td>600</td><td>—</td><td>2.0</td><td>1.5</td><td>0.8</td></tr>
<tr><td>5</td><td>700</td><td>4.0</td><td>3.0</td><td>2.0</td><td>1.0</td></tr>
<tr><td>6</td><td>800</td><td>5.0</td><td>4.0</td><td>2.5</td><td>1.2</td></tr>
<tr><td>7</td><td>900</td><td>6.5</td><td>4.0</td><td>2.5</td><td>1.2</td></tr>
<tr><td>8</td><td>1000</td><td>—</td><td>—</td><td>—</td><td>1.8</td></tr>
</table></td></tr>
<tr><td>2</td><td>吸水率</td><td>轻集料的吸水率是一项非常重要的指标，其大小直接影响到混凝土的拌合方式、工作性能和强度大小，甚至影响其耐久性能。表征轻集料吸水率的指标有 1h 吸水率、压力吸水率、真空吸水率等，一般烧胀陶粒 24h 吸水率可达 10%，粉煤灰陶粒、火山渣、膨胀珍珠岩等轻集料，1h 的吸水率几乎达到 24h 吸水率的 80%以上，所以通常所指的吸水率是 1h 吸水率，根据吸水率大小可将轻集料分为低吸水率陶粒（吸水率<5%）和高吸水率陶粒（吸水率>5%）。根据工程经验，一般吸水率不应大于 22%。</td></tr>
</table>

续表

序号	项目	内容
2	吸水率	轻集料与普通集料相比，具有较大的吸水率，一般人工轻集料 24h 的吸水率在 10%～25%左右。轻集料吸水率的大小，主要取决于轻集料的生产工艺及内部的孔隙结构和表面状态。通常，孔隙率越大，吸水率也越高，特别是具有开孔结构的轻集料，其吸水率往往都比较大。 吸水率过大的轻集料，会给混凝土的性质带来不利影响。如轻集料吸水率过大，施工时混凝土拌合物的和易性很难控制；硬化后的混凝土会降低保温性能、抗冻性和强度。
3	堆积密度	堆积密度是表征轻集料在某一级配下，自然堆积状态时单位体积的质量。堆积密度不仅能够反映轻集料的强度，还能反映轻集料的颗粒密度、粒形、级配、粒径的变化。轻集料的堆积密度越大，则其强度越高，堆积密度小于 $300kg/m^3$ 的集料只能配置非承重的、保温用的轻集料混凝土。 轻集料的粒径和级配对新拌混凝土和硬化混凝土的性能都有重要影响，尤其是在泵送施工时不宜采用粒径大于 20mm 的轻集料，为此许多标准都设定了轻集料最大粒径的控制范围。国外陶粒生产厂家都十分强调对轻集料最大粒径的控制，基本上要求轻集料的最大粒径应小于 16mm。

4.8.3 轻集料混凝土配合比设计

序号	项目	内容	
1	轻集料混凝土配合比设计方法	普通混凝土配合比设计方法也适用于轻集料混凝土的配合比设计。同样轻集料混凝土的配合比设计也只是初步的试算，还需要经过试配调整来加以最终确定。 配合比设计步骤如下：	
		1）根据设计要求的混凝土强度等级、密度等级、混凝土用途，来确定粗、细集料的种类和粗集料的最大粒径	
		2）测定粗集料的堆积密度、颗粒表观密度、筒压强度及 1h 吸水率，测定细集料的堆积密度及颗粒表观密度	
		3）确定试配强度	根据设计要求的混凝土强度等级，按下式计算混凝土试配强度：

续表

序号	项目	内容
1	轻集料混凝土配合比设计方法	3）确定试配强度；4）确定水泥品种和用量（详见下文）

3）确定试配强度

$$f_{cu,o} \geqslant f_{cu,k} + 1.645\sigma \quad (4\text{-}29)$$

式中 $f_{cu,o}$——轻集料混凝土的试配强度，MPa；

$f_{cu,k}$——轻集料混凝土立方体抗压强度标准值即强度等级，MPa；

σ——轻集料混凝土强度标准差，MPa。

当无统计资料时，强度标准差可按表 4-63 取值：

表 4-63 σ 取 值 表

混凝土强度等级	低于 LC20	LC20～LC35	高于 LC35
σ	4.0	5.0	6.0

4）确定水泥品种和用量

轻集料混凝土所用水泥强度等级与水泥用量的选择，可按照表 4-64 所列资料确定与选用。工程实践证明，增加水泥用量，可以提高混凝土的强度；当轻集料混凝土的强度未达到给定集料的强度顶点以前，水泥用量平均增加 20%时，轻集料混凝土的强度可以提高 10%。但随着水泥用量的增加。混凝土的堆积密度也随之提高，水泥用量每增加 50kg/m³，堆积密度增加约 30kg/m³。所以《轻集料混凝土技术规程》（JGJ 51—2002）规定轻集料混凝土最大水泥用量不得超过 550kg/m³。

表 4-64 轻集料混凝土的水泥用量 kg/m³

混凝土试配强度	水泥品种	轻集料密度等级 400	500	600	700	800	900	1000
<5.0	32.5	260～320	250～300	230～280				
5.0～7.5		280～360	260～340	240～320	220～300			
7.5～10.0			280～370	260～350	240～320			
10～15				280～350	260～340	240～330		
15～20				300～400	280～380	270～370	260～360	250～360
20～25					330～400	320～390	310～380	300～370
25～30					380～450	370～440	360～430	350～420

续表

<table>
<tr><th>序号</th><th>项目</th><th colspan="2">内　容</th></tr>
<tr><td rowspan="2">1</td><td rowspan="2">轻集料混凝土配合比设计方法</td><td>4）确定水泥品种和用量</td><td>
续表
<table>
<tr><th rowspan="2">混凝土试配强度</th><th rowspan="2">水泥品种</th><th colspan="7">轻集料密度等级</th></tr>
<tr><th>400</th><th>500</th><th>600</th><th>700</th><th>800</th><th>900</th><th>1000</th></tr>
<tr><td>30～40</td><td rowspan="3">42.5</td><td></td><td></td><td></td><td>420～500</td><td>390～490</td><td>380～480</td><td>370～470</td></tr>
<tr><td>40～50</td><td></td><td></td><td></td><td></td><td>430～530</td><td>420～520</td><td>410～510</td></tr>
<tr><td>50～60</td><td></td><td></td><td></td><td></td><td>450～550</td><td>440～540</td><td>430～530</td></tr>
</table>
注：表中下限值适用于圆球型和普通型轻粗集料，上限值适用于碎石型轻粗集料和全轻混凝土；
由于轻集料混凝土配合比设计既要满足设计强度等级的要求，又要满足表观密度等级的标准，所以提高轻集料混凝土的强度和降低其表观密度等级，是轻集料混凝土配合比设计的主要原则。
</td></tr>
<tr><td>5）确定净用水量</td><td>
每 1m³ 轻集料混凝土的总用水量减去干轻集料 1h 后吸水量之差称为净用水量。每 1m³ 轻集料混凝土中有效用水量与水泥用量之比称为净水灰比。净水灰比的选取不能超过工程所处环境规定的最大允许水灰比。净用水量和净水灰比的选取可参考表 4-65 和表 4-66。
表 4-65　轻集料混凝土的净用水量
<table>
<tr><th rowspan="2">轻集料混凝土用途</th><th colspan="2">稠　度</th><th rowspan="2">净用水量（kg/m³）</th></tr>
<tr><th>维勃稠度（s）</th><th>坍落度（mm）</th></tr>
<tr><td>预制构件及制品：</td><td></td><td></td><td></td></tr>
<tr><td>（1）振动加压成型</td><td>10～20</td><td>—</td><td>45～140</td></tr>
<tr><td>（2）振动台成型</td><td>5～10</td><td>0～10</td><td>140～180</td></tr>
<tr><td>（3）振捣棒或平板振动器振实</td><td>—</td><td>30～80</td><td>165～215</td></tr>
</table>
</td></tr>
</table>

续表

序号	项目		内容
1	轻集料混凝土配合比设计方法	5）确定净用水量	续表（见下）

续表

轻集料混凝土用途	稠度		净用水量（kg/m³）
	维勃稠度（s）	坍落度（mm）	
现浇混凝土：			
（1）机械振捣	—	50～100	180～225
（2）人工振捣或钢筋密集	—	≥80	200～230

注：1. 表中数值适用于圆球型和普通型轻粗集料，对碎石型轻粗集料，宜增加 10kg 左右的用水量；

2. 掺加外加剂时宜按其减水率适当减少用水量并按施工稠度要求进行调整；

3. 表中数值适用于砂轻混凝土；若采用轻砂时，宜取轻砂 1h 吸水率为附加水量；若无轻砂吸水率数据时，可适当增加用水量，并按施工稠度要求进行调整。

表 4-66　轻集料混凝土的最大水灰比和最小水泥用量

混凝土所处的环境条件	最大水灰比	最小水泥用量（kg/m³）	
		配筋混凝土	素混凝土
不受风雪影响的混凝土 受风雪影响的露天混凝土；	不作规定	270	250
位于水中及水位升降范围内的 混凝土和潮湿环境中的混凝土	0.50	325	300

续表

<table>
<tr><th>序号</th><th>项目</th><th colspan="2">内容</th></tr>
<tr><td rowspan="2">1</td><td rowspan="2">轻集料混凝土配合比设计方法</td><td>5）确定净用水量</td><td>
续表
<table>
<tr><th rowspan="2">混凝土所处的环境条件</th><th rowspan="2">最大水灰比</th><th colspan="2">最小水泥用量（kg/m³）</th></tr>
<tr><th>配筋混凝土</th><th>素混凝土</th></tr>
<tr><td>寒冷地区位于水位升降范围内的混凝土和受水压或除冰盐作用的混凝土</td><td>0.45</td><td>375</td><td>350</td></tr>
<tr><td>严寒和寒冷地区位于水位升降范围内和受硫酸盐、除冰盐等腐蚀的混凝土</td><td>0.40</td><td>400</td><td>375</td></tr>
</table>
注：1. 严寒地区指最寒冷月份的月平均温度低于－15℃者，寒冷地区指最寒冷月份的月平均温度处于－5～－15℃者；
2. 水泥用量不包括掺合料；
3. 寒冷和严寒地区用的轻集料混凝土应掺入引气剂。其含气量宜为5%～8%。
</td></tr>
<tr><td>6）确定砂率值</td><td>
轻集料混凝土的砂率可按表4-67选用。当采用松散体积法设计配合比时，表中数值为松散体积砂率；当采用绝对体积法设计配合比时，表中数值为绝对体积砂率。
表4-67 轻集料混凝土的砂率
<table>
<tr><th>轻集料混凝土用途</th><th>细集料品种</th><th>砂率（%）</th></tr>
<tr><td>预制构件</td><td>轻砂
普通砂</td><td>35～50
30～40</td></tr>
<tr><td>现浇混凝土</td><td>轻砂
普通砂</td><td>40～45
30～45</td></tr>
</table>
注：1. 当混合使用普通砂和轻砂作细集料时，砂率宜取中间值，宜按普通砂和轻砂的混合比例进行插入计算；
2. 当采用圆球型轻粗集料时，砂率宜取表中数值下限；采用碎石型时，则宜取上限。
</td></tr>
</table>

续表

序号	项目		内　　容
1	轻集料混凝土配合比设计方法	7）确定粗细集料的用量	粗、细集料的计算应用体积法。体积法对轻集料混凝土配合比的设计分两种方法：绝对体积法和松散体积法。前者适用于砂轻混凝土，假定每 $1m^3$ 砂轻混凝土的绝对体积是各组成材料的绝对体积之和，以此为基础进行计算；后者适用于全轻混凝土，假定每 $1m^3$ 混凝土的干质量为其各组成材料干质量之和，再通过试验调整得出配合比。 在配合比计算时，粗细集料的用量均以干燥状态为准。 ①绝对体积法 按下式计算每 $1m^3$ 混凝土的粗细集料 $$V_s=\left[1-\left(\frac{m_c}{\rho_c}+\frac{m_{wn}}{\rho_w}\right)\div 1000\right]\times S_p \quad (4\text{-}30)$$ $$m_s=V_s\times\rho_s \quad (4\text{-}31)$$ $$V_a=\left[1-\left(\frac{m_c}{\rho_c}+\frac{m_{wn}}{\rho_w}+\frac{m_s}{\rho_s}\right)\div 1000\right] \quad (4\text{-}32)$$ $$m_a=V_a\times\rho_{ap} \quad (4\text{-}33)$$ 式中　V_s——每 $1m^3$ 混凝土的细集料绝对体积，m^3； m_c——每 $1m^3$ 混凝土的水泥用量，kg； ρ_c——水泥的相对密度，可取 2.9～3.1； ρ_w——水的密度，可取 $\rho_w=1$； V_a——每 $1m^3$ 混凝土的轻粗集料绝对体积，m^3； ρ_s——细集料密度，采用普通砂时，ρ_s 为砂的相对密度，可取 ρ_s 为 2.6；采用轻砂时，为轻砂的颗粒表观密度，g/cm^3； ρ_{ap}——轻粗集料的颗粒表观密度，kg/m^3； m_{wn}——每立方米混凝土的净用水量，kg。

续表

<table>
<tr><th>序号</th><th>项目</th><th></th><th>内容</th></tr>
<tr><td>1</td><td>轻集料混凝土配合比设计方法</td><td>7）确定粗细集料的用量</td><td>

②松散体积法

配制每 $1m^3$ 轻集料混凝土所需的粗、细集料松散体积的总和，称为轻集料混凝土的粗、细集料总体积。当采用松散体积法设计配合比时，粗、细集料松散状态的总体积可按表 4-68 选用。

表 4-68　粗、细集料总体积

<table>
<tr><th>轻粗集料粒型</th><th>细集料品种</th><th>粗、细集料总体积（m^3）</th></tr>
<tr><td rowspan="2">圆球型</td><td>轻砂</td><td>1.25～1.50</td></tr>
<tr><td>普通砂</td><td>1.10～1.40</td></tr>
<tr><td rowspan="2">普通型</td><td>轻砂</td><td>1.30～1.60</td></tr>
<tr><td>普通砂</td><td>1.10～1.50</td></tr>
<tr><td rowspan="2">碎石型</td><td>轻砂</td><td>1.35～1.65</td></tr>
<tr><td>普通砂</td><td>1.10～1.60</td></tr>
</table>

按下列公式计算每 $1m^3$ 混凝土的粗细集料用量：

$$V_s = V_t \times S_p \tag{4-34}$$

$$m_s = V_s \times \rho_{1s} \tag{4-35}$$

$$V_a = V_t - V_s \tag{4-36}$$

$$m_a = V_a \times \rho_{1G} \tag{4-37}$$

式中　V_s、V_a、V_t——分别为每 $1m^3$ 细集料、粗集料和粗细集料的松散体积，m^3；

m_s、m_a——分别为每 $1m^3$ 细集料和粗集料的用量，kg；

S_p——砂率（%）；

ρ_{1s}、ρ_{1G}——分别为细集料和粗集料的堆积密度，kg/m^3。

</td></tr>
</table>

续表

<table>
<tr><th>序号</th><th>项目</th><th colspan="2">内　　容</th></tr>
<tr><td rowspan="2">1</td><td rowspan="2">轻集料混凝土配合比设计方法</td><td>8）确定总用水量</td><td>$$m_{wt} = m_{wn} + m_{wa} \quad (4\text{-}38)$$
m_{wt}——每立方米混凝土的总用水量，kg；
m_{wa}——每立方米混凝土的附加用水量，kg。
根据粗集料的预湿处理方法和细集料的品种，附加水量宜按表 4-69 所列公式计算：
表 4-69　附加水量的计算
<table><tr><th>项　目</th><th>附加水量（m_{wa}）</th></tr><tr><td>粗集料预湿，细集料为普砂</td><td>$m_{wa}=0$</td></tr><tr><td>粗集料不预湿，细集料为普砂</td><td>$m_{wa}=m_a \cdot \omega_a$</td></tr><tr><td>粗集料预湿，细集料为轻砂</td><td>$m_{wa}=m_s \cdot \omega_s$</td></tr><tr><td>粗集料不预湿，细集料为轻砂</td><td>$m_{wa}=m_a \cdot \omega_a + m_s \cdot \omega_s$</td></tr></table>注：1. ω_a、ω_s 分别为粗细集料的吸水率。
2. 当轻集料含水时，必须在附加水量中扣除自然含水量。</td></tr>
<tr><td>9）确定干表观密度</td><td>按式 4-39 计算混凝土干表观密度，并与设计要求的干表观密度进行对比，如其误差大于 2%，则应按下式重新调整和计算配合比。
$$\rho_{cd} = 1.15m_c + m_a + m_s \quad (4\text{-}39)$$
式中　ρ_{cd}——轻集料混凝土的干表观密度，kg/m^3</td></tr>
</table>

续表

序号	项目		内容
1	轻集料混凝土配合比设计方法	10）拌合物的试配与调整	①以计算的混凝土配合比为基础，再选取与之相差±10%的相邻两个水泥用量，用水量不变，砂率相应适当增减，分别按三个配合比拌制混凝土拌合物，测定拌合物的稠度，调整用水量以达到要求的稠度为止； ②按校正的三个混凝土配合比进行试配，检验每种拌合物的和易性的振实湿表观密度，制作确定混凝土抗压强度标准值的试块，每种配合比至少要制作一组； ③标养 28d 后，测定混凝土的抗压强度和干表观密度。将既能达到设计要求的标准养护混凝土的配制强度和干表观密度，又具有最小水泥用量的配合比作为选定的配合比； ④对选定的配合比应进行质量校正，其方法是先按照公式（4-40）计算出轻集料混凝土的湿表观密度，然后再与拌合物的实测振实湿表观密度相比，按公式（4-41）计算出校正系数。 $$\rho_{cc}=m_a+m_s+m_c+m_f+m_{wt} \quad (4\text{-}40)$$ $$\eta=\frac{\rho_{c0}}{\rho_{cc}} \quad (4\text{-}41)$$ 式中 η——校正系数； ρ_{cc}——按配合比各组成材料计算的湿表观密度，kg/m^3； ρ_{c0}——混凝土拌合物的实测振实湿表观密度，kg/m^3； m_a、m_s、m_c、m_f、m_{wt}——分别为配合比计算所得的粗集料、细集料、水泥、粉煤灰用量和总用水量，kg/m^3。 ⑤选定配合比中的各项材料用量均乘以校正系数，即为最终的配合比设计值。
2	轻集料混凝土配合比设计例题	设计要求	某商品楼要求采用粉煤灰陶粒和普通砂配制 LC30，干表观密度不大于 1700kg/m^3 的砂轻混凝土，用于浇筑钢筋混凝土梁，钢筋最小间距为 20mm，拌合物坍落度为 50～70mm。已测得原材料性能为：陶粒的堆积密度为 750kg/m^3，其颗粒表观密度为 1250kg/m^3，其 1h 吸水率为 16%，筒压强度为 5.2MPa；砂的堆积密度为 1450kg/m^3，砂粒密度为 2600kg/m^3。

续表

序号	项目			内容
2	轻集料混凝土配合比设计例题	设计步骤	1）确定试配强度	查表 4-63 可得 σ 为 5.0MPa $f_{cu,o}=f_{cu,k}+1.645\times5.0=30+8.225=38.225\text{MPa}$
			2）确定水泥用量	根据设计强度要求，选用 P·O32.5 水泥。 陶粒的密度等级为 800 级，再以试配强度值参考表 4-64，选用水泥用量为 450kg。 根据轻粗集料的密度等级、筒压强度、强度等级的关系（表 4-61），筒压强度应不小于 4.0MPa，而已选陶粒的筒压强度为 5.2MPa，故满足要求。
			3）确定净用水量和砂率	根据坍落度数据，查表 4-65，选用净用水量为 200kg；按照表 4-67 选用绝对体积法体积砂率 35%。 用绝对体积法公式计算砂子用量： $V_s=\left[1-\left(\frac{450}{3100}+\frac{190}{1000}\right)\div1000\right]\times35\%\times2600=640\text{kg}$ 陶粒用量 $V_G=\left[1-\left(\frac{450}{3100}+\frac{190}{1000}+\frac{640}{2600}\right)\right]\times1250=524\text{kg}$
			4）确定总用水量	$m_{wt}=m_{wn}+m_{wa}=200+524\times16\%=284\text{kg}$
			5）确定混凝土的干表观密度	$\rho_{cd}=1.15m_c+m_a+m_s=1.15\times450+640+524=1682\ (\text{kg})<1700\text{kg}$，因此符合要求
			6）确定混凝土初步配合比	每立方米混凝土初步配合比 $C:S:G:W=450:640:524:200=1:1.42:1.16:0.44$ 然后试配、检验、调整略。

4.9 补偿收缩混凝土

序号	项目	内容
1	补偿收缩混凝土定义	用混凝土膨胀剂拌制的微膨胀混凝土称为补偿收缩混凝土。在钢筋和邻位限制下，这种混凝土在结构中建立0.2～0.7MPa的预压应力，可防止或大大减轻混凝土硬化过程产生的收缩裂缝，从而达到抗裂防渗的结构自防水的目的，能收到明显的社会效益和经济效益。 补偿收缩混凝土是一种微膨胀混凝土，当膨胀剂加入普通水泥和水拌合后，水化反应形成膨胀性水化物钙矾石（$C_3A \cdot 3CaSO_4 \cdot 32H_2O$）或 $Ca(OH)_2$，这是它的膨胀源。 当混凝土膨胀时对钢筋产生拉应力，与此同时钢筋也对混凝土产生了相应的压应力。一般来说，在钢筋混凝土结构中建立0.2～0.7MPa的预压应力，这就相当于提高了混凝土的早期抗拉强度，同时推迟了混凝土收缩的产生过程，抗拉强度在此期间得到较大的增长，当混凝土开始收缩时，其抗拉强度已增长到足以抵抗收缩产生的拉应力，从而防止和大大减轻混凝土的收缩开裂，达到抗裂防渗的目的。
2	补偿收缩混凝土特点	1）混凝土在水化硬化过程中，钙矾石等膨胀结晶体在早期产生的体积膨胀作用，在钢筋和邻位限制下，在结构中建立了少量预压应力，改善了混凝土的应力状态，从而提高了它的抗裂性能。 2）由于钙矾石等膨胀结晶等具有堵塞、切断毛细孔缝的作用，改善了混凝土的孔结构，降低了总孔隙率，从而提高了它的抗渗性能。 由于补偿收缩混凝土不仅能够防止或大大减少混凝土的开裂，并且具有优越的抗渗性和较高的强度，所以，它是一种比较理想的抗裂防渗结构材料。 通过调整膨胀剂的掺量，掺入高性能外加剂和磨细掺合料等措施，能够得到早强、高强、补偿收缩-自应力、抗冲击、耐冻、耐蚀等不同特性的混凝土，还可以突出其中的一种或几种来满足工程的需要。 补偿收缩混凝土在适当的限制膨胀作用下，能够提高混凝土强度约10%～12%，使混凝土的孔级配得到改善，孔隙率减少，能够同时达到提高抗渗性和高强度的目的，与之相关的抗冻性、耐久性也得到提高，所以，它也是高耐久性混凝土。 随着我国预拌混凝土和高性能混凝土的大规模应用，突出的矛盾是工程裂缝出现的概率增多，而有害裂缝与结构耐久性有直接关系，商品住宅已涉及民生问题，用户反应强烈。近年来，原建设部和工程界对裂缝控制十分重视。从材料角度来看，膨胀剂、减缩剂、钢纤维和合成有机纤维都是减免或分散裂缝的有效措施，但从材料价格和施工便利的角度来看，膨胀剂更有优势。所以，在预拌混凝土中掺入膨胀剂作为一种抗裂措施和防水措施，已广泛应用于结构自防水和大体积混凝土工程，与传统的普通混凝土相比，可节省外防水作业费和降温措施费，其技术经济效益显著。

4.9.1 补偿收缩混凝土对原材料的要求

序号	项目		内容
1	水泥		选择水泥的立足点与普通混凝土有所区别，主要应考虑与膨胀剂的适应和匹配，以使补偿收缩混凝土在强度与膨胀变形两方面都获得良好的性能。
		水泥品种	1）可采用硅酸盐水泥（P·I与P·Ⅱ）、普通硅酸盐水泥（P·O）、矿渣硅酸盐水泥（P·S）、火山灰质硅酸盐水泥（P·P）及粉煤灰硅酸盐水泥（P·F）。不能选用快硬水泥、铁铝酸盐水泥和高铝水泥。 2）水泥的强度等级不低于32.5级。 3）对于大体积混凝土可选用低热微膨胀水泥（GB 2938—2008），其水泥净浆试件体水养后线膨胀率应符合： 1d≮0.05%；7d≮0.10%；28d≯0.60% 4）可以应用符合（JC/T 311—2004）标准明矾石膨胀水泥，水泥净浆试体水养后其线膨胀率应符合： 1d≮0.05%；28d在0.35%～1.20%之间 5）对大坝混凝土可应用高贝利特水泥（HBC），其C_3S、C_3A含量低、水化热低，且有微膨胀。
		同强度等级情况下的选用顺序	1）品种：P·O→P·S→P·Ⅱ→P·I尽可能不选P·P及P·F； 2）早强型尽可能不选R型； 3）细度或比表面积粉磨较粗时利于膨胀性能的发挥，并有较高的后期强度发展； 4）生产方式回转窑水泥优先选用； 5）SO_3含量较高或适中，一般不超过8%。
		水泥用量	膨胀剂的掺入会使混凝土的早期水化热提高，为防止或减少混凝土温度裂缝，在配制补偿收缩混凝土时，水泥用量不宜过大。有抗渗要求的补偿收缩混凝土的水泥用量不应小于320kg/m³，当掺入掺合料时，其水泥用量不应小于280kg/m³。

续表

序号	项　目	内　　容
2	粗集料	粗集料的品质对配制补偿收缩混凝土有很大影响，主要体现在集料-砂浆界面的粘结强度、集料弹性模量和集料的强度上。如果采用泵送混凝土方式，则在考虑可泵性的同时，要综合考虑混凝土的早强性和后期强度。 粗集料常因为地质条件、岩石分布而异，无碱-集料反应的坚硬浆岩（侵入岩：如花岗岩、闪长岩）、沉积岩（石灰岩、砂岩）和变质岩（块状的片麻岩、大理岩）的卵石和碎石均可应用。对于凝灰岩要慎重使用，胶结性能不良的砂岩以及泥岩、页岩、片状的变质岩碎石，均不宜用。一般来说，石灰岩、花岗岩等碎石性能都较好。 如果粗集料是碎石，需要经过二次破碎，使碎石基本无棱角，并减少针片状颗粒的含量，使用粒径为5～31.5mm的碎石时，应要求有一定量的5～10mm粒径的小石子。
3	细集料	细集料要求使用干净的河砂。严格按高标准控制砂中云母含量、硫化物含量、含泥量及压碎指标值。细度模数选用2.6～3.1的中砂为宜。不宜选用砂岩类山砂、机制砂、海砂，此类砂对膨胀混凝土的膨胀率影响非常大。如要使用海砂，一定要先进行淡化处理。人工砂一般粉砂（0.15mm）含量较多，砂率一般在35%～45%范围内。
4	掺合料	适宜的掺合料对补偿收缩混凝土是有利的，但要试验其最佳掺量以控制膨胀率。品质指标应符合混凝土用掺合料的有关国家标准的规定，如粉煤灰，Ⅰ级优于Ⅱ级；且不得使用高钙粉煤灰；矿渣粉，活性指数高的优于活性指数低的等。并按照有关应用规范或试验结果确定掺合料对水泥的适宜置换率。 在使用掺合料时，还应严格控制SO_3的含量。因硫酸盐与硅酸盐发生反应后，生成钙矾石。如SO_3含量过大，生成的钙矾石过多，则会引起混凝土体积的不稳定性，降低混凝土的耐久性。 在计算补偿收缩混凝土的配合比时，应把膨胀剂掺量、掺合料掺量一并加到水泥中计算，三者的最少用量不应小于300kg/m^3。否则，混凝土的限制膨胀率明显偏低。
5	化学外加剂	补偿收缩混凝土掺加外加剂必须慎重，同一外加剂在不同补偿收缩混凝土中会产生不同的效果，不管掺加什么外加剂，都必须通过试验后才能正式用于工程。一般来说，尽可能选用使混凝土收缩率比较低的化学外加剂。 氯化钙快硬剂，如掺加量超过1%，将会显著减少膨胀率和增加干缩率，一般不宜使用；缓凝剂掺量略多就会显著减少膨胀率和增加干缩率，在干燥环境下，可通过试验适量掺加，以延缓混凝土的初凝，但必须严格控制掺量；补偿收缩混凝土中，最常用的外加剂是减水剂和高效减水剂，用于某些膨胀水泥混凝土中，不仅可降低水灰比、改善拌合物的和易性，而且还可增加早期强度和限制膨胀率。如在明矾石膨胀水泥混凝土中，掺加水泥质量0.5%的MF萘系减水剂，可以降低水灰比10%，并且可以改善和易性。

续表

<table>
<tr><th>序号</th><th>项目</th><th>内容</th></tr>
<tr><td>6</td><td>膨胀剂</td><td>膨胀剂是混凝土达到补偿收缩性能的最关键的组成材料。用于补偿收缩混凝土的膨胀剂应达到如表 4-70 所示的性能指标。
表 4-70 混凝土膨胀剂性能指标（GB 23439—2009）
<table>
<tr><th colspan="3" rowspan="2">项目</th><th colspan="2">指标值</th></tr>
<tr><th>Ⅰ型</th><th>Ⅱ型</th></tr>
<tr><td rowspan="2">细度</td><td>比表面积（m²/kg）</td><td>≥</td><td colspan="2">200</td></tr>
<tr><td>1.18mm 筛筛余（%）</td><td>≤</td><td colspan="2">0.5</td></tr>
<tr><td rowspan="2">凝结时间</td><td>初凝（min）</td><td>≥</td><td colspan="2">45</td></tr>
<tr><td>终凝（min）</td><td>≤</td><td colspan="2">600</td></tr>
<tr><td rowspan="2">限制膨胀率（%）</td><td>水中 7d</td><td>≥</td><td>0.025</td><td>0.050</td></tr>
<tr><td>空气中 21d</td><td>≥</td><td>−0.020</td><td>−0.010</td></tr>
<tr><td rowspan="2">抗压强度（MPa）</td><td>7d</td><td>≥</td><td colspan="2">20.4</td></tr>
<tr><td>28d</td><td>≥</td><td colspan="2">40.0</td></tr>
</table>
注：本表中限制膨胀率为强制性的，其余均为推荐性的
1）产品质量水平的综合评定
对膨胀剂必须坚持膨胀性能第一、进行综合评定的原则，并不要求所有指标都大大高于标准要求，但需要符合标准要求；忌片面认识，不是强度越高越好，不是比表面积越大越好，也不是内掺量越低越好，更不是价格越便宜越好。
①膨胀率
确认膨胀剂出厂检验时使用的取代胶凝材料率 K 值大小，一般为 8%～12%；
水中 7d 限制膨胀率≥2.5×10^{-4}是产品标准最低要求，选用时应将该指标定为>3.0×10^{-4}，这样，使用同 K 值制备的 C30～C40 补偿收缩混凝土的水中 14d 限制膨胀率才可能达 1.5×10^{-4}以上。
干燥空气中 21d 限制干缩率≤2×10^{-4}是产品标准最低要求，直接反映了干缩程度与“膨胀落差”，代表了保留自应力值水平，该值越低越好，一般应≤1×10^{-4}。</td></tr>
</table>

续表

序号	项目	内容
6	膨胀剂	②强度 按B法检验，当膨胀率较高时，强度达到标准要求值即可；但不选用膨胀率与强度两项指标同时较低的产品，也不选用膨胀率较低、强度很高的产品。 ③细度 标准规定比表面积≥250m^2/kg，以小于300m^2/kg为宜； 标准规定0.08mm筛筛余≤12%，以大于6%为宜。 ④有害成分 标准规定R_2O≤0.75%，一般0.5%左右；除对防止AAR要求很高或使用碱活性集料的工程外，不必刻意要求其含量更低。应该注意，偏红色或粉红色的膨胀剂表示使用了较多的明矾石，R_2O可能超标。 2）产品复验 用户对产品进行复验时，最容易出现如下问题，应进行科学分析，及时调整试验方法。 ①无基准水泥，也无B法检验用的类基准水泥，直接采用工程使用的水泥进行砂浆检验，当使用P·O 32.5、P·S 32.5或P·S 42.5水泥时，往往膨胀率合格但7d强度偏低，因而，怀疑膨胀剂不合格。实际上，这是一个正常现象。如果降低K值后膨胀率与强度均合格，说明这种膨胀剂是优质产品。 ②缺少限制膨胀率检验条件，只能进行砂浆强度单项检验，只要强度高于标准要求就认为膨胀剂合格，如果强度很高就认为膨胀剂非常优秀，这不符合膨胀第一、综合评定的原则，容易陷入膨胀率不合格的产品也被使用而造成工程开裂的困难境地。出现这种情况时，应慎重处理，因为膨胀率大、强度低时易于调整混凝土配合比，膨胀率小、强度高时则没有调整余地，膨胀低、强度也低时则应弃之不用。 3）确认产品质量的可靠性 ①只根据生产厂提供的样品或出厂品质报告，甚至高级别质检机构的检验报告，就判定产品优劣与可否使用是有风险的，因为一个样品或一份报告还不能完全代表产品的可靠性，所以，应进行现场考察，重点考察生产条件、质量控制与质量检验条件。 ②资质审查，以往多从工程管理的角度强调经营资质的审查，如营业证、准用（备案）证等，实际上从选用产品的角度出发，应重点审查产品说明书、产品鉴定证书或能代表准许生产的文件、工程应用技术资料等。

续表

<table>
<tr><th>序号</th><th>项 目</th><th>内 容</th></tr>
<tr><td>6</td><td>膨胀剂</td><td>配合比实验的限制膨胀率值应比设计值高 0.005%，试验时，每立方米混凝土膨胀剂用量可按照表 4-71 选取。
表 4-71 每立方米混凝土膨胀剂用量（JGJ/T 178—2009）
<table><tr><th>用途</th><th>混凝土膨胀剂用量（kg/m^3）</th></tr><tr><td>用于补充混凝土收缩</td><td>30～50</td></tr><tr><td>用于后浇带、膨胀加强带和工程接缝填充</td><td>40～60</td></tr></table></td></tr>
<tr><td>7</td><td>纤维</td><td>1）钢纤维
钢纤维在混凝土中不定向分布，当混凝土对钢纤维的粘结强度达到一定水平后，产生的膨胀开始张拉纤维，纤维与混凝土的变形则同时进行，纤维膨胀时产生限制，使混凝土致密化，提高其抗裂性能。当混凝土 ε_r 为 2.2×10^{-4} 时，微膨胀钢纤维混凝土的劈拉强度、抗弯强度比只掺钢纤维的普通混凝土提高 7%～10%，比只掺膨胀剂的补偿收缩混凝土提高 53%，ε_r 值以不超过 3.5×10^{-4} 为宜。高强纤维混凝土抗拉强度比普通混凝土提高 2 倍以上，ε_r 达 5×10^{-4}，干空收缩稳定后的 ε_r 值保留率约 50%。
微膨胀钢纤维混凝土的性能，与 ε_r 大小、钢纤维含量多少及抗压强度有关，三者之间有一个适当匹配范围。一般认为较高的混凝土早期强度有利于增强与纤维的粘结力、使 ε_r 较早发挥作用，钢纤维含量的增高有利于增强膨胀有效能的利用，一般用量为（80～100）kg/m^3，目前，这种混凝土已成功用于公路路面。
2）化学纤维
混凝土使用的化学纤维主要是聚丙烯纤维，此外也有聚乙烯醇纤维等。化学纤维的加入，不改变浆体组成，不改变水化反应和混凝土的膨胀性能。纤维与膨胀剂分别发挥作用，它与膨胀剂互为利用、取长补短。加入纤维的主要作用是利用混凝土对纤维的粘结力，增强混凝土的抗拉、韧性与阻裂能力，但它对膨胀的限制作用微乎其微。试验证明，使用化学纤维的补偿收缩混凝土其抗冲磨能力提高 24%，并对抑制塑性裂缝、克服原生裂缝的产生与发展、分散有害裂缝具有良好效果。对于抗裂要求高的部位，如 C40 以上的大梁、墙体、转换层和楼板等，采用膨胀剂和化学纤维是最有效的抗裂措施，在国内工程已有应用。</td></tr>
<tr><td>8</td><td>水</td><td>补偿收缩混凝土拌合水治理除符合混凝土用水标准外，拌合水量应比相同坍落度的普通混凝土多 10%～15%，但用水量的增加会增大水灰比，使混凝土的膨胀率减小和干缩率增加，因此，在施工工艺允许的条件下，应尽量减小用水量，补偿收缩混凝土一般控制在 0.35～0.50 范围较好。</td></tr>
</table>

4.9.2 补偿收缩混凝土配制技术

序号	项目		内容
1	补偿收缩混凝土配合比设计原则		补偿收缩混凝土配合比设计原则与普通混凝土大致相同，除满足施工性能、设计强度等级和抗渗等级外，还必须达到工程要求的限制膨胀率的设计指标，这是补偿收缩混凝土配合比设计与普通混凝土的最大区别。 补偿收缩混凝土因利用“水泥＋膨胀剂”组合以后的综合性能，必然存在着膨胀剂与水泥的最佳匹配关系或适应性问题，膨胀剂的合理掺量与水泥的 SO_3 含量有关，水泥的强度等级与早强性会影响其膨胀速度。 按混凝土膨胀变形由小到大排序，在设计指标与水泥（胶凝材料）用量方面，各混凝土配合比设计有如下各自的突出特征和应遵循的原则： 普通混凝土是强度第一，不导入自应力； 补偿收缩混凝土是强度第一、膨胀第二，导入 0.2～0.7MPa 自应力，限制膨胀率 $\varepsilon_r=1.5\times10^{-4}\sim4.5\times10^{-4}$；要求保证强度条件下的高膨胀或保证膨胀条件下的基本强度，水泥用量适中； 膨胀填充混凝土是强度与膨胀并重，导入 0.5～1MPa 自应力，水泥用量偏高； 自应力混凝土是膨胀第一、强度第二，导入 2～5MPa 自应力，大水泥用量，一般在 $700kg/m^3$ 左右。
2	限制膨胀率指标设计	最低膨胀指标	日本 JIS. A 6202 规定，用 100mm×100mm×360mm 试体，$\mu=0.95\%$时的混凝土水中 7d 限制膨胀率应大于 15×10^{-4}；我国 GB 50119 规定，用 100mm×100mm×300mm 试体，$\mu=0.785\%$时的混凝土水中 14d 限制膨胀率应大于 1.5×10^{-4}，这是对补偿收缩混凝土最低膨胀指标的规定。
		主要影响因素	以规范规定的最低膨胀指标为基础，考虑如下主要因素的正、负影响后，计算得到的膨胀率可作为该配合比的膨胀率设计指标。 1）使用化学外加剂时，约增加收缩 0.5×10^{-4}。 2）使用正常用量的掺合料时，使水化热降低、膨胀率降低，可视为正、负影响相抵。 3）使用普通水泥或硅酸盐水泥时，膨胀剂使水化热降低约 20%；使用矿渣水泥时，视为不降低水化热。 4）计算混凝土中心绝热温升，对内外温差超过 25℃以上时造成的收缩应力用自应力进行补偿，每高出 10℃需要提高限制膨胀率 1×10^{-4}。 5）抗渗指标无特别高的要求时，达到最低膨胀率指标就可以满足其要求。 6）加强带、后浇带所用混凝土的膨胀率应比两侧混凝土高出 1×10^{-4} 以上。 7）用于岩洞、井筒、钢管的大膨胀填充混凝土，按工程设计要求确定。

续表

序号	项目	内容
2	限制膨胀率指标设计	经验膨胀指标：由于混凝土结构的复杂性及过多的影响因素，无论用什么方法计算限制膨胀率的设计指标，也会和实际需要或实测值产生一定偏差。所以，人们更习惯于采用经验值作为混凝土配合比设计的膨胀率指标。游宝坤等根据多年、众多、不同结构的补偿收缩混凝土工程实践，提出的水中 14d 限制膨胀率经验设计指标是： 板梁结构：≥0.015% 墙体结构：≥0.020% 后浇带、膨胀加强带等部位：≥0.025%
3	膨胀剂内掺量设计	膨胀剂内掺量用占“水泥＋膨胀剂＋掺合料”总量的质量百分比表示，内掺量仅表示在三者组合中的相对用量，不代表在混凝土中的绝对用量。无论用何种方法求得的膨胀剂内掺量设计值，应能满足膨胀设计指标的需要，又符合 GB 50119 规定的用量范围。 GB 50119 规定，补偿收缩混凝土中膨胀剂最低内掺量≥8%、最高用量≤12%，即合理的用量范围是 8%～12%，应根据膨胀率设计指标确定，除特别声明者外，不应受产品说明书推荐掺量的限制。填充混凝土的膨胀剂最低用量≥10%、最高用量≤15%，即合理的用量范围是 10%～15%。当使用与化学外加剂复合的多功能混凝土膨胀剂时，用量应有所增加，以保证纯膨胀剂的基本用量。 1）用经验法确定内掺量 ①以 C30 和 C40 混凝土为基础，保持和膨胀剂出厂检验报告所提供的内掺量相同时，混凝土水中 14d 限制膨胀率约为砂浆水中 7d 限制膨胀率的 1/2。 以上述掺量为基数，内掺量提高 2%，混凝土限制膨胀率约可增加 1×10^{-4}。 ②膨胀剂按掺入量多少习惯上分为普通型和高效型两个档次，在要求的混凝土限制膨胀率相同的条件下，高效型膨胀剂内掺量一般比普通型膨胀剂少 2%。不管何种膨胀剂，掺量＜6%时均达不到最低限制膨胀率指标。 ③C30 以下混凝土，尤其是用高强度等级水泥制备低强度等级混凝土时，胶凝材料用量可能低至 300kg/m^3，如使用膨胀剂检验时的内掺量，得到的膨胀剂计算用量可能不足 30kg/m^3，会导致混凝土限制膨胀率低于经验预计值。这时，采用 30kg/m^3 作为补偿收缩混凝土中的膨胀剂最低用量是比较适宜的，此时再将此值换算成内掺量（%）。 ④C50 和 C60 混凝土，由于水胶比低及硅灰、超细掺合料的加入，对膨胀的约束与抑制作用明显增强，过大地提高膨胀剂内掺量又会对混凝土自由强度造成损伤，而且，也未必能获得高膨胀率与高自应力值水平。对于 C50、C60 高强补偿收缩混凝土的抗裂，应该侧重于提高膨胀能的有效利用率，如合理设计加强筋、保证湿养护、适当缩短膨胀加强带（或后浇带）间距等。因此，当使用膨胀剂检验的内掺量，得到的膨胀剂计算用量超过 50kg/m^3 时，即采用该值作为其膨胀剂最高用量，再将此值换算成内掺量（%）。

续表

序号	项目		内容
3	膨胀剂内掺量设计		2）用试验法确定内掺量 参考同强度等级的普通混凝土配合比，以膨胀剂同时、分别取代水泥及掺合料，调整水胶比，检测混凝土的各项性能，当达到限制膨胀率的设计指标时，则为膨胀剂的适宜掺量。
4	膨胀剂用量计算		以按强度等级设计的普通混凝土配合比作为基准混凝土配合比，设水泥用量为 C_0、掺合料用量为 F_0；补偿收缩混凝土中水泥用量为 C、掺合料用量为 F、膨胀剂用量为 E，膨胀剂对水泥的取代率即内掺量为 K，则成立下列关系： $K=E/(C+F+E)$ $E=(C_0+F_0)K$ kg/m³ $C=C_0(1-K)$ kg/m³ $F=F_0(1-K)$ kg/m³ (4-42) 上述关系表明，膨胀剂内掺量 K 代表膨胀剂占所有胶凝材料总用量的百分比，无论掺合料是等量或超量取代水泥均按此计算，最明显的特点是将掺合料视同水泥，膨胀剂按照 K 值随掺合料的增加而增加，可以削弱或消除掺合料使膨胀率降低的影响。
5	配合比调整与确定	按 GB 50119 规定调整组分用量	1）水胶比≤0.50； 2）补偿收缩混凝土 $C+F+E\geqslant300$kg/m³； 防渗或结构自防水补偿收缩混凝土的 $C+F+E\geqslant320$kg/m³，其中 $C\geqslant280$kg/m³；填充用膨胀混凝土 $C+F+E\geqslant350$kg/m³。
		按工程实践经验调整组分用量	1）胶凝材料总用量为 400～450kg/m³ 时，最利于发挥膨胀变形的作用。 2）掺合料的适宜用量为胶凝材料总用量的 10%～20%。 3）使用化学外加剂时，用胶凝材料的外加百分比表示。应重视缓凝的积极作用，混凝土凝结时间夏季应>15h、冬季>10h。 4）使用与化学外加剂复合的多功能混凝土膨胀剂时，可延用等量取代水泥的内掺法计算用量。 5）膨胀加强带（或后浇带）使用的填充膨胀混凝土，强度等级应比两侧混凝土的设计提高 5MPa，膨胀剂内掺量提高 2%。
		通过试验验证与确定配合比	所设计的补偿收缩混凝土的配合比，应经过试验验证，进行必要的调整，方可确定。如验证试验结果与设计指标产生较大偏差，应从主要的矛盾方面分析原因，采取一种或两种相应的对策。 1）工作性能：化学外加剂、砂率、掺合料。 2）强度：水胶比、膨胀剂、掺合料取代水泥量。 3）膨胀率：当膨胀率低于设计指标时，应适当提高膨胀剂内掺量，当膨胀率与强度同时低于设计指标时，应适当增加胶凝材料总用量。必要时，对水泥性能及成分进行检验。

4.9.3 补偿收缩混凝土配合比实例

表 4-72 补偿收缩混凝土配合比实例

序号	工程名称	水胶比	砂率（%）	设计抗压强度值（MPa）	每立方米混凝土材料用量（kg）							
					水泥	粉煤灰	矿粉	水	砂	石子	膨胀剂	减水剂
1	苏州科技新天地	0.44	41	C40	P·O42.5 217	Ⅰ级 60	108	168	739	1064	ZY 型 35	JN-3B 8.4
2	巫山长江大桥	0.34	38	C60	P·O52.5 460	Ⅰ级 70	—	180	655	1050	UEA-Ⅱ 55	WG-HEA 12.29
3	广州新白云机场航站楼	0.36	40	C50	P·O42.5R 378	Ⅱ级 93	—	168	686	1018	ZY 型 40	适量
4	温州新国光商住广场	0.46	38	C40	295	55	55	185	664	1085	ZY 型 34	7.5
5	武汉国际会展中心	0.47	40	C35	340	45	—	180	715	1064	UEA-W 65	FDN 3.6
6	首都机场航站楼	0.40	38	C40	400	Ⅰ级 86	—	195	619	1015	UEA 55	10.3

4.10 自密实混凝土

4.10.1 自密实混凝土的定义和工作性能

序号	项目	内容
1	自密实混凝土定义	密实是对混凝土最基本的要求。混凝土若不能很好地密实，其性能就不能体现。在普通混凝土的施工中，混凝土浇筑后，需要通过机械振捣，使其密实，但机械振捣需要一定的施工空间，而在建筑物的一些特殊部位，如配筋非常密集的地方，无法进行振捣，这就给混凝土的密实带来了困难，然而，自密实混凝土能够很好地解决这一问题。 自密实混凝土（Self-Compacting Concrete，通常简称 SCC），指混凝土拌合物主要靠自重，不需要振捣即可充满模型和包裹钢筋，属于高性能混凝土的一种。该混凝土流动性好，具有良好的施工性能和填充性能，而且集料不离析，混凝土硬化后具有良好的力学性能和耐久性。
2	自密实混凝土工作性能	与普通混凝土或一般大流动度混凝土相比，自密实混凝土在工作性方面的内涵有所扩大，具体表现在以下几个方面： 1）较大的流动性。由于自密实混凝土不需要振捣，在这种情况下，要让混凝土能够顺利地达到试模的每一个部位，必须具有较大的流动性。 2）较好的稳定性。在混凝土构件中，各个部位性能的一致性是非常重要的。这就需要在建筑过程中，混凝土保持较好的均匀性。因此，自密实混凝土不仅要求能够较好地流动，而且在流动过程中保持稳定，不产生离析。 3）优良的填充性。由于施工空间的限制，混凝土不能振捣，一些角落很难密实。因此，要求混凝土具有良好的填充性，能够填满这些部位。 4）通过钢筋间隙的能力。保证混凝土穿越钢筋间隙时不发生阻塞。

4.10.2　自密实混凝土性能评定方法

自密实混凝土的特殊性主要体现在新拌混凝土的工作性方面，《自密实混凝土应用技术规程》（CECS 203—2006）就自密实混凝土的几种工作性的评价方法做了详细介绍。

序号	项	目	内　　容
1	自密实混凝土性能评定方法	自密实混凝土坍落度扩展试验方法	1）目的和适用范围： 本方法用于测量新拌自密实混凝土的流动性能，适用于各等级自密实混凝土的流动性能测定。 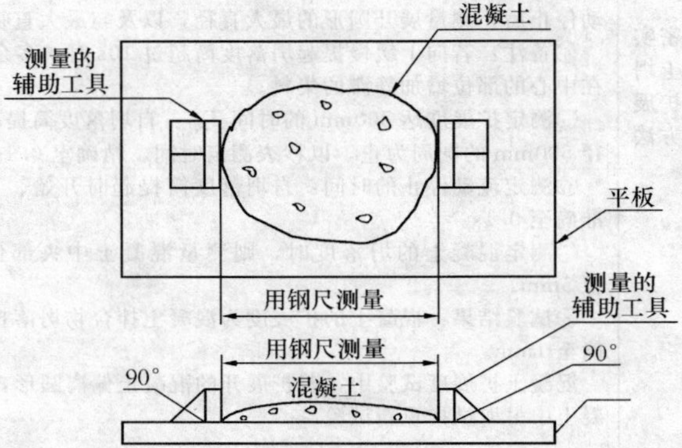 图 4-1　扩展度测量工具的使用示意图

续表

序号	项目		内容
1	自密实混凝土性能评定方法	自密实混凝土坍落度扩展试验方法	2）试验方法 ①坍落度筒与平板的准备：用湿布擦拭坍落度桶内面及钢质平板表面使之湿润，将坍落度筒置于水平放置的钢质平板上，平板是否水平可用气泡水准仪测定（扩展度测量工具的使用如图 4-1 所示）。 ②试样的填入方法：在新拌混凝土试样不产生材料离析的状态下，将其填入坍落度筒内。将自密实混凝土填入坍落度筒内时，利用盛料容器使内盛的混凝土拌合物均匀流出，不分层地一次填充至满，自开始入料至填充结束应在 2min 内完成，且不施以任何捣实或震动。 ③坍落扩展度的测定：用刮刀刮除坍落度筒中已填充至混凝土顶部的余料，使其与坍落度桶的上缘齐平后，随即将坍落度筒沿铅直方向连续地向上提起 30cm 的高度，提起时间宜控制在 3s 左右。待混凝土的流动停止后，测量展开圆形的最大直径，以及与最大直径呈垂直方向的直径，测定直径时量测一次即可。 ④备注：若向上缓慢提起坍落度筒超过 10s 时，多余的试样将黏附于坍落度筒的内壁，将导致坍落试样在中心的部位增加静滞的集料。 ⑤测定扩展度达 500mm 的时间 T_{50}：自坍落度筒提起时开始，至扩展开的混凝土外缘初触平板上所绘直径 500mm 的圆周为止，以秒表测定时间，精确至 0.1s。 ⑥测定流动停止的时间：自坍落度筒提起时开始、至目视判定混凝土停止流动时止，以秒表测定时间，准确至 0.1s。 ⑦测定混凝土的坍落度时，则测量混凝土中央部位坍下的距离，即为坍落度。坍落度测定时，精确至 5mm。 ⑧试验结果：混凝土的扩展度为混凝土拌合物坍落扩展终止后扩展面相互垂直的两个直径的平均值，精确至 1mm。 混凝土扩展度试验中，若扩展开的混凝土偏离圆形，测得的两直径之差在 5cm 以上时，需要从同一盘混凝土中另取试样重新试验。
		V 漏斗试验（T_{50} 试验）	1）目的和适用范围： 本方法用于测量自密实混凝土的黏稠性和抗离析性，适用于各个等级的自密实混凝土的黏稠性能和抗离析性能的测定。

续表

序号	项　　目		内　　容
1	自密实混凝土性能评定方法	V形漏斗试验（T_{50}试验）	2）试验方法 ①V形漏斗（如图4-2所示）经清水冲洗干净后置于台架上，使其顶面呈水平，本体为垂直状态。应确保漏斗稳固。用拧过的湿布擦拭漏斗内表面，使保持湿润状态。 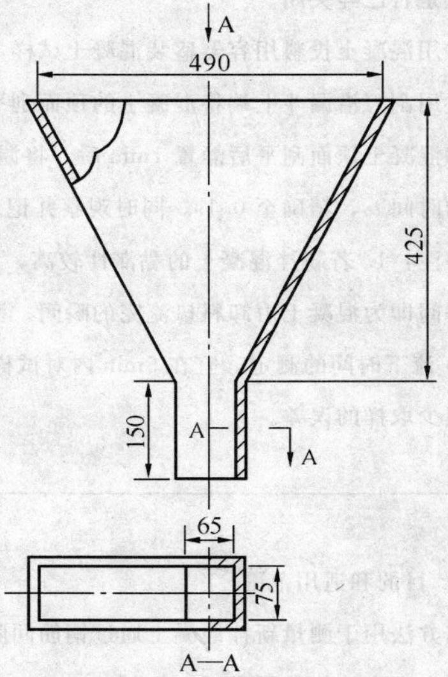 图4-2　V形漏斗的形状及内部尺寸

续表

序号	项目		内容
1	自密实混凝土性能评定方法	V形漏斗试验（T_{50}试验）	②在漏斗出口的下方，放置承接混凝土的接料容器。混凝土试样填入漏斗前，须先行确认漏斗流出口的底盖是否已经关闭。 ③用混凝土投料用容器盛装混凝土试样，由漏斗的上端平稳地填入漏斗内至满。 ④用刮刀沿漏斗上端将混凝土的顶面刮平（混凝土试样的量约为10L左右）。 ⑤混凝土顶面刮平后静置1min后，将漏斗出料口的底盖打开，用秒表测量自开盖至漏斗内混凝土全部流出的时间 t_0，精确至0.1s。同时观察并记录混凝土是否有堵塞等状况。 备注：1. 若新拌混凝土的黏滞性较高，全量流空瞬间的判定较为困难时，可由漏斗上方向下观察，透光的瞬间即为混凝土由卸料口流完的瞬间。测量流下时间时，应用精度在0.1s以上的秒表进行测定。 2. 流下时间的测定，宜在5min内对试样进行2次以上的试验。以2～3次试验结果的平均值进行评价，可减少取样的误差。
		U形箱试验	1）目的和适用范围 本方法用于测量新拌混凝土通过钢筋间隙与自行填充至模板角落的能力，适用于各个等级的自密实混凝土的自密实性能的测定。

续表

序号	项目		内容
1	自密实混凝土性能评定方法	U形箱试验	2）主要试验装置 ①填充装置 填充装置采用U形箱容器的形状及尺寸，如图4-3所示。用材应为钢质或有机玻璃，内表面须平滑，尽量减少混凝土与容器间的摩擦阻力，组装后的填充装置应坚固，且能观察混凝土的流动状态，钢制的填充装置在量测填充高度面时须使用透明材料。 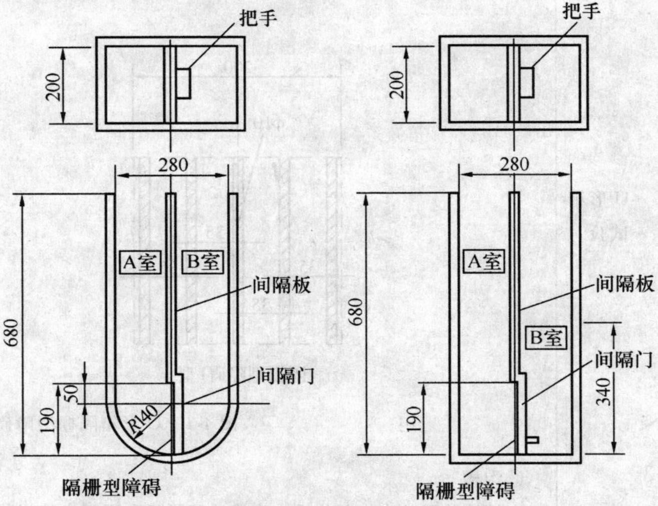 图4-3 U形箱容器A型（左）、B型（右）形状与尺寸图 （a）U形箱-A型；（b）U形箱-B型

续表

<table>
<tr><th>序号</th><th colspan="2">项　　目</th><th>内　　　　容</th></tr>
<tr><td>1</td><td>自密实混凝土性能评定方法</td><td>U 形箱试验</td><td>②隔栅型障碍
在填充装置的中央部位放置隔栅型障碍，如图 4-4 所示。1 型隔栅以 5 根Φ 10 光圆钢筋制成，2 型隔栅以 3 根Φ 13 光圆钢筋制成，可根据结构物的形状、尺寸及配筋状况等，结合自密实混凝土的等级选择相应的障碍和检测标准。
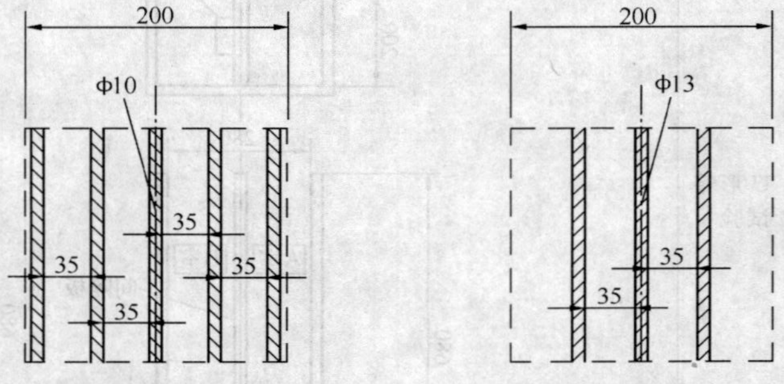

图 4-4　U 形箱隔栅型障碍形状与尺寸图
③沟槽
在填充装置的中央部位设有沟槽，间隔板和可开启的间隔门能插入其中，凭借插入装置，使 A 室与 B 室成为能被隔开的两个空间。</td></tr>
</table>

续表

序号	项　　目		内　　容
1	自密实混凝土性能评定方法	U形箱试验	3）试验方法 ①使填充装置呈铅直放置，顶面为水平状态。 ②在填充装置中，插入间隔门并装好隔栅型障碍的间隔板。 ③将填充容器内表面、间隔门、间隔板及隔栅型障碍等，用湿布擦拭润湿。 ④关闭间隔门，用有把手的塑料桶容器，将新拌混凝土试样连续浇入A室至满，不可用振捣棒振捣或橡皮槌敲振。 ⑤用刮刀沿填充容器的上缘，刮平混凝土顶面后，静置1min。 ⑥连续迅速地将间隔门向上拉起，如图4-5所示，混凝土边通过隔栅型障碍边向B室流动，直至流动停止为止，在此期间填充装置均须保持静止，不得移动。 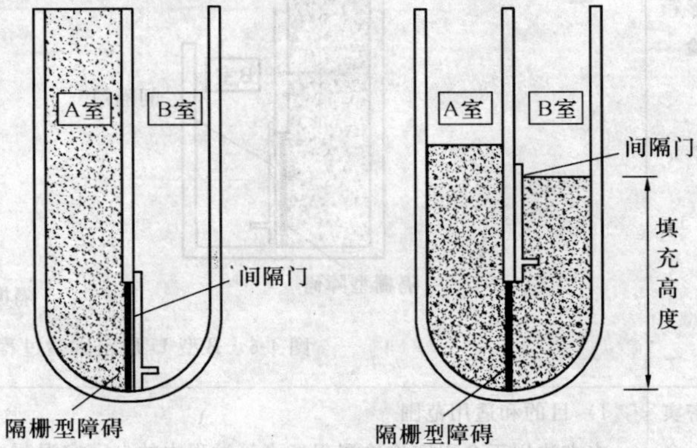 图4-5　A型U形箱试验过程与测量方法示意图

续表

序号	项目		内容
1	自密实混凝土性能评定方法	U形箱试验	⑦在填充容器的B室，由填充混凝土的下端开始，以钢制卷尺量测混凝土填充至其顶面的高度，应精确至1mm。此高度即为填充高度以 Bh (mm) 表示（图4-6）。测量时应沿容器宽的方向，量取两端及中央等3个位置的填充高度，取其平均值。 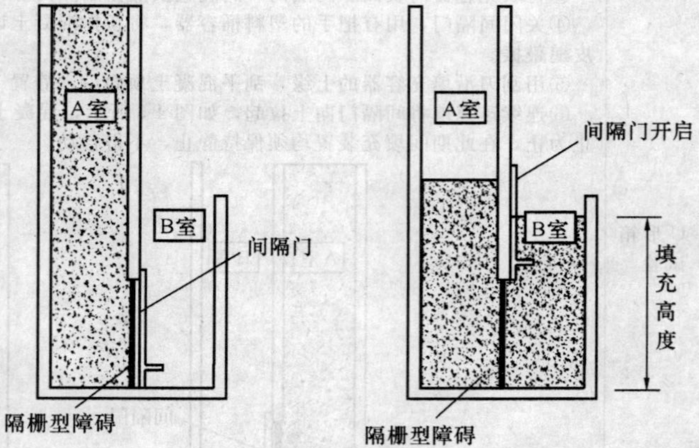 图4-6　B型U形箱试验过程与测量方法示意图
		自密实混凝土全量检测方法	1）目的和适用范围 本方法用于全程实施检测现场浇筑过程中的自密实混凝土的自密实性能，适用于各个等级的自密实混凝土自密实性能的测定。

续表

<table>
<tr><th>序号</th><th>项</th><th>目</th><th>内　容</th></tr>
<tr><td>1</td><td>自密实混凝土性能评定方法</td><td>自密实混凝土全量检测方法</td><td>2）检测工具
进行全量检测的工具称为全量检测仪，其结构尺寸如图 4-7 所示，检测仪使用金属材料制作。全量检测仪的尺寸可根据结构物的配筋情况，对其外部尺寸及内部障碍通过协商进行调整。全量检测仪用于浇筑过程中实时检测自密实混凝土的自密实性能，能够顺利通过全量检测仪的自密实混凝土具有良好的自实性能。
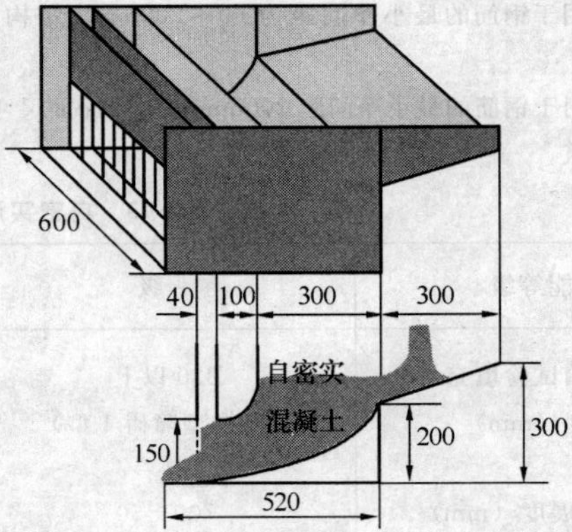

图 4-7　全量检测仪结构及尺寸
3）检测方法
将全量检测仪置于自密实混凝土卸料口，使自密实混凝土首先通过全量检测仪然后再进行浇筑。</td></tr>
</table>

续表

<table>
<tr><th>序号</th><th>项　　目</th><th>内　　　　容</th></tr>
<tr><td>2</td><td>自密实混凝土性能等级指标</td><td>
我国自密实混凝土应用技术规程（CECS 203—2006）规定，混凝土自密实性能可以采用坍落扩展度试验、V形漏斗试验（或 T_{50} 试验）和U形箱试验进行检测，如表4-72所示。
在规程中，根据结构物形状、尺寸、配筋状态，将自密实混凝土分为三级。对于一般的钢筋混凝土结构物及构件可采用自密实性能等级二级。
一级：适用于钢筋的最小净间距为35～60mm、结构形状复杂、构件断面尺寸小的钢筋混凝土结构物及构件的浇筑；
二级：适用于钢筋的最小净间距为60～200mm、结构形状复杂、构件断面尺寸小的钢筋混凝土结构物及构件的浇筑；
三级：适用于钢筋的最小净间距200mm以上、断面尺寸大、配筋量少的钢筋混凝土结构物及构件的浇筑，以及无筋结构物的浇筑。
表4-73　自密实混凝土性能等级指标
<table>
<tr><th>性能等级</th><th>一级</th><th>二级</th><th>三级</th></tr>
<tr><td>U形箱试验填充高度（mm）</td><td>320以上
（隔栅型障碍1型）</td><td>320以上
（隔栅型障碍2型）</td><td>320以上
（无障碍）</td></tr>
<tr><td>坍落扩展度（mm）</td><td>700±50</td><td>650±50</td><td>600±50</td></tr>
<tr><td>T_{50}(s)</td><td>5～20</td><td>3～20</td><td>3～20</td></tr>
<tr><td>V形漏斗通过时间（s）</td><td>10～25</td><td>7～25</td><td>4～25</td></tr>
</table>
</td></tr>
</table>

4.10.3 自密实混凝土对原材料的要求

<table>
<tr><th>序号</th><th colspan="2">项 目</th><th>内 容</th></tr>
<tr><td>1</td><td colspan="2">水泥</td><td>根据工程具体需要，自密实混凝土可选用硅酸盐水泥、普通硅酸盐水泥、矿渣硅酸盐水泥、火山灰质硅酸盐水泥、粉煤灰硅酸盐水泥、复合硅酸盐水泥；使用矿物掺合料的自密实混凝土，宜选用硅酸盐水泥或普通硅酸盐水泥。</td></tr>
<tr><td>2</td><td colspan="2">粗集料</td><td>粗集料宜采用连续级配或2个单粒径级配的石子，最大粒径不宜大于20mm；石子的含泥量、泥块含量及针片状颗粒含量宜符合表4-74的要求；石子空隙率宜小于40%。试验应按行业标准《普通混凝土用碎石或卵石质量标准及检测方法》(JGJ 52—2006)中的相关规定进行。
表4-74　石子的含泥量、泥块含量和针片状颗粒含量指标
<table><tr><th>项 目</th><th>含 泥 量</th><th>泥 块 含 量</th><th>针片状颗粒含量</th></tr><tr><td>指标</td><td>≤1.0%</td><td>≤0.5%</td><td>≤8%</td></tr></table></td></tr>
<tr><td>3</td><td colspan="2">细集料</td><td>细集料宜选用第2级配区的中砂，砂的含泥量、泥块含量宜符合表4-75的指标要求。试验应按行业标准《普通混凝土用碎石或卵石质量标准及检测方法》(JGJ 52—2006)中的相关规定进行。
表4-75　砂的含泥量和泥块含量指标
<table><tr><th>项 目</th><th>含 泥 量</th><th>泥 块 含 量</th></tr><tr><td>指 标</td><td>≤3.0%</td><td>≤1.0%</td></tr></table></td></tr>
<tr><td rowspan="2">4</td><td rowspan="2">掺合料</td><td>粉煤灰</td><td>用于自密实混凝土的粉煤灰应满足国家标准《用于水泥和混凝土中的粉煤灰》GB/T 1596中Ⅰ级或Ⅱ级粉煤灰的技术性能指标要求，具体指标见表2-7。强度等级高于C60的自密实混凝土宜选用Ⅰ级粉煤灰。C类粉煤灰的体积安定性检验必须合格。</td></tr>
<tr><td>磨细矿渣</td><td>用于自密实混凝土的粒化高炉矿渣粉应符合国家标准《用于水泥和混凝土中的粒化高炉矿渣粉》GB/T 18046—2008的技术性能指标要求。</td></tr>
</table>

续表

<table>
<tr><th>序号</th><th>项目</th><th colspan="2">内　　容</th></tr>
<tr><td rowspan="3">4</td><td rowspan="3">掺合料</td><td>硅灰</td><td>用于自密实混凝土的硅灰应满足表 4-76 规定的要求。比表面积用 BET 氮吸附法进行测定，并按照仪器说明书给定的方法计算出比表面积；二氧化硅含量按照《高强高性能混凝土用矿物外加剂》GB/T 18736 中附录 A 的相关规定进行检验。
表 4-76　硅灰技术性能指标
<table>
<tr><th>项　　目</th><th>技术性能指标</th></tr>
<tr><td>比表面积（m^2/kg）</td><td>≥15000</td></tr>
<tr><td>二氧化硅含量（%）</td><td>≥85</td></tr>
</table>
</td></tr>
<tr><td>沸石粉</td><td>用于自密实混凝土的沸石粉应满足表 4-77 规定的要求。指标测定按照国家标准《高强高性能混凝土用矿物外加剂》GB/T 18736 中的相关规定进行。
表 4-77　沸石粉技术性能指标
<table>
<tr><th rowspan="2">项　　目</th><th colspan="2">级别及技术性能指标</th></tr>
<tr><th>Ⅰ级</th><th>Ⅱ级</th></tr>
<tr><td>吸铵值（mmol/100g）</td><td>≥130</td><td>≥100</td></tr>
<tr><td>比表面积（m^2/kg）</td><td>≥700</td><td>≥500</td></tr>
<tr><td>需水量比（%）</td><td>≥110</td><td>≥115</td></tr>
<tr><td>活性指数（%）</td><td>≥90</td><td>≥85</td></tr>
</table>
</td></tr>
<tr><td>复合矿物掺合料</td><td>用于自密实混凝土的复合矿物掺合料应满足表 4-78 规定的要求，细度按照《用于水泥和混凝土中的粉煤灰》GB/T 1596 中的方法进行测定，流动度比按照《用于水泥和混凝土中的粒化高炉矿渣粉》GB/T 18046 中的方法测定；其他项目的试验按照《高强高性能混凝土矿物外加剂》GB/T 18736 中的相关规定进行，并依据复合矿物掺合料中的主要组分来选择相关试验方法。</td></tr>
</table>

续表

序号	项目		内容
4	掺合料	复合矿物掺合料	见表 4-78
		惰性掺合料	通过试验，自密实混凝土中也可采用惰性掺合料，其性能指标应符合表 4-79 的要求。试验按国家标准《用于水泥和混凝土中的粒化高炉矿渣粉》GB 18046 中的相关规定进行。见表 4-79
5	外加剂		减水剂应选用高效减水剂，宜选用聚羧酸系高性能减水剂。如果需要提高混凝土拌合物的黏聚性，自密实混凝土中也可掺入增黏剂。
6	纤维		根据工程需要，自密实混凝土中可加入钢纤维、合成纤维、混杂纤维，其性能应满足《纤维混凝土结构技术规程》CECS 38 中的相关规定。

表 4-78　复合矿物掺合料技术性能指标

项　目		级别及技术性能指标		
		F105	F95	F75
比表面积（m^2/kg）		≥450	≥400	≥350
细度（0.045mm 方孔筛筛余）（%）		≤10		
活性指数（%）	7d	≥90	≥70	≥50
	28d	≥105	≥95	≥75
流动度比（%）		≥85	≥90	≥95
含水量（%）		≤1.0		
三氧化硫（%）		≤4.0		
烧失量（%）		≤5.0		
氯离子（%）		≤0.02		

通过试验，自密实混凝土中也可采用惰性掺合料，其性能指标应符合表 4-79 的要求。试验按国家标准《用于水泥和混凝土中的粒化高炉矿渣粉》GB 18046 中的相关规定进行。

表 4-79　惰性掺合料技术性能指标

项　目	三氧化硫	烧失量	氯离子	比表面积	流动度比	含水量
指标	≤4.0%	≤3.0%	≤0.02%	≥350m^2/kg	≥90%	≤1.0%

4.10.4 自密实混凝土配合比设计基本规定

<table>
<tr><th>序号</th><th>项　目</th><th colspan="3">内　　容</th></tr>
<tr><td>1</td><td>自密实混凝土配合比设计基本规定</td><td colspan="3">1）自密实混凝土配合比应根据结构物的结构条件、施工条件以及环境条件所要求的自密实性能进行设计，在综合强度、耐久性和其他必要性能要求的基础上，提出实验配合比。
2）在进行自密实混凝土的配合比设计调整时，应考虑水胶比对自密实混凝土设计强度的影响和水粉比对自密实性能的影响。
3）配合比设计宜采用绝对体积法。
4）对于某些低强度等级的自密实混凝土，仅靠增加粉体量不能满足浆体黏性时，可以通过试验确认后适当添加增黏剂以改善浆体黏度。
5）自密实混凝土宜采用增加粉体材料用量和选用优质高效减水剂或高性能减水剂以改善浆体的黏性和流动性。</td></tr>
<tr><td rowspan="2">2</td><td rowspan="2">自密实混凝土配合比设计方法</td><td>使用材料选择的原则</td><td colspan="2">1）粉体的选定
粉体应根据结构物的结构条件、施工条件以及环境条件所需要的新拌混凝土性能和硬化混凝土性能选定。
2）集料的选定
集料应根据新拌混凝土性能和硬化混凝土所需要的性能选定。
3）外加剂的选定
所选用的外加剂应在其适宜掺量范围内，能够获得所需要的新拌混凝土性能，并且对硬化混凝土性能无负面影响。</td></tr>
<tr><td>初期配合比设计</td><td>1）粗集料的最大粒径和单位体积粗集料量</td><td>①粗集料最大粒径不宜大于 20mm。
②单位体积粗集料量可参照表 4-80 选用。
表 4-80　单位体积粗集料量
<table><tr><td>混凝土自密实性能等级</td><td>一级</td><td>二级</td><td>三级</td></tr><tr><td>单位体积粗集料绝对体积（m³）</td><td>0.28～0.30</td><td>0.30～0.33</td><td>0.32～0.35</td></tr></table></td></tr>
</table>

续表

序号	项目			内容
2	自密实混凝土配合比设计方法	初期配合比设计	2）单位体积用水量、水粉比和单位体积粉体体积	①单位体积用水量、水粉比和单位体积粉体量的选择，应根据粉体的种类和性质以及集料的品质进行选定，以保证自密实混凝土所需要的性能。 ②单位体积用水量一般以155～180kg范围为宜。 ③水粉比根据粉体的种类和掺量有所不同。按体积比宜取0.80～1.15。 ④根据单位体积用水量和水粉比计算得到单位体积粉体量。单位体积粉体量宜为0.16～0.23m^3。 ⑤自密实混凝土单位体积浆体量宜为0.32～0.40m^3。
			3）含气量	自密实混凝土的含气量应根据粗集料最大粒径、强度、混凝土结构的环境条件等因素确定，宜为1.5%～4.0%。有抗冻要求时应根据抗冻性确定新拌混凝土的含气量。
			4）单位体积细集料量	单位体积细集料量由单位体积粉体量、集料中粉体含量、单位体积粗集料量、单位体积用水量和含气量确定。
			5）单位体积胶凝材料体积用量	单位体积胶凝材料体积用量可由单位体积粉体量减去惰性粉体掺合料体积以及集料中小于0.075mm的粉体颗粒体积确定。
			6）水灰比与理论单位体积水泥用量	根据工程设计的强度计算出水灰比，并得到相应的理论单位体积水泥用量。
			7）实际单位体积活性矿物掺合料量和实际单位体积水泥用量	根据活性矿物掺合料的种类和工程设计强度确定活性矿物掺合料的取代系数，然后通过胶凝材料体积用量、理论水泥用量和取代系数计算出实际单位体积活性矿物掺合料量和实际单位体积水泥用量。
			8）水胶比	根据配合比方法中2）、6）、7）步计算得到的单位体积用水量、实际单位体积水泥用量以及单位体积活性矿物掺合料量计算出自密实混凝土的水胶比。
			9）外加剂掺量	高效减水剂和高性能减水剂等外加剂掺量应根据所需要的自密实混凝土性能经过试配确定。

续表

序号	项　目			内　　容
2	自密实混凝土配合比设计方法	配合比的调整与确定	1）验证新拌混凝土的质量	采用上述设计的初期配合比进行试拌，按本规程表 4-72 验证是否满足新拌混凝土的性能要求。应验证的性能一般为：流动性、抗离析性以及自填充性。
			2）根据新拌混凝土性能进行配合比调整	①当试拌混凝土不能达到所需要的新拌混凝土性能时，应对外加剂、单位体积用水量、单位体积粉体量（水粉比）和单位体积粗集料量进行适当调整。如要求性能中包括含气量，也应加以适当调整。 ②当上述调整仍不能满足要求时，应对使用材料进行变更。如变更较难时，则应对配合比重新进行综合分析，包括对性能目标值进行协商调整。
			3）验证硬化混凝土质量	新拌混凝土性能满足要求后，应验证硬化混凝土性能是否满足设计要求。不能满足要求时，应对材料和配合比进行适当调整后，重新进行试拌和试验再次确认。
			4）配合比的表示方法	自密实混凝土配合比的表示方法如表 4-81 所示。

表 4-81　自密实混凝土配合比的表示方法

自密实混凝土强度等级			
自密实性能等级			
坍落扩展度目标值（mm）			
V字漏斗通过时间目标值（s）（或 T_{50}时间）			
水胶比			
水粉比			
含气量（%）			
粗集料最大粒径（mm）			
单位体积粗集料绝对体积（m³）			
单位体积材料用量		体积用量（L）	质量用量（kg）
水 W			
水泥 C			
掺合料			
细集料 S			
粗集料 G			
外加剂2)	高性能减水剂		
	其他外加剂		

注：1. 当掺合料为多种材料时，分别以不同栏目表示；

2. 液体外加剂中的含水计入单位体积用水量。

续表

序号	项目			内容
3	自密实混凝土配合比设计实例	设计要求		某商品混凝土工程要求采用自密实混凝土，要求混凝土达到自密实性能二级；混凝土强度等级为C60，以下为原材料指标： 水泥：P·O.42.5，R28＝56MPa，表观密度 3.1g/cm^3；粉煤灰：Ⅰ级粉煤灰，表观密度 2.3g/cm^3； 细集料：河砂，2 区中砂，表观密度 2.67g/cm^3，小于 0.075mm 的细粉含量 2%； 粗集料：碎石，5～20mm 连续级配，表观密度 2.7g/cm^3；外加剂：聚羧酸系高性能减水剂，固含量 27%。
		设计步骤	1）确定单位体积粗集料体积用量（V_g）	根据自密实性能等级选取 0.32，单位体积粗集料体积用量为 320L，质量为 864.0kg。
			2）确定单位体积用水量（V_w）、水粉比（W/p）和粉体体积（V_p）	考虑到掺入粉煤灰配制 C60 等级的自密实混凝土，而且粗细集料粒型级配良好，选择较低的单位体积用水量 165.0L 和水粉比 0.80。通过 $V_p = V_w/(W/p) = 165.0/0.80 = 206.3$L，计算得到粉体体积用量，粉体体积比为 0.2063，介于推荐值 0.16～0.23 之间，浆体量为 0.3713，满足推荐值 0.32～0.40。
			3）确定含气量（V_a）	根据经验以及所使用外加剂的性能设定自密实混凝土的含气量为 1.5%即 15L。
			4）计算单位体积细集料量（V_s）	因为细集料中含有 2.0%的粉体，所以根据 $V_g + V_p + V_w + V_a + (1-2.0\%)V_s = 1000$L，可以计算出单位体积细集料体积用量 $V_s = (1000-320-206.3-165-15)/98.0\% = 299.7$L，质量为 800.2kg。
			5）计算单位体积胶凝材料体积用量（V_{ce}）	因为未使用惰性掺合料，所以单位体积胶凝材料体积用量通过下式确定 $V_{ce} = V_p - 2\% \times V_s = 206.3 - 2\% \times 299.7 = 200.3$L。
			6）计算水灰比（W/C）与理论水泥用量（M_{c0}）	按照《普通混凝土配合比设计规程》进行水灰比的设计计算，根据要求确定设计强度 $f_{cu,o} = 69$MPa，已知 $f_{ce} = 56$MPa：$w/c = A \times f_{cu,e}/(f_{cu,o} + A \times B \times f_{ce}) = 0.48 \times 56/(69 + 0.48 \times 0.52 \times 56) = 0.32$。 已知用水量为 165kg，所以水泥用量为 515.6kg，166.3L。

续表

序号	项目			内容
3	自密实混凝土配合比设计实例	设计步骤	7）计算单位体积掺合料量和实际水泥用量（M_c）	通过6）的计算可知单位体积水泥体积为166.3L，不能满足通过自密实性能计算出的200.3L粉体的要求。（若使用惰性掺合料则可以直接加入34L来补充粉体数量的不足。在没有惰性掺合料的情况下，可采用活性矿物掺合料来补充粉体数量的不足，本例以掺常用的粉煤灰为例。）综合考虑混凝土的强度要求和粉煤灰性能可采用超量取代的方法，超量取代系数为1.5，设取代水泥率为X，可根据下式计算出取代水泥质量和粉煤灰掺入量： $M_{c0} \times (1-X)/\rho_c + M_{c0} \times X \times 1.5/\rho_{fa} = V_{ce}$ $\Rightarrow 515.6 \times (1-X)/3.1 + 515.6 \times X \times 1.5/2.3 = 200.3$ $\Rightarrow X = 20\%$ $\Rightarrow M_c = 515.6 \times (1-20\%) = 412.5\text{kg}$ $M_{fa} = 515.6 \times 20\% \times 1.5 = 154.7\text{kg}$ 式中，M_{fa}、ρ_c、ρ_{fa}分别为实际粉煤灰用量、水泥密度、粉煤灰密度。 通过上述计算得到水泥的实际用量和掺合料用量。
			8）计算水胶比（W/M_{ce}）	$W/M_{ce} = W/(M_c + M_{fa}) = 165/(412.5+154.7) = 0.29$ 式中，W、M_{ce}分别为单位体积用水量、单位体积胶凝材料用量。
			9）经过试验确定聚羧酸系高性能减水剂用量为胶凝材料用量的1.5%。	

续表

序号	项目		内容
3	自密实混凝土配合比设计实例	设计步骤	10）配合比设计表示方法参见表 4-82。
		11）试验验证	按照初期设计配合比进行混凝土试验验证（表 4-83）：

表 4-82　配合比设计表示方法

自密实混凝土强度等级		C60	
自密实性能等级		二级	
坍落扩展度目标值（mm）		650±50	
V 形漏斗通过时间目标值（s）		3～20	
水胶比（质量）		0.29	
水粉比（体积）		0.80	
含气量（%）		1.5	
粗集料最大粒径（mm）		20	
单位体积粗集料绝对体积（m^3）		0.32	
单位体积材料用量		体积用量（L）	质量用量（kg）
水 W		165	165
水泥 C		133.1	412.5
粉煤灰 F		67.3	154.7
细集料 S		299.7	800.2
粗集料 G		320	864.0
外加剂	高性能减水剂	1.5%	8.51
	其他外加剂	无	

表 4-83　试验验证

坍落扩展度	V 形漏斗通过时间	U 形箱 A 型高度	28d 立方体抗压强度
680mm	12s	350mm	74MPa

4.10.5 自密实混凝土配合比设计实例（表 4-84）

表 4-84 自密实混凝土配合比设计实例

序号	工程名称	坍落度（mm）	砂率（%）	水胶比	设计抗压强度值（MPa）	每 1m³ 混凝土材料用量（kg）							
						水泥	粉煤灰	水	砂	石子	减水剂	泵送剂	膨胀剂
1	中央电视台新址工程	265	49.7	0.32	C60	380	150	170	840	850	7.4	—	—
2	日本明石海峡大桥	—	45	0.56	C25	260	—	145	769	965	6.35	—	—
3	邵阳西湖大桥	195	40	0.38	C40	404	45	170	699	1048	—	4.5	50
4	漳州西洋坪大桥	240	40	0.34	C50	443	68	174	656	1006	19.90	—	—
5	三峡电源电站工程	—	48	0.43	C25	279	93	160	853	924	2.232	—	—
6	青藏铁路拉萨河特大桥	250	38	0.37	C50	484	—	180	616	1004	3.872	—	66

4.11 喷射混凝土

4.11.1 喷射混凝土概述

序号	项目		内容
1	喷射混凝土定义		喷射混凝土是借助于喷射机械将混凝土高速喷射到受喷面上凝结硬化而成的一种混凝土。与普通混凝土相比，它具有快速、早强，施工工艺简单，不需要模板和振捣，很多情况下可以不影响其他生产的特点。喷射混凝土从诞生起就开始被大量运用于地下工程。由于其材料和工艺的特点，很快就突破了地下工程支护的范围，被运用于建筑物的加固补强上，并取得了良好的加固效果和经济效益。 喷射混凝土与浇筑混凝土有许多相似之处，但更有许多不同之处，其一，喷射混凝土的施工工艺与成型条件有别于普通混凝土；其二，水泥含量及砂率均较普通混凝土高，水灰比较小，特别是掺入速凝剂后，大大改变了混凝土结构，因此，它的性能与普通混凝土有一定差别。
2	喷射混凝土特点	强度	喷射混凝土施工时，拌合料以较高的速度喷向受喷面，水泥颗粒与集料反复冲击，使混凝土连续得到压密。同时，喷射混凝土的喷射工艺可采用较小的水灰比，因而施工良好的喷射混凝土一般都具有良好的密实性和较高的强度。 1）喷射混凝土的劈裂抗拉强度随抗压强度的提高而提高，约为抗压强度的10%～12%。采用粒径较小的集料，采用碎石，采用 C_4AF 含量高而 C_3A 含量低的水泥及掺用减水剂等措施都有利于提高喷射混凝土的抗拉强度。 2）喷射混凝土的弯曲抗拉强度约为抗压强度的15%～20%。 3）喷射混凝土用于地下工程支护和建筑结构补强加固时，为了使喷射混凝土与基层（岩石、旧混凝土）共同工作，其粘结强度非常重要，喷射混凝土的粘结强度与基层化学成分、粗糙程度、结晶状态、界面润湿状况、养护情况等有关。 4）喷射混凝土的弹性模量随原材料配合比、施工工艺等的不同有较大差异。混凝土强度、表观密度越大，喷射混凝土弹性模量越高；集料弹性模量越大，喷射混凝土的弹性模量也越高。

续表

序号	项目		内容
2	喷射混凝土特点	变形	1）喷射混凝土的水泥用量较大，含水量大，又掺有速凝剂，因此比普通混凝土的收缩大，一般为（80～140）$\times 10^{-6}$cm/cm，其中速凝剂和养护条件对喷射混凝土的收缩影响较大。 2）掺3%～4%速凝剂的喷射混凝土约比不掺速凝剂的喷射混凝土的收缩大80%。因为加入速凝剂后，使存在于水泥颗粒间的大量游离水被未水化的颗粒迅速吸收，从而加速了水泥的水化作用。 3）喷射混凝土在潮湿条件下养护时间越长，则收缩量越小。喷射混凝土如果在早期硬化过程中的水分蒸发过多，喷射混凝土表面会产生明显的网状收缩裂纹。混凝土的干缩是一个从混凝土表面逐步向内部发展的过程，它能引起内应力和残余变形。喷射混凝土的形状和尺寸不同，这种残余变形也不相同。如果喷射混凝土的厚薄相差悬殊，则薄的部位常常因为水分蒸发快而容易产生裂缝。因此保持喷射混凝土表面的湿润状态，能够减缓收缩、减弱内应力，从而减少开裂的危险。 4）作为地下工程支护和建筑结构补强加固的喷射混凝土，其收缩受到附着的岩石和结构物的限制，实际收缩量远比自由收缩小。
		耐久性	1）混凝土抗渗性主要取决于孔隙率和孔隙结构。喷射混凝土水泥用量大，水灰比较小，砂率高，粗集料粒径小，因而正确施工操作的喷射混凝土具有较高的抗渗性。 2）较密实的结构及在喷射过程中引入一定量的气泡，都有助于提高喷射混凝土的抗冻性能，因此正确施工操作的喷射混凝土具有良好的抗冻性能。
3	喷射混凝土分类		喷射混凝土按混凝土在喷嘴处的状态，可分为干式喷射混凝土和湿式喷射混凝土两种。干式喷射混凝土和湿式喷射混凝土的施工工艺有所不同，优缺点也不同。
		干式喷射混凝土	干式喷射混凝土施工时，是将水泥、砂、石子和粉状速凝剂按一定配合比例拌合而成的混合料装入喷射机中，混凝土在微湿状态下（水胶比在0.1～0.2）输送至喷嘴处加水加压喷出。干喷施工时灰尘大，施工人员工作条件恶劣，喷射回弹量较大，一般要采用高强度等级水泥。
		湿式喷射混凝土	湿式喷射混凝土是将水胶比为0.45～0.50的混凝土拌合物输送至喷嘴处，在喷嘴处加入液体速凝剂，再加压喷出。湿喷施工时，工作面附近空气中的粉尘含量大幅度降低，混凝土的回弹量低，既可改善施工条件，又可降低原材料浪费。其缺点是湿喷设备操作复杂、价格昂贵。

4.11.2 喷射混凝土的原材料

序号	项目	内容
1	水泥	喷射混凝土用水泥可分为三大类。 第一类是硅酸盐系列水泥，如硅酸盐水泥、普通硅酸盐水泥、矿渣硅酸盐水泥等，强度等级应该不低于 32.5MPa。该类水泥中 C_3A 和 C_3S 含量较高，同速凝剂的相容性较好，能够速凝、快硬，后期强度也较高。 第二类是专用的喷射水泥。这种水泥由于含有快凝快硬的矿物氟铝酸钙（$11CaO \cdot 7Al_2O_3 \cdot CaF_2$），因此这种水泥本身具备了速凝的性质，10～20min 即可终凝，6h 强度即可达 10MPa 以上，1d 的强度可达到 30MPa 以上。同时该水泥还含有一定量的 C_3S，因此后期强度也较高。 第三类是一些特殊场合使用的水泥。例如修补炉衬可用具有耐火性能的高铁水泥；有硫酸盐腐蚀的环境可用抗硫酸盐水泥和硫铝酸盐水泥等。在这些水泥当中一般不掺加速凝剂。 应当特别指出，选择的水泥品种，要注意与速凝剂的相容性。如果水泥品种选择不当，不仅可以造成急凝或缓凝、初凝与终凝时间过长等不良现象，而且会增大回弹量，影响喷射混凝土强度的增长，甚至会造成工程的失败。
2	粗集料	喷射混凝土用的石子，卵石或碎石均可，但以卵石为优。卵石对喷射设备及管路的磨蚀较小，也不会像碎石那样针片状颗粒含量多而易引起管路的堵塞。喷射混凝土中所用的石子粒径越大，混凝土的回弹则越多。一般地，喷射混凝土用粗集料以最大粒径不大于 20mm 的连续级配卵石较好，以利于喷射施工和减少回弹量。 集料级配对喷射混凝土拌合物的可泵性，通过管道的流动性，在喷嘴处的水化，对受喷面的黏附．以及对混凝土的最终质量和经济性能都具有重要作用。为取得最大的混凝土表观密度，一般宜采用连续级配的石子，这样可以避免混凝土拌合物产生分离，减少混凝土的回弹，提高混凝土的质量。喷射混凝土若需要掺入速凝剂时，不得用含有活性二氧化硅的石材作为粗集料，以免碱-集料反应而使喷射混凝土开裂破坏。 喷射混凝土用粗集料的颗粒级配限度，可参见表 4-85。而粗集料的技术要求应该满足表 4-86 中的标准。

续表

<table>
<tr><th>序号</th><th>项目</th><th>内容</th></tr>
<tr><td>2</td><td>粗集料</td><td>

表 4-85 喷射混凝土用粗集料的级配限度

<table>
<tr><td rowspan="2">筛孔尺寸（mm）</td><td colspan="2">通过每个筛子的质量百分比（%）</td><td rowspan="2">筛孔尺寸（mm）</td><td colspan="2">通过每个筛子的质量百分比（%）</td></tr>
<tr><td>级配 1</td><td>级配 2</td><td>级配 1</td><td>级配 2</td></tr>
<tr><td>20.0</td><td>—</td><td>100</td><td>5.0</td><td>10～30</td><td>0～15</td></tr>
<tr><td>15.0</td><td>100</td><td>90～100</td><td>2.5</td><td>0～10</td><td>0～5</td></tr>
<tr><td>10.0</td><td>85～100</td><td>40～70</td><td>1.2</td><td>0～5</td><td>—</td></tr>
</table>

表 4-86 喷射混凝土用细集料技术要求

<table>
<tr><td rowspan="2">颗粒级配</td><td>筛孔尺寸（mm）</td><td>5</td><td>10</td><td>20</td></tr>
<tr><td>累计筛余（%）</td><td>90～100</td><td>30～60</td><td>0～5</td></tr>
<tr><td>强度</td><td>以岩石试块（边长为 5cm 的立方体）在水饱和状态下的极限抗压强度与混凝土设计强度之比（%）</td><td>—</td><td>≥150</td><td>—</td></tr>
<tr><td colspan="2">软弱颗粒含量，按质量计（%）</td><td colspan="3">≤5</td></tr>
<tr><td colspan="2">针、片状颗粒含量，按质量计（%）</td><td colspan="3">≤15</td></tr>
<tr><td colspan="2">泥土杂质（用冲洗法试验）（%）</td><td colspan="3">≤1</td></tr>
<tr><td colspan="2">硫化物和硫酸盐含量（折算为 SO_3）按质量计（%）</td><td colspan="3">≤1</td></tr>
<tr><td colspan="2">有机物含量（用比色法试验）</td><td colspan="3">颜色不深于标准色</td></tr>
</table>

</td></tr>
</table>

续表

序号	项目	内容
3	细集料	喷射混凝土用砂宜选用中粗砂，细度模数应在 2.8～3.5 之间。其中，直径小于 0.075mm 的细砂应该超过 20%，否则由于砂粒周围粘有灰尘，将影响水泥与集料的粘结。砂子过细，会影响水泥浆与集料表面的粘结，并使混凝土干缩增大；过粗则会增加回弹量。会使喷射施工中回弹增加。 喷射混凝土细集料的级配限度可参考表 4-87，细集料的技术要求应该满足表 4-88 中的标准。

表 4-87　喷射混凝土用细集料的级配限度

筛孔尺寸（mm）	通过百分数（%）	筛孔尺寸（mm）	通过百分数（%）
10	100	0.613	25～60
5	95～100	0.315	10～30
2.5	80～100	0.150	2～10
1.25	50～85	—	—

表 4-88　喷射混凝土用细集料技术要求

技术要求项目	技术要求标准
硫化物和硫酸盐含量（折算为 SO_3）按质量计（%）	≤1
泥土杂质，按质量计（%）	≤3
有机物含量（用比色法试验）	颜色不应深于标准色

续表

序号	项目	内容
4	速凝剂	无论干式或湿式喷射混凝土施工，速凝剂都是必不可少的外加剂。一般来说，干喷使用粉状速凝剂，湿喷使用液体速凝剂。 使用速凝剂的主要目的是使喷射混凝土速凝快硬，减少混凝土的回弹损失，防止喷射混凝土因重力作用而引起脱落，提高其在潮湿或含水岩层中使用的适应性能，也可以适当加大一次喷射厚度和缩短喷射层间的间隔时间。 喷射混凝土所用的速凝剂同普通混凝土所用的速凝剂，在化学成分上有很大不同。喷射混凝土所用的速凝剂一般含有下列可溶盐：碳酸钠、铝酸钠和氢氧化钙等。 速凝剂掺量一般为2%～8%，掺量可随速凝剂品种、施工温度和工程要求适当增减。 《喷射混凝土用速凝剂》(JC 477—2005) 中就速凝剂的技术指标做了详细的要求，见表4-89和表4-90。

表 4-89　速凝剂匀质性指标

试验项目	指标	
	液体	粉状
密　度	应在生产厂所控制值的±0.02g/cm³之内	—
氯离子含量	应小于生产厂最大控制值	应小于生产厂最大控制值
总碱量	应小于生产厂最大控制值	应小于生产厂最大控制值
pH值	应在生产厂控制值±1之内	—
细度	—	80μm筛余应小于15%
含水率	—	≤2.0%
含固量	应大于生产厂的最小控制值	—

表 4-90　掺速凝剂净浆及硬化砂浆的性能要求

产品	试验项目			
	净浆		砂浆	
	初凝时间（min：s）≤	终凝时间（min：s）≤	1d抗压强度（MPa）≥	28d抗压强度比（%）≥
一等品	3：00	8：00	7.0	75
合格品	5：00	12：00	6.0	70

续表

序号	项目		内容
5	其他外加剂	减水剂	在喷射混凝土中掺加减水剂，可显著地降低水灰比，除可以和普通混凝土一样提高混凝土的强度及耐久性外，还可以减少施工时的回弹量。此外，由于水灰比的降低，喷射混凝土的速凝效果可显著提高。 应尽量选用非引气型及非缓凝型减水剂，有缓凝作用的减水剂不能用于喷射混凝土。
		增黏剂	为增加喷射混凝土对施工面的粘结力，同时减少喷射施工的回弹率，可在拌制混凝土时掺加少量增黏剂。增黏剂一般由对混凝土性能没有负面影响的水溶性树脂组成，掺量可通过试验确定。
		早强剂	当采用硅酸盐系列的水泥时，为增加喷射混凝土的早期强度，往往需要掺入一些早强剂。早强剂的选用也应该通过试验确定。另外，如果是配筋混凝土，应选用对钢筋无锈蚀作用的早强剂。使用喷射水泥和高铝水泥时由于本身早期强度很高，因此不需要掺早强剂。
		防水剂	当要求喷射混凝土具有较高的抗渗性时（如有地下水渗漏的工程），应在混凝土中掺入一些防水剂。 一般要求快速凝结，以便尽快喷射到设计厚度的喷射混凝土，要求很高早期强度的喷射混凝土，仰喷作业的喷射混凝土，以及封闭渗漏水的喷射混凝土应当掺加速凝剂。 使用速凝剂可使喷射混凝土快凝快硬，减少回弹损失，防止喷射混凝土因重力作用引起的脱落，提高其在潮湿或含水岩层中的适应性能，并可适当增大一次喷射厚度和缩短喷射层间的间隔时间。
		引气剂	对于湿喷法施工的喷射混凝土，可在混凝土拌合物中掺加适量的引气剂。
6	纤维		在目前工程建设中，经常将钢纤维掺加到喷射混凝土中，从而形成钢纤维喷射混凝土。钢纤维混凝土中不仅含有抗压强度高的混凝土基体材料，而且含有抗裂性极好和弹性模量高的钢纤维材料，这种复合材料能充分发挥各自的优势。掺加钢纤维的目的是改善水泥喷射混凝土的性能，如抗拉强度、抗弯强度、抗冲击强度、抗裂性和韧性。 钢纤维喷射混凝土的原材料，主要包括钢纤维、水泥、粗集料。对于水泥的要求与普通喷射混凝土基本相同，但对钢纤维和粗集料有特殊的要求。 1）钢纤维的技术要求 钢纤维喷射混凝土常用的钢纤维，其直径一般为 0.25～0.40mm，长度为 20～30mm，长径比一般为 60～100。钢纤维喷射混凝土中钢纤维的掺量以每 $1m^3$ 混凝土 60～100kg 为宜。 不同品种的钢纤维具有不同的功能，适用于不同的场合。如碳素钢纤维用于常温下的喷射混凝土，不锈钢纤维则可用于高温下的喷射混凝土。端头带弯钩的钢纤维具有较高的抗拔强度，当比平直的纤维掺量少时，也能获得相同性能的喷射混凝土。 2）粗集料的技术要求 由于在混凝土中掺加了一定长度和直径的钢纤维，并要求粗集料完全被钢纤维所包裹，以保证其具有良好的力学特性，因此，粗集料的最大粒径应根据掺入钢纤维的长度来确定，但一般不超过 10mm。

4.11.3 喷射混凝土配合比设计

序号	项目		内容
1	喷射混凝土配合比设计原则		1）必须具有良好的黏附性，喷射到指定的厚度，获得密实、均匀的混凝土； 2）具有一定的早强作用，4～8h 的强度应能具有控制底层变形的能力； 3）在速凝剂用量满足可喷性和早期强度的条件下，必须达到设计的 28d 强度 4）工程施工中粉尘浓度较小，混凝土回弹量较少，且不发生管路堵塞； 5）喷射混凝土设计要求的其他性能，如耐久性、抗渗性、抗冻性等。
2	喷射混凝土配合比设计参数	胶集比	喷射混凝土的胶集比即胶凝材料（水泥＋掺合料）与集料之比，常为 1∶4～1∶4.5
		砂率	喷射混凝土砂率一般为 45％～60％。
		水胶比	水胶比是影响喷射混凝土强度的关键因素。一般来说当水胶比太大时，喷射混凝土表面易出现流淌、滑移、拉裂现象；若水胶比太小时，喷射混凝土表面易出现干斑，作业中粉尘大，回弹多。水胶比适宜时，混凝土表面平整，呈水样光泽，粉尘和回弹均较少。经测定，适宜水胶比一般为 0.4～0.5。
3	喷射混凝土配合比设计步骤	1）确定喷射混凝土集料的最大粒径和砂率	集料的最大粒径是影响混凝土可喷性的关键数据。喷射混凝土中石子的最大粒径，应小于喷射机具输送管道最小直径的 1/3～2/5，且不宜超过一次喷射厚度的 1/3，最好控制在 20mm 以内。 砂率对喷射混凝土的稠度和黏聚性影响很大，对喷射混凝土的强度也有一定影响。根据喷射混凝土施工工艺的特点，为了最大限度地吸收二次喷射时的冲击能，必须选择较大的砂率。但砂率过大会导致强度降低，变形增大。因此，砂率的选择应该根据具体的工程情况通过试验来确定。《外加剂应用技术规程》（GB 50119—2003）中建议喷射混凝土的砂率在 45％～60％之间为宜。一般粗集料的最大粒径愈大，其砂率应当愈小。另外，砂粒较粗时，砂率可以偏大些；砂粒较细时，砂率可以偏小些。砂率对喷射混凝土性能的影响可见表 4-91。

续表

序号	项目		内容
3	喷射混凝土配合比设计步骤	1）确定喷射混凝土集料的最大粒径和砂率	（见表 4-91）
		2）水泥强度等级的确定	（见下文及表 4-92）

表 4-91 砂率对喷射混凝土性能的影响

性能	影响		
	砂率＜45％	砂率＞60％	砂率＝45％～60％
回弹损失	大	较小	较小
管路堵塞	易	不易	不易
湿喷时的可泵性	不好	好	较好
水泥用量	少	多	较少
混凝土强度	高	低	较高
混凝土收缩	较小	大	较小

一般地，水泥强度等级不应小于喷射混凝土设计强度 $f_{cu,k}$ 的 1.5 倍，并且还应满足下式要求：

$$A(1.44f_{ce}-20.4)>f_{cu,k} \tag{4-43}$$

式中 f_{ce}——估算的水泥强度等级值，MPa；

$f_{cu,k}$——喷射混凝土设计强度，MPa；

A——水泥强度等级选择调整系数。参见表 4-92。

表 4-92 水泥强度等级选择调整系数

水泥强度等级	A						
	砂率＝35％	砂率＝40％	砂率＝45％	砂率＝50％	砂率＝55％	砂率＝60％	砂率＝65％
32.5	0.58	0.56	0.55	0.54	0.53	0.52	0.50
42.5	0.44	0.43	0.42	0.415	0.41	0.4	0.39

续表

<table>
<tr><th>序号</th><th>项　目</th><th></th><th>内　容</th></tr>
<tr><td rowspan="2">3</td><td rowspan="2">喷射混凝土配合比设计步骤</td><td>3）胶凝材料的用量</td><td>喷射混凝土胶凝材料的用量与集料的最大集料粒径有关，可以用胶骨比表示，即胶凝材料与集料之比，常为1：4～1：4.5。胶凝材料过少，回弹量大，初期强度增长慢；胶凝材料过多，不仅能使粉尘量增多，而且硬化的强度不一定增加，反而使混凝土产生过大的收缩变形。喷射混凝土胶凝材料的用量与集料的关系如表4-93所示。
表 4-93　喷射混凝土的胶凝材料用量
<table>
<tr><td>集料的最大粒径 D(mm)</td><td>10</td><td>15</td><td>20</td><td>25</td><td>30</td></tr>
<tr><td>胶凝材料用量［C］(kg/m³)</td><td>453</td><td>411</td><td>382</td><td>364</td><td>357</td></tr>
</table>
在选择胶骨比后，即可计算出水泥的用量，也可随之计算掺合料的用量：
$$C' = [C] - m_c \quad (4\text{-}44)$$
式中　C'——1m³喷射混凝土中掺合料的用量，kg/m³；
$[C]$——1m³喷射混凝土中胶凝材料的用量，kg/m³，查表4-92；
m_c——1m³喷射混凝土中水泥的用量，kg/m³。</td></tr>
<tr><td>4）水胶比的确定</td><td>喷射混凝土的水胶比，取决于喷射物要求的稠度，它与水泥净浆标准稠度用水量、砂率、砂的粒径、掺合料及外加剂的种类与掺量等有关。
在不掺加减水剂的情况下，喷射混凝土的水胶比，一般以0.4～0.5为宜。若偏离这一范围，不仅降低喷射混凝土的强度，而且也增加回弹损失。总之，必须以喷射物不出现干斑、不流淌、色泽均匀、粉尘回弹较小为准。
另外，砂率与水胶比的关系密切。喷射混凝土的水胶比可按照下式计算：
$$\frac{W}{[C]} = 0.45S_p + 0.2475 \quad (4\text{-}45)$$
式中　S_p——砂率。
当采用湿法喷射施工工艺时，水胶比的选择可参考表4-94。
表 4-94　喷射混凝土水胶比与砂率的关系
<table>
<tr><td>砂率 S_p(%)</td><td>35</td><td>40</td><td>45</td><td>50</td><td>55</td><td>60</td></tr>
<tr><td>水胶比（$W/[C]$）</td><td>0.41</td><td>0.43</td><td>0.45</td><td>0.47</td><td>0.49</td><td>0.52</td></tr>
</table></td></tr>
</table>

续表

序号	项　目		内　　容
3	喷射混凝土配合比设计步骤	5）外加剂的掺量	外加剂的品种应该根据具体的工程情况加以选择，外加剂的用量可以根据产品推荐量选用，并通过试配进行调整。而速凝剂掺量一般为胶凝材料用量的2%～8%，掺量可随速凝剂品种、施工温度和工程要求适当增减。
		6）集料用量的确定	确定喷射混凝土中粗、细集料的用量，可根据绝对体积法公式和砂率公式，解联立方程求得： $$\frac{m_{[c]}}{\rho_{[c]}}+\frac{m_w}{\rho_w}+\frac{Q\cdot m_c}{\rho_Q}+\frac{m_s}{\rho_s}+\frac{m_G}{\rho_G}=1000 \quad (4\text{-}46)$$ $$S_p=\frac{m_s}{m_s+m_G} \quad (4\text{-}47)$$ 式中，$m_{[c]}$、m_w、m_s、m_G——$1m^3$喷射混凝土中胶凝材料、水、砂、石子的用量，kg； Q——速凝剂在胶凝材料中用量的百分数，%； $\rho_{[c]}$、ρ_w、ρ_Q、ρ_s、ρ_G——胶凝材料、水、速凝剂、砂、石子的表观密度，kg/m^3 则 $$m_s=\frac{1000-\left(\frac{1}{\rho_{[c]}}+\frac{1}{\rho_Q}+\frac{W}{C}\right)m_c}{\frac{1}{\rho_s}+\frac{1}{\rho_G}\times\frac{1-S_p}{S_p}} \quad (4\text{-}48)$$ $$m_G=\frac{1-S_p}{S_p}\times m_s \quad (4\text{-}49)$$

续表

序号	项 目	内 容
4	喷射混凝土配合比设计实例	喷射混凝土所采用的配合比系指施工计划配合比，这和喷射后实际形成的结构配合比并非一致，因为喷射时粗集料的回弹是不可避免的，而其回弹量又无法具体控制，计划配合比和实际配合比二者之间的关系当前尚无法计算，也就无法按实际形成的结构配合比作为施工的依据，只能根据多年经验和试验结果来选定喷射混凝土的施工计划配合比。 配合比应满足混凝土强度及喷射工艺的要求。一般常用施工配合比为：水泥∶砂∶石子＝1∶2∶2或1∶2.5∶2（质量比）。水泥用量一般为300～400kg/m³。速凝剂掺量一般为水泥质量的2%～4%，速凝剂系指红星一号、711型和阳泉一型）。表4-95为喷射混凝土配合比实例，可供配合比设计时参考。

表4-95　喷射混凝土配合比设计实例

序号	工程名称	水胶比	砂率（%）	设计抗压强度值（MPa）	每1m³混凝土材料用量（kg）						
					水泥	水	砂	石子	钢纤维	聚丙烯纤维	速凝剂
1	四川龙溪隧道	0.48	55	C25	420	203	900	735	60	—	25.2
2	北京国宾花园	0.44	53	C30	460	198.7	931	810	—	—	18.4
3	瀑布沟水电站	0.46	60	C20	438	202	1001	667	—	0.9	12.9
4	上海地铁2号线	0.45	55	C30	500	225	875	716	—	0.9	20.0
5	宁波东钱湖水厂连接隧道	0.52	62.5	C25	415	216	1046	627	50	—	16.6
6	大朝山水电站大坝	0.45	65	C25	450	225	976	520	—	2.2	15.0

4.12　清水混凝土

4.12.1　清水混凝土概述

序号	项　目	内　　容
1	定义	清水混凝土为一次成型、不做任何装饰的混凝土，其以混凝土本身的自然质感与精心设计的明缝、禅缝和对拉螺栓孔组合形成的自然状态作为装饰面的建筑表现形式，广泛应用于工业建筑、民用建筑中的高层、公共建筑以及市政桥梁等工程中。自 20 世纪 60 年代始，越来越多的清水混凝土出现在欧洲、北美洲等发达地区。世界级建筑大师贝聿铭、安藤忠雄等在他们的设计中大量地采用了清水混凝土。悉尼歌剧院、日本国家大剧院、巴黎史前博物馆等世界知名的艺术类公共建筑，均采用了这一建筑艺术形式。
2	特点	清水混凝土极具装饰效果，又称装饰混凝土。它浇筑的是高质量的混凝土，经过成型、模制等塑性处理后，使混凝土表面产生具有设计要求的线型、图案、凹凸层次，并保持混凝土原有的外观质地，而无需做任何外部抹灰的装饰混凝土。其基层与装饰层使用相同材料，采用一次成型的加工方法，具有塑性装饰工作效率高，饰面牢固等优点。它不同于普通混凝土，表面非常光滑、棱角分明，无需外墙装饰。
3	优势	1）是名副其实的绿色混凝土，其结构不需要装饰，舍去了涂料、饰面等化工产品； 2）是实至名归的环保建材及工艺，它一次成型，不剔凿修补、不抹灰，减少了大量建筑垃圾，不产生二次污染； 3）清水混凝土技术可避免抹灰开裂、空鼓等质量隐患，减轻结构施工的漏浆、楼板裂缝等质量通病； 4）其技术可降低工程造价。尽管施工需要投入大量的人力物力，会延长工期，但因其最终不用抹灰、装饰面层而减少了维保费用，并降低了工程造价。
4	施工要点	1）模板的选择：对清水混凝土模板的设计，要充分考虑拼装和拆除的方便性、支撑的牢固性和简便性，并保持较好的强度、刚度、稳定性及整体拼装后的平整度。同时要保持模板表面清洁，去除钢模铁锈和脱模剂的残迹； 2）脱模剂的选择：选择适宜的脱模剂是保证清水混凝土质量的重要因素，基本要求有脱模性能好、无残渣、不引起混凝土面层粉化、疏松、麻面等； 3）混凝土配制：清水混凝土要求颜色一致，因此所用原材料要一致；

续表

序号	项　目	内　　容
1	施工要点	4）浇筑与振捣：混凝土浇捣前要进行模板内部清理，干净后用水湿润方可浇筑。墙、柱根部先浇同混凝土内砂浆成分相同的水泥砂浆，顶部浇筑时加入适量洗净的石子，这样既保证根部、顶部混凝土的强度，又可使材质均匀一致。在混凝土振捣过程中严格控制振捣间距和振捣时间，使气泡充分上浮消散，必要时在适当位置开放气孔，以确保混凝土密实饱满； 5）混凝土养护：混凝土早期养护，应派专人负责，使混凝土处于湿润状态，养护时间应能满足混凝土硬化和强度增长的需要，使混凝土强度满足设计要求； 6）钢筋处理：安装位置准确和绑扎牢固，扎丝应弯向结构中心方向，不能掉入底模上，保护层垫块绑扎牢固，且均匀布置；严格控制钢筋配料尺寸，钢筋规格形状尺寸、数量等严格按图纸施工。锈蚀钢筋要经除锈后才能使用，以防影响混凝土的颜色，预埋件要提前预留，位置要准确，以防返工破坏已成型的混凝土。此外钢筋保护层厚度应符合《清水混凝土应用技术规程》（JGJ 169—2009）要求； 7）后期处理：混凝土的养护要得当，注意天气温度的变化，防止过早的拆模。如养护不当，表面极容易因失水而出现微裂缝，影响外观质量和耐久性。对清水混凝土在拆模后出现的缺陷应立即修复，方法要得当，对裸露的混凝土表面，应及时采用黏性薄膜或喷涂型养护膜覆盖，进行保湿养护。

4.12.2　清水混凝土的原材料

序号	项　目	内　　容
1	水泥	1）如无特殊要求，应首选硅酸盐水泥，在确定强度等级后，对于重要部位，应尽量使用同一批号水泥； 2）如果使用外加剂，最好选用 C_3A 含量低、C_3S 含量高、细度较细的对外加剂适应性比较好的水泥。
2	粗集料	1）级配合理：在石子表观密度一定的情况下，堆积密度越大，空隙率越小，石子级配越好。从而可以使用较少的水泥浆，制得流动性好、泌水少、不离析的拌合物，硬化后也能得到外观和内部结构都比较好的混凝土； 2）石子的最大粒径：控制好粗集料最大粒径，粒径过大，混凝土离散性增大、和易性变差、内部缺陷增多；粒径过小，混凝土黏聚性增强，混凝土中气泡周围张力增大，气泡不易排出； 3）颗粒形状：粗集料颗粒以圆球或立方体为佳。若有较多的针片状颗粒，将增加混凝土空隙率、降低集料界面粘结力，混凝土和易性降低；

续表

<table>
<tr><th>序号</th><th>项　目</th><th>内　　容</th></tr>
<tr><td>2</td><td>粗集料</td><td>4）含泥量：应符合《普通混凝土用砂、石质量及检验方法标准》（JGJ 52—2006）和《清水混凝土应用技术规程》（JGJ 169—2009）的规定；
表 4-96　粗集料质量要求
<table>
<tr><td>混凝土强度等级</td><td>≥C50</td><td><C50</td></tr>
<tr><td>含泥量（按质量计，%）</td><td>≤0.5</td><td>≤1.0</td></tr>
<tr><td>泥块含量（按质量计，%）</td><td>≤0.2</td><td>≤0.5</td></tr>
<tr><td>针、片装颗粒含量（按质量计，%）</td><td>≤8</td><td>≤15</td></tr>
</table></td></tr>
<tr><td>3</td><td>细集料</td><td>1）易选用Ⅱ区中砂，以增加混凝土拌合物的和易性；
2）含泥量：应符合《普通混凝土用砂、石质量及检验方法标准》（JGJ 52—2006）和《清水混凝土应用技术规程》（JGJ 169—2009）的规定；
表 4-97　细集料质量要求
<table>
<tr><td>混凝土强度等级</td><td>≥C50</td><td><C50</td></tr>
<tr><td>含泥量（按质量计，%）</td><td>≤2.0</td><td>≤3.0</td></tr>
<tr><td>泥块含量（按质量计，%）</td><td>≤0.5</td><td>≤1.0</td></tr>
</table>
3）选择最优砂率，砂率偏小，混凝土黏聚性及保水性差，坍落度试验易发生离散；砂率偏大，需水量随之增加，使得混凝土保水性比较差，易发生泌水，影响混凝土外观。</td></tr>
<tr><td>4</td><td>矿物掺合料</td><td>矿物掺合料的使用不仅可以降低成本，也可以改善混凝土的和易性和外观质量，并对提高混凝土后期强度和耐久性有益处。</td></tr>
<tr><td>5</td><td>外加剂</td><td>选用与配制清水混凝土的水泥适应性好的高效减水剂和其他外加剂，尽量减少用水量，以提高混凝土流动性、改善混凝土的和易性、抗离析性，并减少泌水。</td></tr>
</table>

4.12.3 清水混凝土配合比设计

<table>
<tr><th>序号</th><th>项目</th><th>内容</th></tr>
<tr><td>1</td><td>清水混凝土设计原则</td><td>1）清水混凝土配合比设计应符合《混凝土结构工程施工质量验收规范》（GB 50204—2011 版）和《普通混凝土配合比设计规程》（JGJ 55—2011）的规定；
2）应按照设计要求进行试配，确定混凝土表面颜色；
3）按照混凝土原材料试验结果确定外加剂型号和用量；
4）应考虑工程所处环境，根据抗碳化、抗冻害、抗硫酸盐、抗盐害和抑制碱-集料反应等对混凝土耐久性产生影响的因素进行配合比设计；
5）配制清水混凝土，应采用矿物掺合料。</td></tr>
<tr><td>2</td><td>清水混凝土配合比设计</td><td>1）参考《普通混凝土配合比设计规程》（JGJ 55—2011）的规定进行设计；
2）混凝土试配，建议至少试配 5 个水灰比；
3）选择掺合料及用量。清水混凝土最主要使用的掺合料为粉煤灰，可以通过等量取代水泥、超量取代水泥和外掺的形式加入。对于清水混凝土，粉煤灰通常采用超量取代法，取代率以 10%～20%为宜。粉煤灰超出水泥部分的体积，要减去同体积砂重；
4）选择砂率并确定粗细集料用量；根据石子的空隙率、砂的级配情况找出一个理论上最合理的砂率，并进行试配。在确定砂率的情况下，粗细集料的用量可用体积法或质量法求得。</td></tr>
<tr><td>3</td><td>清水混凝土配合比设计实例</td><td>上海北竿山国际艺术中心，建筑设计要求外墙清水混凝土强度等级为 C40，坍落度为（180±30）mm。混凝土一次浇筑成型，外表面不做任何装饰，直接采用现浇混凝土的自然表面作为饰面。经过计算和试配，最终确定混凝土配合比如下：
表 4-98　清水混凝土配合比设计实例
<table>
<tr><th>项目</th><th>水</th><th>水泥</th><th>粉煤灰</th><th>砂</th><th>碎石</th><th>外加剂</th></tr>
<tr><td>规格</td><td>自来水</td><td>P·O 42.5</td><td>Ⅱ级低钙灰</td><td>中砂</td><td>5-25mm</td><td>减水率 17%，
掺量 1.9%</td></tr>
<tr><td>用量</td><td>180</td><td>392</td><td>75</td><td>791</td><td>928</td><td>8.40</td></tr>
</table></td></tr>
</table>

第 5 章　商品混凝土的质量验收方法

5.1　商品混凝土的原材料及配合比验收

序号	项　目	内　　容
1	水泥	1）水泥进场时应对其品种、级别、包装或散装仓号、出厂日期等进行检查，并应对其强度、安定性及其他必要的性能指标进行复验，其质量必须符合现行国家标准《通用硅酸盐水泥》（GB 175—2007）等的规定。 2）当在使用中对水泥质量有怀疑或水泥出厂超过三个月（快硬硅酸盐水泥超过一个月）时，应进行复验，并按复验结果使用。 3）钢筋混凝土结构、预应力混凝土结构中，严禁使用含氯化物的水泥。 4）检查数量：按同一生产厂家、同一等级、同一品种、同一批号且连续进场的水泥，袋装水泥不超过 200t 为一批，散装水泥不超过 500t 为一批，每批抽样不少于一次。 5）检验方法：检查产品合格证、出厂检验报告和进场复验报告。
2	集料	1）集料应符合 JGJ 52 或 JGJ 53 及其他国家现行标准的规定。 2）集料进场时应具有质量证明文件。对进场集料应按 JG J52 国家现行标准的规定按批进行复验。但对同一集料生产厂家能连续供应质量稳定的集料时，可一周至少检验一次。在使用海砂以及对集料中氯离子含量有怀疑或有氯离子含量要求时，应按批检验氯离子含量。
3	拌合用水	拌制混凝土用水应符合 JGJ 63 规定。混凝土搅拌及运输设备的冲洗水在经过试验证明对混凝土及钢筋性能无有害影响时方可作为混凝土部分拌合用水使用。

续表

序号	项目	内容
4	外加剂	1）外加剂的质量应符合 GB 8076 等国家现行标准的规定。 2）外加剂进场时应具有质量证明文件。对进场外加剂应按批进行复验，复验项目应符合 GB 50119 等国家现行标准的规定，复验合格后方可使用。
5	矿物掺合料	1）粉煤灰、粒化高炉矿渣粉、天然沸石粉应分别符合 GB 1596、GB/T 18046、JGJ/T 112 的规定。当采用其他品种矿物掺合料时，必须有充足的技术依据，并应在使用前进行试验验证。 2）矿物掺合料应具有质量证明文件，并按有关规定进行复验，其掺量应符合有关规定并通过试验确定。
6	混凝土配合比	预拌混凝土配合比设计应根据合同要求由供方按 JGJ 55 等国家现行有关标准的规定进行，根据混凝土强度等级、耐久性和工作性等要求进行配合比设计。

5.2 商品混凝土的主要性能测试方法及质量要求

序号	项目		内容
1	拌合物取样及试样制备	取样	1）同一组混凝土拌合物的取样应从同一盘混凝土或同一车混凝土中取样。取样量应多于试验所需量的 1.5 倍；且宜不小于 20L。 2）混凝土拌合物的取样应具有代表性，宜采用多次采样的方法。一般在同一盘混凝土或同一车混凝土中的约 1/4 处、1/2 处和 3/4 处之间分别取样，从第一次取样到最后一次取样不宜超过 15min，然后人工搅拌均匀。 3）从取样完毕到开始做各项性能试验不宜超过 5min。
		试样的制备	1）在试验室制备混凝土拌合物时，拌合时试验室的温度应保持在（20±5）℃，所用材料的温度应与试验室温度保持一致。 注：需要模拟施工条件下所用的混凝土时，其所用原材料的温度宜与施工现场保持一致。 2）试验室拌合混凝土时，材料用量应以质量计。称量精度：集料为±1%；水、水泥、掺合料外加剂均为±0.5%。 3）混凝土拌合物的制备应符合《普通混凝土配合比设计规程》JGJ 55 中的有关规定。 4）从试样制备完毕到开始做各项性能试验不宜超过 5min。

续表

序号	项目		内容
2	商品混凝土力学强度	抗压强度	1）试验目的 测定商品混凝土立方体抗压强度，作为评定商品混凝土强度等级的依据。 2）主要仪器设备 ①压力试验机 试验机的精度（示值的相对误差）至少应为±2%，其量程应能使试件的预期破坏荷载不小于全量程的 20%，也不大于全量程的 80%。 ②振动台 振动频率应为（50±3）Hz，空载时的振幅应为（0.5±0.1）mm。 ③试模 试模由铸铁或钢制成，应具有足够的刚度并拆装方便。试模内表面应机械加工，其不平度应为每 100mm 不超过 0.05mm，组装后各相邻面不垂直度应不超过±0.5。 ④捣棒、小铁铲、金属直尺、抹刀等。 3）试件的制作 ①立方体抗压强度试验以同时制作同样条件养护、同一龄期的三块试件为一组，每一组试件所用的混凝土拌合物应由同一次拌合成的拌合物中取出，取样后应立即制作试件。 ②试件尺寸按集料最大颗粒粒径由表 5-1 选用。制作前，应将试模擦干净并在其内壁涂上一层矿物油脂或其他脱模剂。 ③坍落度不大于 70mm 的混凝土宜用振动台振实。将拌合物一次装入试模。装料时应用抹刀沿试模内壁略加插捣，并使混凝土拌合物高出试模上口。振动时应防止试摸在振动台上自由跳动。开动振动台至拌合物表面出现水泥浆时为止，记录振动时间。振动结束后刮去多余的混凝土，并用抹刀抹平。 坍落度大于 70mm 的混凝土宜用捣棒人工捣实。将混凝土拌合物分两层装入试模，每层厚度大致相等。插捣应按螺旋方向从边缘向中心均匀进行。插捣底层时，捣棒应达到试模底面，插捣上层时，捣棒应穿入下层深度（20～30）mm。插捣时捣棒应保持垂直，不得倾斜。同时还应用抹刀沿试模内壁插入数次。每层的插捣次数应根据试件的截面尺寸而定，一般每 $100cm^2$ 截面积不应少于 12 次（见表 5-1）。插捣完后，刮除多余的混凝土，并用抹刀抹平。

续表

<table>
<tr><th>序号</th><th colspan="2">项　目</th><th>内　　容</th></tr>
<tr><td>2</td><td>商品混凝土力学强度</td><td>抗压强度</td><td>
表 5-1　不同集料最大粒径选用的试件尺寸、插捣次数及抗压强度换算系数
<table>
<tr><th>试件尺寸（mm）</th><th>集料最大粒径（mm）</th><th>每层插捣次数（次）</th><th>抗压强度换算系数</th></tr>
<tr><td>100×100×100</td><td>30</td><td>12</td><td>0.95</td></tr>
<tr><td>150×150×150</td><td>40</td><td>25</td><td>1</td></tr>
<tr><td>200×200×200</td><td>50</td><td>50</td><td>1.05</td></tr>
</table>
4）试件的养护
①采用标准养护的试件成型后应用湿巾覆盖表面，以防止水分蒸发，并应在温度为（20±5)℃的情况下静置一昼夜至两昼夜，然后编号拆模。
②拆模后的试件应立即放在温度为（20±2)℃，湿度为95%以上的标准养护室中养护。在标准养护室内试件应放在架上，彼此间距为（10～20)mm，并应避免用水直接冲淋试件。
③无标准养护室时，混凝土试件可在温度为（20±2)℃的不流动水中养护。水的pH值不应小于7。
④同条件养护的试件成型后应覆盖表面。试件的拆模时间可与实际构件的拆模时间相同，拆模后，试件仍需要保持同条件养护。
5）抗压强度试验
①试件自养护地点取出后，应尽快进行试验，以免试件内部的温度发生显著变化。先将试件擦干净，测量尺寸（精确至1mm)，据此计算试件的承压面积，并检查其外观。如实测尺寸与公称尺寸之差不超过1mm，可按公称尺寸计算承压面积。
②试件承压面的不平度应为每100mm不超过0.05mm，承压面与相邻面的不垂直度不应超过±1°。
③将试件安放在下承压板上，试件的承压面应与成型时的顶面垂直。试件的中心应与试验机下压板中心对准。开动试验机，当上压机与试件接近时，调整球座，使接触均衡。当混凝土强度等级≥C60时，试件周围应设置防崩裂网罩。
④加压时，应连续而均匀地加荷，加荷速度应为：混凝土强度等级<C30时，取每秒钟（0.2～0.5)MPa；强度等级≥C30且<C60时，取每秒钟（0.5～0.8)MPa；强度等级≥C60时，取每秒钟（0.8～1.0)MPa。当试件接近破坏而开始迅速变形时，停止调整试验机油门，直至试件破坏。然后记录破坏荷载。
</td></tr>
</table>

续表

序号	项目		内容
2	商品混凝土力学强度	抗压强度	6）结果计算 ①混凝土立方体试件抗压强度 f_{CC}应按下式计算（精确至 0.1MPa）： $$f_{CC}=\frac{P}{A} \tag{5-1}$$ 式中 P——破坏荷载，N； A——受压面积，mm^2； f_{CC}——混凝土立方体试件抗压强度，MPa。 ②以三个试件的算术平均值作为该组试件的抗压强度值（精确至 0.1MPa）。三个测定值的最大值或最小值中如有一个与中间值的差超过中间值的 15%时，则把最大及最小值一并舍去，取中间值作为该组试件的抗压强度值。如有两个测定值与中间值的差超过中间值的 15%，则该组试件的试验结果无效。 ③混凝土抗压强度是以 150mm×150mm×150mm 立方体试件的抗压强度为标准，其他尺寸试件的测定结果，均应换算成边长为 150mm 立方体试件的标准抗压强度。当混凝土强度等级＜C60 时，换算时分别乘以表 5-1 中的换算系数；当混凝土强度等级≥C60 时，宜采用标准试件，当使用非标准试件时，换算系数应由试验确定。
		抗折强度	1）试验目的 测定混凝土的抗折强度。 2）主要仪器设备 ①试验机 除了满足混凝土抗压强度的试验要求外，试验机还应能施加均匀、连续、速度可控的荷载，并采用带有能使两个相等荷载同时作用在试件跨度 3 分点处的抗折试验装置，见图 5-1。

续表

序号	项　目		内　　容
2	商品混凝土力学强度	抗折强度	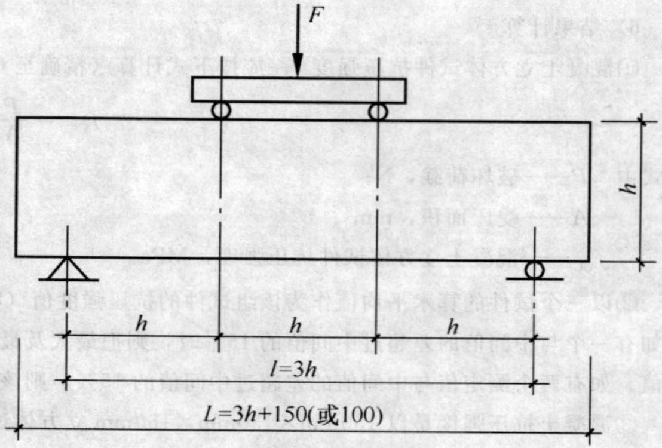 图 5-1　抗折试验装置 试件的支座和加荷头应采用直径为 20～40mm、长度不小于 $b+10$mm 的硬钢圆柱，支座立脚点为固定铰支，其他应为滚动支点。 ②试模 同混凝土抗压强度试验要求。 3）试件的制作与养护 试件的制作与养护方法同混凝土抗压强度试验要求。 试件要求同混凝土抗压强度试验，且在长向中部 1/3 区段内不得有表面直径超过 5mm、深度超过 2mm 的孔洞。标准棱柱体试件的长度为 150mm×150mm×600mm（或 550mm），必要时采用 100mm×100mm×400mm。

续表

序号	项目		内容
2	商品混凝土力学强度	抗折强度	4）测定步骤 ①试件从养护地点取出后，应及时进行试验。在试验前试件应保持与原养护地点相似的干湿状态。 ②将试件擦拭干净，按图5-1装置试件，安装尺寸偏差不得大于1mm。试件的承压面应为试件成型时的侧面。支座及承压面与圆柱的接触面应平稳、均匀，否则应垫平。 ③加荷时必须连续而均匀地进行，使荷载通过垫条均匀地传至试件上，加荷速度为：混凝土强度等级＜C30时，取每秒钟（0.02～0.05）MPa；强度等级≥C30且＜C60时，取每秒钟（0.05～0.08）MPa；强度等级≥C60时，取每秒钟（0.08～0.10）MPa。当试件接近破坏时，应停止调整试验机油门，直至试验破坏，然后记下破坏荷载。 5）结果计算 ①若试件下边缘断裂位置处于两个集中荷载作用线之间，则试件的抗折强度 f_f（MPa）按下式计算： $$f_f=\frac{Fl}{bh^2} \tag{5-2}$$ 式中 f_f——混凝土抗折强度，MPa； F——试件破坏荷载，N； l——支座间跨度，mm； h——试件截面高度，mm； b——试件截面宽度，mm。 抗折强度计算应精确至0.1MPa。 ②以三个试件测定值的算术平均值作为该组试件的抗折强度值。其异常数据的取舍原则同混凝土抗压强度试验。 ③三个试件中若有一个折断面位于两个集中荷载之外，则混凝土抗折强度值按另两个试件的试验结果计算。若这两个测定值的差值不大于这两个测定值的较小值的15%时，则该组试件的抗折强度值按这两个测定值的平均值计算，否则该组试件的试验无效。若有两个试件的下边缘断裂位置位于两个集中荷载作用线之外，则该组试件试验无效。 ④当试件尺寸为100mm×100mm×400mm非标准试件时，应乘以尺寸换算系数0.85；当混凝土强度等级＞C60时，宜采用标准试件；使用非标准试件时，尺寸换算系数应由试验确定。

续表

<table>
<tr><th>序号</th><th colspan="2">项　目</th><th>内　　　容</th></tr>
<tr><td>2</td><td>商品混凝土力学强度</td><td>抗拉强度</td><td>1）试验目的
测定混凝土的抗拉强度，评价其抗裂性能。
2）主要仪器设备
①试验机
要求同混凝土抗压强度试验要求。
②试模
同混凝土抗压强度试验要求。
③垫条
采用直径为 150mm 的钢制弧形垫条，其长度不得短于试件的边长，其截面尺寸如图 5-2（a）所示。
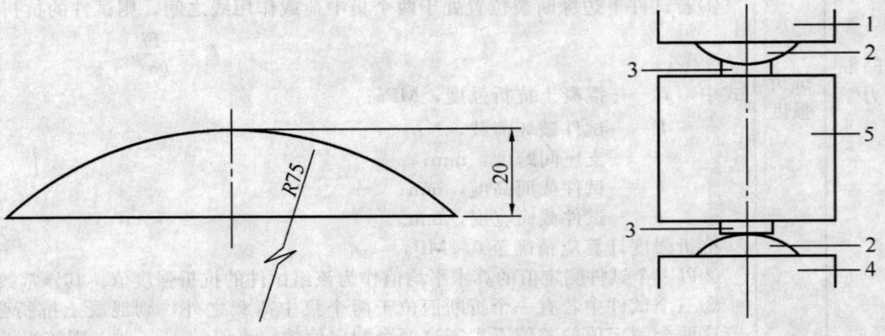

(a)　(b)
图 5-2　混凝土劈裂抗拉试验装置图
(a) 垫条示意图；(b) 装置示意图
1，4—压力机上下垫板；2—垫条；3—垫层；5—试件</td></tr>
</table>

续表

序号	项目		内容
2	商品混凝土力学强度	抗拉强度	④垫层 应为木质三合板。其尺寸：宽为（15～20）mm，厚为（3～4）mm，长度不应短于试件长。垫层不得重复使用。 3）测定步骤 ①试件从养护地点取出后，应及时进行试验。在试验前试件应保持与原养护地点相似的干湿状态。 ②先将试件擦拭干净。在试件侧面中部画线定出劈裂面的位置，劈裂面应与试件成型时的顶面垂直。 ③测量劈裂面的边长（精确至1mm），并据此计算试件的劈裂面积。如实测尺寸与公称尺寸之差不超过1mm，按公称尺寸计算劈裂面积。 ④将试件放在压力机下压板的中心位置。在上下压板与试件之间加垫条和垫层各一条，垫条应与成型时的顶面垂直，使垫条的接触母线与试件上的荷载作用线对准，如图5-2（b）所示。 ⑤加荷时必须连续而均匀地进行，使荷载通过垫条均匀地传至试件上，加荷速度为：混凝土强度等级＜C30时，取每秒钟（0.02～0.05）MPa；强度等级≥C30且＜C60时，取每秒钟（0.05～0.08）MPa；强度等级≥C60时，取每秒钟（0.08～0.10）MPa。当试件接近破坏时，应停止调整试验机油门，直至试验破坏，然后记下破坏荷载。 4）结果计算 ①劈裂抗拉强度按下式计算（精确至0.01MPa）： $$f_{ts}=\frac{2P}{\pi A}=0.637\frac{P}{A}$$ (5-3) 式中 f_{ts}——混凝土劈裂抗拉强度，MPa； P——破坏荷载，N； A——试件劈裂面积，mm^2。 ②以三个试件测定值的算术平均值作为该组试件的劈裂抗拉强度值。其异常数据的取舍原则同混凝土抗压强度试验。 ③采用边长为150mm的立方体试件作为标准试件，如采用边长为100mm立方体试件，则测得的结果应乘以换算系数0.85。当混凝土的强度等级≥C60时，宜采用标准试件，当使用非标准试件时，换算系数应由试验确定。

续表

序号	项 目		内 容
3	新拌商品混凝土性能	坍落度	1）主要仪器设备 ①坍落度筒 坍落度筒是由薄钢板或其他金属制成的圆台形筒（图 5-3）制成。底面和顶面应互相平行并与锥体的轴线垂直，在筒外 2/3 高度处安两个把手，下端应焊脚踏板。筒的内部尺寸为： 底部直径（200±2）mm，顶部直径（100±2）mm，高度（300±2）mm 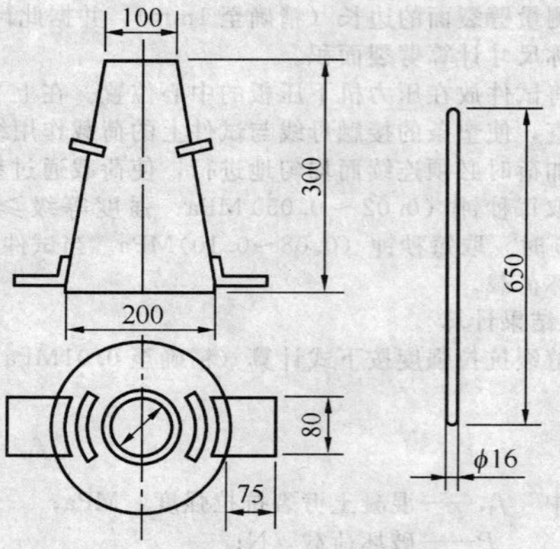 图 5-3 坍落度筒及捣棒 ②捣棒 捣棒为直径 16mm、长 600mm 的钢棒，端部应磨圆 ③其他工具 小铲、尺、拌板、抹刀等。

续表

序号	项目		内容
3	新拌商品混凝土性能	坍落度	2）试验步骤 ①润湿坍落度筒及其他用具，并把筒放在不吸水的刚性水平底板上，然后用脚踩住两边的脚踏板，使坍落度筒在装料时保持位置固定。 ②把按要求拌好的混凝土拌合物用小铲分三层均匀地装入筒内，使捣实后每层高度为筒高的 1/3 左右。每层用捣棒插捣 25 次。插捣应沿螺旋方向由外向中心进行，各次插捣应在截面上均匀分布。插捣筒边混凝土时，捣棒可以稍稍倾斜。插捣底层时，捣棒应贯穿整个深度，插捣第二层和顶层时，捣棒应插透本层至下一层的表面。浇灌顶层时，混凝土应灌到高出筒口。在插捣过程中，如混凝土沉落到低于筒口，则应随时添加。顶层插捣完后，刮去多余混凝土并用抹刀抹平。 ③清除筒边底板上的混凝土后，垂直平稳地提起坍落度筒。坍落度筒的提离过程应在 5～10s 内完成。 ④从开始装料到提起坍落度筒的整个进程应不间断地进行，并应在 150s 内完成。 ⑤提起坍落度筒后，量测筒高与坍落后的混凝土试体最高点之间的高度差，即为该混凝土拌合物的坍落度值（以 mm 为单位，结果表达精确至 5mm）。 ⑥坍落度筒提离后，如试件发生崩坍现象，则应重新取样进行测定。第二次仍出现这种现象，则表示该拌合物的和易性不好，应记录备查。 ⑦测定坍落度后，观察拌合物的下述性质，并记录： ⑧黏聚性，用捣棒在已坍落的拌合物锥体侧面轻轻击打，如果锥体逐渐下沉，表示黏聚性良好，如果锥体倒坍、部分崩裂或出现离析，即为黏聚性不好。 ⑨保水性，提起坍落度筒后如有较多的稀浆从底部析出，锥体部分的拌合物也因失浆而集料外露，则表明保水性不好。如无这种现象，则表明保水性良好。 3）商品混凝土坍落度质量控制要求 混凝土坍落度实测值与合同规定的坍落度值之差应符合表 5-2 的规定。

续表

<table>
<tr><th>序号</th><th>项　目</th><th></th><th>内　　容</th></tr>
<tr><td>3</td><td>新拌商品混凝土性能</td><td>坍落度</td><td>

表 5-2　混凝土拌合物稠度允许偏差（GB 50164—2011）

<table>
<tr><th colspan="2">拌合物性能</th><th colspan="3">允许偏差</th></tr>
<tr><td rowspan="2">坍落度（mm）</td><td>设计值</td><td>≤40</td><td>50～90</td><td>≥100</td></tr>
<tr><td>允许偏差</td><td>±10</td><td>±20</td><td>±30</td></tr>
<tr><td rowspan="2">维勃稠度（s）</td><td>设计值</td><td>≥11</td><td>10～6</td><td>≤5</td></tr>
<tr><td>允许偏差</td><td>±3</td><td>±2</td><td>±1</td></tr>
<tr><td rowspan="2">扩展度（mm）</td><td>设计值</td><td colspan="3">≥350</td></tr>
<tr><td>允许偏差</td><td colspan="3">±30</td></tr>
</table>

混凝土拌合物坍落度等级划分见表 5-3。

表 5-3　混凝土拌合物的坍落度等级划分（GB 50164—2011）

<table>
<tr><th>等级</th><th>坍落度（mm）</th></tr>
<tr><td>S1</td><td>10～40</td></tr>
<tr><td>S2</td><td>50～90</td></tr>
<tr><td>S3</td><td>100～150</td></tr>
<tr><td>S4</td><td>160～210</td></tr>
<tr><td>S5</td><td>≥210</td></tr>
</table>

扩展度适用于泵送高强混凝土和自密实混凝土。等级划分见表 5-4。

表 5-4　混凝土拌合物的扩展度等级划分（GB 50164—2011）

<table>
<tr><th>等级</th><th>扩展度（mm）</th><th>等级</th><th>扩展度（mm）</th></tr>
<tr><td>F1</td><td>≤340</td><td>F4</td><td>490～550</td></tr>
<tr><td>F2</td><td>350～410</td><td>F5</td><td>560～620</td></tr>
<tr><td>F3</td><td>420～480</td><td>F6</td><td>≥630</td></tr>
</table>

</td></tr>
</table>

续表

序号	项　目		内　　容
3	新拌商品混凝土性能	维勃稠度	1）试验目的 测定混凝土的维勃稠度，用于评定干硬性混凝土的工作性能。 本方法适用于集料最大粒径不大于 40mm，维勃稠度在 5～30s 之间的混凝土拌合物的稠度测定。测定时需要配制拌合物约 15L。 2）主要仪器设备 ①维勃稠度仪（图 5-4）由以下部分组成 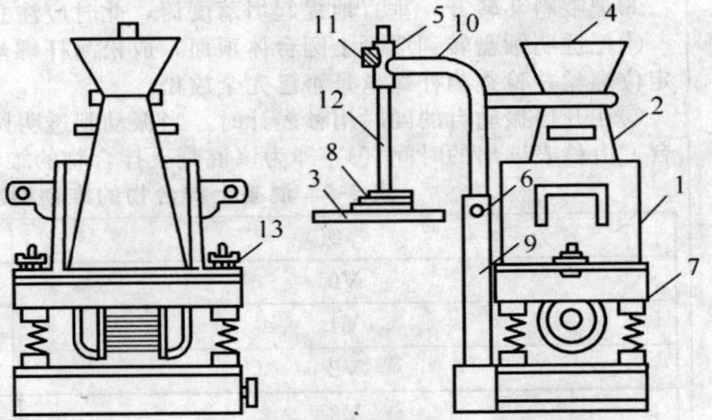 图 5-4　维勃稠度仪 1—容器；2—坍落度筒；3—透明圆盘；4—喂料斗；5—套筒；6—定位螺丝； 7—振动台；8—荷重；9—支柱；10—旋转架；11—测杆螺丝；12—测杆；13—固定螺丝 a. 振动台。台面长 380mm，宽 260mm。振动频率为（50±3）Hz。装有空容器时台面的振幅应为(0.5±0.1)mm。 b. 容器。内径（240±5)mm，高（200±2)mm。 c. 旋转架。与测杆及喂料斗相连。测杆下部安装有透明且水平的圆盘。透明圆盘直径为（230±2)mm，厚度为（10±2)mm。由测杆、圆盘及荷重块组成的滑动部分总质量应为（2750±50)g。

续表

<table>
<tr><th>序号</th><th>项　目</th><th colspan="2">内　　容</th></tr>
<tr><td rowspan="2">3</td><td rowspan="2">新拌商品混凝土性能</td><td>维勃稠度</td><td>d. 坍落度筒及捣棒同坍落度试验，但筒没有脚踏板。
e. 其他用具与坍落度试验相同。
3）测定步骤
①将维勃稠度仪放置在坚实水平的地面上，用湿布把容器、坍落度筒、喂料斗内壁及其他用具润湿。将喂料斗提到坍落度筒上方扣紧，校正容器位置，使其中心与喂料斗中心重合，然后拧紧固定螺丝。
②把拌好的拌合物用小铲分三层经喂料斗均匀地装入坍落度筒内，装料及插捣的方法同坍落度试验。
③把喂料斗转开，垂直地提起坍落度筒，此时应注意不使混凝土试体产生横向的扭动。
④把透明圆盘转到混凝土圆台体顶面，放松测杆螺丝，降下圆盘，使其轻轻地接触到混凝土顶面。拧紧定位螺丝并检查测杆螺丝是否已完全放松。
⑤在开启振动台的同时用秒表计时，当振动到透明圆盘的底面被水泥布满的瞬间停表计时，并关闭振动台。由秒表读出的时间（s）即为该混凝土拌合物的维勃稠度值。维勃稠度等级划分见表 5-5。
表 5-5　混凝土拌合物的维勃稠度等级划分（GB 50164—2011）
<table>
<tr><th>等级</th><th>维勃稠度（s）</th></tr>
<tr><td>V0</td><td>≥31</td></tr>
<tr><td>V1</td><td>30～21</td></tr>
<tr><td>V2</td><td>20～11</td></tr>
<tr><td>V3</td><td>10～6</td></tr>
<tr><td>V4</td><td>5～3</td></tr>
</table></td></tr>
<tr><td>含气量</td><td>1）试验目的
集料最大粒径不大于 40mm 的商品混凝土拌合物含气量的测定
2）检测设备
含气量试验所用设备应符合下列规定：
①含气量测定仪（如图 5-5 所示）：由容器及盖体两部分组成。容器：应由硬质、不易被水泥浆腐蚀的金属制成，其内表面粗糙度不应大于 3.2μm，内径应与深度相等，容积为 7L。盖体：应用与容器相同的材料</td></tr>
</table>

续表

序号	项目		内容
3	新拌商品混凝土性能	含气量	制成。盖体部分应包括有气室、水找平室、加水阀、排水阀、操作阀、进气阀、排气阀及压力表。压力表的量程为0～0.25MPa，精度为0.01MPa。容器及盖体之间应设置密封垫圈，用螺栓连接，连接处不得有空气存留，并保证密闭； ②捣棒：同前所述。 ③振动台：应符合《混凝土试验室用振动台》JG/T 3020中技术要求的规定； ④台秤：称量50kg，感量50g； ⑤橡皮锤：应带有质量约250g的橡皮锤头。 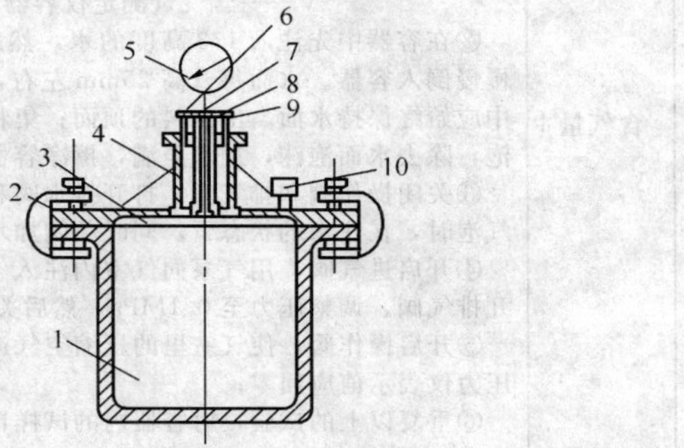 图5-5 含气量测定仪 1—容器；2—盖体；3—水找平室；4—气室；5—压力表； 6—排气阀；7—操作阀；8—排水阀；9—进气阀；10—加水阀

续表

<table>
<tr><th>序号</th><th colspan="2">项　目</th><th>内　　容</th></tr>
<tr><td>3</td><td>新拌商品混凝土性能</td><td>含气量</td><td>3）试样制备
在进行拌合物含气量测定之前，应先按下列步骤测定拌合物所用集料的含气量：
①应按下式计算每个试样中粗、细集料的质量：
$$m_s = \frac{V}{1000} \times m'_s \tag{5-4}$$
$$m_g = \frac{V}{1000} \times m'_g \tag{5-5}$$
式中　m_g、m_s——分别为每个试样中的粗、细集料质量，kg；
m'_g、m'_s——分别为每立方米混凝土拌合物中粗、细集料质量，kg；
V——含气量测定仪容器容积，L。
②在容器中先注入1/3高度的水，然后把通过40mm网筛的质量为m_g、m_s的粗、细集料称好、拌匀，慢慢倒入容器。水面每升高25mm左右，轻轻插捣10次，并略予搅动，以排除夹杂进去的空气，加料过程中应始终保持水面高出集料的顶面；集料全部加入后，应浸泡约5min，再用橡皮锤轻敲容器外壁，排净气泡，除去水面泡沫，加水至满，擦净容器上口边缘；装好密封圈，加盖拧紧螺栓；
③关闭操作阀和排气阀，打开排水阀和加水阀，通过加水阀向容器内注入水；当排水阀流出的水流不含气泡时，在注水的状态下，同时关闭加水阀和排水阀；
④开启进气阀，用气泵向气室内注入空气，使气室内的压力略大于0.1MPa，待压力表显示值稳定；微开排气阀，调整压力至0.1MPa，然后关紧排气阀；
⑤开启操作阀，使气室里的压缩空气进入容器，待压力表显示值稳定后记录示值P_{g1}，然后开启排气阀，压力仪表示值应回零；
⑥重复以上的试验，对容器内的试样再检测一次记录表值P_{g2}；
⑦P_{g1}和P_{g2}的相对误差小于0.2%时，则取P_{g1}和P_{g2}的算术平均值，按压力与含气量关系曲线查得集料的含气量（精确0.1%）；若不满足，则应进行第三次试验。测得压力值P_{g3}（MPa）。当P_{g1}与P_{g2}、P_{g3}中较接近一个值的相对误差不大于0.2%时，则取此两个数值的算术平均值。当仍大于0.2%时，则此次试验无效，应重做。</td></tr>
</table>

续表

序号	项　目		内　　容
3	新拌商品混凝土性能	含气量	4）试验步骤 ①用湿布擦净容器和盖的内表面，装入混凝土拌合物试样； ②捣实可采用手工或机械方法。当拌合物坍落度大于 70mm 时，宜采用手工插捣，当拌合物坍落度不大于 70mm 时，宜采用机械振捣，如振动台或振捣器等； ③用捣棒捣实时，应将混凝土拌合物分 3 层装入，每层捣实后高度约为 1/3 容器高度；每层装料后由边缘向中心均匀地插捣 25 次，捣棒应插透本层高度，再用木锤沿容器外壁重击 10～15 次，使插捣留下的插孔填满。最后一层装料应避免过满； ④采用机械捣实时，一次装入捣实后体积为容器容量的混凝土拌合物，装料时可用捣棒稍加插捣，捣实过程中如拌合物低于容器口，应随时添加，振动至混凝土表面平整、表面出浆即止，不得过度振捣。 ⑤若使用插入式振动器捣实，应避免振动器触及容器内壁和底面； ⑥在施工现场测定混凝土拌合物的含气量时，应采用与施工振动频率相同的机械方法捣实； ⑦捣实完毕后立即用刮尺刮平，表面如有凹陷应予填平抹光； ⑧如需要同时测定拌合物表观密度时，可在此时称量和计算； ⑨然后在正对操作阀孔的混凝土拌合物表面贴一小片塑料薄膜，擦净容器上口边缘，装好密封垫圈，加盖并拧紧螺栓； ⑩关闭操作阀和排气阀，打开排水阀和加水阀，通过加水阀，向容器内注水；当排水阀流出的水流不含气泡时，在注水的状态下，同时关闭加水阀和排水阀； ⑪然后开启进气阀，用气泵注入空气至气室内压力略大于 0.1MPa，待压力示值仪表示值稳定后，微微开启排气阀，调整压力至 0.1MPa，关闭排气阀； ⑫开启操作阀，待压力示值仪稳定后，测得压力值 P_{01}(MPa)； ⑬开启排气阀，压力仪示值回零；重复上述⑪～⑫的步骤，对容器内试样再测一次压力值 P_{02}(MPa)； ⑭若 P_{01} 和 P_{02} 的相对误差小于 0.2%时，则取两者的算术平均值，按压力与含气量关系曲线查得含气量（精确至 0.1%）；若不满足，则应进行第三次试验，测得压力值 P_{03}(MPa)。当 P_{03} 与 P_{01}、P_{02} 中较接近一个值的相对误差不大于 0.2%时，则取此两个数值的算术平均值查得；当仍大于 0.2%，此次试验无效。

续表

序号	项　目		内　　容
3	新拌商品混凝土性能	含气量	5）计算 混凝土拌合物含气量应按下式计算： $$A = A_0 - A_t \quad (5\text{-}6)$$ 式中　A——混凝土拌合物含气量，%； A_0——两次含气量测定的平均值，%； A_t——集料含气量，%。 计算精确至 0.1%。 6）容器容积的标定及率定 ①容器容积的标定 a. 擦净容器，并将含气量仪全部安装好，测定含气量仪的总质量，测量精确至 50g； b. 往容器内注水至上缘，然后将盖体安装好，关闭操作阀和排气阀，打开排水阀和加水阀，通过加水阀，向容器内注水；当排水阀流出的水流不含气泡时，在注水的状态下，同时关闭加水阀和排水阀，再测定其总质量；测量精确至 50g； c. 容器的容积应按下式计算： $$V = 1000 \times (m_2 - m_1)/\rho_w \quad (5\text{-}7)$$ 式中　V——含气量仪的容积，L； m_1——干燥含气量仪的总质量，kg； m_2——水、含气量仪的总质量，kg； ρ_w——容器内水的密度，kg/m^3。 计算应精确至 0.01L。 ②含气量测定仪的率定 a. 按试验步骤测得含气量为 0 时的压力值； b. 开启排气阀，压力示值器示值回零；关闭操作阀和排气阀，打开排水阀，在排水阀口用量筒接水；用气泵缓缓地向气室内打气，当排出的水恰好是含气量仪体积的 1%时。按上述步骤测得含气量为 1%时的压力值；

续表

<table>
<tr><th>序号</th><th>项　目</th><th colspan="2">内　　容</th></tr>
<tr><td rowspan="2">3</td><td rowspan="2">新拌商品混凝土性能</td><td>含气量</td><td>c. 如此继续测取含气量分别为 2%、3%、4%、5%、6%、7%、8%时的压力值：
d. 以上试验均应进行两次，各次所测压力值均应精确至 0.01MPa；对以上的各次试验均应进行检验，其相对误差均应小于 0.2%；否则应重新率定；
e. 据此检验以上含气量 0%、1%……8%共 9 次的测量结果，绘制含气量与气体压力之间的关系曲线。
7）商品混凝土中对含气量的要求
混凝土含气量与合同规定值之差不应超过±1.5%。
掺用引气剂或引气外加剂的混凝土拌合物的含气量应该符合表 5-6 的要求
表 5-6　混凝土拌合物含气量（GB 50164—2011）
<table><tr><th>粗集料的最大公称直径（mm）</th><th>混凝土含气量（%）</th></tr><tr><td>20</td><td>≤5.5</td></tr><tr><td>25</td><td>≤5.0</td></tr><tr><td>40</td><td>≤4.5</td></tr></table></td></tr>
<tr><td>表观密度</td><td>1）试验目的
测定混凝土拌合物的表观密度，用于校正混凝土配合比中各项材料的用量。
2）仪器设备
①容量筒
金属制成的圆筒，两旁装有手把。对集料最大粒径不大于 40mm 的拌合物采用容积为 5L 的容量筒，其内径与筒高均为（186±2）mm，筒壁厚为 3mm；集料最大粒径大于 40mm 时，容量筒的内径与筒高均应大于集料最大粒径的 4 倍。容量筒上缘及内壁应光滑平整，顶面与底面应平行并与圆柱体的轴线垂直。
②台秤
称量 100kg，感量 50g。
③振动台
频率应为（50±3）Hz，空载时的振幅应为（0.5±0.1）mm。
④捣棒
直径 16mm、长 600mm 的钢棒，端部应磨圆。</td></tr>
</table>

续表

序号	项目		内容
3	新拌商品混凝土性能	表观密度	3）测定步骤 ①用湿布把容量筒内外擦干净，称出筒重，精确至50g。 ②混凝土的装料及捣实方法应根据拌合物的稠度而定。坍落度不大于70mm的混凝土，用振动台振实为宜，大于70mm的用捣棒捣实为宜。 采用捣棒捣实，应根据容量筒的大小决定分层与插捣次数。用5L容量筒时，混凝土拌合物应分两层装入，每层的插捣次数应大于25次；用大于5L的容量筒时，每层混凝土的高度不应大于100mm，每层插捣次数应按每100cm^2截面不小于12次计算。各次插捣应均匀地分布在每层截面上，插捣底层时捣棒应贯穿整个深度，插捣第二层时，捣棒应插透本层至下一层的表面。每一层捣完后可把捣棒垫在筒底，将筒左右交替地颠击地面各15次。 采用振动台振实时，应一次将混凝土拌合物灌到高出容量筒口。装料时可用捣棒稍加插捣，振动过程中如混凝土沉落到低于筒口，则应随时添加混凝土，振动直至表面出浆为止。 ③用刮尺齐筒口将多余的混凝土拌合物刮去，表面如有凹陷应予填平。将容量筒外壁擦净，称出混凝土与容量筒总重，精确至5g。 4）结果计算 混凝土拌合物表观密度ρ_h（kg/m^3）应按下式计算： $$\rho_h=\frac{W_2-W_1}{V}\times 1000 \quad (5\text{-}8)$$ 式中 W_1——容量筒质量，kg； W_2——容量筒及试样总重，kg； V——容量筒容积，L。 试验结果的计算精确至10kg/m^3。

续表

序号	项　目		内　　容
4	商品混凝土耐久性性能	抗渗性	抗水渗试验分为渗水高度法和逐级加压法，适用于评定混凝土的抗渗等级。本书仅介绍逐级加压法，渗水高度法参见《普通混凝土长期性能和耐久性能试验方法标准》(GB/T 50082—2009) 1）试验目的 本方法适用于测定硬化后商品混凝土的抗渗等级。 2）试验设备 抗渗性能试验应采用顶面直径为 175mm，底面直径为 185mm，高度为 150mm 的圆台体或直径与高度均为 150mm 的圆柱体试件（视抗渗设备要求而定）。抗渗试件以 6 个为一组。试件成型后 24h 拆模，用钢丝刷刷去两端面水泥浆膜，然后送入标准养护室养护。试件一般养护至 28d 龄期进行试验，如有特殊要求，可在其他龄期进行。 3）试验步骤 ①试件养护至试验前一天取出，将表面晾干，然后在其侧面涂一层熔化的密封材料，随即在螺旋或其他加压装置上，将试件压入经烘箱预热过的试件套中，稍冷却后，即可解除压力，连同试件套装在抗渗仪上进行试验。 ②试验从水压为 0.1MPa 开始。以后每隔 8h 增加水压 0.1MPa，并且要随时注意观察试件端面的渗水情况。 ③当 6 个试件中有 3 个试件端面呈有渗水现象时，即可停止试验，记下当时的水压。 在试验过程中，如发现水从试件周边渗出，则应停止试验，重新密封。 4）结果计算 混凝土的抗渗等级以每组 6 个试件中 2 个试件出现渗水时的最大水压力计算，其计算式为： $$P = 10H - 1 \quad (5\text{-}9)$$ 式中　P——抗渗等级； H——6 个试件中 3 个渗水时的水压力，MPa。

续表

序号	项目		内容
4	商品混凝土耐久性性能	抗冻性	商品混凝土抗冻性能的试验方法主要有快冻法和慢冻法两种。本书主要介绍最常用的慢冻法。

1）试验目的

混凝土抗冻性试验可采用慢冻法和快冻法进行测试，适用于检验以试件所能经受的冻融循环次数为指标的抗冻等级。本书介绍慢冻法，快冻法参见《普通混凝土长期性能和耐久性能试验方法标准》（GB/T 50082—2009）

2）试验要求

试件的横截面尺寸应根据混凝土中集料的最大粒径按表 5-7 取用。

表 5-7 试件横截面尺寸选用

试件横截面尺寸（mm）	集料最大公称粒径（mm）
100×100 或 $\phi100$	31.5
150×150 或 $\phi150$	40
200×200 或 $\phi200$	63

注：集料最大公称粒径应符合《普通混凝土用砂、石质量及检验方法标准》（JGJ 52—2006）中的有关规定

表 5-8 慢冻法试验所需的试件组数

设计抗冻标号	D25	D50	D100	D150	D200	D250	D300 及以上	300 以上
检查强度所需冻融次数	25	50	50 及 100	100 及 150	150 及 200	200 及 250	250 及 300	300 及设计次数
鉴定 28d 强度所需试件组数	1	1	1	1	1	1	1	1
冻融试件组数	1	2	2	2	2	2	2	2
对比试件组数	1	1	2	2	2	2	2	2
总计试件组数	3	4	5	5	5	5	5	5

续表

序号	项　目		内　　容
4	商品混凝土耐久性性能	抗冻性	3）试验步骤 ①如无特殊要求，试件应在28d龄期时进行冻融试验。试验前4d应把冻融试件从养护地点取出，进行外观检查，随后放在（20±2）℃水中浸泡，浸泡时水面至少应高出试件顶面20～30mm，冻融试件浸泡4d后进行冻融试验。对比试件则应保留在标准养护室内，直到完成冻融循环后，与抗冻试件同时试压。 注：对于水中养护的试件，达到养护龄期时，即可直接进行抗冻试验，此时，对比试件应继续在水中养护。此种情况应在试验报告中予以说明。 ②浸泡完毕后，取出试件，用湿布擦除表面水分开应分别称重、编号，然后编号置入试件架内，且试件架与试件的接触面积不超过试件底面的1/10。把试件架放入冻融试验箱内后，试件与箱底、箱壁之间应至少留有20mm的孔隙。试件架中各试件之间应至少保持30mm的空隙。 ③应在温度降至－18℃时开始计算冷冻时间。每次装完试件到温度降至－18℃所需的试件应在1.5～2h内。冻融箱内温度在冷冻时应保持在－18～－20℃之间。冻融箱内温度以其中心温度为准，但宜同时监测控制冻融箱对角线四角处温度，满载运转时冻融箱内各点温度极差不应超过2℃。 ④每次循环中试件的冻结或融化时间按其尺寸而定，对100mm×100mm×100mm及150mm×150mm×150mm的立方体试件或ϕ100mm×200mm及ϕ150mm×300mm的圆柱体试件，冷冻应在4～6h内完成，对尺寸为200mm×200m×200mm的立方体试件或ϕ200mm×400的圆柱体试件，冷冻试件应在6～8h内完成。 ⑤冻结试验结束后，应立即加入温度为18～20℃的水，使试件转入融化状态，加水时间不应超过10min。控制系统应使水温保持在18～20℃。冻融箱内的水面应至少高出试件表面20mm。融化完毕为该次冻融循环结束，进行下一次冻融循环。 ⑥应经常对冻融试件进外观检验。发现有严重破坏时应进行称重，如某组试件的平均质量损失率超过5%，即可停止其冻融循环试验。 ⑦混凝土试件达到表5-8中规定的冻融循环次数后，即应进行抗压强度试验。抗压强度试验应符合GB/T 50081的相关要求。抗压试验前应称重并进行外观检查，详细记录试件表面破损、裂缝及边角缺损情况。如试件表面破损严重，则应先用高强石膏找平后再进行试压。

续表

序号	项目		内容
4	商品混凝土耐久性性能	抗冻性	⑧如冻融循环因故中断，试件应保持在冷冻状态，宜将试件保存在原容器内用冰块围住。如无这种可能，应将试件在潮湿状态下用防水材料包裹，加以密封，并存放在（18±2）℃的冷冻室或冰箱中，直至恢复冻融试验为止，此时应将故障原因及暂停试件在试验结果中注明。试件处在融解状态下发生故障的试件不宜超过两个冻融循环的时间。在整个试验过程中超过两个冻融循环周期的故障次数，不得超过 2 次。 ⑨抗冻能力差异较大的不同品种的混凝土试件不宜在同一个抗冻设备中同时进行抗冻试验。当一部分时间由于失效破坏或者停止试验被取出时，应用空白试件填充空位。 ⑩冻融循环达到以下两种情况之一即可停止试验： a. 已经达到规定的循环次数； b. 抗压强度损失率已经达到 25%； c. 质量损失率已经达到 5%。 4）结果计算 混凝土冻融试验后应按下式计算其强度损失率。 $$\Delta f_c = \frac{f_{c0} - f_{cn}}{f_{c0}} \times 100 \quad (5\text{-}10)$$ 式中 Δf_c——N 次冻融循环后的混凝土强度损失率，以 3 个试件的平均值计算，%； f_{c0}——对比试件的抗压强度平均值，MPa； f_{cn}——经 N 次冻融循环后的三个试件抗压强度平均值，MPa； 混凝土试件冻融后的质量损失率可按下式计算： $$\Delta\omega_n = \frac{G_0 - G_n}{G_n} \times 100 \quad (5\text{-}11)$$ 式中 $\Delta\omega_n$——N 次冻融循环后的质量损失率，以 3 个试件的平均值计算，%； G_0——冻融循环试验前的试件质量，kg； G_n——N 次冻融循环后的试件质量，kg； 混凝土的抗冻等级，以同时满足强度损失率不超过 25%，质量损失率不超过 5%时的最大循环次数来表示。

续表

<table>
<tr><th>序号</th><th>项 目</th><th>内 容</th></tr>
<tr><td>5</td><td>氯离子总含量</td><td>商品混凝土拌合物氯离子总含量可根据混凝土各组成材料的氯离子含量计算求得。且应该满足表 5-9 中的要求。

表 5-9 氯离子总含氯的最高限值 %

<table>
<tr><th>混凝土类型及其所处环境类别</th><th>最大氯离子含量</th></tr>
<tr><td>素混凝土</td><td>2.0</td></tr>
<tr><td>室内正常环境下的钢筋混凝土</td><td>1.0</td></tr>
<tr><td>室内潮湿环境；非严寒和非寒冷地区的露天环境、与无侵蚀性的水或土壤直接接触的环境下的钢筋混凝土</td><td>0.3</td></tr>
<tr><td>严寒和寒冷地区的露天环境、与无侵蚀性的水或土壤直接接触的环境下的钢筋混凝土</td><td>0.2</td></tr>
<tr><td>使用除冰盐的环境；严寒和寒冷地区冬期水位变动的环境；滨海室内环境下的钢筋混凝土</td><td>0.1</td></tr>
<tr><td>预应力混凝土构件及设计使用年限为 100 年的室内正常环境下的钢筋混凝土</td><td>0.06</td></tr>
</table>

注：氯离子含量系指其占所用水泥（含替代水泥量的矿物掺合料）质量的百分率。</td></tr>
<tr><td>6</td><td>混凝土放射性核素放射性比活度</td><td>混凝土放射性核素放射性比活度应满足 GB 6566 标准的规定。</td></tr>
</table>

5.3 商品混凝土质量检验规则

序号	项 目	内 容
1	一般规定	1）预拌混凝土质量的检验分为出厂检验和交货检验。出厂检验的取样试验工作应由供方承担；交货检验的取样试验工作应由需方承担，当需方不具备试验条件时，供需双方可协商确定承担单位，其中包括委托供需双方认可的有试验资质的试验单位，并应在合同中予以明确。 2）当判断混凝土质量是否符合要求时，强度、坍落度及含气量应以交货检验结果为依据；氯离子总含量以供方提供的资料为依据；其他检验项目应按合同规定执行。 3）交货检验的试验结果应在试验结束后 15d 内通知供方。 4）进行预拌混凝土取样及试验的人员必须具有相应资格。
2	检验项目	1）通用品应检验混凝土强度和坍落度。 2）特制品除应检验混凝土强度和坍落度外，还应按合同规定检验其他项目。 3）掺有引气型外加剂的混凝土应检验其含气量。
3	取样与组批	1）用于出厂检验的混凝土试样应在搅拌地点采取，用于交货检验的混凝土试样应在交货地点采取。 2）交货检验混凝土试样的采取及坍落度试验应在混凝土运到交货地点时开始算起 20min 内完成，试件的制作应在 40min 内完成。 3）交货检验的试样应随机从同一运输车中抽取，混凝土试样应在卸料过程中卸料量的 1/4 至 3/4 之间采取。 4）每个试样量应满足混凝土质量检验项目所需用量的 1.5 倍，且不宜少于 0.02m^3。 5）混凝土强度检验的试样，其取样频率应按下列规定进行： ①用于出厂检验的试样，每 100 盘相同配合比的混凝土取样不得少于 1 次；每一个工作班相同配合比的混凝土不足 100 盘时，取样不得少于 1 次。 ②用于交货检验的试样应按 GB 50204 规定进行。

序号	项 目	内 容
3	取样与组批	6）混凝土拌合物坍落度检验试样的取样频率应与混凝土强度检验的取样频率一致。 7）对有抗渗要求的混凝土进行抗渗检验的试样，用于出厂及交货检验的取样频率均为同一工程、同一配合比的混凝土不得少于1次。留置组数可根据实际需要确定。 8）对有抗冻要求的混凝土进行抗冻检验的试样，用于出厂及交货检验的取样频率均为同一工程、同一配合比的混凝土不得少于1次。留置组数可根据实际需要确定。 9）预拌混凝土的含气量及其他特殊要求项目的取样检验频率应按合同规定进行。
4	合格判断	1）强度的试验结果满足GBJ 107等国家现行标准的规定为合格。 2）坍落度试验结果符合表5-2规定为合格；商品混凝土含气量与合同规定值之差不应超过±1.5%。若不符合要求，则应立即用试样余下部分或重新取样进行试验，若第二次试验结果分别符合上述要求规定时，仍为合格。 3）氯离子总含量的计算结果符合表5-5规定为合格。 4）混凝土放射性核素放射性比活度满足GB 6566标准规定为合格。 5）其他特殊要求项目的试验结果符合合同规定的要求为合格。

参考文献

1 张应立．现代混凝土配合比设计手册［M］．北京：人民交通出版社，2002.

2 刘祥顺，刘雪飞．预拌混凝土质量检测、控制与管理［M］．北京：中国建材工业出版社，2007.

3 姚明芳等．混凝土外加剂工程应用手册（第二版）［M］．长沙：湖南科学技术出版社，2001.

4 胡俊．混凝土工程常用数据速查手册［M］．北京：机械工业出版社，2007.

5 李守臣．混凝土结构常用数据速查手册［M］．北京：中国建材工业出版社，2006.

6 李立权．混凝土配合比设计手册（第三版）［M］．广州：华南理工大学出版社，2003.

7 本书编委会．建筑材料工程（建筑工程施工监理要点表解速查系列手册）［M］．北京：中国建材工业出版社，2004.

8 谢洪学等．混凝土强度等级配合比手册［M］．成都：四川科学技术出版社，1993.

9 杨绍林等．混凝土配合比设计手册（第三版）［M］．北京：中国建筑工业出版社，2002.

10 《通用硅酸盐水泥》（GB 175—2007）

11 《用于水泥和混凝土中的粉煤灰》（GB/T 1596—2005）

12 《粉煤灰混凝土应用技术规范》（GBJ 146—90）

13 《用于水泥和混凝土中的粒化高炉矿渣粉》（GB/T 18046—2008）

14 《混凝土外加剂定义、分类、命名与术语》（GB 8075—2005）

15 《混凝土外加剂》（GB 8076—1997）

16 《喷射混凝土用速凝剂》（JC 477—2005）

17 《混凝土防冻剂》（JC 475—2004）

18 《混凝土膨胀剂》（GB 23439—2009）

19 《混凝土外加剂应用技术规范》（GB 50119—2003）

20 《混凝土泵送剂》（JC 473—2001）

21《公路工程混凝土外加剂》(JT/T 523—2004)
22《水工混凝土外加剂技术规程》(DL /T 5100—1999)
23《高强高性能混凝土用矿物外加剂》(GB 18736—2002)
24《普通混凝土用砂、石质量及检验方法标准》(JGJ 52—2006)
25《混凝土用水标准》(JGJ 63—2006)
26《普通混凝土配合比设计规程》(JGJ 55—2011)
27《混凝土泵送施工技术规程》(JGJ/T 10—95)
28《高强混凝土结构技术规程》(CECS 104—99)
29《纤维混凝土结构技术规程》(CECS 38：2004)
30《公路水泥混凝土路面施工技术规范》(JTG F30—2003)
31《水工混凝土施工规范》(DL/T 5144—2001)
32《水工混凝土掺用粉煤灰技术规范》(DL/T 5055—2007)
33《用于水泥中的火山灰质混合材料》(GB/T 2847—2005)
34《混凝土重力坝设计规范》(SL 319—2005)
35《轻集料混凝土技术规程》(JGJ 51—2002)
36《自密实混凝土应用技术规程》(CECS 203—2006)
37《普通混凝土拌合物性能试验方法标准》(GB/T 50080—2002)
38《普通混凝土力学性能方法标准》(GB/T 50081—2002)
39《混凝土结构工程施工质量验收规范》(GB 50204—2002)
40《水工混凝土结构设计规范》(SL 191—2008)
41《普通混凝土长期性能和耐久性能试验方法标准》(GB/T 50082—2009)
42《建筑材料放射性核六素限量》(GB 6566—2001)
43《清水混凝土应用技术规程》(JGJ 169—2009)